DEUTSCHE DEMOKRATISCHE REPUBLIK
DEUTSCHE AKADEMIE DER LANDWIRTSCHAFTSWISSENSCHAFTEN ZU BERLIN
INSTITUT FÜR LANDWIRTSCHAFTLICHE INFORMATION UND DOKUMENTATION

Landwirtschaftliches Zentralblatt

ABTEILUNG III

TIERZUCHT · TIERERNÄHRUNG FISCHEREI

8. JAHRGANG
1963

AKADEMIE-VERLAG · BERLIN

LZ. III TIERZUCHT · TIERERNÄHRUNG · FISCHEREI · JG. 1963 · NR. 12 · SEITE 2441—2664 · BERLIN · DEZEMBER 1963

LANDWIRTSCHAFTLICHES ZENTRALBLATT

ABTEILUNG TIERZUCHT · TIERERNÄHRUNG · FISCHEREI

DEUTSCHE DEMOKRATISCHE REPUBLIK
DEUTSCHE AKADEMIE DER LANDWIRTSCHAFTSWISSENSCHAFTEN ZU BERLIN
INSTITUT FÜR LANDWIRTSCHAFTLICHE INFORMATION UND DOKUMENTATION

Landwirtschaftliches Zentralblatt

ABTEILUNG III

TIERZUCHT · TIERERNÄHRUNG · FISCHEREI

TEIL FISCHEREI

8. JAHRGANG — 1963

HEFT 1—12

AKADEMIE-VERLAG · BERLIN

LANDWIRTSCHAFTLICHES ZENTRALBLATT

ABTEILUNG TIERZUCHT · TIERERNÄHRUNG · FISCHEREI

TEIL FISCHEREI

8. JAHRGANG 1963

Seitenzahl der Hefte

Herausgeber: Deutsche Demokratische Republik · Deutsche Akademie der Landwirtschaftswissenschaften zu Berlin, Institut für Landwirtschaftliche Information und Dokumentation, Berlin W 8, Krausenstraße 38/39; Fernsprecher: 22 51 61. Chefredakteur: Dr. Ursula Wittbrodt, stellvertretender Chefredakteur: Dr. Werner Kleeberg, Berlin W 8, Krausenstraße 38/39; Fernsprecher: 22 51 61. Redaktion der Abteilung III —Tierzucht · Tierernährung · Fischerei: Dr. Hans Dieter Hennig, Dr. habil. Bernhard Piatkowski und Dr. Werner Steffens, Berlin W 8, Krausenstraße 38/39; Fernsprecher: 22 51 61. **Verlag:** Akademie-Verlag GmbH, Berlin W 8, Leipziger Straße 3—4; Fernsprecher: 22 04 41, Telex-Nr. 01 17 73, Postscheckkonto: Berlin 350 21. Bestellnummer dieser Hefte 1030 III—VIII/1—12. Das Landwirtschaftliche Zentralblatt, Abt. Tierzucht · Tierernährung · Fischerei, erscheint monatlich. Einzelheft DM 20,—; einseitig bedruckte Ausgabe DM 24,—. Jahresbezugspreis DM 240,—; einseitig bedruckte Ausgabe DM 288,— einschl. Register, zuzüglich Porto- und Versandkosten. Gesamtherstellung: VEB Druckerei „Thomas Müntzer" Bad Langensalza. Veröffentlicht unter der Lizenznummer 1290 des Presseamtes beim Vorsitzenden des Ministerrates der Deutschen Demokratischen Republik.

DEUTSCHE DEMOKRATISCHE REPUBLIK
DEUTSCHE AKADEMIE DER LANDWIRTSCHAFTSWISSENSCHAFTEN ZU BERLIN
INSTITUT FÜR LANDWIRTSCHAFTLICHE INFORMATION UND DOKUMENTATION

Landwirtschaftliches Zentralblatt

ABTEILUNG III

TIERZUCHT · TIERERNÄHRUNG FISCHEREI

8. JAHRGANG — 1963

SEITE 1—1356

AKADEMIE-VERLAG · BERLIN

LANDWIRTSCHAFTLICHES ZENTRALBLATT

ABTEILUNG TIERZUCHT · TIERERNÄHRUNG
FISCHEREI

8. JAHRGANG 1963

Seitenzahl der Hefte

Herausgeber: Deutsche Demokratische Republik · Deutsche Akademie der Landwirtschaftswissenschaften zu Berlin, Institut für Landwirtschaftliche Information und Dokumentation, Berlin W 8, Krausenstraße 38/39; Fernsprecher: 22 51 61. Chefredakteur: Dr. Ursula Wittbrodt, stellvertretender Chefredakteur: Dr. Werner Kleeberg, Berlin W 8, Krausenstraße 38/39; Fernsprecher: 22 51 61. Redaktion der Abteilung III – Tierzucht · Tierernährung · Fischerei: Dr. Hans Dieter Hennig, Dr. habil. Bernhard Piatkowski und Dr. Werner Steffens, Berlin W 8, Krausenstraße 38/39; Fernsprecher: 22 51 61. Verlag: Akademie-Verlag GmbH, Berlin W 8, Leipziger Straße 3—4; Fernsprecher: 22 04 41, Telex-Nr. 011773, Postscheckkonto: Berlin 35021. Bestellnummer dieser Hefte 1030 III—VIII/1—6. Das Landwirtschaftliche Zentralblatt, Abt. Tierzucht · Tierernährung · Fischerei, erscheint monatlich. Einzelheft DM 20,—; einseitig bedruckte Ausgabe DM 24,—. Jahresbezugspreis DM 240,—; einseitig bedruckte Ausgabe DM 288,— einschl. Register, zuzüglich Porto- und Versandkosten. Gesamtherstellung: VEB Druckerei „Thomas Müntzer“ Bad Langensalza. Veröffentlicht unter der Lizenznummer 1290 des Presseamtes beim Vorsitzenden des Ministerrates der Deutschen Demokratischen Republik.

DEUTSCHE DEMOKRATISCHE REPUBLIK
DEUTSCHE AKADEMIE DER LANDWIRTSCHAFTSWISSENSCHAFTEN ZU BERLIN
INSTITUT FÜR LANDWIRTSCHAFTLICHE INFORMATION UND DOKUMENTATION

Landwirtschaftliches Zentralblatt

ABTEILUNG III

TIERZUCHT · TIERERNÄHRUNG FISCHEREI

8. JAHRGANG — 1963
SEITE 1357—2664

AKADEMIE-VERLAG · BERLIN

LZ. III TIERZUCHT · TIERERNÄHRUNG · FISCHEREI · 8. JAHRGANG 1963 · BERLIN · JULI—DEZEMBER 1963

LANDWIRTSCHAFTLICHES ZENTRALBLATT

ABTEILUNG TIERZUCHT · TIERERNÄHRUNG FISCHEREI

8. JAHRGANG 1963

Seitenzahl der Hefte

Herausgeber: Deutsche Demokratische Republik · Deutsche Akademie der Landwirtschaftswissenschaften zu Berlin, Institut für Landwirtschaftliche Information und Dokumentation, Berlin W 8, Krausenstaße 38/39; Fernsprecher: 22 51 61. Chefredakteur: Dr. Ursula Wittbrodt. stellvertretender Chefredakteur: Dr. Werner Kleeberg, Berlin W 8, Krausenstraße 38/39; Fernsprecher: 22 51 61. Redaktion der Abteilung III — Tierzucht · Tierernährung · Fischerei: Dr. Hans Dieter Hennig, Dr. habil. Bernhard Piatkowski und Dr. Werner Steffens, Berlin W 8, Krausenstraße 38/39; Fernsprecher: 22 51 61. Verlag: Akademie-Verlag GmbH, Berlin W 8, Leipziger Straße 3—4; Fernsprecher: 22 04 41, Telex-Nr. 011773, Postscheckkonto: Berlin 350 21. Bestellnummer dieser Hefte 1030 III—VIII/7—12. Das Landwirtschaftliche Zentralblatt, Abt. Tierzucht · Tierernährung · Fischerei, erscheint monatlich. Einzelheft DM 20,—; einseitig bedruckte Ausgabe DM 24,—. Jahresbezugspreis DM 240,—; einseitig bedruckte Ausgabe DM 288,— einschl. Register, zuzüglich Porto- und Versandkosten. Gesamtherstellung: VEB Druckerei „Thomas Müntzer" Bad Langensalza. Veröffentlicht unter der Lizenznummer 1290 des Presseamtes beim Vorsitzenden des Ministerrates der Deutschen Demokratischen Republik.

INHALTSVERZEICHNIS

NAMENVERZEICHNIS

Seitenzahl in [Klammer] bedeutet Bibliographie, mit Stern * bedeutet Buchbesprechung

LANDWIRTSCHAFTLICHES ZENTRALBLATT
ABT. TIERZUCHT · TIERERNÄHRUNG · FISCHEREI

1963 NR. 12 DEZEMBER

ALLGEMEINES

A. GESCHICHTE, FORSCHUNG, UNTERRICHT

Lebedev, M. M. (Lebedew, M. M.) Nekotorye itogi raboty Puškinskoj laboratorii razvedenija sel'skochozjajstvennych životnych. **(Einige Ergebnisse der Arbeit des Puschkin-Laboratoriums für die Züchtung landwirtschaftlicher Nutztiere.)** Životnovodstvo, Moskva **25** (1963) Nr. 1. S. 71–81. — 4 Abb., 2 Tab.
Hauptaufgaben des Instituts sind: Untersuchung der Erbanlagen der Tiere, Erhöhung des Milchfettgehaltes beim Schwarzbunten Rind durch Kreuzung mit Jerseybullen, Verbesserung der Masteigenschaften der Schweine und Steigerung der Fleischerzeugung durch Mehrrassenkreuzung, Erhöhung der Fleischleistung der Hühner, Vervollkommnung der Methoden der Zuchtarbeit, Untersuchung der Gesetzmäßigkeiten der Fortpflanzung, Vervollkommnung der Besamungstechnik und Ausnutzung der Heterosis zur Leistungssteigerung der Tiere. Die wichtigsten Ergebnisse sind: Züchtung der Leningrader Weißen Hühner durch somatische Hybridisation (Bluttransfusion von Australorps auf Russische Weiße); Erhöhung des Milchfettgehaltes beim Schwarzbunten Rind auf 4,02%; Erhöhung der Milchleistung von Jungsauen von 48,3 auf 62 kg bei Dreirassenkreuzung und auf 70,5 kg bei Vierrassenkreuzung, des Geburtsgewichts der Ferkel von 1,19 auf 1,32–1,36 kg; Erhöhung der Fleischleistung bei Hühnern durch Kreuzung von Legerassen mit Zweinutzungsrassen.
B. Schenk. 40.

Ariens, E. J.; Nijmegen, Kathol. Univ., Fac. der Geneeskunde. Algemene vorming en specialisatie bij het wetenschappelijk onderwijs. **(Allgemeinbildung und Spezialisierung im wissenschaftlichen Unterricht.)** Tijdschr. Diergeneeskunde 88 (1963) Nr. 11. S. 689–697. — 2 Lit. Zus. in Engl., Franz., Dtsch. 50.

Rossin, Maurice. **Reform der landwirtschaftlichen Ausbildung und Berufsausbildung in Frankreich.** Fatis Rev. [Bad Gotesberg] 7 (1960) Nr. 6. S. 156 bis 160. — 3 Abb.
Eine Reform der landwirtsch. Ausbildung in Frankreich bezweckt eine Anpassung an die techn. Fortschritte und erstrebt für Stadt und Land die gleichen Ausbildungsmöglichkeiten. Schwerpunkte des Unterrichts sollten in den Grund- und Berufsschulen Physik, Chemie und Naturwissenschaften sein. Frauen soll der gleiche Ausbildungsweg geboten werden. Zur Vorbereitung der Frauen auf leitende Positionen wird die Einrichtung höherer Ausbildungsstätten angestrebt. Drei Wege der landwirtsch. Ausbildung sieht die Reform vor: eine kurzfristige Ausbildung; eine langfristige landwirtsch. Ausbildung zur Heranbildung von Technikern, staatlich geprüften Landwirten und Saat- und Tierzuchtleitern. Die höhere landwirtsch. Ausbildung auf Universitätsebene ist für Biologen, in der Forschung tätige Wissenschaftler, Lehrer und für alle führenden Diplomlandwirte des Landes gedacht. Bei der Ausbildung der weibl. Diplomlandwirte werden der Sozial- und Hauswirtschaft bes. Bedeutung beigemessen. Zur Ausbildung leitender landwirtsch. Angestellter wird die Einrichtung von Spezialschulen vorgesehen. U. König. 50.

Keulen, N. J. A. van. **Der landwirtschaftliche Unterricht in den Niederlanden.** Ausbild. Berat. Land- u. Hauswirtsch. **16** (1963) Nr. 6. S. 123–125. 50.

Kreuziger, Ernst; Wien, Bundesmin. für Land- und Forstwirtsch., Film- und Lichtbildstelle. **Vorzüge und Schwächen des österreichischen Agrarfilmes.** Förderungsdienst [Wien] **11** (1963) Nr. 4. S. 123–129. — 5 Abb. 50.

B. GRUNDLAGENWISSENSCHAFTEN UND METHODIK

Pavate, M. V. On a routine method of detection of linkage in segregations involving three or more characters. **(Ein Routineverfahren für den Kopplungsnachweis bei Aufspaltungen mit drei und mehr Merkmalen.)** Indian J. Genetics Plant Breeding **22** (1962) Nr. 3. S. 263–266.

Ausgehend von Fishers Methode für zwei Merkmale, die gesamte χ^2-Varianz mit 3 FG in 3 Komponenten aufzuspalten, von denen die eine die Kopplung prüft und von der Methode von Yates, die Varianz in einem 2^n faktoriellen Versuch in Haupt- und Wechselwirkungen aufzuteilen, entwickelt Vf. ein Routineverfahren für die Kopplungsprüfung bei n Merkmalen, von denen jedes in einem anderen Verhältnis aufspaltet. Das Verfahren wird ausführlich erläutert und an einem Beispiel veranschaulicht (*Cicer arietinum* L.).

D. Rasch. 160.

Geidel, Hans. **Der Vorzeichentest als Sequentialtest.** Landbauforsch. Völkenrode **12** (1962) Nr. 1. S. 11–13. — 1 Abb., 3 Tab., 2 Lit.

Vf. geht davon aus, daß 2 verschiedene Behandlungen mit Hilfe des Vorzeichentestes miteinander verglichen werden sollen. Er führt zunächst in die theoretischen Grundlagen des Verfahrens ein und gibt in Tab. die Wahrscheinlichkeiten für das Auftreten von genau oder höchstens k Minus- bzw. Plus-Zeichen bei n ($n \leqq 25$) Differenzen an. Die praktische Anwendung des Vorzeichentestes wird am Beispiel von Ertragsergebnissen 2er Sorten A und B erläutert. Für einen entspr. sequentiellen Test wird ein graphisches Verfahren angegeben. G. Reißig. 160.

Thöni, H.; Bern, Schweiz, Univ., Bot. Inst. **Die nomographische Bestimmung des logarithmischen Durchschnittes von Versuchsdaten und die graphische Ermittlung von Regressionswerten.** Experientia [Basel] **19** (1963) Nr. 4. S. 218 bis 219. — 2 Abb. Zus. in Engl.

Durch Verwendung der Logarithmen der Meßwerte wird erreicht, daß die zu den Versuchsdaten gehörigen Punkte auf einer Geraden liegen. Zur Beschreibung des Versuchsergebnisses genügen dann 2 Parameter. Vf. entwickelt ein Nomogramm zur Bestimmung des logarithmischen Durchschitts aus 4 Einzelwerten. Das Nomogramm besteht aus 5 parallelen Skalenträgern. Die Benutzung wird erläutert, und es werden Angaben über die Genauigkeit gemacht.

G. Reißig. 160.

Vielhauer, S. **Anwendung statistischer Methoden zur Ermittlung der Analysengenauigkeit.** Landwitsch. Forsch. **16** (1963) Nr. 1. S. 29–41.

Die Arbeit beschäftigt sich mit der Erfassung der Analysenfehler bei chem. Versuchen. Einleitend wird über systematische und zufällige Fehler und über die Fehlerfortpflanzung berichtet. Für den Mittelwert einer Stichprobe wird für eine Sicherheit von 95% ein Diagramm für ein Konfidenzintervall angegeben, in dem der Stichprobenumfang $N = 2\,(1)\,15\,(5)\,40$ $N = 80$ und $N = 100$ in Abhängigkeit von Standardabweichung und u-Wert $\left(u = \frac{t\,s}{\sqrt{N}}\right)$ dargestellt ist. Vf. wendet sich gegen die Vorschrift, einen bestimmten Prozentsatz der Grundgesamtheit zu prüfen, wesentlicher ist die abs. Zahl der Stichprobenelemente. Weiterhin wird ein Verfahren von Youden beschrieben, das es

gestattet, ein Analysenverfahren und die beteiligten Labors auf systematische und zufällige Fehler zu testen. Abschließend wird der t-Test beschrieben.
D. Rasch. 160.

Staude, H. **Rechentafeln für den multiplen t-Test und den Duncan-Test.** Z. landwirtsch. Versuchs- u. Untersuchungswes. **9** (1963) Nr. 2. S. 109–138. – 4 Tab., 6 Lit. — nach Zus.
Es wurden Tafeln für Faktoren $T_{\bar{x}}$ und D_p aufgestellt. Multipliziert man mit diesen Faktoren die Fehlerstandardabweichung $s = \sqrt{MQ_{Rest}}$ der Varianzanalyse, so erhält man unmittelbar die Grenzdifferenzen des multiplen t-Tests bzw. des Duncan-Tests für den Vergleich der Versuchsglieddurchschnitte mit dem Versuchsdurchschnitt oder miteinander. Die Faktoren wurden für verschiedene Anlagen von Blockversuchen, lateinischen Quadraten und Rechtecken, Zwei- und Dreisatzgittern und Gitterquadraten berechnet. Bei ihrer Benutzung erspart man die bei größerer Versuchsgliederzahl sonst meist notwendige – im Falle des Duncan-Tests evtl. doppelte – Interpolation von Tafelwerten und die Multiplikation von MQ_{Rest} bzw. s mit $\frac{v-1}{vr}$ oder $\frac{1}{r}$ oder $\frac{2}{r}$ bzw. deren Quadratwurzeln. – An einigen Beispielen wird die Benutzung der Tafeln gezeigt.
160.

Leibetseder, J. **Biostatistischer Beitrag (Modellfall) zur Geschlechtsbestimmung.** Z. angew. Zool. **49** (1962) Nr. 4. S. 439–445.
An Hand von geschlechtsabhängigen Knochenmerkmalen soll das Geschlecht der Individuen bestimmt werden. Die Zuordnung zu einem der beiden Geschlechter auf Grund mehrerer Merkmale wird nicht wie üblich mit der Diskriminanzanalyse, sondern unter einfacher Anwendung des Multiplikationssatzes der Wahrscheinlichkeitsrechnung auf die Wahrscheinlichkeiten der Zugehörigkeit des Einzelfalles zu dementsprechenden Grundgesamtheiten vorgenommen.
D. Rasch. 160.

Sebestyén, József. **Matematikai módszerek alkalmazása a mezögazdasági termelés viszgálatában.** (Anwendung von mathematischen Methoden in der Untersuchung der landwirtschaftlichen Produktion.) Budapest: Akad. kiadó. 1962. (134 S.) 8°. (1962 A 1616)

C. JAHRESBERICHTE UND TAGUNGEN

Anonym. **Jahresbericht für 1961 des Verbandes hannoverscher Warmblutzüchter.** Hannoversches Pferd **36** (1962) Nr. 1. S. 1–4.
Es wird von einer steigenden Tendenz in den Stutenbedeckungen und Stutbuchaufnahmen gegenüber 1960 berichtet. Desgleichen bieten sich gute Absatzmöglichkeiten; demgegenüber ist das Verkaufsangebot zu gering. Die Schweiz konnte z. B. 1960 mit 304 Remonten, 1961 dagegen nur mit 193 Remonten beliefert werden. Auch in Verden war das Angebot geringer als im Vorjahr (125:108). Die Preise stiegen jedoch von durchschnittl. DM 4841 auf DM 6291 an. An Junghengsten wurden außerhalb des Zuchtgebietes einer nach Hessen, zwei in die DDR, einer nach Belgien, einer nach Luxemburg und einer nach Chile verkauft. Acht Junghengste übernahm die HPA Westercelle. Der Export an Zucht- und Nutzpferden erstreckte sich auf sieben europäische Länder, Mexiko, Chile, Ägypten und Kanada. Allg. wird das Zuchtjahr 1961 als das Jahr der züchterischen und wirtschaftlichen Konsolidierung angesehen.
H. J. Schwark. 200.

Leveck, Henry H. 75th annual report Mississippi Agricultural Experiment Station. **(75. Jahresbericht der Mississippi Agricultural Experiment Station.)** Mississippi agric. Exp. Stat., annu. Rep. Nr. **75** (1962) S. 1–115. – 26 Abb.
200.

ALLGEMEINE TIERZUCHT

A. ENTWICKLUNGSLEHRE

Černjavskij, F. B. (Tschernjawski, F. B.) O sistematičeskich vzaimootnošenijach i istorii snežnych baranov starogo i novogo sveta. **(Über die taxonomischen Wechselbeziehungen und die Geschichte der Schneeschafe [Ovis nivicola] der alten und der neuen Welt.)** Bjulleteń Moskovskogo obščestva ispytateley prirody [N. S.] **130** Otdel biologičeskij **67** (1962) Nr. 6. 17–26. 1015.

Requate, Horst. **Tierreste aus dem römischen Kastell Asciburgium.** Z. Tierzücht. Züchtungsbiol. **77** (1962) Nr. 1. S. 62–73. — 3 Abb., 30 Lit.
Grundlage der vorliegenden Untersuchungen lieferten Knochenfunde aus dem römischen Kastell Asciburgium aus dem 1. Jh. u. Z. am linken Rheinufer gegenüber der Ruhrmündung. Das Rind ist hier als wichtigstes Schlachttier anzusehen. Zusammengehörige Skeletteile des Pferdes lassen den Schluß zu, daß es hier nicht als Fleischlieferant gedient hat. Die hier gefundenen Pferde entsprechen primitiven Landpferden mit einer Wideorristhöhe zwischen 140 und 150 cm. Verschiedene Skelettmerkmale weisen darauf hin, daß es sich um einen anderen Pferdeschlag als in Nordgermanien handelt. Die aufgefundenen Rinder gehören größtenteils einer kleinen Landrasse an, die sich von den Rindern Nordeuropas durch größere Breite und längere Hörner auszeichnet. Der Anteil von Importrindern ist sehr gering. U. König. 1030.

Boessneck, Joachim. **Die neuen Tierknochenfunde aus dem keltischen Oppidum bei Manching im Vergleich mit den früheren.** Z. Tierzücht. Züchtungsbiol. **77** (1962) Nr. 1. S. 47–61. — 5 Abb., 4. Tab., 17 Lit.
Vf. wertete Ausgrabungen, die seit 1955 im Bereich des spät-La-Tène-zeitlichen Oppidum von Manching, Oberbayern, durchgeführt werden, in Form eines Vergleiches der Funde aus den Jahren 1955, 1957 und 1958 aus . In der Mengenverteilung der Haustierarten konnten in den einzelnen Jahren Unterschiede festgestellt werden. Die zool. haustierkundlichen Untersuchungen brachten dagegen übereinstimmende Ergebnisse. U. König. 1030.

Nobis, Günter. **Die Tierreste prähistorischer Siedlungen aus dem Satrupholmer Moor (Schleswig-Holstein).** Z. Tierzücht. Züchtungsbiol. **77** (1962) Nr. 1. S. 16 bis 30. — 7 Tab., 40 Lit.
Vf. untersuchte Knochenreste einer jungsteinzeitlichen Siedlung am Satrupholmer Moor in Schleswig-Holstein. Er konnte hier bereits einen Haustieranteil von 85,1% nachweisen, der allerdings von dänischen Funden mit 98% Haustieren übertroffen wird. Auf die Schwierigkeit der Abgrenzung zwischen Wild- und Haustier wird hingewiesen. Das Auftreten von Übergangsformen läßt eine autochthone Domestikation von Rind und Schwein im nördl. Mitteleuropa möglich erscheinen. Ein Vergleich mit anderen jungsteinzeitlichen Siedlungsplätzen Mitteleuropas zeigt im wesentlichen Übereinstimmung in Zusammensetzung und Größe einzelner Haustierarten. U. König. 1030.

Müller, Hanns-Hermann. **Die Tierreste der slawischen Burg Berlin-Köpenick.** Z. Tierzücht. Züchtungsbiol. **77** (1962) Nr. 1. S. 100–114. — 9 Abb., 2 Tab., 12 Lit.
In der slawischen Burg Köpenick wurden neben den slawischen auch frühdeutsche Schichten gefunden. Zwischen den einzelnen Zeithorizonten konnte im Verhältnis von Haus- zu Wildtieren kein Unterschied festgestellt werden. Das durchschnittl. Verhältnis lag bei 54% Haus- und 46% Wildtieren. Der hohe Anteil an Wildtierknochen in mittelalterlichen Burgen wird dabei nicht wirtschaftlichen Ursachen zugeschrieben, sondern dem Jagdvorrecht des Adels. Zwischen den Haustieren der slawischen und frühdeutschen Zeit konnten auf Grund des Tierknochenmaterials keine Unterschiede festgestellt werden. Messungen an Hirschknochen zeigten in dem Zeitabschnitt vom 9.–14. Jh. keine Veränderungen. Ein weiterer Vergleich mit Funden aus

dem nicht slawischen Raum Alt-Hannover ergab für Alt-Hannover eine größere Variabilität der Rinder, z. T. kleinere Rinder als in Köpenick und z. T. größere Pferde, die eine Widerristhöhe von 150 cm erreichten.
U. König. 1030.

Radulesco, Costin und Samson, Petre. Sur un centre de domestication du mouton dans le mésolithique de la grotte „La Adam" en Dobrogea. **(Über ein Domestikationszentrum des Schafes im Mesolithikum in der Höhle „La Adam" in der Dobrudscha.)** Z. Tierzücht. Züchtungsbiol. **76** (1962) Nr. 2/3. S. 282–320. — 21 Abb., 9 Tab., 114 Lit.
Ausgrabungen in der Höhle „La Adam" in der Dobrudscha ergaben im Paleolithikum das Bestehen von 2 Schafgruppen. Die zunehmende Anzahl von Schafen in jüngeren Schichten, der hohe Anteil junger Tiere und das Vorkommen wilder Schafe im oberen Pleistozän sowie im Postglazial im pontischen Raum weisen darauf hin, daß neben Vorderasien auch in diesem Gebiet eine Domestikation des Schafes angenommen werden kann. U. König. 1030.

Dmitrieva, E. L. (Dmitrijewa, Je. L.); Moskau, Paläontol. Inst der Akad. der Wiss. der UdSSR. Čto izvestno o pervych domašnich životnych Kryma? **(Was ist über die ersten Haustiere der Krim bekannt?)** Priroda, Moskva **52** (1963) Nr. 2. S. 104–105. — 1 Lit.
An Hand von Untersuchungen von Knochenfunden aus der Höhle Tasch-Air I auf der Krim stellt Vf. fest, daß in den einzelnen erdgeschichtlichen Etappen, beginnend mit der Ursteinzeit, bestimmte Komplexe von domestizierten und wilden Tieren vorhanden waren. Es ist wahrscheinlich, daß die Domestikation der Tiere, vor allem der Schweine, von wilden Ausgangsformen erfolgte. Ihr Beginn liegt am Ende der mittleren Steinzeit bzw. zu Beginn der Jungsteinzeit. Es besteht aber auch die Möglichkeit, daß, bes. bei den Rindern, schon domestizierte Tiere aus benachbarten, in der Domestikation weiterentwickelten Gebieten eingeführt wurden. K. Witt. 1030.

B. ORGANE DES TIERKÖRPERS

Hoffmann-Berling, Hartmut; Heidelberg. **Mechanismen von Zellbewegungen.** Naturwissenschaften **50** (1963) Nr. 7. S. 256–259. 1115.

Holzer, Helmut; Freiburg/Br. **Intrazelluläre Regulation des Stoffwechsels.** Naturwissenschaften **50** (1963) Nr. 7. S. 260–270. 1115.

Wittekind, D.; Grenzach, Baden. **Pinozytose.** Naturwissenschaften **50** (1963) Nr. 7. S. 270–277. 1115.

Howes, J. R., Hentges jun., J. F. und Feaster, J. P.; Gainesville, Fla., Agric. Exp. Stat., Dep. of Animal Sci. Blood volume of Brahman and Hereford cattle as measured by injected radioiodinated bovine serum albumin. **(Das Blutvolumen von Brahman- und Herefordkühen, gemessen durch Injektion von mit radioaktivem Jod markiertem Rinderserumalbumin.)** J. Animal Sci. **22** (1963) Nr. 1. S. 183–187. — 6 Tab., 30 Lit.
Die mittleren Plasma-, Erythrocyten- und Blutvolumina wiesen signifikante Unterschiede zwischen den Rassen und zwischen den Altersstufen von 2 und 4 Jahren auf. Die Unterschiede zwischen den Jahreszeiten waren nicht signifikant. Die Mittelwerte der Rassen betrugen in % des Körpergewichts:

	Plasma		Erythrocyten		Blut	
	2 Jahre	4 Jahre	2 Jahre	4 Jahre	2 Jahre	4 Jahre
Brahman	2,8	3,9	2,9	4,5	5,6	8,4
Hereford	2,8	3,1	2,1	2,7	4,9	5,8

B. Busch. 1120.

Bieguszewski, Henryk; Olsztyn, Wyższa Szkoła Rolnicza, Katedra Fizjol. Zwierząt. Badania nad ogólną objętościa krwi i erytropoezą u jagniąt oraz u owiec dorosłych polskiej owcy długowełnistej. **(Untersuchungen über das Gesamt-Blutvolumen und die Erythropoiese bei Lämmern und ausgewachsenen Schafen des polnischen Langwollschafes.)** Rocniki Nauk rolniczych, Ser. B 80 (1962) Nr. 3. S. 229–254. – 10 Abb., 5 Tab., 37 Lit. Zus. in Russ., Engl.
Versuche an 39 Lämmern und 40 ausgewachsenen Schafen ergaben, daß neugeborene Lämmer das höchste Gesamtblutvolumen, das höchste Volumen der zellulären Bestandteile und den höchsten Hb-Gehalt bezogen auf 1 kg Lgw. besaßen. Im 1. Lebensmonat erfolgte ein anfangs recht schneller, später verlangsamter Rückgang dieser Indices. Im Mark der Lämmer wurden mehr Erythroblasten nachgewiesen als im Mark ausgewachsener Schafe. Die Erythrocytenzahl im Blut neugeborener Lämmer war um 10% geringer als im Blut ausgewachsener Schafe. In der 1. Lebenswoche ging sie noch weiter zurück, um danach wieder anzusteigen, bis gegen Ende des 2. Lebensmonats die Erythrocytenzahl im Blut von Lämmern der von ausgewachsenen Schafen gleichkam. Reticulozyten im zirkulierenden Blut wurden lediglich bis Ende des 2. Lebensmonats festgestellt. Der Hb-Gehalt der Erythrocyten war bei Lämmern etwas höher als bei ausgewachsenen Schafen.
P. Poczopko. 1120.

Smith, Vearl R. und Brown, W. H.; Tucson, Univ. of Arizona, Dep. of Dairy Sci. Response of some blood constituents to infusions of disodium ethylenediamine tetraacetate in intact cattle. **(Reaktion einiger Blutbestandteile auf die Infusion von Dinatriumaethylendiamintetraacetat bei gesunden Rindern.)** J. Dairy Sci. **46** (1963) Nr. 3. S. 223–226. 1120.

Ermenkov, K. (Ermenkow, K.). Proučvane na njakoi fiziologični i biochimični pokazateli pri teletata vǔv vrǔzka s vǔzrastta. **(Untersuchung einiger physiologischer und biochemischer altersbedingter Merkmale bei Kälbern.)** Naučni trudove. Visš. selskostopanski institut „Georgi Dimitrov". Zootechničeski fakultet, Sofija **12** (1963) S. 229–241. – 6 Tab., 25 Lit. Zus. in Russ., Dtsch.
Vom Tage der Geburt an bis zum Alter von 6 Mon. hat Vf. einige physiol. und biochem. Daten bei Kälbern studiert. Festgestellt wurde, daß im Vergleich zu den Müttern die neugeborenen Kälber einen um 20% höheren Erythrocyten- und um 44% höheren Hb-Gehalt aufweisen. Dagegen tritt am Ende des 1. Lebensmonats eine starke Abnahme der Erythrocytenzahl und des Hb-Gehaltes ein. In den nachfolgenden Mon. nimmt die Zahl der Erythrocyten allmählich zu und erreicht am Ende des 5. Lebensmonats 8 Mill. Im 6. Lebensmonat beobachtet man einen schwachen Rückgang und ein Ausgleichen der Erythrocytenzahl an die 1 Jahr alter Kälber. Bei der Geburt erreichte die Blutglutathionmenge 57,4% für das Gesamt- und 62,6 mg% für das reduzierende Glutathion, die um 77% höher ist als bei den Kühen. Im 1. Lebensmonat nach der Geburt sinkt die Gluthationmenge um 17,1 mg%. Der Blutzuckergehalt der neugeborenen Kälber betrug 120 mg%, nahm nach dem 1. Lebensmonat ab und glich sich gegen den 4. Mon. dem der Mütter an (78–81 mg%). Bei der Geburt war der Gesamteiweißgehalt im Blut gering (5,17%), nahm mit dem Alter allmählich zu und erreichte am Ende des 6. Lebensmonats 6,48%, was niedriger ist als bei erwachsenen Kühen (7,27%). Bei der Geburt beträgt die Ca-Menge im Blutserum 12,25 mg% und liegt damit um ca. 40% höher als bei den Muttertieren. Nach allmählicher Abnahme erreicht der Ca-Spiegel am Ende des 6. Lebensmonats 10,40 mg% und gleicht damit der Ca-Menge im Blutserum 1jähriger Kälber. G. Radew. 1120.

Wawrzyńczak, Stefan; Olsztyn, Wyższa Szkoła Rolnicza, Katedra Szczegółowej Hodowli Zwierząt. Zmiany biochemiczne i morfologiczne krwi oraz wskaźników fizjologicznych u krów rasy nizinnej czarno — białej w okresie laktacji i ciąży. **(Biochemische und morphologische Veränderungen im Blut von Kühen des Schwarzbunten Niederungsviehs während der Laktation und Trächtigkeit.)** Roczniki Nauk rolniczych, Ser. B **80** (1962) Nr. 1. S. 31–48. – 6 Abb., 3 Tab., 52 Lit. Zus. in Russ., Engl.

An 12 Kühen, die im gleichen Monat gekalbt hatten, wurde festgestellt, daß mit sinkender Milchleistung die Globulinfraktion im Blut, die Zahl der Erythrocyten und Leukocyten, der Gehalt an Hb und Katalase, die Puls- und Atemfrequenz allmählich sinken, während gleichzeitig ein Ansteigen der Albuminfraktion und der Alkalireserve zu verzeichnen ist. In Auswirkung der Trächtigkeit erfolgt ein Ansteigen des intermediären Eiweiß-Stoffwechsels und der Redoxvorgänge. P. Poczopko. 1120.

Novik, A. I. (Nowik, A. I.) Pokazateli krovi u belorusskich černopestrych svinej v zavisimosti ot rosta i razvitija, teloslozenija i produktivnosti. **(Die Blutmerkmale von Belorussischen schwarzbunten Schweinen in Abhängigkeit von Wachstum und Entwicklung, Körperbau und Leistung.)** Trudy Belorusskoj sel'skochozjajstvennoj akademii, Gorki **34** (1961) S. 109–129. – 11 Tab., 42 Lit.

Serumeiweiß (S), Erythrocyten (E), Hb und Leukocyten (L) zeigten nach der Geburt einen Anstieg bis zum 12. Lebensmonat, um dann bis zum 3. Lebensjahr wieder abzusinken. In den ersten Lebenstagen war das Blutbild neutrophil, wurde um den 20. Tag lymphocytär, im Alter von 2–3 Jahren war der Anteil von Neutrophilen und Lymphocyten etwa gleich. Der Eiweißquotient betrug bei neugeborenen Ferkeln 2,55, sank bis zum 3. Lebensmonat auf 0,72, um dann bis zum 12. Mon. wieder auf 1,0 anzusteigen. Der Zuckergehalt (Z) des Blutes war nach der Geburt am höchsten, sank dann bis zum 12. Mon. und weiter bis zum 36. ab. Auch der Ca-Gehalt des Serums fiel nach der Geburt ab. Schweine des breiten Typs hatten gegenüber denen des leptosomen Typs 0,55 Mill. weniger E, weniger Hb, Z und S, aber mehr L mit geringgradig höherem Lymphocytenanteil. Ein schnelles Wachstum der Schweine war mit hohem E und Hb sowie mit höherem S verbunden. Während der Trächtigkeit der Sauen stiegen E und Hb, in den letzten 2 Wochen vor der Geburt auch L sowie der Anteil der Neutrophilen. In der Geburtsperiode erhöhte sich S, sank nach der Geburt wieder ab, um dann erneut anzusteigen. Die 2. Trächtigkeitshälfte war durch hohen Gehalt an Globulinen gekennzeichnet. B. Busch. 1120.

Studziński, Tadeusz und Wiśliński, Marian; Lublin, WSR, Wydział Weteryn., Katedra Fizjol. Występowanie różnych typów hemoglobiny u niektórych ras owiec. **(Das Vorkommen von unterschiedlichen Hämoglobintypen bei gewissen Schafrassen.)** Ann. Univ. Maria Curie-Skłodowska, Sect. DD **15** (1960, hrsg. 1962) S. 105–110. – 1 Tab., 15 Lit. Zus. in Russ., Engl.

Die Untersuchungen erfolgten mittels Papierchromatographie und alkalischer Denaturierung. Die Blutproben wurden 307 Versuchstieren nachstehender Rassen entnommen: Polnische Merino, Karakul, Zackel, Zigaja, Heidschnukken und „Swiniarka“. Das Vorkommen von 2 Hb-Typen A und B wurde nachgewiesen. Auf dieser Basis können die Schafe in 3 Blutgruppen eingeteilt werden, nämlich Gruppe Hb A, Hb B und Hb A + B. Das Vorkommen der einzelnen Blutgruppen (in %) war rassebedingt:

	Hb A	Hb B	Hb A + B
Merino	4	55	41
Karakul	–	72	28
Zackel	2	60	38
Zigaja	4	68	28
Heidschnucken	17	26	57

Alle untersuchten Tiere der „Swiniarka" Rasse (40 Stck.) hatten ausschließlich die Blutgruppe Hb B. P. Poczopko. 1120.

Dassat, P. und Sartore, G.; Parma, Univ., Ist. di Zootecn. Gen.; Torino, Osservatorio di Genetica Animale. Haemoglobin and potassium blood types in Sardinian sheep of Italy. **(Hämoglobin- und Kalium-Bluttypen bei sardinischen Schafen in Italien.)** Zootecn. e Veterin. 18 (1963) Nr. 1/2. S. 17 bis 18. — 2 Tab.
Die Tiere gehören zu der besten Milchrasse Italiens und liefern sowohl Milch als auch Fleisch. Die Untersuchungen erstreckten sich über 2 Jahre. Die Ergebnisse wurden unter Berücksichtigung der 3 Hb-Typen (A, AB, B) in 2 Tab. dargestellt. Der Hb-Charakter der Rasse ist polymorph, der K-Charakter jedoch nicht. Es wurde festgestellt, daß Tiere mit dem Hb-Typ A höhere Mittelwerte der K-Konzentration aufweisen als Tiere mit den Hb-Typen AB und B. Eine signifikante Differenz besteht jedoch nicht. Aus den Ergebnissen der Hb- und K-Typen werden mögliche Einwirkungen durch Entwicklungsfaktoren dieser Rasse erwähnt. W. Verter. 1120.

Simeonov, S. (Simeonow, S.) Proučvanija vŭrchu sŭdŭržanieto na ketonovite tela v krŭvta na produktivni kravi v zavisimost ot vŭzrastta, fiziologičnoto sŭstojanie i produktivnostta. **(Untersuchungen über den Ketonkörpergehalt im Blut von Milchkühen in Abhängigkeit von Alter, physiologischem Zustand und Milchleistung.)** Izvestija na Naučnoizsledovatelskija institut za nezarazni bolesti i zoochigiena, Sofija 2 (1962) S. 21–28. — 3 Tab., 16 Lit. Zus. in Russ., Dtsch.
Mit Hilfe des von Balachowski beschriebenen und von Poluchin modifizierten jodometrischen Verfahrens bestimmte Vf. die Ketonkörpermenge bei 888 klinisch gesunden Milchkühen. Bei den Milchkühen unterschiedlichen Alters wurden im Ketonkörpergehalt keine Unterschiede festgestellt. Bei den Hochleistungskühen wurde eine Zunahme des Ketonkörpergehalts (im letzten Trächtigkeitsmonat bis 3. Mon. nach dem Abkalben) beobachtet, die gegen den 20.–30. Tag nach der Geburt am höchsten war. Bei einzelnen Kühen stieg die Ketonkörpermenge um das 6- bis 13fache. Es wurde festgestellt, daß die Hochleistungskühe und in der Winterzeit (Jan.–März) abkalbenden Kühe eine größere Ketonkörperzunahme aufwiesen als die mit geringerer Milchleistung und im Frühjahr (Apr.–Mai) kalbenden. Die Untersuchungen der einzelnen Fraktionen zeigten eine rel. hohe Zunahme des Azetons und eine geringe bei der Azetessigsäure. Z. Tomow. 1120.

Bergfeld, J. und Koriath, G.; Dummerstorf, Inst. für Tierzuchtforsch. der Dtsch. Akad. der Landwirtsch.-Wiss. zu Berlin. **Mitteilungen über Beobachtungen des Eosinophilen-Blutbildes wachsender Rinder.** Arch. Tierzucht (1963) Nr. 5/6. S. 405-413. — 3 Abb., 3 Tab., 5 Lit. Zus. in Russ., Engl. — nach Zus.
Es wurde bei 26 zu Beginn der Untersuchungen 8 Mon. alten Zwillingsfärsen des Deutschen Schwarzbunten Rindes von Juni 1962–Apr. 1963 in ca. 4- bis 6wöchigen Abständen die Zahl der Eosinophilen-Granulocyten pro mm^3 Blut ermittelt. Die Mittelwerte stiegen mit dem Alter und dem Körpergewicht während der Untersuchungsperiode stetig von ⌀ 118,03 auf 459,68 Zellen/mm^3 Blut. An Hand von Diagrammen wird versucht, den möglichen Einfluß der Faktoren Fütterung, Außentemperatur und Trächtigkeit zu erklären. Das Einsetzen der Geschlechtsreife scheint nicht direkt auf die Höhe der Werte einzuwirken. Zwischen den Paaren bestehen im Niveau und Verlauf der verfertigten Diagramme zum Teil erhebliche, paareigen anmutende Unterschiede. Die Möglichkeit einer genetisch bedingten Steuerung des Eosinophilen-Blutbildes und seiner Entwicklung wird angedeutet. 1120.

Fisher, E. W. Observations on the bovine haematocrit. **(Beobachtungen über den Hämatokrit des Rindes.)** Brit. veterin. J. 118 (1962) Nr. 12. S. 513 bis 521. – 9 Tab., 12 Lit.

Mehrfachbestimmungen des Hämatokrits an Heparinblut gesunder erwachsener Ayrshire-Kühe werden mit verschiedenen Zentrifugen ausgeführt. Die Mikrohämatokrit-Zentrifuge (Hawkesly & Sons, Limited, London, England) liefert bei einer Zentrifugalkraft von 12 000 g über 6 Min. in 3 × 3 Zwölffachbestimmungen eine Standardabweichung von 0,5 bei einem Mittelwert von 31,1%. In 4 Sechsfachbestimmungen mit unterschiedlicher Zentrifugierdauer werden nach 10 Min. bereits gleichbleibende Werte erreicht, die sich auch nach 150 Min. Zentrifugieren nicht mehr ändern. Als Mittelwert von 6 Wiederholungen einer Blutprobe liefert die Mikrohämatokrit-Zentrifuge (MZ) nach 10 Min. 30,1 ± 2,82%, denen die mit Standardzentrifugen bei 1600 g erhaltenen Mittelwerte von 32,1 ±3,05% bei 35 °C nach 3 Std. und 31,5 ± 2,74% bei 26 °C nach 3 Std. gegenüberstehen. Die an 20 Kühen vorgenommene 5fache indirekte Hämatokritbestimmung über die Feststellung des Erythrocytenvolumens mit Hilfe von Evans Blau ergab einen Mittelwert von 26,9 ± 2,49%, während die MZ 30,1 ± 2,82% ergab; hieraus errechnet sich das Volumen des eingeschlossenen (trapped) Plasmas zu 10,5 ± 3,05%. Im Durchschnitt von 9 Kühen wurden mit Blut aus der Eutervene 31,8 ± 1,95% mit der MZ gemessen gegenüber 33,8 ± 1,76% mit Jugularblut; die Differenz betrug 2,0 ± 1,22% bei nicht laktierenden Kühen. Die entspr. Werte von 10 laktierenden Kühen lagen bei 31,5 ± 2,15, 35,7 ± 3,35 und 4,2 ± 2,80%. Nach Erzeugung einer Stase von 5 Min. durch ein Drosselseil ergeben 5 Kühe einen Hämatokrit von 27,2 ± 8,82% gegenüber 25,3 ± 8,65% vor der Stauung. Ferner wurden der Einfluß des CO_2-Gehaltes, der Aufbewahrung über Nacht sowie der tageszeitlichen Schwankungen auf den Hämatokrit besprochen. Die Überlegenheit der MZ gegenüber den gebräuchlichen Zentrifugen wird bes. betont.

C.-U. v. Mickwitz. 1120.

Thorell, Carl Bertil; Stockholm, Sweden, Roy. Veterin. Coll., Dep. of Clin. Biochem.; Res. Inst. of Nat. Defence. Automatic counting of red and white cells in animal blood. **(Automatische Zählung roter und weißer Blutkörperchen in Tierblut.)** Nord. Veterinärmed. 15 (1963) Nr. 1. S. 12–17. – 4 Lit.

Die im Celloskop ausgeführte Zählung roter und weißer Blutkörperchen von Pferd, Rind, Schwein und Hund erwies sich zuverlässiger als die Zählung in der Bürkerkammer. F. Lehnert. 1120.

Glick, Bruce. White blood cells studied as defense against disease. **(Untersuchungen über die weißen Blutzellen als Krankheitsabwehr.)** Mississippi Farm Res. 28 (1963) Nr. 1. S. 7.

Die Leukocytenwerte stiegen bei Küken mit zunehmendem Alter, der prozentuale Anteil der Lymphocyten und Heterophilen veränderte sich dagegen nicht. Geschlechtsunterschiede wurden nicht festgestellt. Es zeigten sich tageszeitlich bedingte Schwankungen in den Leukocytenwerten, diese lagen zwischen 8^{00} und 12^{00} am niedrigsten und zwischen 14^{00} und 22^{00} am höchsten. Diese Schwankungen müssen bei Stressversuchen unbedingt berücksichtigt werden. Die Prozedur der Blutentnahme rief in den Versuchen keinen Stress hervor. B. Busch. 1120.

Kraczkowski, Henryk; Lublin, WSR, Wydział Weteryn., Katedra Chem. Fizjol. Białka surowicy krwi u ptaków domowych w cyklu rocznym. **(Eiweißkörper im Blutserum des Hausgeflügels während des Jahreszyklus.)** Ann. Univ. Mariae Curie-Skłodowska, Sect. DD 15 (1960, hrsg. 1962) S. 239–272. – 12 Abb., 10 Tab., 42 Lit. Zus. in Russ., Engl.

Der Gesamteiweißgehalt und der Gehalt der Eiweißfraktionen wurden im Blutserum von 40 Hennen der Zielononóżka-Rasse, 30 Pekingenten, 20 Gänsen der Landrasse Typ Lublin und 20 Truthühnern verschiedener Rassen (überwiegend Bronzeputen) ermittelt. Den geringsten Schwankungen unterlag der Gehalt an α- und β- Globulinen, den weitesten der Gehalt an Albumin, bei Hühnern auch an γ-Globulin. Bei Hühnern betrugen die Schwankungen der letzteren bis 17,58% je nach dem Stadium der Legeleistung und der Mauser. Der höchste Albumingehalt wurde im Blutserum von Gänsen und Truthühnern, der niedrigste in dem von Hühnern festgestellt. Die größten quantitativen Schwankungen des Albumins beobachtete man bei Haushühnern und Truthühnern während der Mauser. Den höchsten Gehalt an Gesamteiweiß wies das Blutserum der Gänse auf, den niedrigsten das der Truthühner. Das Gesamteiweiß im Blutserum unterlag bei allem Geflügel quantitativen Schwankungen im Jahreszyklus, wobei die weitesten Ausschläge bei Hühnern und Enten auftraten. P. Poczopko. 1120.

Tomoda, Isamu; Tokyo, Japan, Univ. of Tokyo, Fac. of Agric., Dep. of Veterin. Internal Med. Paper electrophoretic studies on serum proteins in domestic animals. I. Serum proteins in healthy animals. **(Papierelektrophoretische Untersuchungen der Serumproteine bei Haustieren. 1. Mitt. Serumproteine bei gesunden Tieren.)** Jap. J. veterin. Sci. **24** (1962) Nr. 6. S. 337-348. — 5 Tab., Orig.: jap., Ausz.: engl.
Die Mittelwerte des Gesamtproteins, des Albumins, der α-, β- und γ-Globuline in g/dl betrugen bei Rindern 6,91; 3,21; 0,99; 0,88; 1,82, bei Pferden 6,59; 2,86; 1,07; 1,15; 1,51, bei Schweinen 7,39; 3,06; 1,61: 1,27; 1,46, bei Schafen 6,5; 3,43; 0,54; 0,83; 1,70, bei Ziegen 7,00; 3,96; 1,31; 0,43; 1,30, bei Hunden 6,8; 3,27; 1,09; 1,52; 0,92, bei Katzen 6,3; 2,84; 1,70; 0,76; 1,00, bei Kaninchen 6,0; 3,68; 0,8; 0,71; 0,81. Im Vergleich zu einheimischen Rindern hatten Jerseys und Holsteiner im Blutserum einen höheren Gesamteiweißgehalt, einen geringeren prozentualen Albumin- und α- sowie β-Globulin- und erhöhten prozentualen γ-Globulinanteil, außerdem einen erniedrigten Albumin/Globulinquotienten. Die Werte der Erythrocyten und Leukocyten lagen bei den einheimischen Rassen tiefer, der Hb-Wert höher. Die Veränderung des rel. Gehalts des Serums an Eiweißen zeigte signifikante Veränderungen während des Lebens. B. Busch. 1120.

Ross, D. A. Follicle productivity and wool production in Romney ewes. **(Follikel-Produktivität und Wolleistung bei Romney-Mutterschafen.)** Austral. J. agric. Res. **13** (1962) Nr. 5. S. 924–942. — Vgl. LZ. Abt. III 8 (1963) Nr. 7. S. 1367. 1140.

Antipin, S. D. O gustote volosjanogo pokrova krolikov. **(Über die Dichte des Kaninchenfelles.)** Krolikovodstvo i zverovodstvo, Moskva **5** (1962) Nr.10 S. 21.
Bei Kaninchenrassen, die aus dem Ausland in die Sowjetunion eingeführt wurden, zeigte sich nach einigen Jahren eine auffällige Fellverdichtung. Thiel stellte 1928 an Rexen eine Dichte von 10000–15200 Haaren auf 1 cm^2 fest. Zerewitinowa konnte 1934 bis zu 22000 Haare pro cm^2 feststellen. Ähnlich war das Resultat der Untersuchungen des Autors an Weißen Riesen. Es wird vermutet, daß diese Veränderungen der Felldichte durch Selektion oder durch veränderte klimatische Bedingungen hervorgerufen wurden. Als wahrscheinlich wird das enge Zusammenwirken beider Faktoren angenommen.
F. Haseloff. 1140.

Antipin, S. D. Mestnaja reaktivnaja smena volos u krolikov. **(Der örtlichreaktive Haarwechsel bei Kaninchen.)** Krolikovodstvo i zverodstvo, Moskva **5** (1962) Nr. 11. S. 14–16. — 1 Abb., 1 Tab.
Es konnte festgestellt werden, daß das örtlich eng begrenzte Haaren nicht auf Hautverletzungen oder Beseitigung (z. B. Ausrupfen) schlechthin zurückzuführen ist, sondern auf eine Hautreizung, die mit einer stabilen aktiven Hyperämie

verbunden ist. Diese wichtige Anpassungsreaktion ist unter Säugetieren weit verbreitet. Während des ganzen Jahres haart das Kaninchen am Vorderkopf, an den Läufen, an Schwanz und Ohren, an der Halsunterseite, am Sitzbein (Schwanzansatz), am Hinterrand der Schenkel und in der Leistengegend. Diese Körperteile befinden sich im reaktiven Zustand, da sie oft mit der Umwelt unmittelbar in Berührung kommen. Der örtlich-reaktive Haarwechsel vollzieht sich am intensivsten im Juni und im Okt., weniger intensiv im Febr.–März. Mit Eintritt des Winters wird der Haarwechsel durch die Kälte gehemmt. Der allg. Haarwechsel in 2 Zyklen vollzieht sich bis zu Beginn des Winters. Der örtlich-reaktive Haarwechsel als Anpassungsreaktion wird bei Kaninchen während des ganzen Jahres beobachtet.

F. Haseloff. 1140.

Shih, Chun-yuan; Leningrad, Shdanow-Univ., Physiol. Uchtomski-Inst. O roli kory golovnogo mozga v funkcional'nych vzaimootnošenijach moločnoj železy i piščevaritel'noj sistemy. **(Die Rolle der Großhirnrinde für die funktionellen Beziehungen zwischen Milchdrüse und Verdauungssystem.)** Bjulleteń èksperimental'noj biologii i mediciny, Moskva **54 (27)** (1962) Nr. 12. S. 22–27. — 3 Abb., 1 Tab., 12 Lit. Zus. in Engl.

An 3 Ziegen mit Fisteln in den verschiedenen Magenteilen wurden die Kaubewegungen nach mechanischer Reizung der Milchdrüse (unbedingter Reiz) und durch Schall (bedingter Reiz) untersucht. Mechanische Reizung der Milchdrüse verstärkte und beschleunigte die Kontraktion aller Teile des Magens. Auf den bedingten Reiz hin kommt es bei den Tieren zu ähnlichen Veränderungen wie bei mechanischer Reizung, jedoch ist die Befestigung des bedingten Reflexes bei den verschiedenen Tieren unterschiedlich. Zu Veränderungen der Magenkontraktion kommt es nicht selten schon vor Beginn der mechanischen Reizung. Dieses spricht gleichfalls für eine Beeinflussung durch die Großhirnrinde.

G. Pose. 1250.

Ėskin, I. A. und Michajlova, N. V. (Eskin, I. A. und Michailowa, N. W.); Unions-Inst. für Exp. Endokrinol., Abt. für Exp. Biol. Vozrastnye izmenenija v funkcii gipofiza i kory nadpočečnikov i značenie nervnoj sistemy v ich razvitii. **(Altersmäßige Hypophysen- und Nebennierenrindenfunktionsänderungen und die Bedeutung des Nervensystems bei ihrer Entwicklung.)** Problemy ėndokrinologii i gormonoterapii, Moskva **9** (1963) Nr. 2. S. 10–14. — 4 Abb., 8 Lit. Zus. in Engl.

Unter alten Ratten treten im Gegensatz zu jungen Tieren, die alle eine ausreichende Funktionstätigkeit des Hypophysenvorderlappen-Nebennierenrindensystems zeigen, zwei Reaktionsgruppen auf, eine Gruppe mit schwacher Stress-Reaktion (als Stressor diente eine plötzliche Unterkühlung) und eine Gruppe mit stärksten Reaktionen selbst auf geringe Reize (z. B. Blutentnahme). Mit Hilfe von Chlorpromazin (0,5 mg/100 g Lgw. peroral in Milch) konnte bei alten Ratten die Neigung zur überschießenden Reaktion gebremst werden. Nach einer 14tägigen tägl. Behandlung in der oben angegebenen Dosierung zeigten alle Tiere auf schwache Reize einen Eosinophilenabfall um höchstens 30%. Jedoch schon 7 Tage nach Abschluß der Behandlung waren die alten Verhältnisse wiederhergestellt. Alte Tiere mit schwacher Stress-Reaktion erhielten Dibenzidran (0,06 mg/100 g Lgw. peroral in Milch). Nach einer 2tägigen Behandlung wurde die Zahl der auf Kältestress mit Eosinophilenabfall reagierenden Tiere von 27 auf 66% heraufgesetzt. Nach einer 14tägigen Behandlung traten bei einigen Tieren Zeichen der überschießenden Reaktion auf (Eosinophilenabfall um 98%, Reaktion auf geringste Reize). Weiterhin besteht zwischen jungen und alten Ratten ein Unterschied im Tagesrhythmus der Eosinophilenkonzentration im Blut. Junge Tiere zeigten um 14^{00} einen hohen Gipfel und einen erheblichen Abfall während der Nacht. Bei alten Tieren verlief die Kurve flacher. Ein Tagesrhythmus war hier nur angedeutet.

Die erzielten Ergebnisse werden auf altersmäßig beeinflußte Nervenkontrolle der ACTH-Sekretion zurückgeführt, denn bei exogen zugeführtem ACTH zeigten junge wie alte Tiere die gleiche Reaktionsfähigkeit ihrer Nebennierenrinde an. S. Willer. 1250.

Shih, Chun-yuan; Leningrad, Univ., Uchtomski-Inst. für Physiol. O vlijanijach s receptorov moločnoj železy na dejatel'nost' mnogokamernogo želudka u koz. **(Über die Einflüsse der Receptoren der Milchdrüse auf die Tätigkeit des zusammengesetzten Magens bei der Ziege.)** Fiziologičeskij žurnal SSSR imeni I. M. Sečenova, Moskva–Leningrad **49** (1963) Nr. 2. S. 236–241. — 5 Abb., 14 Lit.
Vf. führte an 10 mit Pansen-, Netzmagen-, Blättermagen- und Labmagenfisteln versehenen Ziegen im Alter von 2–7 Jahren langfristige Versuche durch. Die motorische Tätigkeit der einzelnen Magenabschnitte wurde mittels Gummiballons über Manometer auf eine Registriervorrichtung übertragen. Die Wiederkäureflexe wurden ebenfalls registriert. Die Reizung der Milchdrüsenreceptoren, die mechanisch erfolgte, rief eine wiederholte Zusammenziehung der Magenabschnitte hervor. Nach Infiltrations-Anaesthesie mit 1%iger Novocainlösung hatte eine Reizung der Milchdrüsenreceptoren keinen Einfluß mehr auf den Wiederkäuakt und auf Veränderungen in der Tätigkeit des zusammengesetzten Magens. H.-D. Bock. 1250.

Bujkis, I. Raspredelenie sukcinatdegidrogenazy, nukleinovych kislot i glikogena v nejronach mežpozvonočnych uzlov i v motonejronach spinnogo mozga u èmbrionov i plodov ovcy. **(Die Verteilung der Succinatdehydrogenase der Nucleinsäuren und des Glykogens in den Neuronen der Zwischenwirbelknoten und in den Motoneuronen des Rückenmarks beim Embryo und Fetus des Schafes.)** Izvestija Akademii nauk Latvijskoj SSR, Riga **1963** Nr. 2. S. 105–113. — 6 Abb., 25 Lit. Zus. in Engl. 1250.

Hasselbach, W.; Heidelberg. **Mechanismen der Muskelkontraktion und ihre intrazelluläre Steuerung.** Naturwissenschaften **50** (1963) Nr. 7. S. 249–256. 1320.

Waites, G. M. H. The effect of heating the scrotum of the ram on respiration and body temperature. **(Die Beeinflussung der Atmung und der Körpertemperatur beim Widder bei Erwärmung des Skrotums.)** Quart. J. exp. Physiol. cognate med. Sci. **47** (1962) Nr. 4. S. 314–323. — 5 Abb., 21 Lit.
Es war festgestellt worden, daß die örtliche Erwärmung des Skrotums bei vollvliesigen Widdern zu einem Anstieg der Respirationsrate führte, die bei einigen Tieren einen erheblichen Abfall der Rectaltemperatur zur Folge hatte. Vorliegende Untersuchungen wurden durchgeführt, um festzustellen 1) ob die Atmungsreaktion, die als Folge der Erwärmung des Skrotums auftrat, sich von der unterschied, die durch Erwärmung der Flankenhaut hervorgerufen wird, 2) ob die Polypnoe ohne Alteration der Körperinnenwärme beginnt und 3) ob die Reaktionen, die vom Skrotum ausgehen, durch Verminderung der Hauttemperatur an anderen Körperstellen beeinflußt werden können. Die Untersuchungen weisen auf die Rolle von Hautreceptoren beim thermo-regulatorischen Hitzeausgleich und ferner auf eine weitere funktionelle Bedeutung des Widderskrotums hin. 6 Merino und 2 Border Leicester × Merino-Widder (3–4 J.; 48–61 kg) standen zur Verfügung. Die Tiere waren alle vollvliesig, und die Schlußschur am Skrotum gewährleistete eine einheitliche Erwärmung und Kühlung. Das Skrotum wurde durch zirkulierende trockene Luft (45 ± 1 °C) oder Wasser (40–44 °C) erwärmt. Eine identische Fläche der Haut (kurzgeschoren) zwischen der letzten Rippe und der Hüfte wurde für die entsprechenden Versuche ebenfalls durch trockene Luft erwärmt. Die Temperaturmessungen erfolgten mit Kupferthermoelementen, die die Luft-, Haut- und Rectaltemperatur jede 20, 30 und 60 Sek. entsprechend potentiometrisch registrier-

ten. Die Nervenschnitte wurden am äußeren Spermaticus und dem Skrotalzweig der oberen Nn. perinealis et pudendalis in gleicher Höhe mit der Leistengrenzlinie des Skrotums bei 2 Widdern durchgeführt. Die Untersuchungungen fanden bei einer Raumtemperatur von 18 ± 2°C statt, wobei stets die gleiche Versuchsanordnung eingehalten wurde. Zunächst wurden die Tiere ½–1 Stunde zirkulierender kühler Luft oder Wasser ausgesetzt, dann erfolgte schnell entsprechende Erwärmung, wobei die erreichten Temperaturen ½–2 Std. beibehalten wurden. (Methodische Einzelheiten s. Original). Die Erwärmung des Skrotums auf über **36°** führte bei vollvliesigen Widdern zur Polypnoe, welche augenblicklich aufhörte, wenn Abkühlung eintrat. Eine geringgradige Polypnoe trat ein,wenn die Flankenhaut erwärmt wurde. Die Reaktionen resultierend aus der Erwärmung des Skrotums begannen noch, bevor sich die intra-carotis-Temperatur änderte und sie blieben auch bestehen, obwohl die Körperinnenwärme um 2,2 °C fiel. Bei Denervation des Skrotums erloschen die Reflexe. Bei geschorenen Widdern (Flankenhauttemperatur 30–34,3 °C) trat bei Erwärmung des Skrotums kein „Luftschnappen" auf. Die Wärme verlor sich dabei auf unbekanntem Wege, bei gleichzeitig abfallender Körpertemperatur. Ch. Garlt. 1350.

Kadono, Hiroshi, Okada, Toshiaki und Ono, Katsutoshi; Gifu, Univ., Dep. of Agric. Electromyographic studies on the respiratory muscles of the chicken. **(Elektromyographische Studien an den Atmungsmuskeln des Kükens.)** Poultry Sci. **42** (1963) Nr. 1. S. 121–128. – 9 Abb., 13 Lit.

Die respiratorischen Muskeln im Thorax, im Abdomen und in dorsalen Abschnitten wurden mit Hilfe von elektromyographischen Mitteln bei 3–6 Mon. alten, gesunden und nicht betäubten Hühnern untersucht. R. Doehl. 1380.

Radev, T. und Rusev, G. (Radew, T. und Russew, G.) Okislitelnite procesi v černija drob na zajci v choda na embrionalnoto i postnatalnoto razvitie. **(Oxydationsprozesse in Kaninchenleber im Verlauf der embryonalen und postnatalen Entwicklung.)** Izvestija na Instituta po sravnitelna patologija na domašnite životni. Bŭlgarska akademija na naukite, Sofija **9** (1962) S. 141–149. – 3 Tab., 33 Lit. Zus. in Russ., Engl.

Für die Versuche wurde Leber aus Embryonen (14, 21 und 28 Tage nach der Befruchtung) von Jungkaninchen (1, 7 und 50 Tage nach dem Wurf) und erwachsenen 15 Mon. alten Kaninchen benutzt. Die Oxydationsprozesse in der Kaninchenleber während der embryonalen Entwicklung äußern sich nicht deutlich genug. Sie zeichnen sich durch Plastizität aus und lassen sich unter den Bedingungen der besseren O_2-Versorgung, die nach der Geburt eintritt, beeinflussen und ändern. Die Veränderungen in den Oxydationsprozessen sind auf den unterschiedlichen Grad des Auftretens und der Änderung der Oxydationsfermente während der Entwicklung und des Wachstums zurückzuführen. Verhältnismäßig aktiver während der Embryonalentwicklung sind die anaerobe Glykolyse und die Hexokinase. Bis zu einem gewissen Grade treten die Dehydrogenasen vom Zyklus von Krebs auf, ausgenommen die Dehydrogenase der L-Ketoglutarsäure. Die cytochromen Fermente sind dagegen schwach, und ihre Aktivität nimmt mit dem Fortschreiten der Embryonalentwicklung allmählich zu. Die Dekarboxylasen sind dagegen während der Embryonalentwicklung aktiver. Der Atmungskoeffizient ist bei der Fetusleber über 1.
Z. Tomow. 1385.

Vasin, A. D. (Wassin, A. D.); Staatl. Wiss. Inst. für Verinärmed. Arzneimitttelprüf. O stadijnosti razvitija jaičnikov tonkorunnych ovec. **(Stadienentwicklung der Eierstöcke bei Feinwollschafen.)** Ovcevodstvo, Moskva **9** (1963) Nr. 3. S. 25–26.

Aus Untersuchungen über die altersmäßigen Veränderungen, die in den Eierstöcken von der embryonalen bis zur klimakterischen Periode vor sich gehen, ergab sich, daß diese Entwicklungsprozesse „wellenförmig" ablaufen. Durch mikroskopische Untersuchungen der Eierstöcke wurde ferner festgestellt, daß es sich in der vorgenannnten Periode um insgesamt 3 spez. Aufstiege und Rückläufe handelt, die im einzelnen näher beschrieben werden.

E. Kahn. 1415.

Harry, E. G.; Huntingdon, Houghton Poultry Res. Stat. Some observations on the bacterial content of the ovary and oviduct of the fowl. **(Einige Beobachtungen über den Bakteriengehalt im Eierstock und Eileiter des Geflügels.)** Brit. Poultry Sci. 4 (1963) Nr. 1. S. 63–70. 1415.

Dojčev, S. (Dojtschew, S.) Proučvanija vŭrchu involucijata na polovija aparat na kravata i profilaktikata na akutnite matočni zaboljavanija. **(Untersuchungen über die Involution des Geschlechtsapparats bei Kühen und die Prophylaxe der akuten Gebärmuttererkrankungen.)** Izvestija na Naučnoizsledovatelskija institut po biologija i patologija na razmnožavaneto na selskostopanskite životni, Sofija 2 (1962) S. 123–133. — 3 Tab., 10 Lit. Zus. in Russ., Engl.

Vf. hat an 150 Kühen festgestellt, daß die Involutionsdauer des Geschlechtsapparates nach der Geburt durchschnittl. 38,1 Tage beträgt. Nur bei 24,6% der untersuchten Kühe war die Involution am 30. Tage beendet. Bei 75,4% der Kühe wurde eine Subinvolution der Geschlechtsorgane mit einer Dauer von über 30 Tagen beobachtet. Bei einem großen Teil der Kühe mit Subinvolution der Gebärmutter wurden puerperale Gebärmuttererkrankungen beobachtet. Verfolgt wurde die Involutionsdauer bei den Kühen nach der Geburt durch rectale und vaginale Untersuchungen. Über den Involutionsgrad urteilt Vf. nach Ausmaß und Lage der Gebärmutter, dem Zustand der Eierstöcke und Gebärmutterhals sowie nach der Gebärmutterkonsistenz u. a. Zur Gewährleistung eines normalen Verlaufes der Involution des Geschlechtsapparats bei Kühen nach der Geburt wie auch für die Prophylaxe der puerperalen Gebärmuttererkrankungen sind die verbesserten Bedingungen der Fütterung und Haltung der Kühe während ihrer Trächtigkeit, des Abkalbens und des Puerperiums von wesentlicher Bedeutung. G. Radew. 1415.

Greb, Raymond J. und Morgan, Walter; South Dakota State Coll. A case report of a branched oviduct. **(Ein Fall eines verzweigten Oviduktes.)** Poultry Sci. 42 (1963) Nr. 2. S. 529–530. — 2 Abb.

Um Modifizierungen der rechten Gonade bei weibl. Küken zu erzielen, wurden 400 fertile Eier nach 5–7 Tagen Bebrütungsdauer mit Depotestosteron (Cyclopentylpropionat) behandelt. Bei einem der untersuchten Küken war ein — bei Vögeln ungewöhnlicher — linker Ovidukt gefunden, der außerdem noch eine Bifurkation aufwies. Das linke Ovar war 0,2 mm breit und 7,0 mm lang; das rechte Ovar war ebenfalls ausgebildet, doch war es kleiner als das linke.

H. Freye. 1420.

Meneghelli, V. und Scapinelli, R. The site and time of onset of growth hormone production in the bovine adenohypophysis, determined by the fluorescent antibody method. **(Die Lokalisation und der Zeitpunkt des Beginns der Bildung von Wachstumshormonen im Hypophysenvorderlappen des Rindes, nachgewiesen durch eine Fluoreszenz-Antikörper-Methode.)** Acta anatom. [Basel] 51 (1962) Nr. 3. S. 198–208. — 5 Abb., 57 Lit. Zus. in Franz., Dtsch.

An embryonalen und fetalen Rinderhypophysen und solchen ausgewachsener Tiere unterschiedlichen Alters wurde mit Hilfe der Fluoreszenz-Antikörpertechnik nachgewiesen, daß die Bildung des somatotropen Hormons in den acidophilen Zellen erfolgt, und zwar ungefähr vom 3. intrauterinen Lebensmonat ab. Nach Beendigung des Wachstums überwiegen die nichtfluoreszierenden acidophilen Zellen. H. Gürtler. 1510.

Robinson, T. J. und Brander, W. M.; Sydney, Australia, Univ., Dep. of Animal Husbandry. Comparative activities of a number of oestrogens when administered intravenously and intramuscularly in the sheep. **(Vergleichende Aktivität einer Reihe i.v. und i. m. injizierter Oestrogene bei Schafen.)** J. Reproduct. Fertility **3** (1962) Nr. 1. S. 74–88. – 3 Abb., 8 Tab., 14 Lit.
Die hier benutzte Versuchstechnik ermöglicht es, die 6 verwendeten Oestrogene in 3 unterschiedliche Gruppen einzuteilen: 1. Natürliche Oestrogene (Oestradiol-17β, Oestradiolbenzoat), 2. Synthetische Oestrogene (Diäthylstilboestrol, Hexoestrol), 3. Pro-Oestrogen (Methyläthylstilboestrol). Pro-Oestrogene sind i. v.-appliziert unwirksam, wahrscheinlich werden sie nicht in geeigneter Weise und Menge in Oestrogen umgewandelt. H. Cziharz. 1510.

Rudinger, J. und Krejčí, I.; Prague, Czechoslovakia, Czechoslov. Akad. of Sci., Inst. of Org. Chem. and Biochem.; Res. Inst. for Natural Drugs. Dose-response relations for some synthetic analogues of oxytocin, and the mode of action of oxytocin on the isolated uterus. **(Dosis-Reaktion-Beziehungen einiger synthetischer Oxytocinanaloge und die Art der Bewegung des Oxytocine im isolierten Uterus.)** Experientia [Basel] **18** (1962) Nr. 12. S. 585–588. – 4 Abb., 33 Lit. 1512.

Nesterovskij, G. N. (Nesterorowski, G. N.) Ocenka funkcii ščitovidnoj železy pri pomošči radioaktivnogo joda u krupnogo rogatogo skota. **(Beurteilung der Funktionen der Schilddrüse bei Rindern mit Hilfe von radioaktivem Jod.)** Tr. Ural'skogo n.-i. in-ta s. ch. **1961** – Aus: Referativnyj žurnal. Biologija, Moskva **1962** Nr. 18. L 65. S. 10.
Die Versuche wurden an einer Kuh, einem Bullenkalb und einem Kuhkalb durchgeführt. Die ^{131}J-Dosis pro 100 kg Lgw. per os beträgt 37 μc; um die Möglichkeit der Anwendung von Indikatormengen bei der Funktion der Schilddrüse zu untersuchen, erhielt das Kuhkalb nur $^1/_3$ der J-Dosis. Die Aufnahme von ^{131}J durch die Schilddrüse begann bei der Kuh und beim Bullenkalb 15 Min. und beim Kuhkalb 1 Std. nach Einführung in den Organismus. Eine intensive Absorption von J durch die Schilddrüse wurde im Laufe von 3 Tagen beobachtet und das Maximum nach 96 Std. erreicht. Bei der Kuh wurden 53,7%, beim Bullenkalb 34,2% und beim Kuhkalb 19% vom eingeführten ^{131}J absorbiert. Eine intensive Ausscheidung von Tyroxin, welches markiertes J enthielt, dauerte entspr. 15, 11 und 7 Tage, die Speicherung des ^{131}J im Organismus dauerte entspr. 74, 53 und 39 Tage. Im peripheren Blut konnte eine max. Menge von ^{131}J bei der Kuh in 6 Std., beim Bullenkalb am Ende der 5. Std. und beim Kuhkalb am Ende der 2. Std. beobachtet werden, sie betrug 0,6-1% der eingeführten Menge. Die Ausscheidung von ^{131}J mit dem Urin, in einer Menge, die vom Geiger-Zähler erfaßt wird, begann signifikant 10–12 Std., die Ausscheidung mit dem Kot 24 Std. nach der Einführung in den Körper und dauerte bei der Kuh 43 Tage, beim Bullenkalb 41 Tage und beim Kuhkalb 37 Tage. Eine Veränderung im Gesamtbefinden der Tiere wurde nicht beobachtet. Die erhaltenen Resultate zeugen von einer gewissen Unterfunktion der Schilddrüse bei den Tieren des Schwarzbunten Uralviehs, die mit J-Mangel im Futter und Wasser zusammenhängt.
übersetzt v. I. Reich. 1525.

Shizume, Kazuo, Matsuda, Kunio, Irie, Minoru, Iino, Shiro, Ishii, Jun, Nagataki, Shigenobu, Matsuzaki, Fukashi und Okinaka, Shigeo; Tokyo, Univ., School of Med. Effect of electrical stimulation of the hypothalamus on thyroid function. **(Die Wirkung einer elektrischen Hypothalamusreizung auf die Schilddrüsenfunktion.)** Endocrinology **70** (1962) Nr. 3. S. 298–302. – 3 Tab., 9 Lit.
Hunde wurden mit schwach jodhaltigem Futter ernährt und erhielten eine i. m. Injektion von ^{131}J. Mit Hilfe eines Stereotaxis-Gerätes wurde eine Elektrode in den Hypothalamus eingeführt. Blut wurde vor, während und

nach der Stimulation aus den unteren Schilddrüsenvenen fortlaufend gewonnen und auf seinen Gehalt an ^{131}J untersucht. Bei normalen Hunden bewirkten Reizungen des vorderen Hypothalamus und der Eminentia media, nicht aber des lateralen oder hinteren Hypothalamus oder anderer Hirngebiete einen signifikanten Anstieg der ^{131}J-Konzentration im Schilddrüsenblut. Bei hypophysektomierten Tieren, deren Hypophysenvorderlappen unter die Rückenfaszie autotransplantiert worden war, kam es in keinem Fall zu einem Anstieg des eiweißgebundenen ^{131}J. Die Reaktion der Schilddrüse auf elektrische Hypothalamusstimulation scheint also über eine verstärkte TSH-Sekretion vermittelt zu werden. F. Döcke. 1525.

Lampe, C. F. J. und Noach, E. L.; Leiden, Netherlands, Univ., Pharmacol. Dep. Influence of testosterone propionate on thyroid function. **(Der Einfluß von Testosteronpropionat auf die Schilddrüsenfunktion.)** Acta physiol. pharmacol. neerl. **11** (1962) Nr. 3/4. S. 466–484. – 6 Tab. 1560.

Swanson, H. E. und Werff ten Bosch, J. J. van der; Leiden, Holland, Univ., Dep of Clin. Endocrinol. and Diseases of Metabolism. Sex differences in growth of rats, and their modification by a single injection of testosterone propionate shortly after birth. **(Geschlechtsunterschiede bei wachsenden Ratten und ihre Veränderung durch eine einfache Injektion von Testosteronpropionat kurz nach der Geburt.)** J. Endocrinol. [London] **26** (1963) Nr. 2. S. 197–207. 1560.

Rao, P. B. Rama, Paolucci, Anna Maria und Johnson, B. Connor. Relationship of estrogen and vitamin K. **(Verwandtschaft von Oestrogen und Vitamin K.)** Proc. Soc. exp. Biol. Med. **112** (1963) Nr. 2. S. 393–396.
Männliche Ratten erhalten 3 Wochen lang eine Vit.-K-freie Diät. Die Plasmaprothrombinzeit beträgt dann 108 Sek. Nach i. m. Injektion von 20 μg Vit. K bzw. 100 μg Oestradiol bzw. 1 mg Oestradiol pro Tier wird sie innerhalb von 24 Std. auf normale Werte von 14 bzw. 16 bzw. 17 Sek. herabgesetzt. Schon durch 20 μg Oestradiol sinkt die Prothrombinzeit innerhalb von 6 Std. von 120 auf 25 Sek. Umgekehrt steigt bei weibl. Ratten, die 24 Tage lang Vit.-K-frei ernährt werden, innerhalb von 15 Std. nach Injektion von 1 mg Testosteronpropionat pro Ratte die Prothrombinzeit von 14 auf 21 Sek. Im Gegensatz zu den Versuchen an Ratten wird bei 1 Tag alten männl. und weibl. Küken nach 15tägiger Vit.-K-freier Diät durch Gaben von Oestradiol bis zu 1 mg/Tier keine Normalisierung der Prothrombinzeit bewirkt. Das gleichartige Verhalten der männl. und weibl. Küken kann durch die ungenügende sexuelle Entwicklung der Tiere erklärt werden. Die fehlende Normalisierung der Prothrombinzeit bei Küken durch Oestradiol spricht gegen eine direkte Vit.-K-Wirkung des Hormons. I. Müller. 1580.

Short, R. V., McDonald, M. F. und Rowson, L. E. A. Steroids in the ovarian venous blood of ewes before and after gonadotrophic stimulation. **(Steroide im venösen Ovarblut von Schafen vor und nach der Stimulation mit Gonadotropinen.)** J. Endocrinol. [London] **26** (1963) Nr. 1. S. 155–169. – 4 Abb., 3 Tab., 50 Lit.
Schafen wurde am 9. und 15. Tage des Zyklus FSH, LH und Prolactin vom Schaf, menschliches Choriongonadotropin, PMS und ein Endometriumextrakt i. v. verabreicht. Im Ovarvenenblut wurde vorher und nachher der Progesterongehalt kontrolliert. Keine dieser Substanzen bewirkte eine deutliche oder anhaltende Veränderung der Progesteron-Sekretionsrate (PSR) während der 1. Std. nach der Injektion. Das Corpus luteum des Schafes reagiert daher auf gonadotrope Hormone anders als die Hoden, bei denen LH eine sofortige und anhaltende Reaktion zur Folge hat. Die mittlere PSR wurde zu 150 μg/Std. bestimmt, was mit dem indirekt bestimmten Wert von 113 μg/Std. gut übereinstimmt. Es bestand keine Differenz in den Se-

kretionsraten vom 9. bzw. 15. Tage des Zyklus. Die „turnover time" des Progesterons aus dem Corpus luteum beträgt 10 Min. bei der Annahme, daß das Hormon so von der Drüse freigesetzt wird wie es gebildet wird. Neben Progesteron konnten im Ovarvenenblut während der mittleren und späten Gelbkörperphase noch Pregnenolon, 20α-Hydroxy-4-Pregnen-3-on, Oestron und 17β-Oestradiol isoliert werden. Bei Tieren im Oestrus war es unmöglich, Progesteron und 20α-Hydroxy-4-Pregnen-3-on selbst nach Choriongonadotropingabe im Ovarvenenblut festzustellen. 17β-Oestradiol und Oestron waren in gleicher Konzentration enthalten wie während der Gelbkörperphase des Zyklus. Da der venöse ovarielle Blutfluß während des Oestrus geringer als in der Gelbkörperphase ist, folgt, daß auch die Oestrogensekretionsrate im Oestrus geringer ist. Die 24-Std.-Sekretionsrate von 17β-Oestradiol lag bei 2 brünstigen Schafen bei 3,3–7,4 μg. Dies liegt in derselben Höhe wie die mittlere wirksame Dosis von 7 μg 17β-Oestradiol, die zur Auslösung des Oestrus beim kastrierten, unter Progesteron-Einfluß stehenden Schaf notwendig ist.
E. Grün. 1580.

Brush, M. G.; The metabolism of injected progesterone in the ewe. **(Der Stoffwechsel von injiziertem Progesteron beim Schaf.)** J. Endocrinol. [London] **26** (1963) Nr. 1. S. 65–73. — 4 Tab., 22 Lit.
Der Plasmaspiegel von Progesteron und 20α-Hydroxy-4-Pregnen-3-on wurde nach i. v. und i. m. Injektion von Progesteron beim Schaf kontrolliert. Zur Bestimmung von Progesteron wurde die Methode von Short modifiziert. Die vorgenommenen Änderungen werden diskutiert. I. v. injiziertes Progesteron verschwand sehr schnell aus dem Blutstrom, so daß mindestens 50 mg gegeben werden mußten, um nach 10 Min. p. inj. noch meßbare Konzentrationen vorzufinden. Nach i. v. Gabe von 100 mg Progesteron konnten nach 10 Min. 34,7 μg/100 ml Plasma (4–110 μg/100 ml in 9 Proben) und nach 1 Std. nur noch 2,2 μg/100 ml Plasma (0–10 μg/100 ml in 10 Proben) nachgewiesen werden. Die Konzentration an 20α-Hydroxy-4-Pregnen-3-on lag i. allg. noch niedriger als die von Progesteron. Nach i. m. Injektion konnte kein meßbarer Blutspiegel ermittelt werden. Der Einfluß unterschiedlicher Lösungsmittel wurde für beide Injektionsarten untersucht.
E. Grün. 1580.

Zarrow, M. X., Farooq, A. und Denenberg, V. H. Maternal behavior in the rabbit: critical period for nest building following castration during pregnancy. **(Untersuchung des mütterlichen Verhaltens bei Kaninchen: Kritische Periode beim Nestbauen nach der Kastration während der Trächtigkeit.)** Proc. Soc. exp. Biol. Med. **111** (1962) Nr. 3. S. 537–538. — 1 Abb., 1 Tab., 9 Lit.
Untersuchung an Laborkaninchen in einem hölzernen Nistkasten mit Heu als Nestbaumaterial. — Kastration vor dem 14. Tage der Schwangerschaft unterdrückt den Nestbautrieb, eine spätere Kastration beeinflußt nicht die hormonale Auslösung dieser Handlung. Es wird angenommen, daß eine „kritische" bzw. „minimale" Periode für die Wirksamkeit der auslösenden Hormone besteht. Die genaue Ermittlung der Zeitspanne bzw. des Zeitpunktes könnte Bedeutung bekommen für experimentelle Anwendung der ovariellen Steroid-Hormone bei Untersuchungen an kastrierten Kaninchen.
F. Lüpnitz. 1580.

C. GENETIK

Georgiev, G. P. (Georgijew, G. P.) Ribonukleoproteidy kletočnogo jadra. **(Die Ribonucleoproteide des Zellkerns.)** Uspechi sovremennoj biologii, Moskva **54** (1962) Nr. 3. S. 285–308. — 13 Abb., 1 Tab., 188 Lit.
Methoden und Ergebnisse neuerer, bes. eigener Untersuchungen über Bau, Funktion und Herkunft der im Zellkern nachgewiesenen RNS-Formen:

Mittels biochem. Fraktionierung gelingt der Nachweis, daß wahrscheinlich sämtliche RNS-Formen im Kern gebildet werden; Acetabularia gilt als Ausnahme. Syntheseort der ribosomalen RNS und der Ribosomen sind die Nucleonemata. Damit entfällt auch die Annahme einer echten cytoplasmatischen RNS-Synthese, wenn man berücksichtigt, daß Nucleolus-Fragmente aus dem Kern ins Cytoplasma übertreten können. — Der Nucleotidgehalt der RNS in Cytoplasma, Kern und einzelnen Kernfraktionen ist angegeben. E. Koch. 1615.

Lindegren, Carl C.; Carbondale, Southern Illinois Univ., Biol. Res. Lab. The chromone theory of mitosis. **(Die Chromon-Theorie der Mitose.)** Canad. J. Genetics Cytol. 4 (1962) Nr. 4. S. 426–439. — 9 Abb., 19 Lit.
Angeregt durch sehr alte und neue cytologische Arbeiten legt Vf. eine neue Theorie der Mitose dar. Danach ist jedes Zentromer und jedes Chromosom dauernd mit einem Satz von Elementen verbunden, die eine Miniaturspindel bilden. Für diese Elemente (u. a. Chromonema, Traktionsfaser) wird in Anlehnung an die Termini Genom und Plasmon der Ausdruck „Chromon" vorgeschlagen. Eine gewisse Anzahl dieser Miniaturspindeln führen zur mitotischen Spindel. Es wird angenommen, daß die Zellzentren primär im Zusammenhang mit cytokinetischen Vorgängen zu betrachten und erst in 2. Linie im Zusammenhang mit der Karyokinese zu sehen sind. K. Bellmann. 1625.

Zbarskij, I. B. (Sbarski, I. B.) O nukleotidnom kode i reguljacii sinteza belka v kletke. **(Nucleotid-Kode und zelluläre Eiweißsynthese.)** Uspechi sovremennoj biologii, Moskva 54 (1962) Nr. 3. S. 265–284. — 9 Abb., 2 Tab., 91 Lit.
Vf. geht von der Bedeutung des Organisationsgrades der Bausteine des Tierkörpers aus, umreißt die wichtigsten Informationstheorien und erörtert die möglichen Funktionen der gegenwärtig bekannten RNS-Formen. Hervorzuheben ist hier der Nachweis stabiler Messenger-RNS, die die Information für die Fibroinsynthese (*Bombyx mori*) liefert. Da jedoch Bakterien über ein anderes System der Eiweißsynthese bzw. ihrer Regulation verfügen, wird durch den Befund die biol. Bedeutung labiler Messenger-RNS nicht eingeschränkt. E. Koch. 1656.

Čilingarjan, A. A., Pavlov, E. F. und Mkrtčjan, L. P. (Tschilingarjan, A. A., Pawlow, Je. F. und Mkrttschjan, L. P.); Zool. Inst. der Akad. der Wiss. der Armen.SSR. Nasledstvennaja transformacija okraski i izmenenie količestra DNK u pekinskich utok, vyzvannoe in-ekcijami izolirovannych jader ėpitrocitov utok drugogo vida. Soobščenie II. **(Die erbliche Transformation der Farbe und die Veränderung der DNS-Menge bei Pekingenten, die durch Injektionen von isolierten Erythrocytenkernen von Enten einer anderen Art hervorgerufen wurden. 2. Mitt.)** Izvestija Akademii nauk Armjanskoj SSR. Biologičeskie nauki, Erevan 15 (1962) Nr. 12. S. 25–34. — 3 Abb., 1 Tab., 4 Lit. Orig.: russ., Ausz.: armen.
In den Jahren 1960–62 wurden von Vff. Versuche an Pekingenten durchgeführt, um zu untersuchen, ob die Transformation der Farbe und die Veränderungen der DNS-Menge, die durch Injektionen von isolierten Erythrocytenkernen einer anderen Entenrasse hervorgerufen werden, typisch physiol. Reaktionen oder erbliche Veränderungen sind. Die genetische Analyse der Nachkommenschaft von Enten, die isolierte Erythrocytenkerne erhielten, zeigte, daß durch die Injektion eine Übertragung von Merkmalen von einer Geflügelart auf die andere möglich ist. Dabei tragen die experimentell hervorgerufenen Veränderungen im Verlauf der ersten 2 Generationen einen instabilen, wandelbaren Charakter und ähneln dem Typ der physiol. Reaktionen. Beginnend mit der 3. Generation wandelt sich die pigmentbildende Reaktion von dem physiol., nicht vererbbaren Phänomen in eine vererbbare Veränderung. Die Ergebnisse einer Bestimmung der DNS-Menge zeigten,

daß sie bei den Hybridenten im Vergleich zu den Elterntieren wesentlich höher war. Das Vorhandensein der bekannten Parallelität zwischen den Veränderungen der DNS-Menge und der Verstärkung der Pigmentierung darf vorläufig noch nicht als Widerspiegelung biochem. Umwandlungen angesehen werden, weil die Anzahl der Versuchstiere mit diesem Ergebnis zu gering war. Weitere Versuche werden zweckmäßig sein, um zu klären, ob es sich bei den Veränderungen um einen Prozeß mit zwei aufeinanderfolgenden Phasen oder um zwei in gleicher Richtung verlaufende Prozesse handelt.
K. Witt. 1670.

Buschmann, Hans; München, Blutgruppeninst. der Tierzuchtforsch. e. V. **Blutgruppengenetische Untersuchungen an süddeutschen Rinderrassen.** Z. Tierzücht. Züchtungsbiol. **78** (1962) Nr. 1. S. 12–25. – 1 Abb., 8 Tab., 15 Lit.
Es werden statistische Berechnungen der Genfrequenzen, des genetischen Gleichgewichts und des Homozygotiegrades an Hand der Bullenkartei des Instituts (1000 Höhenfleckvieh, 620 Braunvieh, 480 Franken, 103 Pinzgauer, 221 Vorder- und 58 Hinterwälder) angestellt und diskutiert. In Tab. sind die Ergebnisse der einzelnen Systeme nach Rassen getrennt aufgeführt, wobei sich zwischen einzelnen Rassen Unterschiede ergeben. Die Bullenpopulationen befanden sich, mit Ausnahme des S-Systems beim Fleckvieh, im genetischen Gleichgewicht. Der Vergleich der Ergebnisse der Höhenfleckviehbullen mit denen von 257 Höhenfleckviehkühen ergab keine signifikanten Unterschiede. B. Busch. 1690.

Schmid, D. O. **Über den Serumtransferrin-Polymorphismus bei Pferden.** Z. Immunitätsforsch. exp. Therap. **124** (1962) Nr. 3. S. 219–223. – 1 Abb., 1 Tab., 15 Lit. Zus. in Russ., Engl., Franz., Span.
Über 150 Pferde aus 4 Familien wurden auf ihre Serumtransferrine (ST) hin untersucht. Methodisch ist bes. Beachtung der Hydrolysierung der Stärke für die Herstellung des Stärkegels zu schenken, weil der Hydrolysierungsgrad maßgebend für die Qualität der Ergebnisse ist. Da dieDarstellung der Transferrintypen (TT) wegen der geringen ST-Konzentration oft Schwierigkeiten bereitete, wurden die ST mit Sephadex G 100 angereichert. 6 verschiedene TT wurden nachgewiesen (AA, BB, CC, AB, AC und BC), es handelt sich also um ein 3-Allel- und 6-Phänotypen-System. Die Abgrenzung von α_2-Globulin, Postalbumin und Albumin wurde durch radioaktive Markierung mit ^{59}Fe, fraktionierte Fällung mit Rivanol (Hoechst) oder mit Surfen (Hoechst) durchgeführt. G. Becker. 1690.

Mitsumoto, Takatsugu und Yamada, Yukio; Misima, Japan, Nat. Inst. of Genetics. Determination of parentage by the use of polyvalent immune sera in chickens. **(Die Bestimmung der Elternschaft bei Hühnern unter Verwendung polyvalenter Immunseren.)** Poultry Sci. **40** (1961) Nr. 6. S. 1701 bis 1704. – 3 Tab., 11 Lit.
Es wurden Hennen künstlich mit einem Spermagemisch von Plymouth-Rock- und Leghornhähnen besamt. Durch die Verwendung markierter Gene (schnelle bzw. langsame Befiederung, dominante weiße und gestreifte Gefiederfarbe) konnten die Ergebnisse der serologischen Tests kontrolliert werden. Das polyvalente Serum wurde durch Heteroimmunisierung von Perlhühnern mit Erythrocytensuspensionen von 18 Hühnern 4 verschiedener Rassen und durch Isoimmunisierung hergestellt, es fand gemischt Anwendung. Wurde das Serum mit den Erythrocyten der Elterntiere absorbiert, ergab es mit den Erythrocyten der Nachkommen keine Reaktion mehr. Es zeigte sich eine vollkommene Übereinstimmung zwischen der serologischen Methode und den Genmarkierungen. B. Busch. 1690.

Segre, Diego und Kaeberle, Merlin L. The immunologic behavior of baby pigs. I. Production of antibodies in three-week-old pigs. **(Das immunolo-**

gische Verhalten von Saugferkeln. 1. Mitt. Bildung von Antikörpern bei 3 Wochen alten Ferkeln.) J. Immunol. [Baltimore] **89** (1962) Nr. 6. S. 782 bis 789. — 8 Abb., 12 Lit.

Unter Verwendung von „keimfreien" Ferkeln konnte gezeigt werden, daß Tiere, die kein Colostrum erhalten hatten und denen im Alter von 3 Wochen i. p. Diphtherietoxoid bzw. Tetanustoxoid injiziert worden war, keine Antikörper gegen das Diphtherietoxoid und nur sehr wenig Antikörper gegen das Tetanustoxoid bildeten. Die Tiere produzierten gegen die Toxoide Antikörper, wenn ihnen erlaubt wurde, nur wenig Colostrum aufzunehmen, ferner bei Darreichung von verdünntem Hyperimmunserum vom Schwein oder Pferd oder von Immunserum vom Schwein sowie von normalem Serum von älteren Schweinen, denen vorher kein Colostrum gegeben worden war. Wurden dem Hyperimmunserum vom Schwein die spezifischen Antikörper entzogen, verlor dieses Serum die antikörperstimulierende Wirkung. Entspr. der Annahme von Jerne scheinen für die Bildung von Antikörpern präformierte Antikörper notwendig zu sein. G. Scheibner. 1690.

Segre, Diego und Kaeberle, Merlin L. The immunologic behavior of baby pigs. II. Production of antibodies in newborn pigs. **(Das immunologische Verhalten von Saugferkeln. 2. Mitt. Bildung von Antikörpern bei neugeborenen Ferkeln.)** J. Immunol. [Baltimore] **89** (1962) Nr. 6. S. 790–793. — 2 Abb., 9 Lit. 1. Mitt. vgl. vorst. Ref.

Neugeborene Ferkel, die kein Colostrum aufnehmen konnten und denen innerhalb von 24 Std. nach der Geburt 1 ml einer Mischung von Tetanus- und Diphtherietoxoiden alle inoder in Verbindung mit 1 ml Hyperimmunserum vom Schwein i. p. injiziert worden war, bildeten Antikörper gegen das Tetanustoxoid, aber nicht gegen das Diphtherietoxoid. Unmittelbar nach der Geburt mit Diphtherie- oder Tetanustoxoid geimpfte Ferkel, die Colostrum aufnehmen konnten, bildeten Antikörper gegen das Diphtherietoxoid, zeigten aber nur geringe Antikörperbildung gegen Tetanustoxoid. Es wird angenommen, daß eine transplazentare Übertragung mütterlicher Antikörper erfolgt, wobei anscheinend im Blut des Mutterschweines nur Antikörper gegen Tetanustoxin, aber nicht gegen Diphtherietoxin vorhanden sind.
G. Scheibner. 1690.

Venge, Ole; Uppsala, Sweden, Roy. Agric. Coll., Inst. of Animal Breeding. A note on induced sterility in mink. **(Eine Mitteilung über induzierte Sterilität beim Nerz.)** J. Reproduct. Fertility **5** (1963) Nr. 1. S. 83–86.

Bei einem Versuch zur Auslösung von Mutationen wurden die Testes von 3 Gruppen zu je 10 Nerzen mit 500 r, 2mal 500 r und 3mal 500 r unter Barbituratnarkose lokal bestrahlt. Die Bestrahlungszeit war so gewählt worden, daß verschiedene Stadien der Spermatogenese erfaßt wurden: Gr. I (3×500 r) alle Stadien der Spermatogenese, Gr. II (2×500 r) primäre Spermatocyten und reifere Stufen; Gr. III (1×500 r) lediglich Spermiogenese. In allen 3 Gruppen wurde eine hochgradige Sterilität erreicht, die — getestet am Zuchterfolg — eine deutliche Beziehung zur applizierten Dosis zeigt. Erwartungsgemäß ist das spermatogene Gewebe der Hodenkanälchen stark destruiert. In 3 Zuchtperioden konnten bislang keine Mutanten entdeckt werden. H. Fischer. 1695.

Kaščenko, L. A. (Kastschenko, L. A.); Zentr. Forsch.-Inst. für Med. Radiol. O mechanizme lučevogo povreždenija v jaičnikach myši. **(Über den Mechanismus von Strahlenschädigungen in den Ovarien der Maus.)** Doklady Akademii nauk SSSR, Moskva **147(30)** (1962) Nr. 1. S. 217–220. — 13 Lit.

Am stärksten wird durch Strahlenwirkung das Follikelepithel geschädigt, weil es die größte funktionelle Aktivität hat. Die Schädigung des Follikelepithels wird durch Störung bzw. Aufhören der Ernährungsfunktionen bewirkt, gleichzeitig spricht es nicht mehr auf gonadotrope Hormone der Hypophyse an. B. Busch. 1695.

Pipan, Nada; Ljubljana, Univ., Med. Fak., Inst. für Biol. **Elektronenmikroskopische Untersuchungen über die Wirkung von Strahlen auf das fötale Pankreas.** Protoplasma [Wien] **56** (1963) Nr. 2. S. 315–335. — 12 Abb., 20 Lit. . 1695.

Pflugfelder, Otto; Stuttgart-Hohenheim, Landwirtsch. Hochschule, Zool. Inst. **Atypische Eibildung nach Ultraviolett-Bestrahlung von Haushühnern.** Mikrokosmos **50** (1961) Nr. 12. S. 357–360. — 7 Abb.
Schnittpräparate von Eierstöcken der unter Ultraviolett-Dauerbestrahlung aufgewachsenen 2–4 Mon. alten Junghühner zeigten häufig Follikel mit 2 Eizellen. Sie entstehen einmal durch Verschmelzen 2 dicht beisammen liegender Primärfollikel miteinander, zum anderen teilt sich die Eizelle innerhalb eines Follikels. Die Kernteilung erfolgt amitotisch, es gelingt nicht, die Oocyten zu einer Mitose zu zwingen. Die Reifeteilung findet erst kurz vor dem Ausstoßen des Eies aus dem Eierstock (1. Reifeteilung) bzw. in den obersten Teilen des Eileiters (2. Reifeteilung) statt. Durch die Amitosen der Oocyten ist keine Erbgleichheit gewährleistet. Nur selten werden Follikel mit 4 Eizellen gefunden. Die im Eiplasma oft anzutreffenden Vakuolen entstehen durch Defekte im Follikelepithel oder wenn der Golgi-Apparat einzelner Follikelzellen zerstört ist. Es entsteht dann an diesen Stellen anstatt des Dotters eine flüssigkeitserfüllte Vakuole. H. Sommerfeld. 1695.

D. FORTPFLANZUNG

First, N. L., Stratman, F. W., Rigor, E. M. und Casida, L. E.; Madison, Univ. of Wisconsin. Factors affecting ovulation and follicular cyst formation in sows and gilts fed 6-methyl-17-acetoxyprogesterone. **(Faktoren, die die Ovulation und Bildung von Follikelzysten bei mit 6-Methyl-17-acetoxyprogesteron gefütterten Sauen und Jungsauen beeinflussen.)** J. Animal Sci. **22** (1963) Nr. 1. S. 66–71. — 6 Tab., 10 Lit.
In 5 Versuchsreihen erhielten insgesamt 193 Sauen und Jungsauen verschiedener Rassen, die vor der Behandlung 1- bis 3mal im Oestrus waren, in Einzelfütterung 12,5–400 mg 6-Methyl-17-acetoxyprogesteron (MAP) pro Tier und Tag über 10–22 Tage im Futter verabreicht. Die Tiere wurden nach der Behandlung z. T. künstlich besamt und geschlachtet, um die Eizellen zwecks Feststellung einer eingetretenen Befruchtung zu gewinnen. Außerdem wurden die Ovarien z. T. rectal untersucht. Es zeigte sich, daß 100 oder mehr mg MAP pro Tier und Tag erforderlich waren, um Oestrus und Ovulation bei den Jungsauen zu unterdrücken. Bei 58% der Tiere wurden 1 oder mehr Ovarialzysten nach Absetzen der Behandlung festgestellt. Ein Behandlungsbeginn in der Follikelphase schien die Zystenbildung eher zu verhindern als ein solcher in der Lutealphase. Die Verlängerung des Behandlungszeitraumes von 10 auf 20 Tage resultierte im Auftreten von mehr Gelbkörpern und präovulatorischen Follikeln und weniger Zysten am 8. Tag nach Behandlungsende. Die Art der Futterzusammensetzung übte keinen Einfluß auf den Behandlungseffekt aus. F. Döcke. 1763.

Abe, Tsuneo, Kaneko, Tadatsune, Otsuka, Junichi und Hosoda, Tatsuo; Chiba-shi, Japan, Inst. of Animal Ind. Changes in phosphatase activities of follicular membranes of growing follicles and atretic follicles in the laying hen and the starving hen. **(Änderungen in den Phosphataseaktivitäten von follikulären Membranen wachsender und atretischer Follikel bei legenden und hungernden Hennen.)** Poultry Sci. **41** (1962) Nr. 5. S. 1447–1453. — 5 Abb., 1 Tab., 11 Lit.

Normal gefütterte und hungernde Weiße Leghornhennen wurden getötet, der Eierstock entfernt und in den wachsenden und atretischen Follikelmembranen neben der histol. Untersuchung die Aktivität der Phosphatasen bestimmt. Die Aktivität der alkalischen Phosphatase stieg im Verlauf des Follikelwachstums und der damit gekoppelten Bildung des Eigelbs an. Im Gegensatz dazu betrug die Aktivität der sauren Phophatase nur $^1/_3$ der alkalischen und zeigte keinen Anstieg im Verlauf des Follikelwachstums. Bei atretischen Follikeln hungernder Hennen fiel die Aktivität der alkalischen Phosphatase, während die der sauren Phosphatase einen leichten Anstieg ergab. Injektion des follikel-stimulierenden Hormons bei hungernden Hennen erbrachte ein ähnliches Verhalten der Phosphataseaktivitäten wie bei normalen Follikeln legender Hennen. Demnach scheint die Phosphataseaktivität in den Follikelmembranen mit der Bildung des Eigelbs und der Follikelatresie in Beziehung zu stehen. R. Schiemann. 1763.

Shihata, I. M. und Elghamry, M. I. Estrogenic activity of Glycyrrhiza glabra with its effect upon uterine motility at various stages of sex cycle. **(Oestrogenaktivität von Glycyrrhiza glabra und deren Auswirkung auf die Uterusmotilität in verschiedenen Zyklusstadien.)** Zbl. Verterinärmed., R. A 10 (1963) Nr. 2. S. 155–162. — 4 Abb., 2 Tab., 11 Lit.

Voruntersuchungen ergaben, daß die in Ägypten wachsende *Glycyrrhiza glabra* zu den Pflanzen mit hohem Oestrogengehalt gehört. So zeigten weibl. 3 Wochen alte Mäuse nach s. c. Applikation eines alkoholischen Süßholzextraktes eine deutliche Vergrößerung des Uterus. Bei steigender Dosierung verminderte sich die Vergrößerung jedoch. Vff. prüften diese Erscheinungen an Hand eines größeren Tiermaterials nach. 3 Tage lang erhielten 25 weibl., 21 Tage alte Mäuse 25 mg (Gr. I), weitere 25 Mäuse 50 mg (Gr. II) des alkoholischen Süßholzextraktes pro Tag, während 25 Kontrollmäuse lediglich die Alkohollösung s. c. verabfolgt bekamen. 24 Std. nach der letzten Applikation wurden alle Mäuse getötet und die Uterusgewichte ermittelt. Die Uteri der 50 Versuchsmäuse waren stark vergrößert, blutreich und manchmal mit einer klaren Flüssigkeit angefüllt. Die Uteri der Tiere in Gr. I waren ca. 4mal, die der Mäuse in Gr. II ca. 3mal so schwer wie die Kontrolluteri. Bezogen auf Oestradiol-Monobenzoat ergab sich bei der 3maligen Applikation von 25 mg des Extraktes eine oestrogene Wirksamkeit von 1:4 716 980, während die Dosis von 3×50 mg nur eine Aktivität von 1:8 670 520 besaß. Vff. führen das auf das Vorhandensein von Antihormonfaktoren im Süßholzextrakt zurück. Weiterhin wurde der Einfluß des Süßholzextraktes auf die Motilität von isolierten Mäuseuteri im Stadium des Oestrus, Dioestrus und der Trächtigkeit untersucht. In allen Stadien zeigte sich ein hemmender Einfluß auf die Spontanmotilität des Uterus. Chr. Meinecke. 1764.

Döcke, F.; Dummerstorf, Inst. für Tierzuchtforsch. der Dtsch. Akad. der Landwirtsch.-Wiss. zu Berlin. **Untersuchungen über den Einfluß des neuro-endokrinen Systems auf verschiedene Zyklus- und Paarungsabläufe beim Rind.** Zuchthyg., Fortpflanzungsstör. Besam. Haustiere 7 (1963) Nr. 1. S. 14–42. — 24 Abb., 75 Lit. Zus. in Russ., Engl.

Es werden die Ergebnisse von 882 an 76 Rindern durchgeführten Uteruskontraktilitätsmessungen mitgeteilt und eingehend diskutiert. Mit Hilfe der Ballon-Kymographen-Methode wurden Stärke, Frequenz, Rhythmus und Ablaufrichtung der Kontraktionswellen während des Zyklus sowie nach Verabreichung verschiedener Pharmaka untersucht. — Während der Ablauf der Wellen im Oestrus und frühen Postoestrus von der Cervix auf die Tuben gerichtet ist, tritt am 2. Tage des Zyklus eine Umkehrumg der Ablaufrichtung ein. Im Dioestrus zeigt sich nur lokale, unkoordinierte Aktivität. Die Möglichkeit der Veränderung der Uteruskontraktilität durch Verabreichung von Adrenalin, Acethylcholin oder Physostigmin weist auf ein Dominieren des parasympatischen Nervensystems während der Brunst- und Paarungsabläufe beim Rind hin. Durch koordinierte Applikation von Acetylcholin und Oxytocin gelingt es, beim ovariektomierten, mit Oestrogen vorbehandelten Rind typische Brunstaktivität des Myometriums zu erzeugen. — Elektrische Stimulation verschiedener Rückenmarksegmente löst in allen Zyklusphasen durch Atropin zu hemmende, durch Physostigmin zu steigernde Brunstkontraktionen aus. — In allen Phasen des Deckaktes treten wesentlich stärkere Reaktionen des Uterus als bei der Durchführung der KB auf. J. Bergfeld. 1765.

Prosandeev, V. (Prossandejew, W.) Tkanevye preparaty normalizujut polovye funkcii korov. **(Gewebepräparate normalisieren die Geschlechtsfunktionen der Kühe.)** Moločnoe i mjasnoe skotovodstvo, Moskva 7 (1962) Nr. 10. S. 26. — 1 Lit.
Sterilen Kühen werden 20 ml eines Gewebepräparates s. c. injiziert. Falls notwendig wird die Injektion nach 10–12 Tagen bei doppelter Dosis wiederholt. In der Regel setzt danach wieder die normale Brunst ein. Kühe, die dennoch umrindern, erhalten eine weitere Injektion von 40 ml des Präparates zusammen mit 3–4 ml Sinoestrol. R. Ihssen. 1765.

Evans, J. S., Dutt, R. H. und Simpson, E. C.; Lexington, Univ. of Kentucky. Breeding performance in ewes after synchronizing estrus by feeding 6-methyl-17-acetoxyprogesterone. **(Die Fruchtbarkeit von Schafen nach Brunstsynchronisation durch Verfütterung von 6-Methyl-17-acetoxyprogesteron.)** J. Animal Sci. **21** (1962) Nr. 4. S. 804–808. — 4 Tab., 16 Lit.
An 35 weibl. Schwarzköpfige Western-Kreuzungsschafe wurden über 14 Tage 50 mg 6-Methyl-17-acetoxyprogesteron (MAP) tägl. verfüttert. Während der Behandlung traten bei 2 Tieren ein Oestrus und bei einem weiteren eine Ovulation auf. Innerhalb von 4 Tagen nach Behandlungsende kamen 74,3% und innerhalb von 8 Tagen 82,8% der Schafe in Brunst. Bei 10 geschlachteten Tieren wurde eine durchschnittl. Ovulationsrate von 1,27 mit 70% geteilten Eizellen ermittelt. 42,1% der restlichen Schafe lammten nach Besamung in der 1. Brunst. In einem 2. Versuch erhielten 4 Gruppen von je 10 Schafen 60 oder 90 mg MAP über 15 oder 18 Tage. 2–5 Tage nach Behandlungsende zeigten 95,0% der Tiere einen Oestrus (⌀ 3,2 Tage). Bei 19 geschlachteten Schafen betrug die Ovulationsrate 1,42 mit 63% geteilten Eizellen. Von 19 Tieren lammten 16 (84,2%) nach Besamung in der 1. Brunst. Das Intervall zwischen Behandlungsende und Brunsteintritt war bei der höheren Dosierung und bei der längeren Behandlungsdauer signifikant größer. In beiden Versuchen wurde die Variabilität im Brunsteintritt durch die Hormonbehandlung signifikant verringert. F. Döcke. 1765.

Mann, T. und Wilson, E. D.; Cambrigde, Univ., Molteno Inst.; Physiol. Lab. Biochemical observations on the male accessory organs of nutria, Myocastor coypus (Molina). **(Biochemische Untersuchungen an den accessorischen Geschlechtsdrüsen des männlichen Nutria, Myocastor coypus [Molina.].)** J. Endocrinol. [London] **25** (1962) Nr. 3. S. 407–408. — 1 Tab., 8 Lit.
Die accessorischen Geschlechtsdrüsen des männl. Nutria bestehen aus je 1 Paar Samenblasendrüsen, sog. Koagulationsdrüsen (Prostata) und Bulbourethraldrüsen. Im Juni und Juli wurden unmittelbar nach der Tötung die Sekrete von 4–8 Tieren gesammelt und enteiweißt. Die in den Sekreten der 3 Drüsenpaare gefundenen Konzentrationen an Fructose betrugen 36–72, 2–4 und 0 bis 4 mg/100 ml, an Citronensäure 72—121, 250–500 und 0–8 mg/100 ml, an Sialursäure 0–0,03, 0 und 1,2–1,5 mMol/100 ml und an säurelöslichem Phosphat 30–49, 8–12 und 42–76 mg/100 ml. Ergothionin wurde nicht oder nur in Spuren gefunden. F. Döcke. 1774.

Kodagali, S. B.; Junagadh, India, Artificial Insemination Office. Seasonal variation in semen characteristics and reaction time of Khillar breed. **(Jah-**

reszeitliche Schwankungen in den Spermaeigenschaften und in der Reaktionszeit bei Khillar-Bullen.) Indian veterin. J. **39** (1962) Nr. 11. S. 593–599. – 2 Tab., 19 Lit.

Ein Jahr hindurch, das in die feuchte (Juni–Okt.) (**I**), kalte (Nov.–Febr.) (**II**) und heiße Jahreszeit (März–Mai) (**III**) eingeteilt wurde, wurden von 5 unter gleichen Bedingungen gehaltenen Khillar-Bullen wöchentl. einmal 2 Ejakulate mittels künstlicher Vagina gewonnen. Die Konsistenz der Ejakulate war in **II** dick-cremeartig, in **III** dünn-cremeartig, die Spermienkonzentration und Gesamtzahl der Spermien im Ejakulat entspr. hoch bzw. niedrig. **I** lag in der Mitte. Das Vol. zeigte keine signifikanten Unterschiede zwischen den Jahreszeiten. Anfangsbeweglichkeit und pH-Wert wiesen hoch gesicherte Unterschiede auf, wobei die höchste Beweglichkeit und der niedrigste pH-Wert (6,3) in **II** beobachtet wurden. In **III** wurden ⌀ 4,97, in **II** 4,10 und in **I** 4,04% abnorme Spermien festgestellt (P 0,05). Die Methylenblau-Reduktionszeit war in **II** am kürzesten (5,25 Min.) und in **III** am längsten (6,79 Min.) (P 0,01). Das beste Sperma wurde also in **II** gewonnen, das schlechteste in **III**, wobei die Reaktionszeit der Bullen bis zur Ejakulation bei **II** hoch gesichert kürzer als bei **III** war (238 bzw. 395 Sek.). F. Döcke. 1775.

Fox, B. W., Jackson, H., Craig, A. W. und Glower, T. D.; Manchester, Christie Hospital, Dep. of Exp. Chemotherapy; Liverpool, Univ., Dep. of Veterin. Anatomy. Effects of alkylating agents on spermatogenesis in the rabbit. **(Die Wirkung alkylierender Agentien auf die Spermiogenese beim Kaninchen.)** J. Reproduct. Fertility **5** (1963) Nr. 1. S. 13–22. – 4 Abb., 2 Tab., 13 Lit.

2–3 kg schwere männl. Kaninchen wurden mit folgenden Wirkstoffen in unterschiedlicher Dosierung behandelt: Tretamin (TEM), Busulphan, Methyläthansulfonat, Methylmethansulfonat und Isopropylmethansulfonat (IMS). Wenigstens 6 Wochen vor Behandlungsbeginn sowie während und nach der Behandlung wurde in den mittels künstlicher Vagina 2mal wöchentl. gewonnenen Ejakulaten die Gesamtzahl der Spermien hämocytometrisch bestimmt. Zusätzlich erfolgte eine morphol. Untersuchung nach Nigrosin-Eosin-Differentialfärbung, und bei den mit TEM behandelten Böcken wurden außerdem Fruchtbarkeitstests an Häsinnen mit nachgewiesener Fertilität durchgeführt. Eine einmalige Injektion von Busulphan, TEM oder IMS führte zum Auftreten einer Aspermie in der 10. und 11. Woche. Die anderen geprüften Wirkstoffe zeigten keinen derartigen Effekt, doch schien die Häufigkeit von Spermienanomalien bei allen Substanzen nach Ablauf mehrerer Wochen anzusteigen. Die Vff. schließen aus dem Ergebnis, daß die Dauer der Spermiogenese beim Kaninchen ca. 10 Wochen beträgt und daß ein ständiger Ersatz der reifen Spermien stattfindet. Die Fruchtbarkeitsprüfungen ergaben, daß bereits die einmalige Injektion von 0,2 mg TEM vorübergehende Sterilität hervorrief, die durch weitere Injektionen noch geringerer Dosen aufrechterhalten werden konnte. Die Libido der Böcke war dabei nicht beeinträchtigt.

F. Döcke. 1775.

Ajzinbudas, L. B. und Dovil'tis, P. P. (Aisinbudas, L. B. und Dowiltis, P. P.); Litau. Forsch. Inst. für Tierzucht. Ėlektrometričeskij sposob utočnenija sroka osemenenija korov. **(Die elektrometrische Bestimmung des Besamungstermins der Kühe.)** Životnovodstvo, Moskva 24 (1962) Nr. 11. S. 68–70.– 2 Abb.

Da die Zeit der optimalen Verschleimung der Scheide mit der optimalen Besamungszeit zusammenfällt, soll die Intensität der Schleimbildung durch die Messung der elektrischen Leitfähigkeit der Schleimhaut im Scheidenvorhof bestimmt werden. Dazu dient ein Taschenohmmeter mit einer Taschenlampenbatterie und einer 8–10 cm langen Kohlenelektrode. Sie besteht aus org.

Glas, in das vier 2 cm lange Kohlenstäbe eingesetzt werden. Die Elektrode wird direkt in den Scheidenvorhof eingeführt und zeigt bei maximaler Schleimbildung einen Widerstand von 120–250 Ω an. F. Schenk. 1780.

Sysoev, A. A. (Syssojew, A. A.); Kursk, Inst. für Landwirtsch. Metody ocenki sanitarno-gigieničeskogo sostojanija polovogo apparata u životnych. **(Methoden zur Beurteilung des sanitär-hygienischen Zustandes des Geschlechtsapparates der Tiere.)** Životnovodstvo, Moskva **24** (1962) Nr. 11. S. 70–72. – 1 Tab.

Bei Schafböcken, Bullen und Kühen wurden Präputium bzw. Scheide mit 10 ml steriler physiol. Lösung gespült. Die abgesaugte Lösung wurde dann ebenfalls mit physiol. Lösung verdünnt (1:1; 1:10; 1:100 usw.) und in Reagenzgläser gefüllt, die ein Medium aus Fleischbrühe mit Pepton, chem. reinem NaCl und Mannit enthielten. Je nach dem Grad der Verschmutzung der abgesaugten Lösung kam es zu Gasbildung und Farbänderung des Prüfmediums. Zur Beseitigung oder Verhinderung der Verschmutzungen von Präputium oder Scheide erwiesen sich Spülungen mit 3%igem Wasserstoffperoxyd oder Furazilin in einer Verdünnung von 1:5000 als von bestem Erfolg. F. Schenk. 1790.

Gavrikov, A. (Gawrikow, A.) Jalovosti moglo ne byt'. **(Verhinderung von Sterilität.)** Moločnoe i mjasnoe skotovodstvo, Moskva **7** (1962) Nr. 10. S. 36.

Auf Grund der unterschiedlichen Dauer der Brunst der Kühe wurden diese in Gruppen zusammengestellt (je nach Länge und Eigenart der Brunst). Bei Kühen, die wiederholt umrindern, wird eine Uterusmassage vorgenommen. Mit dieser Methode kann bei entspr. Haltungs- und Fütterungsbedingungen eine fast 100%ige Fruchtbarkeit erreicht werden. R. Ihssen. 1792.

Raja, C. K. S. V. und Nambiar, K. G. Infertility in a bull due to sperms with abaxial attachment of head and middle piece. **(Durch Spermien mit exzentrisch angesetztem Kopf und Mittelstück verursachte Unfruchtbarkeit bei einem Bullen.)** Indian veterin. J. **39** (1962) Nr. 10. S. 541–544. – 1 Abb., 1 Tab., 7 Lit.

Die von dem Bullen ausgeführten 12 Deckakte hatten in keinem Falle zu einer Befruchtung geführt. Eine org. Krankheit des Tieres lag nicht vor. Libido, Deckfähigkeit und Nachstoß waren gut, Menge und Dichte des Spermas normal. Die Zahl der pathologischen Spermien betrug 82–93%, wobei 72–85% exzentrisch angesetzte Köpfe und Mittelstücke zeigten. Den so veränderten Spermien fehlte das Bewegungsvermögen. Pathologische Spermien dieser Art sind beim Bullen selten und werden gewöhnlich nicht als Sterilitätsursache angesehen. Treten sie aber wie hier gehäuft auf, so können sie Unfruchtbarkeit hervorrufen. J. Jürgens. 1798.

McDaniel, Gayner R. und Craig, J. V.; Manhattan, State Univ. of Kansas. Predicting male fertilizing capacity in high and low fertility strains of chickens. **(Die Bestimmung der Fruchtbarkeit bei Hähnen in Linien mit hoher und niedriger Fruchtbarkeit.)** Poultry Sci. **41** (1962) Nr. 3. S. 866–869. – 4 Tab., 6 Lit.

Für die Studien standen Leghorn- und Rhodeländer-Linien mit unterschiedlicher Fruchtbarkeit zur Verfügung. Es wurden Bewegungsfähigkeit, Aussehen, Konzentration sowie Reduktionszeit der Spermien von jedem Hahn bestimmt. In beiden Linien wurden signifikante Beziehungen zwischen Reduktionszeit und Bewegungsfähigkeit festgestellt. Bei den Rhodeländerhähnen konnten zwischen Reduktionszeit und Befruchtungsfähigkeit signifikante Zusammenhänge ermittelt werden. Das Aussehen des Samens steht in keiner Beziehung zur Befruchtungsfähigkeit. Während die Totalvarianz der 3 Variablen bei den Rhodeländern 64% beträgt, erreichte sie bei den Leghorn 27%. E. Urban. 1800.

Hafez, E. S. E. und Sugie, T.; Pullman, Washington State Univ. Reciprocal transfer of cattle and rabbit embryos. **(Reziproke Übertragung von Rinder- und Kaninchenembryonen.)** J. Animal Sci. 22 (1963) Nr. 1. S. 30 bis 35. — 4 Abb., 1 Tab., 16 Lit.

Ziel der Untersuchungen war, eine nicht-operative Technik für die Eitransplantation beim Rind zu finden. Bei 40 juvenilen Häsinnen wurde nach der Methode von Hafez mittels PMS und HCG eine Superovulation ausgelöst. Die Tiere wurden 2–3 Tage post copul. getötet, die Eizellen aus den Tuben ausgespült und zu je 2–38 in die Uteri von 44 Färsen übertragen, die 12 oder 48 Std. danach geschlachtet wurden. Die Transplantation erfolgte mittels eines in die Cervix eingeführten Spezialkatheters nach Punktur des Scheidengewölbes und der Uteruswand. Zusätzlich wurde bei einem Teil der Tiere vorher CO_2 in das Cavum uteri eingeblasen. Bei der letzten Gruppe wurden die Bauchhöhle in der rechten Fossa paralumbalis eröffnet und die Eizellen von dort aus in ein Uterushorn übertragen. In einem 2. Versuch wurde bei Färsen mittels PMS und HCG eine Superovulation ausgelöst (Hafez und Sugie, 1961). Nach der Schlachtung der künstlich besamten Tiere wurden die Eizellen aus den Tuben und Uteri ausgespült und auf synchronisierte Häsinnen übertragen. — Nach nicht-operativer Transplantation mit CO_2-Insufflation wurden 13%, ohne CO_2-Insufflation keine und nach operativer Übertragung 32% der übertragenen Kaninchenembryonen nach der Schlachtung der Färsen wiedergewonnen. Die Ursachen dieser Unterschiede werden diskutiert. In 2 Fällen hatten sich die Kaninchenembryonen im Rinderuterus vom 16- und 32-Zellstadium zu Blastocysten weiterentwickelt. Von den 142 auf 20 Kaninchen übertragenen Rindereizellen wurden 69 bei der 48 Std. später erfolgten Tötung wiedergefunden. Eine Weiterentwicklung dieser Embryonen im Kaninchenuterus konnte mit Sicherheit nicht nachgewiesen werden. F. Döcke. 1810.

Treus, V. D. und Stjekljeńov, O. P. (Treus, W. D. und Stjekljenjow, O. P.) Gibrydyzacija zajcja-rusaka zsvijśkym krolem. **(Hybridisation von Feldhasen mit Hauskaninchen.)** Naučnye trudy. Ukrainskij naučno-issledovatel'skij institut zivotnovodstva stepnych rajonov im. M. F. Ivanova (Askanija-Nova), Kiev 9 (1961) S. 106–109. — 1 Abb., 4 Lit. Orig.: ukrain.

Vff. beschreiben Versuche mit 13 Feldhasen und 1 Häsin sowie 74 weibl. und 1 männl. Hauskaninchen in direkter und reziproker Kreuzung, um in die sehr widersprüchlichen Literaturangaben über die Möglichkeit der Kreuzung von Hasen und Kaninchen Klarheit zu bringen. Es wurden u. a. Chinchilla-, Weiße Riesen- und rasselose Kaninchen benutzt. Die Kaninchenhäsinnen wurden mit hochwertigem Sperma frischgeschlachteter Feldhasen künstlich besamt, sofort nach der Paarung von vasektomierten Kaninchenböcken belegt. Die reziproke Kreuzung wurde mit einem an Feldhäsinnen gewöhnten Kaninchenbock auf natürliche Weise durchgeführt. Bei der Kreuzung Feldhase × Kaninchenhäsin erfolgte die Befruchtung der Eizellen und eine normale Entwicklung der Zygoten bis zum 4. Tage nach der Besamung. Die Unmöglichkeit der erfolgreichen Kreuzung von Feldhase × Kaninchenhäsin beruht auf der Resorption der Keime im Morula-Stadium, in einigen Fällen auch im Blastula-Stadium. Bei der reziproken Kreuzung beobachtete man die Befruchtung der Eizellen und eine Degeneration der Zygoten bereits vor dem Zweizell-Stadium. K. Neumann. 1820.

Jurčenko, V. T. (Jurtschenko, W. T.) Mežplodnye svjazi v ėmbriogeneze karakul'skoj ovcy. **(Parabiotische Beziehungen während der Embryogenese beim Karakul-Schaf.)** Žurnal obščej biologii, Moskva 24 (1963) Nr. 2. S. 120–128. — 4 Abb., 6 Tab., 9 Lit. Zus. in Engl.

Bei 265 postnatal untersuchten Plazenten 2malig (im Abstand von 5–7 Std.) besamter Schafe lassen sich 3 Haupttypen der Parabiose unterscheiden. Die intrauterine Verbindung wird beim getrenntchorialen Typ (13,5%) durch Berührung der Fruchtblasen, beim chorioallantoiden Typ (83,5%) durch feine Gefäße und beim vaskulösen Typ (3%) durch arterielle Anastomosen (⌀ = 2,5–3 mm) gebildet, wobei die Lage der Embryonen keinen Einfluß auf den Charakter der Parabiose hat. Verwandtschaftsgrad der Eltern und Farbtyp der Parabionten haben einen Einfluß auf die Beziehungen zwischen letzteren. E. Rieske. 1840.

Kučerova, F. N. (Kutscherowa, F. N.); Rostow/Don, Univ. Ochlaždenie jaic kur na raznych ėtapach ėmbriogeneza i ego značenie dlja rosta i razvitija molodnjaka. **(Abkühlen der Hühnereier in verschiedenen Etappen der Embryogenese und seine Bedeutung für Wachstum und Entwicklung der Küken.)** Agrobiologija, Moskva **1962** Nr. 4. S. 588–594. – 2 Abb., 5 Tab., 12 Lit.
Vf. setzte während der Brutzeit Hühnereier einer 3maligen Abkühlung bei einer Temperatur von + 10 °C aus, und zwar am 2., 9. und 15. Tag von Brutbeginn an gerechnet. Der Schlupf der Küken begann im Vergleich zur Kontrollgruppe früher und war nach kürzerer Zeit beendet, auch die Schlupfprozente lagen höher. Die Küken waren gegenüber Erkrankungen an Pullorum und Coccidiose widerstandsfähiger, sie hatten größere Körpermaße und höhere Lgw., das Federkleid entwickelte sich früher (ab 3. Lebenstag) und wuchs intensiver. Außerdem wurden die Zuchteigenschaften der Tiere verbessert. K. Witt. 1840.

Olsen, M. W.; Beltsville, Md., A. R. C., Animal Husbandry Res. Div., Poultry Res. Branch. Polyembryony in unfertilized turkey eggs. **(Polyembryonie bei unbefruchteten Truthahneiern.)** J. Heredity **53** (1962) Nr. 3. S. 125–129. – 1 Abb., 1 Tab., 13 Lit.
Zum Studium der Doppelbildungen bei parthenogenetisch entwickelten Truthahnembryonen wurde eine große Zahl von unbefruchteten Puteneiern im Inkubator bebrütet. Frühzeitig abgestorbene Embryonen wurden durch Aufbrechen der Eier am 10. Bebrütungstage gewonnen; die übrigen Embryonen wurden vom 12.–29. Bebrütungstag untersucht. – Von 1217 parthenogenetischen Embryonen wurden 64 (= 5,3%) als Doppelbildungen festgestellt; von den 5504 befruchteten Kontrolleiern konnten nur 3 (= 0,055%) Zwillingspaare gefunden werden. Die Häufigkeit von Doppelbildungen bei parthenogenetisch entwickelten Putenembryonen ist ungleich höher als bei normal befruchteten Eiern und auch höher als von Hühnern bekannte Zahlen. – Es wird die Möglichkeit erwogen, ob abnormale Teilungen von jungen parthenogenetischen Zellen zu gehemmter Entwicklung führen und ob etwa eine Schädigung und nachfolgende Separation von frühen Teilungszellen zu den Zwillingsbildungen führen könne. H. Freye. 1840.

Conneally, P. M., Stone, W. H., Tyler, W. J., Casida, L. E. und Morton, N. E.; Madison, Univ. of Wisconsin, Div. of Genetics; Dep. of Dairy Sci. Genetic load expressed as fetal death in cattle. **(Genetische Ladung, ausgedrückt in fetalen Todesfällen beim Rind.)** J. Dairy Sci. **46** (1963) Nr. 3. S. 232–236. – 5 Tab., 16 Lit.
Vff. analysierten die Ergebnisse von 1404 Besamungen von Milchrindern mit bekannten Inzuchtkoeffizienten und Blutbildern bez. der Mutations- und Verträglichkeitskomponenten der genetischen Ladung. Inzucht des Embryos und der Mutter, Homozygotie für Blutgruppenfaktoren und maternal-fetale Unverträglichkeit infolge isoimmuner Antikörper hatten einen signifikanten erhöhenden Einfluß auf die embryonale Sterblichkeit. Die Mutationsladung, die den embryonalen (bis 41. Tag) bzw. fetalen (nach dem 41. Tag) Tod bewirkt, wurde auf 0,862 ± 0,233 bzw. 0,407 ± 0,243 geschätzt. Die Verhältnisse B/A von 1,75 bzw. 1,88 deuten an, daß die meisten embryonalen und fetalen Todesfälle nicht auf Gene zurückzuführen sind, die laufend durch Mutation neu entstehen. A. Schaaf. 1844.

Rak, L. P. K voprosu ob èmbrional'noj smertnosti i merinosovych ovec. **(Zur Frage der embryonalen Sterblichkeit bei Merinoschafen.)** Ovcevodstvo, Moskva 9 (1963) Nr. 2. S. 22–25. – 3 Tab.,

Der Einfluß der neurosexualen Reizung, des Alters, des Lgw., der Abstammung und der Akklimatisierung auf die embryonale Sterblichkeit bei Merinoschafen wurde untersucht und festgestellt, daß der einfache sterile Sprung nach der Besamung die Befruchtungsziffer erhöht und die embryonale Sterblichkeit senkt. Weiterhin sinkt die embryonale Sterblichkeit mit zunehmendem Alter und zunehmendem Lgw. der Mutterschafe. Sie ist auch bei reinrassiger Paarung niedriger als bei Kreuzung. Außerdem hat der Faktor der Akklimatisierung einen wesentlichen Einfluß auf die embryonale Sterblichkeit: Importierte Zuchtböcke, die noch wenig akklimatisiert sind, erhöhen die Embryonalsterblichkeit. K. Witt. 1844.

Reineke, E. P.; East Lansing, Michigan State Univ., Dep. of Physiol. and Pharmacol. Mammary gland enzyme systems concerned with synthesis of monoiodotyrosine. **(Enzymsysteme der Milchdrüse und Synthese von Monojodthyrosin.)** Proc. Soc. exp. Biol. Med. **112** (1963) Nr. 1. S. 122–125. – 2 Abb., 1 Tab., 12 Lit.

Die Untersuchungen wurden an Milchdrüsen von Ratten unter der Verwendung von ^{131}J mit Hilfe von Gewebekulturen und Untersuchung der Mitochondrien durchgeführt. Im frischen Gewebe wurden 44–52% des ^{131}J als Monojodthyrosin (MJT) gefunden. Die MJT-Menge fiel progressiv während der Mammarinvolution und zeigt an, daß die Enzymsysteme für 2 Jodkonzentrationen und MJT-Bildung mit dem Laktationsprozeß korreliert sind. Die MJT-Bildung wird durch Erhitzen und Thiouracyl blockiert sowie durch KSCN herabgesetzt. Sie wird katalysiert durch Cu und weiter gesteigert durch Cu und Mn. Die Mitochondrienfraktion von laktierenden Drüsen bildet MJT ohne Zufügung von Thyrosinsubstrat oder Metallkatalysatoren. R. Neseni. 1864.

Williams, Ralph und Turner, C. W.; Columbia, Univ. of Missouri, Dep. of Dairy Husbandry. Study of successive experimental lactations in dairy cows. **(Untersuchungen über aufeinanderfolgende experimentell ausgelöste Laktationen bei Milchkühen.)** J. Dairy Sci. **45** (1962) Nr. 10. S. 1248–1252. – 2 Abb., 2 Tab., 8 Lit.

Bei 19 Färsen und trocken stehenden Rindern verschiedener Rassen wurde durch tägl. Verabreichung von 200 mg Progesteron (**I**) und 200 μg Oestradiolbenzoat (**II**) über 120 und 180 Tage ein Wachstum der Milchdrüse erzielt. Anschließend wurde durch tägl. Injektion von 0,3 mg **II**/100 lb. Lgw. über 14 Tage eine Laktation ausgelöst. Bei einer erneuten gleichen Behandlung der nach der experimentell ausgelösten Laktation wieder trocken stehenden Tiere wurden nur 22,7% der max. Tagesleistung aus der 1. Laktation erzielt. Bei Rindern, die z. Z. der 2. Behandlung noch in Milch standen, konnte kein oder nur ein sehr schwacher Anstieg der Leistung erzielt werden. In einer 2. Versuchsreihe wurden den gleichen Tieren während des Trockenstehens oder der Laktation abnehmende Mengen (150–50 mg) von **I** zusammen mit ansteigenden (1–3 mg) **II**-Dosen über 63 Tage appliziert. Nach der anschließenden 14tägigen **II**-Behandlung zur Laktationsauslösung wurde bei den in Milch stehenden Rindern die max. durchschnittl. Tagesleistung von 4,5 lb. Milch zu Behandlungsbeginn auf 20,3 lb. 6 Wochen nach Behandlungsende erhöht. Die vorher trocken stehenden Tiere erreichten ⌀ 16,2 lb./Tag in der 7. Woche. Vff. schließen daraus, daß die zuletzt angewandte Methode der hormonalen Laktationsauslösung den physiol. Bedingungen näher kommt. F. Döcke. 1866.

Taranenko, A. G.; Leningrad, Physiol. Pawlow-Inst. der Akad. der Wiss. der UdSSR, Lab. für Physiol. Landwirtsch. Nutztiere; Versuchsstat. Vlijanie prolaktina na osnovnye komponenty moloka u koz. **(Einfluß von Prolaktin auf die Grundkomponenten der Milch bei den Ziegen.)** Fiziologičeskij žurnal SSSR imeni I. M. Sečenova, Moskva — Leningrad 47 (1961) Nr. 12. S. 1490–1495. — 3 Abb., 13 Lit. 1866.

Weerden, E. J. van und Wal, P. van der. De praktische toepassing van de kunstmatige inseminatie bij pluimvee in Israël. **(Die praktische Anwendung der künstlichen Besamung beim Geflügel in Israel.)** Tijdschr. Diergeneeskunde 87 (1962) Nr. 21. S. 1368–1376. — 4 Abb., 2 Tab., 5 Lit.

In Israel hat sich die Geflügelhaltung seit 1948 sehr stark entwickelt. Ihr Aufbau basierte stark auf Erfahrungen aus den USA. Ein beträchtlicher und beständig größer werdender Teil des Legehennenbestandes wird in Batterien gehalten, sogar in Zucht- und Vermehrungsbetrieben. Man ist deshalb gezwungen, die Hennen künstlich zu besamen. Die KB wird in Israel in breitem Umfang und mit sehr gutem Erfolg durchgeführt. Die Technik der Spermaentnahme und der Besamung werden beschrieben. Den Hähnen wird i. a. 2- bis 3mal wöchentl. Sperma entnommen, wobei jedesmal 0,5–1,0 ml gewonnen wird. Die Besamung erfolgt mit unverdünntem Sperma, das so schnell wie möglich, max. nach ½ Std., verbraucht werden soll und in dieser Zeit auf 15–20 °C gehalten wird. I. a. verbraucht man für eine Besamung ca. 0,05–0,1 ml Sperma, und die Hennen werden aller 6–7 Tage besamt. Es empfiehlt sich, die Besamung mittags durchzuführen. Die Befruchtung liegt im Durchschnitt bei 90–95%. Nach ca. 5–7 Mon. Besamung wird ein ziemlich starkes und plötzliches Absinken der Befruchtungsresultate festgestellt. Die Ursache dieser Besamungsmüdigkeit ist nicht geklärt.
W. Wittig. 1881.

Prokopcev, V. M. (Prokopzew, W. M.); Puschkin, Gebiet Leningrad, Forsch.-Lab. für Tierzucht. Usoveršenstvovanie iskusstvennoj vaginy dlja chrjakov. **(Die Vervollkommnung einer künstlichen Vagina für Eber.)** Životnovodstvo, Moskva 24 (1962) Nr. 12. S. 36–37. — 1 Abb., 1 Tab.

Da die Metallvagina nach Kwasnitzki für große Eber zu kurz ist, wurde die für Bullen bestimmte Gummivagina (Unions-Inst. für Tierzuchtforschung) mit einem 10 cm langen Einsatz von 6 cm Dmr. aus Plasten (oben und unten ein Ring, die durch 3 Längsleisten verbunden werden) versehen, der an dem zum Samenbehälter gewandten unteren Ende der unverkürzten Vagina eingesetzt wird. Beim Einblasen von Luft in die künstliche Vagina bilden die Wände der Gummikammer entlang der Längsleisten des Einsatzes schlitzförmige Kanäle, durch die das Sperma abfließt. Bei Verwendung dieser Vagina steigen der Umfang des Ejakulats von 214 (Metallvagina) auf 331 ml, die Spermienkonzentration von 0,19 auf 0,21 Md./ml, die Spermienzahl im Ejakulat von 40 auf 71,2 Md. und die Dauer der Ejakulation von 5,4 auf 10,2 Min. F. Schenk. 1885.

Aniśko, E. N. (Anisko, Je. N.); Grodno, Landwirtsch. Inst. Uteplennyj semjapriemnik. **(Ein Spermaauffangbehälter im Warmwasserbad.)** Svinovodstvo, Moskva 16 (1962) Nr. 11. S. 21–22. — 3 Abb.

Um auch im Winter in kalten Ställen Ebersperma gewinnen zu können, wurde ein Auffangbehälter konstruiert, dessen mit Schaugläsern versehener Aluminiumkörper von 3–4 l Fassungsvermögen mit warmem Wasser (39 °C, das bis auf 20 °C abkühlt) gefüllt wird. Eine Scheibe mit 4 Sperma-Gläsern von 170 ml wird in den Wärmebehälter eingesetzt und läßt sich mit diesem im Phantom drehen. Das Sperma gelangt in den Deckel des Behälters und fließt von dort durch einen Trichter fraktionsweise in je 1 Glas. Die Scheibe, die die Gläser hält, besitzt Öffnungen zum Eingießen des Wassers und zum Messen der Wassertemperatur im Wärmebehälter. F. Schenk. 1885.

Rachman, Ali. Primenenie ėozina dlja differencial'noj okraski živčikov. **(Die Verwendung von Eosin zur differenzierten Färbung der Spermien.)** Životnovodstvo, Moskva **24** (1962) Nr. 12. S. 37–38. – 2 Tab.
Zum Färben des Spermas von Kaninchen und Büffeln (tote Spermien färben sich, lebende nicht) wurden Eosin-Kalium und Eosin-Natrium verwendet. Bei einem Vergleich des auf diese Weise (Abstrich auf Objektträger unter Mikroskop) ermittelten Verhältnisses der toten und lebenden Spermien mit der Beurteilung der Aktivität (Prozentsatz der Spermien mit Vorwärtsbewegung) zeigte sich, daß die Ergebnisse bei der Färbung mit Eosin-Natrium am besten übereinstimmten (60% Spermien mit Vorwärtsbewegung – 79% lebende Spermien). F. Schenk. 1886.

Ehlers, M. H., Dixon, J. und Erb, R. E.; Pullman, Washington State Univ., Dep. of Dairy Sci. Acid-soluble phosphorus constituents of bull semen in relation to fructolysis and to sperm concentration. **(Säurelösliche Phosphoranteile des Bullenspermas in bezug auf Fructolyse und Konzentration der Spermien.)** J. Dairy Sci. **44** (1961) Nr. 9. S. 1679–1687. – 4 Tab., 15 Lit.
Vff. untersuchten 86 Ejakulate von 5 Bullen unmittelbar nach der Ejakulation oder 1; 2 und 3 Std. nach der Inkubation des Spermas in Na-Citrat bei 37 °C. – Das Gesamtphosphat wurde mit 0,807 mg/ml aus der Asche des Ejakulats bestimmt. – Nach Hydrolyse des Spermas mit Trichloressigsäure und Fällung des Phosphates aus dem Hydrolysat mit Molybdat wurde für das frische Ejakulat ermittelt: P_i = anorg. Phosphat = 0,039 mg/ml; P_{i+h} = anorg. + leicht hydrolysierbares Phosphat nach 7minütiger Hydrolyse = 0,046 mg/ml; P_{tas} = säurelösliches Gesamtphosphat nach Veraschen des Hydrolysats = 0,460 mg/ml. Nach 3stündiger Inkubation vergrößerte sich Pi um 0,013 mg/ml, P_{i+h} um 0,08 mg/ml. P_{tas} veränderte sich nicht signifikant. – Die Zunahme von P_i war mit der Fructose-Abbaurate negativ, mit der Spermienkonzentration im Inkubat positiv korreliert. Vff. vermuten, daß die Erhöhung von P_i durch irreversible Veränderung des ATP verursacht wird und als degenerative Alterungserscheinung der Spermien zu deuten ist. P. Kauffold. 1887.

Buruiana, L. M. und Hadarag, El. Sur les glucides liés du plasma séminal. **(Über die im Seminalplasma gefundenen Kohlenhydrate.)** Naturwissenschaften **49** (1962) Nr. 13. S. 303. – 3 Tab., 5 Lit.
Die von den aktiven Polypeptiden in der glatten Muskulatur herrührenden Kohlenhydratverbindungen können als wichtige Grundlage des Stoffwechsels der Keimzellen angesehen werden. Über die mit den Spermaproteiden verbundenen Kohlenhydrate ist wenig bekannt, obwohl im Seminalplasma der Säugetiere durch Elektrophorese und Polarogramm α_1- und α_2-Globuline nachgewiesen wurden. Die Mehrzahl der Seminalplasmaproteine besteht aus den sauren Globulinen, den Glykoproteinen. In den vorliegenden Untersuchungen wurden die Kohlenhydrate des Seminalplasmas beim Bullen und Schafbock bestimmt. Die Hexosen, Hexosamine und Methylpentosen (Fucose und Rhamnose) wurden nach Winzler bestimmt. Bei einem Vergleich des Kohlenhydratgehaltes im Serum und im Seminalplasma fällt der erhöhte Gehalt an Hexosamin und Methylpentose (Fucose) im Seminalplasma im Verhältnis zu dem im Serum gefundenen Wert auf. Weiterhin ist festzustellen, daß im Verhältnis zu den Gesamtproteinen der Gehalt an gebundenen Kohlenhydraten im Seminalplasma 2- bis 3mal höher als im Serum ist. Ihre physiol. Bedeutung und ihre Rolle für die Beweglichkeit der Spermien sind bisher noch ungeklärt. H. Busse. 1887.

Goldberg, Erwin; Fargo, North Dakota State Univ., Dep. of Zool. Lactic and malic dehydrogenases in human spermatozoa. **(Milch- und Äpfelsäure-Dehydrasen in Spermien des Menschen.)** Science [Washington] **139** (1963) Nr. 3555. S. 602–603. 1887.

Misostova, N. V. (Misostowa, N. M.); Charkow, Forsch.-Inst. für Tierzucht des Waldsteppen- und Polessje-Gebietes der Ukrain.SSR. Značenie stepeni razbavlenija semeni na oplodotvorjaemost' korov. **(Die Bedeutung des Grades der Spermaverdünnung für die Befruchtung der Kühe.)** Životnovodstvo, Moskva **24** (1962) Nr. 12. S. 35. — 1 Tab.
Bullensperma wurde mit Glukose-Eigelb-Citratverdünner im Verhältnis 1:10, 1:50, 1:100, 1:200 und 1:300 verdünnt. Bei der Verdünnung 1:10 betrug der Befruchtungsprozentsatz 44,8%, bei 1:50 waren es 76,6% und bei 1:300 immer noch 67,6%. F. Schenk. 1891.

Hobbs, T. D. und Harris jun., G. C.; Fayetteville, Univ. of Arkansas. Effect of freezing point depression and pH on motility and fertility of chicken spermatozoa stored in sodium citrate extenders. **(Der Einfluß der Gefrierpunktserniedrigung und des pH auf die Beweglichkeit und Fruchtbarkeit von Hühnerspermien, die in Natriumcitratverdünnern aufbewahrt wurden.)** Poultry Sci. **42** (1963) Nr. 1. S. 254–259. — 3 Abb., 1 Tab., 19 Lit.
Spermasammelproben wurden von 15 New-Hampshire-Hähnen nach der Methode von Burrows und Quinn (1937) gewonnen und mit dem gleichen Vol. von Natriumcitratverdünnern versetzt, die auf pH 6,0 oder 7,0 mit einer Gefrierpunktserniedrigung (△) von -0,63 bis -1,37 °C eingestellt und denen Oxytetracyclin (0,4 mg/ml) und Dihydrostreptomycin (2 mg/ml) zugesetzt wurden. Zur Überprüfung der Befruchtungsfähigkeit wurden Weiße Leghornhennen mit 0,1 ml frischem, unverdünntem oder 0,2 ml für 24 Std. konserviertem, verdünntem Sperma besamt und die Zahl der befruchteten Eier bestimmt, die 2–8 Tage post inseminationem anfielen. Während einer 24 stündigen Aufbewahrung bei +2 °C wurde die Spermienbeweglichkeit am besten bei Verwendung isotonischer Verdünner (△ = — 0,6 bis — 0,7 °C) erhalten. Hypertonische Lösungen wirkten sich schädlich aus. Bei pH 6 sank die Beweglichkeit schneller als bei pH 7. Die höchste durchschnittl. Fruchtbarkeit wurde mit 67% (pH 6,0) bzw. 63% (pH 7,0) bei △ = —0,79 °C erzielt. Die pH-Werte übten keinen gesicherten Einfluß auf die Befruchtungsfähigkeit der Spermien aus, doch unterschieden sich die Gefrierpunktserniedrigungen hochsignifikant voneinander. Das Gesamtschlupfergebnis betrug 95% für das frische und 90% für das konservierte Sperma. F. Döcke. 1891.

Norman, Charles, McCoy, J. M., Wilson, H. A., Porterfield, I. D. und Goldberg, Erwin; Morgantown, West Virginia Univ., Dep. of Biol.; Dep. of Dairy Sci.; Dep. of Plant Pathol., Bacteriol. and Entomol. Elimination of Vibrio fetus from suspensions of bovine sperm stored at low temperatures. **(Der Einfluß tiefer Temperaturen auf Vibrio fetus im Bullensperma.)** Amer. J. veterin. Res. **23** (1962) Nr. 96. S. 1019–1022.
Mit *Vibrio fetus* versetzte Samenflüssigkeit, der Streptomycinsulfat, Neomycinsulfat oder Chloramphenicol zugegeben wird, inkubiert man vor dem Einfrieren verschieden lang. Das mit Milch verdünnte Sperma enthält $0,72 \times 10^6$ Vibrionen pro ml Samenflüssigkeit und 40×10^6 Spermien pro ml Flüssigkeit. Die Inkubationszeiten betragen 0; 2 und 6 Std. bei 30 °C und 24 Std. bei Zimmertemperatur. Nach der Inkubation erfolgt der Glyzerinzusatz und die Adaptation bei 5 °C und Einfrieren auf —79 °C. Nach einwöchiger Lagerung bei —79 °C erfolgt nach dem Auftauen der Samenproben die Bestimmung der überlebenden Vibrionen und Spermien. Streptomycin wirkt bei einer Inkubationszeit von 2 Std. bacteriocid, wenn es in einer Menge von 680 g/ml zugegeben wird. Neomycin ist bei einer Konzentration von 500 g/ml und einer Inkubationsdauer von 24 Std. bei Zimmertemperatur wirksam. Chloramphenicol hat bei einer Konzentration von 250 g/ml keine Wirkung auf *Vibrio fetus*. Sowohl bei inkubierten als auch ohne Inkubationszeit eingefrorenen Samenproben beträgt die Überlebensrate nach dem Auftauen 70%.
K. Rothe. 1891.

Hruška, Karel und Kazda, Jindřich; Brno, Fac. of Veterin. Med., Dep. of Biochem.; Centr. Breeding Stat.; Prague, Lab. The effect of metabolites of one of the strains from the family enterobacteriaceae on respiration and anaerobic gas production of bull semen. **(Die Wirkung der Stoffwechselprodukte eines Enterobakterienstammes auf die Respiration und anaerobe Gasproduktion von Bullensperma.)** Zuchthyg., Fortpflanzungsstör. Besam. Haustiere 7 (1963) Nr. 1. S. 57–62. – 2 Abb., 3 Tab., 21 Lit.

Frühere Untersuchungen über die Hemmung der Spermienmotilität durch Stoffwechselprodukte des zur Gattung Providencia gehörenden Enterobakterienstammes Nr. 113 wurden fortgeführt, indem die Beeinflussung des Sauerstoffverbrauchs (I) und der anaeroben Gasproduktion (II) der Spermien nach beschriebenen Methoden im Warburg-Apparat bestimmt wurden. Es zeigte sich, daß I nicht gesichert (11,95%) und II hoch signifikant (220,37%) höher lagen als bei den Kontrollproben ohne Zusatz des Bakterien-Kulturmediums. Vff. nehmen an, daß der Bakterienstamm ein den Tricarboxylsäurezyklus förderndes Substrat oder Substanzen ausscheidet, die unter anaeroben Bedingungen die Aktivität der Enzyme dieses Zyklus stimulieren. F. Döcke. 1891.

Martin, I. C. A. Rates of cooling and storage temperatures for deep-frozen bull spermatozoa. **(Abkühlgeschwindigkeit und Aufbewahrungstemperatur bei der Tiefkühlung von Bullensperma.)** Austral. veterin. J. 38 (1962) Nr. 8. S. 414 bis 420.

Bullensperma wird mit 7,5% Glyzerin und 1,25% Arabinose enthaltendem Citrat-Eidotter-Verdünner verdünnt, bei 5 °C adaptiert, in Ampullen abgefüllt und bei verschiedenen Abkühlgeschwindigkeiten eingefroren. Die Ergebnisse zeigen, daß ein Abkühlungsstop innerhalb der kritischen Temperatur zwischen – 15 °C und – 25 °C vor der weiteren schnellen Abkühlung bis – 195 °C die Überlebensrate verbessert. Kühlgeschwindigkeiten von 2°, 6° oder 18 °C/Min. bis – 25 °C mit und ohne Kühlstop erbringen trotzdem schlechtere Ergebnisse als die Kontrollproben, die bei einer Kühlrate von 1 °C/Min. bis – 15 °C und danach 3 °C/Min. eingefroren werden. Eine bestimmte Adaptationszeit bei 5 °C beeinflußt die Ergebnisse positiv. Die Temperaturkonstanz bei der Lagerung von Tiefkühlsperma ist von großer Bedeutung. Die Erwärmung des Spermas von – 195 °C auf – 20 °C oder – 30 °C für 10 Min. und die Wiederabkühlung auf die Lagerungstemperatur verursacht eine Verschlechterung der Überlebensrate. Bei wiederholter Aufwärmung und Abkühlung sinkt die Überlebensrate schließlich auf Null ab. Tiefkühlsperma kann ohne Verschlechterung der Auftauergebnisse von – 79 °C auf – 195 °C umgesetzt werden. K. Rothe. 1893.

Kelly, J. W. und Hurst, Victor. Fertility results with frozen bull semen thawed for four and six hours. **(Fruchtbarkeitsergebnisse mit tiefgekühltem Bullensperma bei Verwendung nach 4 und 6 Stunden nach dem Auftauen.)** J. Amer. veterin. med. Assoc. 141 (1962) Nr. 10. S. 1171–1172.

Das in Plastikampullen abgefüllte und eingefrorene Sperma wird nach der Aufbewahrung bei – 79 °C ca. 70 Sek. in Wasser von 40–49 °C verbracht. Die weitere Aufbewahrung erfolgt dann bis zur Versamung in Eiswasser. Diese wird entweder 4 Std. oder 6 Std. nach dem Auftauen durchgeführt. Jeder Inseminator benutzt nacheinander bei 3 verschiedenen Kühen frisch bzw. vor 4 Std. oder 6 Std. aufgetautes Sperma. Die Ergebnisse werden mit Hilfe des Non-return-Verfahrens (60–90 Tage) ermittelt. Die Befruchtungsergebnisse bei 224 Erstbesamungen sind im 1. Versuch mit frisch bzw. 4 und 6 Std. nach dem Auftauen verwendeten Sperma gleich und liegen im Durchschnitt bei 70%. In einem weiteren Versuch mit 1118 Erstbesamungen betragen die Ergebnisse bei einer Aufbewahrungsdauer von 0 Std. nach dem Auftauen 68%, bei 4 Std. 69% und 6 Std. 60%. Ein Absinken der Ergebnisse wird nach längerer Aufbewahrung als 6 Std. nach dem Auftauen beobachtet. K. Rothe. 1893.

Trošin, S. (Troschin, S.). Na punkte iskusstvennogo osemenenija. **(Auf der Besamungsstation.)** Moločnoe i mjasnoe skotovodstvo, Moskva 7 (1962) Nr. 10. S. 35–36. — 1 Abb.

Während der Weidezeit kommt eine fahrbare Besamungsstation zum Einsatz. Dazu gehört ein Zwangsstand, in dem die Kühe untersucht, besamt und, wenn notwendig, auch behandelt werden. In einem transportablen Kasten befinden sich die für die Besamung notwendigen Instrumente, Chemikalien usw. Durch den fahrbaren Besamungsstand ist es möglich, nichtrindernde Kühe sofort mit 2%iger Jodlösung zu behandeln und am Tage darauf zwangsweise zu besamen. 2–3 Tage danach rindern diese Tiere dann normal und können mit gutem Erfolg besamt werden. R. Ihssen. 1895.

Semeniščev, A. I. (Semenistschew, A. I.) Technika rektal'no-vaginal'nogo sposoba iskusstvennogo osemenenija korov. **(Die Technik der vaginalen künstlichen Besamung der Kühe unter rectaler Kontrolle.)** Životnovodstvo, Moskva 24 (1962) Nr. 11. S. 72–73. — 1 Abb.

Es wurde eine Katheterspritze aus Kolbenzylinder und Handgriff einer gewöhnlichen Glasspritze, deren Endstück durch einen 30 cm langen Ebonit-Katheter ersetzt wurde, konstruiert. Katheter und Glasspritze wurden durch eine Stahlspannschraube mit 2 Ringen (zum Einstecken der Finger) verbunden. — Die Brunst ist eingetreten, wenn der durch den Mastdarm zu fühlende Gebärmutterhals elastisch ist, der Katheter leicht in dessen Kanal gleitet und bei der Massage der Gebärmutter Schleim aus der Scham austritt; nach dessen Konsistenz und Farbe kann der Höhepunkt der Brunst leicht festgestellt werden. Bei der Besamung fixiert man mit der im Mastdarm befindlichen Hand den Gebärmutterhals, führt mit der anderen Hand den Katheter ein und „setzt" den Gebärmutterhals auf das Ende des Katheters auf. Bei dieser Methode ist kein Scheidenspiegel erforderlich. F. Schenk. 1895.

Taneja, G. C. und Gowe, R. S.; Ottawa, Ontario, Canada Dep. of Agric., Animal. Res. Inst., Genetics Sect. Effect of varying doses of undiluted semen on fertility and hatchability in the domestic fowl. **(Der Einfluß verschiedener Dosen unverdünnten Spermas auf die Fruchtbarkeit und das Brutergebnis beim Haushuhn.)** J. Reproduct. Fertility 4 (1962) Nr. 2. S. 161–174. — 1 Abb., 9 Tab., 31 Lit.

Von Weißen Leghorn-(2 Stämme) und Ottawa-Meat-Control-Hähnen wurde mittels der Massagemethode 3mal tägl. möglichst reines Sperma gewonnen und unverdünnt gruppenweise gemischt. Die durchschnittl. Konzentration der Sammelproben betrug 6,58 Mill. Spermien/mm^3. Die Samenübertragung auf Weiße Leghornhennen (2 Stämme) erfolgte intravaginal mittels graduierter Glaspipetten, die mit einer Tuberkulin-Spritze verbunden waren. 15 Dosierungen zwischen 0,0002 und 0,15 ml kamen zur Anwendung. Nur bei Spermadosen von 0,004 ml aufwärts legten die Hennen einige befruchtete Eier. Für eine hohe Fruchtbarkeit waren 40–70 Mill. Spermien pro Besamung erforderlich. Dosierungen von 0,006–0,01 ml erbrachten nur eine schwache weitere Fruchtbarkeitssteigerung. Im Anhalten der Fruchtbarkeit nach einer Besamung bestanden hochgesicherte Unterschiede zwischen den Tierstämmen und Dosen. Mit Erhöhung der Spermamenge von 0,006 auf 0,15 ml nahm die Zahl der nicht befruchteten Eier ab, die zwischen dem 2. Tag nach der Besamung und dem Tag anfielen, an dem das letzte befruchtete Ei gelegt wurde. Das Intervall zwischen dem Besamungstag und dem Legen des ersten befruchteten Eies war bei den kleineren Spermadosen länger als bei den hohen. Das Brutergebnis wurde weder durch die Samenmenge noch durch den Hahnenstamm beeinflußt. F. Döcke. 1895.

E. ZÜCHTUNG

Zdravkov, G. (Sdrawkow, G.); Sofia-Kostinbrod, Forsch.-Inst. für Tierzucht. Za rabotata s porodata pri selskostopanskite životni u nas. **(Über die Rassenfrage bei der Züchtung landwirtschaftlicher Nutztiere in Bulgarien.)** Izvestija na Naučnoizsledovatelskija institut po životnovŭdstvo „Georgi Dimitrov" – Kostinbrod, Sofija **15** (1962) S. 47–66. – 12 Lit. Zus. in Russ., Dtsch.
Nach 1944 wurde in der bulgarischen Schaf- und Rinderzucht in starkem Maße Kreuzungszucht betrieben, um aus den wenig produktiven Landrassen und -schlägen hochleistungsfähige Kulturrassen herauszuzüchten. Vf. unterzieht die in dieser Richtung geleistete Arbeit einer Kritik. Er hebt hervor, wie wichtig es für den Erfolg der züchterischen Arbeit ist, eine richtige Auffassung vom Wesen der Rasse zu haben und versucht, den Inhalt dieses Begriffes zu klären. N. Platikanow. 1910.

Barkema, R. M.; Utrecht, Univ., Inst. für Zootechn. **Die Heterosis und ihre Begründung.** Zuchthyg., Fortpflanzungsstör. Besam. Haustiere **7** (1963) Nr. 1. S. 69–78. – 6 Abb., 19 Lit.
Das „Luxurieren der Bastarde" (engl. „hybrid vigor") oder „Heterosis" (1914 von Shull als Begriff eingeführt) ist schon in der vormendelistischen Zeit als Kreuzungseffekt bekannt gewesen. Mit der Wiederentdeckung der Mendelschen Regeln wurde es als genetisches Problem erkannt. Der zum Luxurieren führende Stimulus ist nur am Phänotyp zu messen. Dabei sind Luxurieren nach Kreuzungen und Degeneration nach Inzucht als Seiten einer Sache aufzufassen. Der komplizierte Begriff „Heterosis" kann unterteilt werden in Ursache (Heterosis), Mechanismus (Luxurieren) und Erfolg (Heterosiseffekt). Zur Begründung des Heterosiseffektes können Mendel-genetische Aspekte (Dominanz oder Überdominanz bei interalleler Rekombination, Interaktion, Epistasie), populationsgenetische (mit Kreuzung wird wieder gutgemacht, was mit Inzucht verdorben wurde im Sinne Falconers 1960) sowie physiologisch-genetische Aspekte (Änderung des von Erbe und Umwelt zusammen beeinflußten Stoffwechsels) herangezogen werden. Der Heterosiseffekt liegt letztlich in der Genomheterosis und in der Umweltheterosis gemeinsam begründet: „Auf die Änderung kommt es an." H. Freye. 1935.

F. WACHSTUM UND ENTWICKLUNG

Bovard, K. P. und Hazel, L. N. Growth patterns in Snorter dwarf and normal Hereford calves. **(Entwicklung bei Snorter-Zwerg- und normalen Herefordkälbern.)** J. Animal Sci. **22** (1963) Nr. 1. S. 188–196. – 3 Abb., 6 Tab.
Die Untersuchungen der Körpergewichte und -maße von 130 normalen und 17 Snorter-Zwerg-Herefordkälbern zeigen deutlich, daß das Snorter-Gen hauptsächlich das Längenwachstum der Knochen und die Wirbelsäulenentwicklung in der Lenden- und Steißbeingegend beeinträchtigt. Die charakteristischen Merkmale treten bei den männl. Tieren stärker hervor als bei den weibl. Auf Grund der Körperproportionen lassen sich die heterozygoten Kälber frühzeitig von den homozygoten trennen. G. Heidler. 2110.

Wiener, Gerald. Growth of cattle twins on dairy farms with high and low yielding herds. **(Das Wachstum von Rinderzwillingen auf Milchviehfarmen mit Herden von hohen und niedrigen Leistungen.)** Animal Product. **1** (1959) Nr. 1. S. 61–70. 2110.

Borozdina, A. P. (Borosdina, A. P.). K voprosu o vlijanii živogo vesa telok v molodom vozraste na posledujuščuju ich produktivnost'. **(Zur Frage des Einflusses des Gewichtes junger Kuhkälber auf ihre spätere Leistung.)** Tr. Mosk. vet. akad. **39** (1961) S. 13–20. – Aus: Referativnyj žurnal. Biologija, Moskva **1962** Nr. 18. L 101. S. 15.

Auf dem Tieřzucht-Sowchos Strelnikowa (Kirgisische SSR) erhielten die Zuchtfärsen von der Geburt bis zum Alter von 12 Mon. ⌀ 400 kg Vollmilch, 1200 kg Magermilch, 490 kg Kraft-, 819 kg Rauh- und 1176 kg Saftfutter. Im Frühjahr und im Sommer waren die 9 Mon. und älteren Färsen auf den Gebirgsweiden. Im Winter bekamen die 15–18 Mon. alten Färsen 6 kg Luzerneheu, 10–15 kg Saft- und 2–2,5 kg Kraftfutter. Nach dem ersten Abkalben wurden die Färsen in 3 Gruppen eingeteilt: Gr. I 24–36 kg Geburtsgewicht; Gr. II 35–45 kg und Gr. III über 45 kg Geburtsgewicht. Das Geburtsgewicht und das Gewicht der Färsen mit 6, 12 und 18 Mon. wirkte sich auf das spätere Gewicht der Kühe aus. Das Gewicht der jungen Kälber hatte keinen wesentlichen Einfluß auf die spätere Milchleistung, wenn bis zum ersten Kalben die Gewichtsunterschiede aufgeholt wurden. Um Hochleistungskühe der Alatau-Rasse zu erhalten, müssen die Erstlingskühe 500–530 kg wiegen; das optimale Gewicht für 18 Mon. alte Färsen liegt bei 340–380 kg.
übersetzt v. I. Reich. 2110.

Chomkovič, Grigorij und Gabriš, Juraj; Nitra, Vysoká Škola Pol'nohospodárska, Agronom. Fak.; Košice, Vysoká Škola Pol'nohospodárska, Veterin. Fak. Zmeny foriem tela u slovenského strakatého dobytka počas rastu. **(Veränderungen der Körperformen des Slowakischen Fleckviehs in der Wachstumsperiode.)** Pol'nohospodárstvo **9** (1962) Nr. 12. S. 847– 854. — 2 Abb., 6 Tab. Zus. in Russ., Engl.

Die in 2 slowakischen Kreisen durchgeführten Untersuchungen bestätigten die Gültigkeit der bekannten Gesetzmäßigkeiten, es zeigen sich nur geringe Abweichungen im Vergleich zu anderen Rinderrassen. Die Kälber des Slowakischen Fleckviehs sind bei der Geburt hochbeinig, überbaut und seicht sowie schmal in der Brust. Allmählich wachsen sie intensiver in die Länge, Tiefe und Breite. Beträchtlich sind die Geschlechtsunterschiede im Wachstum. Bei unter günstigeren Bedingungen aufgezogenen Kälbern ist bes. die Tiefen- und Breitenentwicklung intensiv. Im Alter von 2–3 Mon. geht das hochrechteckige Körperformat in ein mehr quadratisches über, während vom 6. Mon. an das Längenwachstum der Kälber nachläßt. Bei intensiv ernährten Kälbern verringern sich die Unterschiede zwischen Sitzbeinbreite und Beckenbreite.
F. Svoboda. 2110.

Dědečková-Šálova, Jiřina; Uhříněves, Ústřední Výzkumný Ústav Živočišné Výroby. Vliv snížené úrovně výživy na růst a vývin jaloviček v údobí od jednoho do dvou roků stáří. **(Einfluß der verhaltenen Fütterung auf Wachstum und Entwicklung der Färsen im Zeitabschnitt von 1–2 Jahren.)** Živočišná Výroba **8(36)** (1963) Nr. 2. S. 69–90. — 13 Tab., 18 Lit. Zus. in Russ., Dtsch.

Die um 30% gegenüber den Kontrollfärsen reduzierte Fütterung bewirkte eine nur unwesentliche Verringerung ihrer Wachstumsintensität. In der Periode von 12–18 Mon. erreichten die Versuchsfärsen das 2,3fache des Geburtsgewichtes, die Kontrollfärsen das 2,4fache. Die tägl. Lgw.-Zunahmen lagen bei den Versuchsfärsen etwas höher (469 g gegenüber 555 g). Von 18–24 Mon. wirkte sich die verhaltene Fütterung durch noch kleinere Unterschiede in der Wachstumsintensität aus. Die Versuchsfärsen erreichten das 1,2fache, die Kontrollfärsen das 1,3fache des Geburtsgewichts. Die durchschnittl. tägl. Zunahmen waren in beiden Gruppen etwa gleich (287 g und 286 g). Mit 24 Mon. entsprach das Lgw. der Färsen beider Gruppen dem für das Tschechische Rotfleckvieh festgesetzten Standard. Die verhaltene Fütterung führte im Altersabschnitt von 1–2 Jahren zu einer Futtereinsparung im Werte von 326,77 Kčs je Färse. ČSSR/ÚVTI. 2120.

G. ÖKOLOGIE EINSCHLIESSLICH HALTUNG UND PFLEGE

Hahn, G. L., Thom, H. C. S. und Bond, T. E. Livestock shelter design. **(Beziehungen zwischen Klima und Stallbau in den USA.)** Agric. Engng. **43** (1962) Nr. 12. S. 704–709.

Die Ställe sollen die Tiere vor extremen Witterungsbedingungen schützen. Um sie entspr. ausbilden zu können, müssen die Anforderungen der Tiere bekannt sein. Weiterhin ist eine gründliche Kenntnis von den bestehenden Wetterbedingungen erforderlich. Aus diesen Daten können Rückschlüsse gezogen werden für die Wärmedämmungen der Ställe, für die Stärke der Konstruktion und für die Auswahl der Lage des Gebäudes. Vff. geben dazu eine Zusammenfassung über die gewünschten Stalltemperaturen. Holsteiner Kühe zeigten bei Temperaturen von 10 °F keinen Rückgang in der Milchproduktion. Bei Jerseys hingegen setzte bereits um 30 °F ein Milchrückgang ein, der bei 10 °F 20% betrug. Temperaturen über 75 °F bewirkten bei Holsteiner Kühen einen sprunghaften Milchabfall, während Jersey-Kühe bis zu 80 °F eine konstante Milchproduktion aufwiesen. Für Sauen sind Temperaturen von 60–70 °F zu empfehlen. Mastschweine mit einem Lgw. von 350 lb. erzielten die besten Ergebnisse bei Temperaturen von 61 °F und mit einem Lgw. von 100 lb. bei 73,5 °F. Die optimalen Temperaturen für die Legehennen liegen bei 50–60 °F, wobei hohe Temperaturen ungünstiger als niedrigere sind. Bei den Broilern beträgt die optimale Temperatur für Eintagsküken 95 °F. Diese Temperatur verringert sich je Woche um 5 °F, bis 70 °F erreicht sind. Sehr große Toleranz gegenüber der Temperatur haben offenbar die Schafe. Danach beschreiben die Vff. die Klimabedingungen in den USA. Aus diesen Daten werden Rückschlüsse für die Konstruktion der Gebäude abgeleitet. W. Heinig. 2165.

Szép, I. Összehasonlitó mikroklima-vizsgálatok szarvasmarhaistállókban. I. A téli hőmérséklet időbeli változásaiból levonható állathigiéniai következtetések. **(Vergleichende mikroklimatische Untersuchungen an Rinderställen. 1. Mitt. Tierhygienische Folgerungen auf Grund der Variationen der Wintertemperatur.)** Magyar Állatorvosok Lapja [Ung. veterinärmed. Bl.] **17** (1962) Nr. 8. S. 284–287. — Aus: Ung. Agrar-Rdsch. **1963 Nr. 2.**

Vf. untersuchte im Winter das Mikroklima in 2 Stalltypen, um festzustellen, inwieweit diese insbesondere in ihren phys. Komponenten den biol. Ansprüchen der Rinder entsprechen. Im Vergleich von Stalltemperaturen, die bei —4 bis —14 °C Außentemperaturen ermittelt wurden, konnte festgestellt werden, daß das Luftvolumen von Ställen mit einer hohen Decke und seitlichen Futtergängen sogar in Höhe der Tiere in verschiedene Temperaturzonen eingeteilt ist, die die Temperaturregulation der Tiere stark belasten. Das Euter der Kühe gerät in eine Temperaturzone von 4–5 °C, die nicht vorteilhaft ist. Ställe mit einer flachen Decke und geringem Volumen zeigten unter gleichen Bedingungen besser ausgeglichene Temperaturen. Bei höheren Außentemperaturen sind die Unterschiede auch bei Ställen mit einer hohen Decke kaum feststellbar. Vf. schlußfolgert, daß Ställe mit einer flachen Decke ein besseres Mikroklima aufweisen als solche mit einer hohen Decke. 2165.

Szoldatits, Ferenc; München, Univ., Inst. für Mikrobiol. und Infektionskrankh. **Stallhygienische Untersuchungen in Rinderställen des Kreises Laufen/OBB.** Diss. München **1962** 57 S.

Vf. führte im Winter in 100 Rinderställen, die er in 3 Gruppen unterteilte (bis 20 Jahre — **I**; 20–50 Jahre — **II**; über 50 Jahre — **III**) stallklimatische Untersuchungen durch. Innentemperaturen zwischen 10 und 15 °C wiesen 76,5% (**I**), 78,6% (**II**) und 85,3% (**III**) aller Ställe auf. Die Luftfeuchtigkeit lag i.allg. sehr hoch; sie betrug bei 82,4% über 90% (**I**), bei 40,5% (**II**) bzw. 46,4% (**III**) lag sie zwischen 80 und 90%. Bez. des CO_2-Gehaltes wiesen 76,5% (**I**) bzw.

85,7% (**II**) und 78,1% (**III**) Werte unter 0,40% auf. Die Belichtungsverhältnisse entsprachen nicht den Anforderungen; unter 20 lx lagen 58,8% (**I**), 73,7% (**II**) und 83,0% (**III**) aller Ställe. Das Verhältnis von Fenster- zu Stallfußbodenfläche befriedigte ebenfalls nicht. Auch die Luftbewegung in den Ställen betrug weniger als 0,1 m/s (52,9% bei **I**; 45,2% bei **II**; 48,8% bei **III**). Bes. Lüftungseinrichtungen hatten nur 17,6% von **I**, alle übrigen Ställe wurden nur über die Fenster bzw. Wand- oder Futterlöcher belüftet.
B. Schenk. 2165.

Lilleng, Harald; Vollebekk, Norges Landbrukshøgskole, Inst. für Bygningstekn. **Verbesserung des Stallklimas in einem Rinderstall durch Verstärkung der Wärmedämmung und Einbau eines Lüfters.** Landbauforsch. Völkenrode **12** (1962) Nr. 3. S. 57–60. — 5 Abb., 1 Tab., 13 Lit.

Vf. führte in einem Rinderstall (Grenzgebiet der Klimazonen II und III) ohne bes. Lüftungsanlage eine Wärmehaushaltsberechnung bei Zugrundelegung folgender Werte durch: Innentemperatur +10 °C; rel. Luftfeuchtigkeit im Stall 85%; Außentemperatur —12 °C; rel. Feuchte außen 85%. Die von den 15 GV erzeugte Wärmemenge reichte nicht aus, um eine Lüftung zu gewährleisten, die zu einer rel. Luftfeuchtigkeit im Stall von 85% führt. Im untersuchten Stall konnte durch 20 cm Strohschüttung (Häcksel) auf der Decke und Lüftung durch thermostatgesteuerten Ventilator die Luftfeuchtigkeit um ca. 10% reduziert werden. Auch der Feuchtigkeitsgehalt der stallumschließenden Bauteile wurde günstig beeinflußt; so sank der Wasssergehalt der Holzwolle-Leichtbauplatten der Stalldecke von 29,4% auf 14,1%.
B. Schenk. 2165.

Johnson, H. D., Ragsdale, A, C. und Yeck, R. G. Environmental physiology and shelter engineering. LIX. The effects of constant environmental temperatures 50° or 80 °F. on the feed and water consumption of Holstein, Brown Swiss and Jersey calves. **(Umweltphysiologie und Stallbau. 59. Mitt. Die Wirkungen konstanter Umgebungstemperaturen von 50 oder 80 °F auf Futter- und Wasseraufnahme von Holstein-, Braunen-Schweizer- und Jersey-Kälbern.)** Univ. Missouri, Coll. Agric., agric. Exp. Stat., Res. Bull. **1960** Nr. 786. S. 1–38. — 12 Abb., 8 Tab., 21 Lit.

Je 3 Jersey-, Braune-Schweizer- und Holstein-Kälber wurden im Klimastall bei 50 und 80 °F bis zum Alter von 12 Mon. gehalten. In der vorliegenden Arbeit wird aus den zahlreichen Messungen über Futter- (TDN) und Wasseraufnahme während des Wachstums berichtet. Bei den Jersey- und Holstein-Kälbern war die Futteraufnahme bei 50 °F größer als bei 80 °F. Bei beiden Temperaturen und allen Rassen wurde der TDN-Verbrauch pro Einheit Gewichtszuwachs mit dem Alter größer. Bei allen 3 Rassen war der Erhaltungsbedarf bei 50 °F größer als bei 80 °F. Der Wasserverbrauch stieg mit dem Alter an. Der Anstieg war bei Tag höher als in der Nacht, sowohl hinsichtlich der Häufigkeit der Wasseraufnahme als auch hinsichtlich der aufgenommenen Menge. Vom 6.–11. Mon. stieg bei den bei 80 °F gehaltenen Tieren der Wasserverbrauch pro verzehrtem TDN an, während der Wasserverbrauch bei den bei 50 °F gehaltenen Tieren pro verzehrter Futtermenge etwa gleich blieb. Die Wasseraufnahme pro Einheit Lgw.-Zuwachs stieg bei den bei 50 °F gehaltenen Tieren vom 1.–10. Mon. im Verhältnis von 1:4 (1–4 gal. Wasser/lb. Zuwachs) und bei den bei 80 °F gehaltenen Tieren im Verhältnis 1,5:6 (1,5–6 gal. Wasser/lb. Zuwachs) an. Die Meßwerte sind nach verschiedenen Gesichtspunkten zu Gleichungen und Kurven zusammengefaßt und ausführlich diskutiert.
R. Schiemann. 2165.

Kibler, Hudson H. Environmental physiology and shelter engineering. LXI. Energy metabolism and related thermoregulatory reactions to thermal stress in 50° and 80° acclimated dairy heifers. **(Umweltphysiologie und Stallbau.**

61. Mitt. Energiewechsel und damit in Verbindung stehende thermoregulative Reaktionen gegenüber einem Wärmestress von bei 50 und 80 °F akklimatisierten Färsen.) Univ. Missouri, Coll. Agric., agric. Exp. Stat., Res. Bull. **1962** Nr. 793. S. 1–32. – 8 Abb., 15 Tab., 15 Lit. 59. Mitt. vgl. vorst. Ref.

Je 3 Tiere der Rassen Braune Schweizer, Holstein und Jersey wurden während des ersten Lebensjahres bei 50 °F und je 3 weitere Tiere bei 80 °F im Klimastall gehalten. Diese, an konstante Temperaturen akklimatisierten Färsen wurden variierenden Temperatureinflüssen von 35–95 °F und unterschiedlichen rel. Luftfeuchten ausgesetzt und die Erwiderung auf den Temperaturstress gemessen. Vergleichsweise wurden 9 nicht akklimatisierte Kälber der gleichen Rassen im Alter von 2 Mon. zu analogen Messungen verwendet. Gemessen wurden Energiewechsel (Messung des O_2-Verbrauchs- und der CO_2- und CH_4-Produktion und Berechnung der Wärmeproduktion unter Verwendung von Respirationskammern nach dem offenen System), Rectaltemperatur, Atmungsgeschwindigkeit und -tiefe und die Pulsfrequenz. Die lange Akklimatisation an konstante Temperaturen hatte eine anfängliche Instabilität der Wärmeregulation bei anderen Temperaturen zur Folge. Ein schrittweiser Anstieg der Temperaturen während der Versuchszeit von 2,5 Mon. senkte die Wärmeproduktion bei beiden Gruppen. Ein plötzlicher Wärmestress steigerte dagegen den Energiewechsel. 41 Std. Hunger hatten keinen Einfluß auf die Reaktion der Tiere gegen einen plötzlichen Wärmestress. Die Bedeutung des Faktors Zeit hinsichtlich der Anpassung an wechselnde Umweltbedingungen wird bes. herausgestellt. Die Atmungsgeschwindigkeit stieg bei den Kälbern bei Erhöhung der Temperatur schneller an als bei den Färsen. Die Pulsgeschwindigkeit verringerte sich bei den Kälbern weniger bei Temperaturerhöhung als bei den Färsen. Die Rectaltemperaturen waren bei den Kälbern höher als bei den Färsen, wobei jedoch der Anstieg in beiden Gruppen parallel verlief. Zwischen den bei 50 und 80 °F akklimatisierten Färsen ergab sich bei letzteren eine höhere Rectaltemperatur und auch ein höherer Energiewechsel, bes. bei den Holstein-Färsen. Die Rassenunterschiede werden jedoch erheblich durch individuelle Unterschiede überlagert. Die Meßergebnisse sind kurvenmäßig nach verschiedenen Gesichtspunkten dargestellt und diskutiert. R. Schiemann. 2165.

Johnson, H. D., Ragsdale, A. C., Berry, I. L. und Shanklin, M. D. (unter techn. Mitarb. von McLarney, Saudra). Environmental physiology and shelter engineering. With special reference to domestic animals. 62. Effect of various temperature-humidity combinations on milk production of Holstein cattle. **(Umweltphysiologie und Stallbau. Mit speziellem Bezug auf die Haustiere. 62. Mitt. Einfluß verschiedener Temperatur-Feuchtigkeitskombinationen auf die Milchproduktion von Holstein-Kühen.)** Univ. Missouri, Coll. Agric., agric. Exp. Stat., Res. Bull. **1962** Nr. 791. S. 3–39. – 8 Abb., 9 Tab., 12 Lit. 61. Mitt. vgl. vorst. Ref.

An insgesamt 40 laktierenden Holstein-Kühen in verschiedenen Laktationsstadien und mit verschiedenen Milchleistungen wurden im Klimastall Periodenversuche (Dauer der einzelnen Periode: 2 Wochen) zur Feststellung des Einflusses verschiedener Temperatur- und Feuchtigkeitskombinationen auf die Höhe der Milchleistung und den physiol. Zustand der Tiere durchgeführt. Als Vergleichsbedingung wurde 65 °F und 50% rel. Luftfeuchte (R.L.) gewählt. Folgende Kombinationen wurden geprüft: 75 °F, 90%; 80 °F, 30, 50, 80%; 85 °F, 50, 70%; 90 °F, 20, 25, 40, 50%; 95°F, 25% R.L. Bis auf die Bedingungen 75 °F, 90% R.L. und 90 °F, 20% R.L. hatten alle anderen einen signifikanten Einfluß auf die Höhe der Milchproduktion im Sinne einer Depressionswirkung. Bez. der Toleranz gegenüber den extremen Klimabedingungen waren individuelle Differenzen vorhanden. I. allg. zeigten die Tiere mit geringeren Milchleistungen eine höhere Toleranz. Die in einem

Tabellenanhang zusamengestellten Ergebnisse sind statistisch ausgewertet, und der Abfall der Milchleistung ist mit einem Temperatur-Feuchtigkeits-Index in Beziehung gesetzt. R. Schiemann. 2165.

Cargill, B. F., Stewart, R. E. und Johnson, H. D. Environmental physiology and shelter engineering. LXIII. Effect of humidity on total room heat and vapor dissipation of Holstein cows at 65, 80, and 90° F. **(Umweltphysiologie und Stallbau. 63. Mitt. Einfluß der Feuchtigkeit auf die Gesamtraumwärme und die Wasserverdunstung von Holstein-Kühen bei 65, 80 und 90 °F.)** Univ. Missouri, Coll. Agric., agric. Exp. Stat., Res. Bull. **1962** Nr. 794. S. 1–32. — 9 Abb., 8 Tab., 16 Lit. 62. Mitt. vgl. vorst. Ref.
2 Gruppen von je 6 laktierenden Holstein-Kühen wurden verschiedenen Temperaturen (65, 80 und 90 °F) und rel. Luftfeuchten (20–80%) ausgesetzt und die Reaktion der Tiere (bes. die Milchleistung) auf die verschiedenen Umweltbedingungen in Verbindung mit ihrer Gesamtwärmeabgabe und Wasserverdunstung und der ihrer Umgebung im Vergleich zur Haltungsbedingung 65 °F und 50% rel. Luftfeuchte gemessen. Mit steigenden Temperaturen verminderte sich die Gesamtwärmeabgabe, während die Wasserabgabe stieg. Steigende Luftfeuchte bei konstanter Temperatur verminderte die gesamte Wärme- und Wasserabgabe. Die Höhe der Milchproduktion hatte nur einen geringen Einfluß auf die Gesamtwärmeabgabe. Zwischen den „Unbehaglichkeitsindices" (Temperatur-Feuchtigkeits-Index), die von anderer Seite für das menschliche Wohlbefinden abgeleitet wurden, und der Milchleistung ergaben sich Beziehungen. Die Milchproduktionskurve fiel signifikant gegenüber der Normalkurve ab, wenn der Index ($DI = 0{,}55\ T_{trocken} + 0{,}2\ T_{feucht} + 17{,}5$; DI = Unbehaglichkeitsfaktor; T = Temperatur in °F, gemessen mit trockenem und feuchtem Thermometer) auf 76–77 anstieg. Ein Index von 75 wird daher als Grenze der „Behaglichkeit" für laktierende Kühe angesehen. Die optimalen Stallbedingungen im Sommer liegen für laktierende Kühe zwischen 77 °F und 80% rel. Luftfeuchte und 90 °F und 15% rel. Luftfeuchte. Es werden Werte für die Gesamtwärme- und Feuchtigkeitsabgabe bei den verschiedenen Temperatur- und Feuchtigkeitsbedingungen abgeleitet, die als Richtgrößen für die Luftführung in Stallbauten dienen können.
R. Schiemann. 2165.

Bedwell, Robert L. und Shanklin, Milton D. Environmental physiology and shelter engineering. With special reference to domestic animals. 65. Influence of radiant heat sink on thermally-induced stress in dairy cattle. **(Umweltphysiologie und Stallbau. Mit speziellem Bezug auf die Haustiere. 65. Mitt. Einfluß einer Senkung der Strahlungswärme auf einen wärmeinduzierten Stress bei Milchkühen.)** Univ. Missouri, Coll. Agric., agric. Exp. Stat., Res. Bull. **1962** Nr. 808. S. 4–36 . — 18 Abb., 15 Tab., 15 Lit. 63. Mitt. vgl. vorst. Ref.
Je 3 (Versuchs- und Kontrollgruppe) nicht laktierende Guernsey-Kühe wurden 5 Wochen lang im Klimastall bei 90 °F und 50% rel. Luftfeuchte gehalten. Oberhalb der Tiere waren V-förmige Strahlungsreflektoren und vom Gipfel des V zum Tier hin eine Kühlfläche mit untergesetzter Kondenswasserrine. angebracht. Die Kühlflächen (Flüssigkeitskühler) wurden bei der Versuchsgruppe über jeweils eine Woche bei folgenden konstanten Temperaturen gehalten: 40 °F, 20 °F, 35 °F, 30 °F und 40 °F. Bei der Kontrollgruppe erfolgte keine Kühlung. Die durch die Kühlung abgeführte Wärme, differenziert nach Gesamtwärme und Strahlungswärme, wurde mit einer im Detail beschriebenen Anordnung erfaßt. Gemessen wurden weiterhin Rectaltemperatur, Atmungsgeschwindigkeit, Hauttemperatur, Haartemperatur, Wasserverbrauch und direkte Umgebungstemperatur oberhalb der Tiere. Aus den varianzanalytisch ausgewerteten Meßdaten wird abgeleitet, daß zwischen den Kühen in der Fähigkeit, hohe Temperaturen und Luftfeuchten zu ertragen, signifikante individuelle Differenzen bestehen, daß durch die Kühlung mit

Ausnahme der Rectaltemperatur Atmungsgeschwindigkeit, Hauttemperatur, Haartemperatur, Wasserverbrauch und Umgebungstemperatur verringert wurde, wobei sich die einzelnen Kühlstufen signifikant unterschieden, und daß die wirksamste Kühltemperatur zur max. Übertragung der Strahlungswärme kurz oberhalb des Gefrierpunktes lag, der Kühler also noch nicht von außen vereiste. Die wichtigsten Meßdaten sind in einem Tabellenanhang niedergelegt. R. Schiemann. 2165.

Asaj, Antun und Vergles, Vatroslav. Izravno sunčevo zračenje l opći kvalitet sperme u bikova. **(Direkte Sonnenbestrahlung der Bullen und die allgemeine Qualität des Bullenspermas.)** Stočarstvo [Zagreb] **15** (1961) Nr. 9/10. S. 508–516. – 3 Abb., 6 Tab., 23 Lit. Zus. in Dtsch., Engl.
Von 6 Bullen (4 Braun-, 2 Grauviehrasse) der Station für KB in Knin (norddalmatinisches Festlandkarstgebiet) wurden in der Zeit vom 1.6. 1960–28.2. 1961 tägl. von 7^{00}–17^{00} 2 Bullen im Auslauf, 2 unter einem Dach im Auslauf und 2 im Stall gehalten. Direkte Sonnenbestrahlung führte zur Störung der Spermiogenesis – im Aug. gab es kein Ejakulat, am 30.9. gab einer der direkten Sonnenbestrahlung ausgesetzten Bullen 12 ml Spermaflüssigkeit ohne Spermien, am 30. 10. waren es 10 ml ebenfalls ohne Spermien; auch der 2. Bulle, der direkter Sonnenbestrahlung ausgesetzt war, gab vom 1.–19.9. nur Spermaflüssigkeit ohne Spermien. Die Normalisierung der Spermaproduktion erfolgte erst vom Nov. Zu starke und andauernde Sonnenbestrahlung führt zur Aspermiogenese. Diese Erscheinung tritt erst nach ca. 1,5 Mon. langer Sonnenbestrahlung auf und ist auch individuell unterschiedlich (konstitutionsabhängig). I. Šmalcelj. 2170.

Bajpai, P. K.; Izatnagar, India, Coll. of Animal Sci. The effect of photoperiodicity on the cloacal temperature of mature cocks. **(Die Wirkung der Fotoperiodizität auf die Kloakentemperatur von ausgewachsenen Hähnen.)** Poultry Sci. **41** (1962) Nr. 6. S. 1726–1728. – 2 Tab., 8 Lit.
Rhodeländer-Hähne hatten eine signifikant erhöhte Körpertemperatur, wenn sie 16 Std. statt 8 Std. Tageslicht erhielten. Dafür wiesen die Hähne mit der kürzeren Lichtphase höhere Gewichtszunahmen auf. Das Licht übt also einen direkten Einfluß über das Hormonsystem auf den Geschlechtsapparat und/oder den Stoffwechsel aus. R. Doehl. 2170.

Gordon, W. A. M.; Stormont, Belfast. Environmental studies in pig housing. I. Air velocity. **(Umweltuntersuchungen in Schweineunterkünften. 1. Mitt. Die Luftbewegung.)** Brit. veterin. J. **118** (1962) Nr. 5. S. 171–205. – 35 Abb., 8 Tab., 29 Lit.
Die Umwelteinflüsse auf die Gesundheit und die Leistung sowie die verschiedenen Typen der Schweineunterkünfte mit ihren Bauplänen werden eingehend behandelt. Die Zusammenhänge zwischen Luftbewegung, -temperatur und -feuchtigkeit finden ihre Betrachtung. Da die Schlupföffnung zwischen der Bucht und dem Freilandauslauf nicht ohne weiteres zugluftfrei abgedichtet werden kann, ist die Anlage einer engen, isolierten Schlupfbucht auf jeden Fall vorteilhaft. So kann eine sonst wenig oder gar nicht brauchbare Tierunterkunft in eine vollständig einwandfreie Behausung umgewandelt werden. Die Meßwerte der Luftbewegung sind an und für sich hoch im Verhältnis zu den vorherrschenden Lufttemperaturen, aber sie brauchen nicht als Extrem angesehen zu werden. Bes. wichtig ist die Feststellung der Luftströmung in Fußbodenhöhe. Zwischen dieser und der Luftbewegung in einer Höhe von 15 cm über dem Erdboden bestehen manchmal Differenzen von 200%.
H. Busse. 2175.

Gordon, W. A. M. Environmental studies in pig housing. II. Ventilation and its measurement. **(Umweltuntersuchungen in Schweineunterkünften. 2. Mitt. Die Ventilation und ihre Messung.)** Brit. veterin. J. **118** (1962) Nr. 6. S. 243 bis 256. – 1 Abb., 3 Tab., 28 Lit. 1. Mitt. vgl. vorst. Ref.

Die Ventilation kann entweder durch Messung der Luftströmung innerhalb oder außerhalb eines Gebäudes oder indirekt durch Feststellung der Konzentrationsveränderungen eines der Atmosphäre zugeführten Gases oder Dampfbestandteiles ermittelt werden. Problematisch für die Bewertung der Ventilationsrate ist die Frage, inwieweit es zwischen der einströmenden Luft und der bereits im Gebäude vorhandenen zur Diffusion kommt. Im ländlichen Bauwesen hat die irrtümliche Auffassung, Komfort sei mit Gesundheit nicht zu vereinbaren, die Entwicklung brauchbarer Schweineställe entscheidend gehemmt. In den Untersuchungen, deren Ergebnisse die Arbeit behandelt, wurde die Ventilationsrate verschiedener Stallbautypen direkt oder indirekt gemessen. Im letzten Verfahren wurde Wasserstoff als Vergleichselement benutzt, dessen Konzentrationsabnahme mit Hilfe des Katathermometers ermittelt wurde. Die sehr hohen Luftumsetzungsraten in Gebäuden mit hoher Temperatur und hoher Luftfeuchtigkeit stehen zu den bisherigen Auffassungen im Gegensatz. Das Prinzip des Katathermometers wird erklärt. H. Busse. 2175.

Olenev, V. A. und Chalenev, A. L. (Olenew, W. A. und Chalenew, A. L.); Unions-Forsch.-Inst. für Elektrifizier. der Landwirtsch. Novaja sistema ventiljacii dlja životnovodčeskich pomeščenij. **(Ein neues Lüftungssystem für Viehställe.)** Životnovodstvo, Moskva **25** (1963) Nr. 2. S. 80–84. — 3 Abb., 2 Tab.

Die neue natürliche Zu- und Abluftlüftung mit in Sektionen gegliederten Kanälen besteht (in einem 2reihigen Anbindestall für je 100 Kühe) aus 2 Zu- und 4 Abluftkanälen mit Regulierung der Luftmenge. Die Zuluftkanäle liegen unter den beiden Längsreihen der Tröge und unter dem Fußboden der Windfänge und enden an den Giebelseiten außerhalb des Stalles in 150 cm hohen „Lüftungstürmen", die 70 cm vom Erdboden aus an allen 4 Seiten Jalousiegitter aufweisen. In den Windfängen liegen an der Innenseite der Außenwände Regulierschieber, mit denen die Kanäle ganz oder teilweise geschlossen werden können. Durch den danebenliegenden Kontrollschacht kann im Winter erwärmte Luft in die Kanäle geblasen werden. In der dem Futtergang zugewandten Seitenwand der Zuluftkanäle liegen 5 cm über dem Fußboden 20 × 20 cm große Lüftungsgitter (für je 2 Tierplätze). Die in 3 Sektionen eingeteilten Abluftkanäle mit einem Querschnitt von 240 × 80 cm bestehen aus Holz oder Asbestzement und sind wärmegedämmt. Sie liegen in der Mitte der Decke und ragen 60 cm über den Dachfirst hinaus. 40 cm über ihrem oberen Rand wird ein kleines Satteldach aufgestellt. Unter den Kanälen an der Decke laufen in Führungsschienen die Regulierschieber. Bei Benutzung dieser Lüftungsanlage (Luftvolumen 112–450 m^3/h/Kuh, Luftwechsel 5,5- bis 21mal/h) stieg die Leistung der Kühe um 12,5%. B. Schenk. 2175.

Jordan, Kenneth A.; Raleigh, North Carolina State Coll., Agric. Engng. Dep. Animal calorimetry. **(Tiercalorimetrie.)** Agric. Engng. **44** (1963) Nr. 2. S. 80 bis 81. — 1 Abb., 6 Lit.

Unter Bezugnahme auf 6 Originalarbeiten aus dem Jahre 1962 über tiercalorimetrische Untersuchungen geht Vf. auf die Bedeutung calorimetrischer Messungen an Tieren in Relation zu ihrem Leistungsvermögen ein und weist auf die direkte Bedeutung solcher Messungen für den Stallbauingenieur im Hinblick auf die Schaffung möglichst optimaler Stallklimabedingungen hin. R. Schiemann. 2180.

Goswami, S. B. und Narain, Prem. The effect of air temperature and relative humidity on some physiological indices of buffalo-bulls (Bubalus bubalus). **(Der Einfluß der Lufttemperatur und der relativen Feuchtigkeit auf einige physiologische Daten bei Büffelbullen [Bubalus bubalus].)** Indian J. veterin. Sci. Animal Husbandry **32** (1962) Nr. 2. S. 112–118. — 3 Abb., 3 Tab., 12 Lit.

Vff. untersuchten den Einfluß der wichtigsten Klimafaktoren auf die Atem-, die Pulsfrequenz und die Körpertemperatur bei Büffelbullen. 15 Atemzüge und 40 Pulse pro Min. sowie 99 °F Körpertemperatur waren die gemessenen Durchschnittswerte. Bei konstanter Lufttemperatur hatte die rel. Luftfeuchtigkeit einen nichtsignifikanten Einfluß auf die Atem- und Pulsfrequenz sowie die Körpertemperatur der Tiere. Die Pulsfrequenz blieb unter diesen Bedingungen jedoch unverändert. Die auf die Lufttemperatur und die rel. Luftfeuchtigkeit insgesamt zurückzuführenden Variationen betrugen bei der Zahl der Atemzüge 90% und der Körpertemperatur 79%. Für die Pulsfrequenz bestand jedoch nur eine solche von 19%. Oberhalb einer durchschnittl. Lufttemperatur von 78,48 °F war die Reaktion der Tiere bez. der Zahl der Atemzüge und der Körpertemperatur deutlicher ausgeprägt.
H. Busse. 2180.

Thornton, Paul A.; Fort Collins, Colo., Agric. Exp. Stat., Dep. of Poultry Husbandry. The effect of environmental temperature on body temperature and oxygen uptake by the chicken. **(Der Einfluß der Umwelttemperatur auf die Körpertemperatur und die Sauerstoffaufnahme bei Hühnern.)** Poultry Sci. **41** (1962) Nr. 4. S. 1053–1060. — 6 Tab., 16 Lit.
Leghorn-Hennen wurden großen Temperaturschwankungen ausgesetzt, daneben wurden die Körpertemperaturen gemessen, um den Einfluß von Vit.-C-Gaben festzustellen; gleichzeitig wurde der O_2-Verbrauch festgehalten. Bei steigender Umwelttemperatur stieg auch die Körpertemperatur signifikant über 80 °F an, bei Abfall der Temperatur sank auch die Körperwärme. Bei einer Raumtemperatur von 60 °F wurden keine Differenzen ermittelt. Tiere mit Vit.-C-Beigabe zeigten einen etwas früheren und dabei geringeren Abfall von der Normaltemperatur bzw. Erhöhung bei stärkerer Erwärmung. Hieraus geht hervor, daß die Zugabe von Vit. C für die Aufrechterhaltung der Körpertemperatur eine Hilfe bedeutet. E. Urban. 2180.

Petkov, G. und Stojanov, P. (Petkow, G. und Stojanow, P.) Izpitvane vlijanieto na različni temperaturi vŭrchu novoizljupeni pileta. **(Prüfung des Einflusses unterschiedlicher Temperaturen auf frischausgeschlüpfte Küken.)** Izvestija na Naučnoizsledovatelskija institut za nezarazni bolesti i zoochigiena, Sofija **2** (1962) S. 61–67. — 4 Tab., 14 Lit. Zus. in Russ., Dtsch.
Vff. untersuchten den Einfluß einer um 5–6 °C niedrigeren Temperatur als die übliche (18–30 °C) auf die Entwicklung, den Gasaustausch, die Gewebeatmung und die Vit.-A-Menge in der Kükenleber. Die bei niedrigeren Temperaturen aufgezogenen Küken wiesen eine bessere Entwicklung, einen um 13% höheren Zuwachs und eine um 5% niedrigere Sterblichkeit auf als die Kontrollen. Die verbrauchte O_2- und die ausgeschiedene CO_2-Menge lagen ebenfalls höher als bei den Kontrollgruppen. Für das Hirngewebe stieg der O_2-Koeffizient um 26% und für das Lebergewebe um 17%. Auch die Vit.-A-Menge in der Leber war um 50–80% größer. Bei der Prüfung der thermoregulierenden Fähigkeit der Küken wurde festgestellt, daß sich die Körpertemperatur der Versuchsküken bei einer Herabsetzung der Zimmertemperatur bis auf 10 °C und einer Erhöhung derselben bis auf 32 °C nicht ändert. G. Radew. 2180.

Korsakov, A. A. (Korsakow, A. A.) Pticevodstvu — kompleksnoe oborudovanie. **(Komplexeinrichtungen für die Geflügelzucht.)** Pticevodstvo, Moskva **1963** Nr. 2. S. 26–30. — 7 Abb.
Ein Legehennenstall ohne Korridor von 12–15 m Breite wird ausgestattet mit 4 durchgehenden Futtertrögen mit vertikalem Futterband, 2 durchgehenden hängenden Tränkrinnen und 1 durchgehenden 2seitigen Nestreihe mit zentralem Transportband. Diese Einrichtungsgegenstände befinden sich über dem Kotbunker. Zur UV-Bestrahlung dienen 2 bewegliche Einrichtungen mit Quarzlampen. 1 AK betreut mehr als 6000 Hennen. Die Einrichtungs-

gegenstände werden in Serie produziert. Für die Broilermast wird ebenfalls eine Komplexeinrichtung in Serie produziert, und zwar handelt es sich um Futterrinnen mit Schüttelmechanismus, Rinnentränken, elektrische Schirmglucken. 1 AK betreut 10000 Broiler. H. Pingel. 2265.

Grigoriu, M., Covaliu, C. und Hasdeu, I. **Stallkomplexe für Schweine und eine kontinuierliche Produktion.** Int. Z. Landwirtsch. [Sofia/Berlin] **1962** Nr. 6. S. 79–81. — 3 Abb., 1 Tab.
In der Volksrepublik Rumänien wurde ein Typenprojekt eines Stallkomplexes für nicht spezialisierte Betriebe mit 100 Sauen und Nachwuchs und einer jährl. Lieferung von 1600 Mastschweinen entwickelt. Der Komplex besteht aus 5 Abt.: 1 Stall für tragende Sauen, 1 Abferkelstall, 1 Absatzferkelstall und 2 Mastställe, die in einem bestimmten Rhythmus belegt werden. Alle Tiere haben freien Zugang zu den Ausläufen mit Vakuumfutterautomaten und Selbsttränken. Mit Ausnahme des Abferkelstalles ist in allen Ställen Tiefstreu vorhanden. Auf Grund der gewonnenen Ergebnisse kann der Bau dieses Stallkomplexes nach geringer Verbesserung empfohlen werden. G. Koch. 2275.

Vološžar, V. A. (Wolossoshar, W. A.); Charkow, Forsch.-Inst. für Tierzucht des Waldsteppen- und Polessje-Gebietes der Ukrain. SSR. Praktika besprivjaznogo soderžanija skota v sovchoze „Peremoga". **(Die Praxis der Laufstallhaltung der Rinder im Sowchos „Peremoga".)** Životnovodstvo, Moskva **25** (1963) Nr. 1. S. 68–70. — 2 Abb., 1 Tab.
Im Sowchos „Peremoga" werden die Kühe in einem Liegestall gehalten, an den sich der befestigte Auslauf mit dem Tandemmelkraum, zwei Durchfahrtsilos (mit Freßgittern), zwei Rauhfutterschuppen (mit Freßgittern) und den Tränken anschließt. Im Liegestall liegt Tiefstreu. Kraftfutter wird während des Melkens im Melkstand verabreicht. Während Milchleistung und Abkalbeergebnis genau so hoch waren wie bei der Anbindehaltung, sanken bei der Laufstallhaltung die Selbstkosten der Milch auf Grund der bedeutenden Senkung des Arbeitsaufwandes um 42% und die Baukosten für den ganzen Komplex (umgerechnet auf einen Tierplatz) gegenüber den Typenställen um 11%. B. Schenk. 2275.

Franzke, H. **Richtiger Einsatz der Drahtarten an Elektrozaunanlagen.** Wiss.-techn. Fortschr. Landwirtsch. **4** (1963) Nr. 3. S. 131–133. — 3 Abb., 2 Tab. 1 Lit.
Verschiedene Drahtarten sind notwendig, um die Forderungen zu erfüllen, die die Landwirtschaft an Drähte für E-Zaunanlagen stellt. Von den 4 zur Verfügung stehenden, allg. geeigneten Drahtarten sind bei den verzinkten Eisendrähten Glattdrähte mit 2–2,5 mm ⌀ und einer Reißlast über 80 kp für stationäre E-Zäune gut geeignet. Ebenso sind PVC-Drähte nur für stationäre E-Zäune brauchbar. Sie sind leicht und optisch sehr gut wahrnehmbar, allerdings zu wenig flexibel und sollten vor Beginn des Winters nicht abgebaut werden. Dederon-Drähte sind noch leichter und lassen sich besser montieren, so daß sie sich für halbstationäre Zäune gut eignen. Sie sind billiger als PVC-Drähte. Die Lanon-E-Zaun-Kordel mit bindfadenähnlichen Eigenschaften ist der ideale Draht für alle wandernden Elektrozäune. Bei kombinierten stationären Zäunen, bzw. kombinierter Verwendung von Glatt- und Kunststoffdrähten können die Kosten der Zäune z.T. erheblich gesenkt und die Vor- und Nachteile der einzelnen Drahtarten ausgeglichen werden. E. Buhtz. 2355.

Weiland, G. und Berg, F. **Wie richtet man Weidezentralen mit Rohr- und Kannenmelkanlagen ein.** Wiss.-techn. Fortschr. Landwirtsch. **4** (1963) Nr. 3. S. 130–131. — 1 Abb.
Die unter dem Begriff „Weidekombinate" zusammengefaßte Weidetechnologie für sozialistische Großbetriebe beinhaltet insbesondere die Nutzungsein-

heit, die Wege und die Weidezentrale. Die verschiedenen Melkmethoden bei der Stallhaltung sind auch für die Weidezentrale vorgesehen; mit dem Fischgrätenmelkstand existiert sie bereits als Vortypenprojekt. Für Rohr- und Kannenmelkanlagen werden z.Z. Experimentalbauten errichtet. Fahrbare Weidemelkanlagen sind eine Übergangslösung, da die hygienischen Bedingungen für die Milchgewinnung sowie günstigere Arbeitsbedingungen für die Viehpfleger während der Weidezeit nur in stationären Weidezentralen erreicht werden können. E. Buhtz. 2355.

Mirošničenko, I. K. (Miroschnitschenko, I. K.); Krasnodar, Zweigstelle des Unions-Forsch.-Inst. für Ländl. Bauwes. Ferma kruglogodovogo otkorma krupnogo rogatogo skota. **(Eine Farm für die ganzjährige Rindermast.)** Živótnovodstvo, Moskva **25** (1963) Nr. 2. S. 84–86. — 1 Abb.
Der Entwurf einer Mastfarm für 4200 Rinder in der Nähe einer Rübenzuckerfabrik für den Süden der RSFSR oder die Ukraine ist in 2 Varianten ausgearbeitet worden. Die 7 Rinderställe für je 600 Tiere sind 2reihig angeordnet; zwischen den Reihen liegt ein Gang, an dessen beiden Seiten Wasserleitung, Kanalisation und elektrische Anschlüsse verlegt werden. Variante 1: Die Ställe sind an der den Ausläufen zugewandten Seite offen. Am Rand der 4800 m² großen gepflasterten Ausläufe befinden sich die Futtertröge. An der Trennwand der in 2 Sektionen eingeteilten Ställe liegen die Selbsttränken. Variante 2: Die Ställe sind an beiden Längsseiten offen; an diese schließen sich die Ausläufe mit den Futtertrögen an, die parallel zu den offenen Stallseiten am Ende der Ausläufe in 2 Reihen angeordnet sind. Die Ställe werden durch eine in der Mitte befindliche Längswand in 2 Sektionen eingeteilt. Die 18 m breiten Gebäude haben ein Skelett aus Stahlbetonfertigteilen, das mit örtlichen Baustoffen ausgefacht wird. Alle arbeitsaufwendigen Prozesse sind vollständig mechanisiert. B. Schenk. 2425.

Heckl, R. **Kotgrabenrost und Schwemmentmistung?** Fortschr. Landwirt [Graz] **41** (1963) Nr. 6. S. 1(81)–2(82)., Nr. 9. S. 6(134)–7(135).
Die Probleme der Schwemmentmistung gehören zum Stallbau und zur Innenwirtschaft, die Probleme der Güllerei liegen im Gegensatz dazu hinter der Dunglege und gehören zur Außenwirtschaft. Güllewirtschaft ist ohne Schwemmentmistung möglich, die Schwemmentmistung aber zwingt zur Güllewirtschaft nach dem Eingrubensystem. In der breiten Praxis anwendbare Schwemmentmistung ist nur in Verbindung mit Staugraben und Gitterrost hinter dem Kurzstand möglich. Klauenschäden kommen auf dem Gitterrost nicht vor, wohl aber Euterverletzungen durch Tritt sowie Einklemmen und Abreißen von Zitzen. Grundsätzlich soll Schwemmentmistung mit dem Kurzstand verbunden werden, der es unmöglich macht, daß das Euter mit dem Gitterrost in Berührung kommt. Der offene amerikanisch-holländische Kotgraben ist keinesfalls gefährlicher als die Gitterrostaufstallung. Mehr als 10000 Rinder werden in Österreich jährl. wegen Unfällen in herkömmlichen Ställen, vor allem auf Mittellangständen, geschlachtet. Der Halsrahmen ist die vollkommendste Kurzstandanbindung. E. Höpler. 2425.

Kolář, Karel u. a. **Zařízení dojíren.** (Die Einrichtung von Melkanlagen.) Praha: Státní zeměd. naklad. 1963. (211 S.) 8°. (1963 A 605)

H. NUTZUNG UND QUALITÄT TIERISCHER ERZEUGNISSE

Herrmann, I. **Überblick über die Wirkung elektromagnetischer Strahlen auf Lebensmittel, insbesondere in Abhängigkeit von der Wellenlänge.** Lebensmittel-Ind. **9** (1962) Nr. 9. S. 265–269.; Nr. 10. S. 297–300. — 9 Abb., 2 Tab., 5 Lit. 2505.

Lall, H. K. und Razvi, A. H. The cost of milk production. **(Die Kosten der Milchproduktion.)** Indian veterin. J. **40** (1963) Nr. 1. S. 22–33. — 4 Abb., 10 Tab., 4 Lit.

Durch das Inst. f. Haustierzucht Lucknow wurden in einer Farm 5 Jahre lang (1955–59) die allg. Kosten der Milchproduktion untersucht, wobei man dies nach dem Aufwand für Futter, Arbeitslohn, verschiedene höhere Aufwendungen, Kapitalverzinsung, Viehabgänge und Wertminderung prüfte. Bei allen Posten zeigt sich eine steigende Tendenz mit Ausnahme der für Viehabgänge und Wertminderung. Im Laufe der Jahre stiegen die Futterkosten um ca. 62%, deren Anteil an den Gesamtkosten fast 68% ausmachen, es folgen die Kosten für den Arbeitslohn mit 15,11%, für Viehabgänge usw. mit 9,71%, für Zinsen mit 4,35%, für bes. Ausgaben mit 2,86%. Der Zuchtwert beeinflußt die Gesamtkosten stark. H. Senger. 2511.

Lalov, Ch. und Antonov, S. (Lalow, Ch. und Antonow, S.) Vŭrchu normalnoto sŭdŭržanie na serumnite beltŭci pri kravite i teletata. **(Über den Normalgehalt der Serumeiweiße bei Kühen und Kälbern.)** Izvestija na Naučnoizsledovatelskija institut za nezarazni bolesti i zoochigiena, Sofija **2** (1962) S. 29–34. — 2 Tab., 12 Lit. Zus. in Russ., Dtsch.

Photometrisch wurde festgestellt, daß der Gesamteiweißgehalt des Blutserums im Mittel 7,32 ± 0,035 g% und die Albumine desselben 3,66 ± 0,02g% betragen. Das Verhältnis der elektrophoretisch bestimmten Eiweißfraktionen war: Albumin 44,6 ± 0,17%, α-Globuline 11,3 ± 0,09%, β-Globuline 12,9 ± 0,11%, γ-Globuline 31,1 ± 0,17%. Bei den Kühen waren keine alters- und rassebedingten Unterschiede feststellbar. Im Verlauf der 2. Hälfte des 1. Mon. beträgt der Gesamteiweißgehalt bei den Kälbern durchschnittl. 4,22g% und steigt bis zum Ende des 1. Jahres allmählich bis auf 6,05% an. Der rel. Albumingehalt ändert sich in diesem Zeitabschnitt nicht und beträgt ca. 55%. Von durchschnittl. 22,3% am Ende des 1. Mon. sinkt der Prozentgehalt der α-Globuline am Ende des 1. Jahres allmählich auf durchschnittl. 15,1%, während der Gehalt der β-Globuline im Verlauf derselben Altersperiode von durchschnittl. 11,9% auf 17,6% steigt. Ž. Tomow. 2512.

Šaličev, Jak., Grigorov, Ch. und Goranov, N. (Schalitschew, Jak., Grigorow, Ch. und Goranow, N.); Sofia-Kostinbrod, Forsch.-Inst. für Tierzucht. Proučvanija vŭrchŭ sŭstava i svojstvata na bivolskoto mljako. **(Untersuchungen über die Zusammensetzung und Eigenschaften der Büffelmilch.)** Izvestija na Naučnoizsledovatelskija institut po životnovŭdstvo „Georgi Dimitrov" — Kostinbrod, Sofija **15** (1962) S. 127–142. — 7 Tab., 4 Lit. Zus. in Russ., Dtsch.

Die Morgen-, Abend- und Gesamttagesmilch einer Herde von 120 Büffelkühen wurde 1 Jahr lang monatl. 2mal und die individuelle Milch von 17 Büffelkühen während einer Laktationsperiode monatl. untersucht. Ergebnisse über die chem. Zusammensetzung und die Eigenschaften der Milch (in Klammern Grenzen, in denen die betr. Werte bei den einzelnen Büffelkühen schwankten): spez. Gew. 1,0336 (1,0308–1,0353); Säuregrad 16,2 (13,4–19,6) °T; pH 6,63 (6,20–6,76); Tr.-Subst. 18,08 (16,18–20,36) %; Fettgehalt 7,50 (6,10–9,60)%; Gesamteiweiß 4,33 (3,66–4,97) %; Casein 3,40 (2,75–3,96) %; Albumine und Globuline 0,625 (0,58–0,71) %; Milchzucker 4,80 (4,40–4,96) %; Mineralstoffe 0,807 (0,67–0,91) %; Ca 0,197 (0,148–0,216) %; P 0,106 (0,079–0,129) %; Cl 0,0734 (0,0535–0,0822) %; Vit. A 0,310 (0,198–0,584) mg/l; Carotin 0,049 (0,037–0,059) mg/l; Vit. C 19,972 (16,432–22,754) mg/l. Der Artikel enthält weitere ausführliche Angaben über die chem. Zusammensetzung und die Eigenschaften der Büffelmilch nach Monaten (im Verlaufe eines Jahres und während einer Laktationsperiode), der Morgen- und Abendgemelke usw. N. Platikanow. 2512.

Fox, K. K., Holsinger, V. H. und Pallansch, M. J. Fluorimetry as a method of determining protein content of milk. **(Fluorimetrie als Methode zur Bestimmung des Proteingehaltes der Milch.)** J. Dairy Sci. **46** (1963) Nr. 4. S. 302–309.

Zur Bestimmung der Beziehungen zwischen der Fluoreszenzintensität der Milch im UV-Bereich und ihrem Proteingehalt wurde ein Spektralphotofluorimeter angewandt. Es wurde der Einfluß des pH-Wertes, der Temperatur, von Zusätzen zur Milch und der Milcheiweißaggregation auf die Fluoreszenz untersucht. Durch Dissoziation der Milchmizelle mit einer verdünnten Citrat-, Phosphat- und Harnstofflösung konnte ein beständiges Fluoreszenzsystem hergestellt werden. Bei doppelt reziproker Aufzeichnung der ermittelten Werte ließ sich zwischen der Fluoreszenzintensität und dem über die Kjeldahlmethode ermittelten Eiweißgehalt eine gute Korrelation nachweisen. Die Standardabweichung betrug dabei 0,079% vom Vergleichswert der Proteinbestimmung und stützt sich auf die Untersuchung von 88 Milchproben von Kühen unterschiedlicher Rasse, des Alters und der Laktationsperiode. Die Untersuchungen beweisen, daß die Fluoreszenzintensität der Milch im UV-Bereich zur genauen und schnellen Milcheiweißbestimmung geeignet ist, obwohl auch Nachteile techn. Art zu erwähnen sind. Als solche sind zu nennen die starke Verdünnung der Milchproben, die Notwendigkeit strenger Temperaturkontrolle, zuwiderwirkende Einflüsse von Milchverunreinigungen, die rel. geringe Neigung der Standardkurve und die Tatsache, daß für Routineuntersuchungen geeignete Fluorimeter z. Z. noch nicht verfügbar sind. W. Gimmler. 2512.

Schwarz, H. und Konrad, H. **Über ein neues Reagenzpapier zum Kurzzeiterhitzungsnachweis in Molkereien.** Mh. Veterinärmed. 18 (1963) Nr. 9. S. 349 bis 350.

Vff. berichten über ein neues Reagenzpapier zum Nachweis alkalischer Phosphatase in Milch. Dabei handelt es sich um weiße Streifen, die in die zu untersuchende Milch getaucht und in einen vor und nach Gebrauch als Verpackung dienenden Kunststoffbeutel verbracht werden. Nach 1½stündiger Erwärmung bei 38 °C (Brutschrank, Wasserbad oder Körperwärme) ist bei Vorhandensein von aktiver Phosphatase eine Gelbfärbung festzustellen. — Vergleichende Untersuchungen ergaben, daß das leicht zu handhabende Reagenzpapier in seiner Empfindlichkeit dem Lactognosttest von Heyl nicht nachsteht.

Chr. Dietz. 2512.

Mercer, E. R., Burton, J. D. unf Bartlett, B. O.; Letcombe Regis, Wantage, Berks., A. R. C., Radiobiol. Lab. Relationships between the deposition of strontium-90 and the contamination of milk in the United Kingdom. **(Beziehungen zwischen dem ^{90}Sr-Gehalt und der Kontamination der Milch im Vereinigten Königreich.)** Nature [London] 198 (1963) Nr. 4881. S. 662–665. — 2 Abb., 3 Tab., 24 Lit. 2512.

Zundel, G. Sur la décontamination du lait pollué par des radioéléments. **(Über die Dekontamination radioaktiv verseuchter Milch.)** Recueil Méd. vétérin. 138 (1962) Nr. 12. S. 1079–1081. — Zus. in Engl.

Fortgesetzte Kernexplosionen führen zu einer starken Anreicherung von gefährlichen radioaktiven Stoffen in der Biosphäre der Erde. Diese Anreicherung spiegelt sich vor allem in der Milch wider. Es wird notwendig werden, daß Molkereien in bes. gefährdeten Gebieten Anlagen in Betrieb nehmen, die eine Dekontamination der Milch möglich machen, wobei der gefährlichste radioaktive Stoff das ^{90}Sr ist. Das bekannteste Verfahren ist der Ionenaustausch mit Ionenaustauscherharzen. Da Sr ein Erdalkalimetall ist, läßt es sich leicht austauschen, jedoch findet ein gleichzeitiger Austausch von Ca mit statt. Der Preis der Milch wird außerordentlich erhöht. Gregor empfiehlt einen Elektrolyseapparat, der ständig für die Milch verwendet werden kann. Die Apparatur setzt sich aus 2 Röhren, je eine für Milch und eine für Salzlösung, zusammen. Die Röhren sind durch eine permeable Membran getrennt, die mit feinsten Poren versehen ist (1 nm), so daß Zucker u.a. biol. Produkte diese nicht passieren können. Die Ionen der Salzlösung tauschen sich mit denen der Milch aus. Die Diffusion geht sehr langsam vor sich, kann aber durch Herstellung eines elektrischen Feldes beträchtlich gesteigert werden. Dabei birgt die Elektrodialyse zwei Hindernisse in sich: das Wasser wird in seine Bestandteile gespalten, so daß die Gase durch Ventilation beseitigt werden müssen; die Membranen verstopfen, so daß das elektrische Feld ab und zu geändert werden muß. Mit Platinelektroden ist die Austauschgeschwindigkeit proportional der Stromstärke, wobei 320–420 A/m^2 Membran das Optimum sind. Während des Aktionsablaufes wird die mit radioaktivem Stoff angereicherte Salzlösung durch Mitfällung gereinigt. Der Niederschlag enthält die Radioaktivität der Milch, wobei es ratsam ist, eine Schutzvorrichtung anzubringen. Mit einem solchen Apparat können 90% des Sr in 40 Min. aus der Milch entfernt werden. G. Mehlhorn. 2512.

Laben, Robert C.; Davis, Univ. of California, Dep. of Animal Husbandry. Simple flow-through cuvette for estimating milk protein by dye binding. **(Eine einfache Durchfluß-Küvette zur Bestimmung des Milchproteins mittels Färbemittel.)** J. Dairy Sci. **46** (1963) Nr. 3. S. 238–239. 2512.

Jones, R. G. und Phillips, G. M. Bacteriological quality of Rhodesian farm milk supplies. **(Die bakteriologische Beschaffenheit des Farmmilchangebotes in Rhodesien.)** Rhodesia agric. J. **60** (1963) Nr. 2. S. 58–60. 2514.

Hedrick, T. I. und Kondrup, Erland. Ultra high temperature processing of dairy products. II. Skimmilk and the resulting cottage cheese. **(Extrem hohe Temperaturen bei der Verarbeitung von Milchprodukten. 2. Mitt. Molke und Quark.)** Michigan State Univ., agric. Exp. Stat., quart. Bull. **44** (1962) Nr. 4. S. 731–735. — 1. Mitt. vgl. LZ. Abt. III **7** (1962) Nr. 1. S. 55. 2516.

Ubbels, J.; Ede, Nederlands Inst. voor Zuivelonderzoek. Temperatuurstijging van gekoelde melk opgeslagen in tanks. **(Temperatursteigerung von gekühlter Milch bei Tanklagerung.)** Nederl. Melk-en Zuiveltijdschr. **17** (1963) Nr. 1. S. 56–71. 2516.

Kisza, Jan und Sobina, Adam. **Über einige Veränderungen in den Caseinfraktionen normaler und anomaler Milch (Colostralmilch und Milch an Mastitis erkrankter Kühe.)** Milchwissenschaft **18** (1963) Nr. 4. S. 171–176.
Im Hinblick auf die industrielle Verarbeitung der Milch von an Mastitis erkrankten Kühen wurden die Chlor-Milchzucker-Zahl, Gesamt-N- und Casein-N-Gehalt, Caseinzahl, Ca-P-Gehalt und Ca-P-Verhältnis in der Milch gesunder sowie an Mastitis erkrankter Kühe und in Colostralmilch festgestellt. Die Untersuchungen ergaben große Schwankungen des Gesamt-N-Gehalts in der Colostralmilch und bei kranken Kühen, ein Abnehmen von Casein-N- und Lactosegehalt und ein Ansteigen des Chloridgehalts. — In weiteren Untersuchungen wurde das Casein der gleichen Milch elektrophoretisch (Schwachstrompapierelektrophorese im Veronalpuffer mit Harnstoffzusatz) in 3 Fraktionen — α-Casein, β- und χ-Casein und in „übrige Bestandteile" (γ-Casein) — aufgetrennt. Bei sehr kranken Kühen (Chlor-Milchzucker-Zahl über 10) wurde ein wesentlicher Anstieg der „übrigen Bestandteile" auf Kosten des β- und χ-Caseins verzeichnet; auch der Gehalt an α-Casein sank ab. — Parallel zur Bestimmung des prozentualen Anteils der einzelnen Fraktionen wurde die N-Menge aus den Fraktionsspherogrammen errechnet. Das kleinere Verhältnis von Ca zu P sowie die Veränderungen im Gehalt der einzelnen Caseinfraktionen und die niedrigen Molkeneiweißfraktionen in der Milch kranker Kühe lassen den Schluß zu, daß bei der industriellen Verarbeitung einer derartigen Milch Störungen hervorgerufen werden. Chr. Dietz. 2516.

Seelemann, M., Obiger, G., Rackow, H. G. und Welz, W.; Kiel, Bundesforsch.-Anst. für Milchwirtsch., Inst. für Milchhyg. **Staphylokokkenbefunde und ihre Beurteilung bei der Überwachung der Vorzugsmilch.** Kieler milchwirtsch. Forsch.-Ber. **15** (1963) Nr. 1. S. 89–102.

Untersucht wurden 514 Vorzugsmilchproben aus 34 Erzeugerbetrieben. In 62% der untersuchten Proben wurden Staphylokokken, vorwiegend hämolysierende Typen mit goldgelber Pigmentbildung, gefunden. Innerhalb einer 14monatigen Überwachungszeit war kein Betrieb frei von Staphylokokken. Das Vorkommen von Staphylokokken in Vorzugsmilch wird auf eine ungenügende Hygiene bei der Milchgewinnung zurückgeführt. Beträgt der Gehalt an hämolysierenden Staphylokokken mehr als 2500/ml, sollte das ein Anlaß für die Überprüfung der stall- und melkhygienischen Verhältnisse sein. Bei 78 der isolierten Staphylokokkenstämme wurde der Phagentyp festgestellt, einige Stämme gehörten zum Phagentyp 55 und 77, die auch bei menschlichen Erkrankungen nachgewiesen worden sind. Die Milch kann deshalb als mögliche Infektionsquelle für menschliche Erkrankungen nicht ausgeschlossen werden. H. Hauke. 2516.

Müller, L. I. **Einfluß der Milchkammer auf die Qualität der Milch.** – Mitt. dtsch. Landwirtsch.-Ges. 78 (1963) Nr. 17. Reich der Landfrau S. 131–132. 2516.

Petersen, Einar O. The world production and utilization of milk. **(Die Weltmilchproduktion und deren Verwertung.)** Indian Dairyman **14** (1962) Nr. 10. S. 313–319.; Nr. 11. S. 343–346.

Die Milchproduktion der Welt beträgt jährl. 340 Mill t oder pro Kopf der Bevölkerung 117 kg Milch. Davon werden in den einzelnen Regionen folgende, recht unterschiedliche Mengen erzeugt. An der Erzeugungsspitze steht Westeuropa mit 102 Mill. t, gefolgt von Nordamerika mit 65 Mill. t, der UdSSR mit 61 Mill. t und Osteuropa mit 27 Mill. t. Die Produktion des Fernen Ostens beträgt 31 und des Nahen Ostens 13 Mill. t. Auf der südlichen Hemisphäre erzeugt Lateinamerika 20 Mill. t, Ozeanien 12 und Afrika 9 Mill. t Milch. Umgerechnet pro Kopf der Bevölkerung sind das jährl. für Europa 305 kg, für die UdSSR 289 kg, für Nord- und Südamerika 214 kg, für Ozeanien 748 kg, für den Fernen und Nahen Osten 27 kg und für Afrika 38 kg Milch. Diese unterschiedliche Milchproduktion ist von einer Reihe von Faktoren abhängig, die vom Vf. für die einzelnen Regionen spez. erläutert werden. Die Milchverwertung wird von der geographischen Lage eines Landes und seines Klimas, den Sitten und Gewohnheiten dessen Bevölkerung u. a. m. beeinflußt. Von den 4 Mill. t Butter der Welterzeugung wird gut die Hälfte in Europa hergestellt und noch mehr verbraucht. Exportländer an Butter sind außer den europäischen Überschußländern Neuseeland, Australien und die USA. Die gleichen Überschußländer produzieren nicht unbeträchtliche Mengen an Käse und insbesondere Kondensmilch und Milchpulver, die zum größten Teil in den sog. Entwicklungsländern untergebracht werden. Zur Lösung einer weltweiten Versorgung mit Milch und Milchprodukten werden vorher in milchwirtschaftlich schwach entwickelten Gebieten verschiedenartige Probleme zu lösen sein. Bei den Chinesen z. B. sind dies kulturelle Probleme, die einer Lösung harren, bei den Indern sind es hauptsächlich landwirtsch., soziale, industrielle und wirtschaftliche Probleme, in Afrika sind veterinärmedizinische, bakteriologische und immunologische Probleme vor den landwirtsch. vorrangig, und in Westeuropa entscheiden über den Milchverbrauch ökonomische und distributive Probleme. W. Gimmler. 2518.

Anonym. Report on antibiotics in milk in Great Britain. **(Bericht über den Antibioticagehalt der Milch in Großbritannien.)** Veterin. Rec. **75** (1963) Nr. 24. S. 637. 2518.

Anonym. Precision stun, stick, and bleed at Peerless. **(Exaktes Betäuben, Stechen und Entbluten bei Peerless.)** Meat **28** (1962) Nr. 4. S. 42–43. – 6 Abb.

In o. a. Betrieb werden zu 50% schwere Schweine geschlachtet. Daraus resultiert das neue Betäubungs-, Stech- und Entblutesystem. Die wesentlichen

Bestandteile der Anlage werden beschrieben. Nach Betreten des Zwangshalteconveyers werden die Tiere elektrisch betäubt und nach dem Herunterrutschen über eine kurze Gleitbahn gestochen. Spannung und Dauer der Betäubung sind einstellbar je nach Gewicht des betreffenden Tieres. Durch Betätigen eines Fußhebels kippt der Stechtisch das Tier hydraulisch ab zum Kettenentbluteconveyer, dessen Antrieb stufenlos regelbar ist. Der Abstand der Tierkörper beträgt 2 m. Das Blut läuft durch Tröge in einen Tankbehälter. Die Förderung zu den Brühtrögen erfolgt automatisch. Die Vorteile dieser Methode werden aufgezeigt. F. Westphal. 2522.

Niederehe, H.; Witten/Ruhr, Schlachthof. **Mängel beim Entbluten der Schweine im Hängen.** Schlacht- u. Viehhof-Ztg. **63** (1963) Nr. 2. S. 44–47. — 1 Abb., 9 Lit.
Bei der Entblutung der Schweine im Hängen besteht die Möglichkeit der Verschmutzung des Blutes. Die Ursachen der Verschmutzung an den derzeitigen Schlachtanlagen werden erläutert. Die verschiedenen Ausführungen der Stechhohlmesser werden diskutiert, womit das Blut hygienisch gewonnen werden kann. Ein neues Modell mit verbesserter Konstruktion wird besprochen. Vf. schlägt vor, den Gebrauch des Stechhohlmessers obligatorisch einzuführen. Die hygienische Blutgewinnung ist Voraussetzung für die Weiterverwendung und Verarbeitung des Schlachtblutes zu hochwertigen und bakteriologisch einwandfreien Nahrungsmitteln. K. Metz. 2522.

Očakovskij, V. S. und Tarasova, T. T. (Otschakowski, W. S. und Tarassowa. T. T.) Mechanizacija processov zaboja krolikov. **(Die Mechanisierung des Schlachtprozesses bei Kaninchen.)** Krolikovodstvo i zverovodstvo, Moskva **6** (1963) Nr. 2. S. 27–30. — 9 Abb., 1 Tab.
Vff. beschreiben den Bau und die Arbeitsweise einer mechanisierten Fließbandanlage zum Schlachten von Kaninchen. K. Witt. 2522.

Patterson, J. T. und Stewart, D. J. Bacteriology of processed broilers. 1. Methods of examination. **(Bakteriologie bei verkaufsfertigen Broilern. 1. Mitt. Untersuchungsmethoden.)** Res. exp. Rec. Ministry Agric. Northern Ireland **11** (1961) S. 57–63. — 5 Tab., 11 Lit.
Vff. verglichen mehrere Methoden der Ermittlung der Bakterienzahl auf der Haut des ausgeschlachteten und gefrorenen Broilers. Als geeignetste Methode erwies sich vergleichsweise folgende: Der Schlachtkörper wird mehrere Stunden bei Zimmertemperatur aufgetaut und aus der Brust ein 16 sq.c. großes Hautstück herausgeschnitten. Dieses wird 5 Min. lang in einem Lösungsmittel (10 ml 0,5% Pepton + Sand) geschüttelt. Als Nährböden werden Agar-Platten verwendet, die 15 Tage bei 4 °C oder 3 Tage bei 30 °C gehalten werden. W. Rudolph. 2522.

Stewart, D. J. und Patterson, J. T. Bacteriology of processed broilers. 2. Experiments in broiler processing. **(Bakteriologie bei verkaufsfertigen Broilern. 2. Mitt. Untersuchungen bei der Verarbeitung von Broilern.)** Res. exp. Rec. Ministry Agric. Northern Ireland **11** (1961) S. 65–71. — 4 Tab., 4 Lit. 1. Mitt. vgl. vorst. Ref.
In 4 Versuchen wurde der Einfluß des Waschens der ausgeschlachteten Broiler vor dem Kühlen untersucht. Das Waschen führt zu einer Verminderung der Bakterienzahl auf der Haut. — Ungewaschene Broiler hatten zu 50% mehr als ½–1 Mill. Bakterien je 16 sq. c. Brusthaut. — Mit chloriertem Wasser ergaben sich keine besseren Resultate. Die nach dem Waschen einsetzende weitere Verarbeitung der Tiere muß äußerst hygienisch erfolgen, da sonst die günstige Wirkung des Waschens wieder aufgehoben wird. Als hauptsächliche Quellen bakterieller Verunreinigung bei niedrigen Temperaturen sind Federn, Füße, Eiswasser und die Ausrüstung des Schlachtbetriebes anzusehen. W. Rudolph. 2522.

Dawson, L. E., Bigbee, Dan und Sobel, Nancy; East Lansing, Michigan State Univ., Dep. of Food Sci. An edible acetylated monoglyceride coating for poultry meat preservation. **(Ein eßbarer Überzug aus einem azetylierten Monoglyzerid für die Präservation von Geflügelfleisch.)** Poultry Sci. 42 (1963) Nr. 1. S. 197–201. — 5 Abb., 2 Tab., 3 Lit.

Fryer, die vor dem Rupfen bei 130 °F 45 Sek. lang gebrüht worden waren, wurden nach dem Rupfen insgesamt oder in Teilen in ein azetyliertes Monoglyzerid (Myvacet Typ 7–00 oder 7–15) getaucht (1;5;10;15 Sek.). Ganze Schlachtkörper nahmen an Gewicht mehr zu als Teile. Die Gewichte der in Myvacet 7–00 getauchten Fryer waren vergleichsweise höher, auch zeigten sie nach mehrwöchiger Lagerung geringere Gewichtsverluste (1 Sek. Tauchzeit besser als 15 Sek.). Ganze Schlachtkörper verloren während der Lagerung mehr Gewicht als Teilstücke. Fluoreszenz-Schätzungen als Maßstab des Bakterienwuchses zeigten, daß 15 Sek. Tauchzeit günstiger als eine solche von 1 Sek. Dauer ist und daß Typ 7–00 geringere Bakterienzahlen aufweist.

W. Rudolph. 2522.

Sonnemann, Theodor; Bonn, Dtsch. Raiffeisenverb. **Die Totvermarktung gewinnt an Bedeutung.** Mitt. dtsch. Landwirtsch.-Ges. 78 (1963) Nr. 26. S. 857–858. 2522.

El Shammaa, Z. A.; Berlin. **Die Vorkühlung des für den Totversand bestimmten Schweinefleisches.** Fleischwirtschaft 14 (1963) Nr. 9. S. 854. 856. 858–860. — 1 Abb., 2 Tab., 33 Lit.

Vf. untersucht die Möglichkeit, durch Vorkühlung in kurzer Zeit niedrige Kerntemperaturen für Schweinefleisch zu erreichen, und schlägt vor, das Schnellstkühlverfahren anzuwenden, bei dem das Fleisch mit einem Kälteschock behandelt wird. Die Lufttemperatur des Kühlraumes beträgt vor der Beschickung -15 bis -30 °C, die Luftumwälzung soll nach der Beschickung 1 m/s und die Luftfeuchtigkeit 95% betragen. Nach 2,5 Std. Kühlung wird eine Kerntemperatur von 0 bis $+1$ °C erreicht. Damit ist das Fleisch versandfähig. Bei evtl. weiterer Lagerung müssen die Hälften nach diesen 2,5 Std. in einen Raum mit 0 °C Temperatur und einer Luftgeschwindigkeit von 0,5 m/s überführt werden, damit die Fleischoberfläche nicht gefriert.

M. Stein. 2522.

May, K. N. Skin contamination of broilers during commercial evisceration. **(Das Verschmutzen der Haut von Broilern während des erwerbsmäßigen Ausweidens.)** Poultry Sci. 40 (1961) Nr. 2. S. 531–536. 2522.

Schönberg, F.; Hannover, Tierärztl. Hochschule, Inst. für Lebensmittelkunde und Milchhyg. **Gedanken zu einer tierärztlichen Schlachtgeflügeluntersuchung.** Dtsch. tierärztl. Wschr. 70 (1963) Nr. 6. S. 153. 2524.

Raschke, E.; Bonn. **Neue französische Vorschriften über die hygienische Gewinnung und Untersuchung von Fleisch.** Schlacht- u. Viehhof-Ztg. 63 (1963) Nr. 3. S. 75–78. — 2 Lit.

Am 22. 7. 1962 sind in Frankreich neue Vorschriften über die hygienische Gewinnung und Untersuchung von Fleisch, das exportiert werden soll, erlassen worden. Sie enthalten die Forderungen an die Schlachthöfe, die allen Forderungen tierärztlicher Hygieniker Rechnung tragen, sowie auch die Durchführung der Fleischuntersuchung. Es ist zu begrüßen, daß hier bereits der Ausdruck „Fleischuntersuchung" statt „Fleischbeschau" gewählt wurde. Die Bestimmungen decken sich weitgehend, teilweise vollkommen, mit den bestehenden deutschen Gesetzen. G. Theloe. 2524.

Bartels, Helmut; Gießen. **Wandlungen und Bedeutung der Fleischhygiene im Zeichen der Bildung supranationaler Wirtschaftsräume.** Fleischwirtschaft 15 (1963) Nr. 3. S. 171–174.

Die 1900 als Teil des Fleischbeschaurechts verordnete Auslandsfleischbeschau ging von der Forderung aus, frisches Fleisch nur in ganzen Tierkörpern einzuführen. Durch die Bildung der EWG ist es notwendig, hierfür neue Standorte zu beziehen. Eine einheitliche Hygieneanordnung setzt voraus, daß sie auch einheitlich praktiziert wird. Dem steht aber ein teilweise starkes Hygienegefälle zwischen den Ländern entgegen. Es besteht die Gefahr, daß bei Unterordnung unter wirtschaftliche Fragen der Gedanke des Gesundheitsschutzes vernachlässigt wird. Das alte Fleischbeschaurecht ist durch die neuen wiss. Erkenntnisse, bes. über Zoonosen, zu eng geworden. Mit den Methoden der alten Untersuchungstechnik lassen sich z. B. Brucellose, Listeriose und Salmonellose nicht mit ausreichender Sicherheit erfassen. In die Fleischhygiene muß das lebende Tier viel mehr als bisher einbezogen werden. Die verbesserte Schlachttechnik mit ihren steigenden Schlachtzahlen darf nicht dazu führen, daß sie das Primat der Hygiene verdrängt. Die Technik muß sich der Hygiene anpassen, nicht umgekehrt. Dabei sollte die Untersuchung des Tieres nicht geteilt werden. Das neue Fleischbeschaurecht muß in Weiterentwicklung des bestehenden die Behandlung, Untersuchung und Beurteilung umfassen. G. Theloe. 2524.

Flückiger, G.; Bern. **Zur Frage der Fleischschau bei Geflügel.** Geflügelhof [Zollikofen-Bern] **25** (1962) Nr. 11. S. 172–173.; Nr. 12. S. 189–190.
1938 führte Ungarn als erstes Land die Fleischschau bei lebendem Geflügel ein, 1958 folgten die USA, 1959 die SU und Holland. Vor wenigen Jahren wurde in der Schweiz eine amtliche Fleischschau abgelehnt. Vf. wendet sich dagegen und begründet die Durchführung: 1. In der Schweiz wird mehr Geflügel- als Rindfleisch verzehrt. 2. Geflügelkrankheiten können durch den Fleischgenuß auf den Menschen übertragen werden, z. B. Tbc. Die Ornithose wird meistens durch den Kontakt mit lebenden Tieren auf den Menschen übertragen. Eine Ansteckung durch den Genuß von gekochtem Fleisch erscheint fraglich. Eine größere Bedeutung für die Fleischschau haben die Salmonellosen des Geflügels, z. B. Hühnertyphus. Das Fleisch erkrankter Tiere ist qualitätslos und ungenießbar. Fleischvergiftungen, die auf den Erreger der weißen Kükenruhr zurückgehen, sind unbekannt. Mareksche Lähme, Geflügelpest und Geflügelcholera machen das Fleisch für den Verzehr untauglich. 3. Die techn. Durchführung dürfte bei gegendweiser Zusammenlegung der Schlachtanlagen keine Schwierigkeiten bereiten. 4. Die wirtschaftliche Tragbarkeit der amtlichen Fleischschau würde von der Organisation und der Art der Durchführung abhängen. Der hygienischen Beschaffenheit gewerblicher Schlachtanlagen kommt große Bedeutung zu. Die Tiere sind bei der Anlieferung bzw. vor der Schlachtung zu besichtigen, verdächtige Tiere werden ausgeschieden und untersucht. Krankhafte Veränderungen, die erst während des Schlachtprozesses in Erscheinung treten, sind ebenfalls zu untersuchen. W. Sommerfeld. 2524.

Lang, Karl; Gießen, Justus-Liebig-Univ., Inst. für Tierärztl. Nahrungsmittelkunde. **Über das Vorkommen von Sarkosporidien in Fleischwaren — ein Beitrag zur Frage der fleischhygienischen Bedeutung der Sarkozysten.** Arch. Lebensmittelhyg. **13** (1962) Nr. 4. S. 77–81. — 1 Tab., 22 Lit.
Vf. bringt Zahlenangaben über Sarkosporidienbefall verschiedener Tierarten. Um einen Überblick über das Auftreten von Sarkosporidien im frei gehandelten Fleisch zu erhalten, prüfte Vf. zur histol. Untersuchung eingesandte Gegenproben von verschiedenen Fleischwaren. Dabei bewährte sich die Hämatoxylin-Eosin-Färbung für eine brauchbare Darstellung der Feinstrukturen. Beeinträchtigung des Sarkocystennachweises kann durch Einbettungsmethode und Zerkleinerungsgrad bedingt sein. Rohwürste mit m. o. w. grober Körnelung erwiesen sich dabei als ausgezeichneter Prüfstein für das im Handel befindliche Fleisch. Der rel. hohe Sarkosporidienbefall läßt Fragen

bez. der veterinär-hygienischen Bedeutung und der substantiell-qualitativen Veränderung dieses Fleisches erörtern. Eine Besprechung der möglichen Qualitätsbeeinflussung durch Sarkocysten schließt sich an. Auf die fleischbeschauliche Beurteilung und auf z. T. noch offenstehende wiss. Fragen wird hingewiesen. R. Tönnies. 2524.

Otto, E. und Steger, H.; Dummerstorf, Inst. für Tierzuchtforsch. der Dtsch. Akad. der Landwirtsch.-Wiss. zu Berlin. **Der Einfluß unterschiedlicher Behandlung kurz vor dem Schlachten auf Organe und Fleischbeschaffenheit bei Schweinen.** Arch. Tierzucht 6 (1963) Nr. 5/6. S. 456–469. — 1 Abb., 13 Tab., 34 Lit. Zus. in Russ., Engl. — nach Zus.

An 65 Schweinen im Gewicht von 110 kg und 22 Schweinen im Gewicht von 130 kg wurde der Einfluß unterschiedlich langer Nüchterungszeiten, Zuckergabe und körperlicher Beanspruchung der Tiere geprüft. Durch die Zuckergabe wird das Lebergewicht stark erhöht. Auch bei kürzerer Nüchterungszeit sind die Lebern schwerer. Ihr Glykogenspiegel schwankt örtlich. Er wird durch Zuckerbeifütterung stark gehoben und durch Bewegung gesenkt. Auch in den einzelnen Muskeln liegt der Gehalt unterschiedlich hoch. Erwartungsgemäß wird durch Zuckergabe der pH-Wert gesenkt, durch Treiben erhöht. Der Einfluß auf die Wasserbindungsverhältnisse ist bedeutsam. Bei fast allen Muskeln wird der Wassergehalt durch die Zuckerbeifütterung vermindert, der Anteil an lockerem Wasser dagegen vermehrt. Bei der Farbe ließ sich kein gerichteter Einfluß erkennen. Die Reife- und Räucherverluste von aus Schinkenfleisch hergestellten Dauerwürsten sind bei mit Zucker gefütterten Tieren kleiner als bei körperlich beanspruchten Tieren. 2524.

Kraft, A. A., Ayres, J. C., Weiss, K. F., Marion, W. W., Balloun, S. L. und Forsythe, R. H.; Ames, Iowa State Univ., Dep. of Dairy and Food Ind.; Dep. of Poultry Sci. Effect of method of freezing on survival of microorganisms on turkey. **(Der Einfluß der Kühlmethode auf den Mikroorganismenbesatz bei Puten.)** Poultry Sci. 42 (1963) Nr. 1. S. 128–137. — 4 Abb., 1 Tab., 27 Lit.

Die Entwicklung der Bakterienflora auf der Haut wurde bei ausgenommenen, 20–25 Wochen alten Puten (Große Weiße) bekannter Herkunft nach 2 verschiedenen Kühlprozessen und während einer monatelangen Lagerungszeit untersucht. Zur Kühlung dienten (A) Salzwasser (21,6% NaCl) bei −21 °C (30 Min.) und anschließende Kühlung im Luftstrom bei −29 °C (16–17 Std.) oder (B) ausschließliche Kühlung im Luftstrom. Die Kühlhauslagerung erfolgte bei −29 °C. Die Bakterienzahlen nahmen während der Kühlung stark ab. Mit Bakterien angereicherte Schlachtkörper hatten nach dem Kühlen und Lagern einen vergleichsweise höheren Bakterienbesatz aufzuweisen. Auf die Wichtigkeit der Hygiene des Schlacht- und Verarbeitungsprozesses wird hingewiesen. (B) war in einigen Fällen wirksamer als (A), jedoch erscheint es als zweifelhaft, ob der geringe Unterschied den Vorteil aufwiegt, der durch den verbesserten Zustand des Schlachtkörpers bei (A) erreicht wird. W. Rudolph. 2524.

May, K. N., Helmer, R. L. und Saffle, R. L.; Athens, Univ. of Georgia, U. S. Dep. of Agric., A. R. S., Market Quality Res. Div. Effect of phosphate treatment on carcass-weight changes and organoleptic quality of cut-up chicken. **(Der Einfluß einer Phosphatbehandlung auf die Gewichtsveränderungen des Schlachtkörpers und die organoleptische Qualität von zerlegten Küken.)** Poultry Sci. 42 (1963) Nr. 1. S. 24–32. — 2 Abb., 7 Tab., 19 Lit.

Je 20 ausgeschlachtete Broiler wurden 6 Std. lang in Eiswasser gekühlt, das jeweils eine bestimmte Konzentration (a. 0; b. 4; c. 8; d. 10 oz./gal.) der handelsüblichen Phosphatmischung „Kena“ aufwies. Während des Kühlprozesses war bei d. die Feuchtigkeitsaufnahme reduziert. Die Versuchsgruppen verloren bei der Zerlegung der Tiere mehr Gewicht als die Kontrolle,

hatten jedoch einen geringeren Gewichtsverlust (2%) in der 7tägigen Lagerungszeit. Wie organoleptische Prüfungen ergaben, war die Qualität des gekochten Fleisches bei Phosphatbehandlung nicht herabgesetzt, sondern schien in der Zartheit und Saftigkeit erhöht zu sein. — Die günstigen Erfahrungen lassen eine Vervollkommnung der Methode im Hinblick auf die Anwendung unter den Bedingungen der Praxis gerechtfertigt erscheinen.
W. Rudolph. 2524.

Kivkucan, F. R. (Kiwkuzan, F. R.); Dubrowizy, Gebiet Moskau, Unions-Inst. für Tierzuchtforsch. O biochimičeskich osnovach mjasnosti. **(Die biochemischen Grundlagen der Fleischeigenschaften.)** Životnovodstvo, Moskva 25 (1963) Nr. 1. S. 56–57. — 1 Tab.
Bei schwarzbunten Rindern (Ia) und deren Kreuzungstieren mit Aberdeen-Angus (Ib) sowie bei Schweinen der Großen Weißen Rasse (IIa) und deren Kreuzungstieren mit Landrace (IIb) zeigte eine Untersuchung der Muskeln, daß diese 114 (Ia) und 129 (Ib) μg bzw. 100 (IIa) und 200 mg% (IIb) Kathepsin enthielten; die Anzahl der colorimetrischen Einheiten der Aminopherasen in 1 g Muskeln war bei Ib und IIb bedeutend höher, während der Karnosingehalt niedriger war. Das zeigt, daß die Fleischrassen eine größere Aktivität der Fermente in den Muskeln aufweisen und die Verbesserung der Fleischeigenschaften von der Veränderung des Eiweißstoffwechsels in den Muskeln begleitet wird.
B. Schenk. 2524.

Moreng, R. E., Whittet, W. A. und Enos, H. L.; Fort Collins, Colo., Agric. Exp. Stat., Dep. of Poultry Husbandry. Studies on turkey body composition. I. Increasing carcass fat and finish by administration of diethylstilbestrol and the estimation of carcass fat using specific gravity. **(Untersuchungen über die Körperzusammensetzung von Puten. 1. Mitt. Die Erhöhung des Körperfettgehaltes und Masterfolges durch Anwendung von Diaethylstilboestrol und die Bestimmung des Körperfettes mittels des spezifischen Gewichtes.)** Poultry Sci. 42 (1963) Nr. 1. S. 259–267. — 2 Abb., 6 Tab., 16 Lit.
Bei jungen mittelgroßen Breitbrüstigen Bronzeputen beiderlei Geschlechtes führte die 5 Wochen vor der Schlachtung vorgenommene Implantation von 12 oder 24 mg Diaethylstilboestrol bei Rationen mit mittlerem Energiegehalt (im 1. Versuch auch bei hohem) zu höherem Fettgehalt des Schlachtkörpers. Das spez. Gew. ausgeschlachteter Putenhennen reichte von 1,015 bis 1,048. Mit Hilfe einer aus den Untersuchungen abgeleiteten Formel und durch den Vergleich mit bereits vorliegenden Angaben zur Anwendung dieser Technik bei anderen Tierarten konnte ein Fettgehalt des Schlachtkörpers (Putenhennen) von 35,1–49,3% errechnet werden. W. Rudolph. 2524.

Kamm, R.; Kulmbach, Bundesanst. für Fleischforsch., Inst. für Chem. und Physik. **Intermolekulare Wechselwirkungen im Muskeleiweiß und ihre Bedeutung für das Wasserbindungsvermögen des Fleisches.** Fleischwirtschaft 14 (1962) Nr. 10. S. 958. 961–963. — 10 Abb., 21 Lit.
Die veränderliche Eiweißstruktur hat Einfluß auf das Wasserbindungsvermögen bei der Verarbeitung. Die Veränderungen sind vom Gehalt an freiem Wasser abhängig. Verdichtung des Proteinnetzwerkes führt zur Zunahme an lockerem Wasser, im Gegensatz zur Aufweitung der Gewebestruktur. Durch elektrostatische Anziehung oder Abstoßung der geladenen Gruppen der Eiweißmoleküle oder durch Auflösung oder Bildung von Querverbindungen ergeben sich strukturelle Änderungen. Die Wirkung von pH-Wert, Neutralsalzen, Sarkoplasma und Hitzedenaturierung wird dargestellt. Anionen, die für kolloidchemische auf Wasserbindungsvermögen wirkende Eigenschaften des Fleisches verantwortlich sind, werden erklärt. Die Wechselwirkung zwischen Erdalkali-Brückenbindungen im Muskeleiweiß unter Berücksichtigung des Rigor mortis werden beschrieben. K. Metz. 2524.

Lane, J. P. und Bratzler, L. J. Spectrophotometric estimation of metmyoglobin in frozen meat extracts. **(Spektrophotometrische Messung von Metmyoglobin in gefrorenen Fleischextrakten.)** J. Food Sci. 27 (1962) Nr. 4. S. 343 bis 349. – 3 Abb., 8 Lit.
Ansprechende Farbe ist eines der primären Qualitätsmerkmale, die der Verbraucher fordert. Im Oxydationszustand gibt das Myoglobin die typische leuchtend rote Fleischfarbe, im reduzierenden Zustand gibt Myoglobin der frisch geschnittenen Fleischoberfläche die dunkelpurpurrote Farbe. In oxydierter Form, Metmyoglobin, ist das Fleisch bräunlich verfärbt. Unter dem Einfluß von Licht kommt es in gefrorenen Fleisch-Wasser-Extrakten zur Metmyoglobinbildung, ähnlich wie in gefrorenen Steaks. Fluoreszentes Licht steigert signifikant die Metmyoglobinbildung. Zusatz von Cu-, Mn- oder Ca-Ionen in Form von Chloriden zu dialysierten Lösungen im Gegensatz zu Mg-Ionen steigert nicht wesentlich die Metmyoglobinbildung. Durch Zusatz des konzentrierten Dialysates zum dialysierten Rest wird die Bildungsrate von Metmyoglobin signifikant gesteigert. W. Kuchling. 2524.

Williams, C. V., Bengsch, H. K. und Wiksten, G. A screening test for determining the sanitary quality of processed poultry. **(Ein Filtertest zur Bestimmung der Qualität von verkaufsfertigem Geflügel.)** J. Milk Food Technol. 25 (1962) Nr. 10. S. 315–317. 2524.

Rodin, A. Zadači nauki v rešenii važnych problem mjasnoj promyšlennosti. **(Aufgaben der Wissenschaft bei der Lösung der wichtigsten Probleme in der Fleischindustrie.)** Mjasnaja industrija SSSR, Moskva 33 (1962) Nr. 2. S. 44 bis 47.
In der im Inst. für Fleischwirtschaft, Magdeburg, vorliegenden Arbeitsübersetzung werden die bisherigen Leistungen in der sowjetischen Wissenschaft und Technik hervorgehoben und den amer. Vergleichswerten gegenübergestellt. Auch die Mängel werden aufgeführt. Die restlose Bedarfsdeckung der Bevölkerung soll künftig aus dem Inlandsaufkommen erreicht werden. Den Instituten wird vorgeschlagen, welche spez. Fertigungsstufen zu mechanisieren und automatisieren sind. Von Bedeutung sind neue Arten von Verpackungsmaterialien und die Erweiterung der Futterbasis aus Nebenprodukten. Kritik wird an den Produktionsbetrieben geübt, die die entwickelten Maschinen nicht zügig genug in die Produktion einführen. Der chem. Industrie wird vorgeworfen, qualitätsverbessernde Fermente nicht rechtzeitig und ausreichend bereitzustellen. Die Entwicklungsaufgaben für die Forschungsinstitute zur unmittelbaren Verbesserung und Erweiterung des techn. Standes in der Fleischindustrie werden dargestellt. K. Becher. 2529.

Myers, Patricia W., Davis, George T. und Roehm, Gladys Hartley; Bozeman, Montana State Coll., School of Home Econ.; Dep. of Animal Sci. and Range Management. Plastic packaging of eggs. 2. Cooking qualities of oil-dipped and cryovac-packaged eggs. **(Plastikverpackung von Eiern. 2. Mitt. Küchen-Qualität von in Öl getauchten und in Cryovac verpackten Eiern.)** Poultry Sci. 42 (1963) Nr. 1. S. 156–160. – 8 Tab., 8 Lit. 1. Mitt. vgl. LZ. Abt. III 8 (1963) Nr. 8. S. 1625.
Ein Teil Eier wurde in Kartons verpackt und diese mit Cryovac verschlossen. Andere Eier wurden in Leichtöl getaucht und dann in Kartons verpackt. Die Lagerung erfolgte bei 50 °F 4, 6 und 8 Wochen. Beim Vergleich mit frischen Eiern konnten keine signifikanten Differenzen hinsichtlich Gefüge, Farbe und Geschmack bei verschiedenen Zubereitungsarten festgestellt werden. Die angeführten Lagerungsmethoden gewährleisten die Erhaltung der Qualität als Voraussetzung für die Zubereitung als Nahrung. H. Pingel. 2535.

Bigbee, D. G., Dawson, L. E., Davidson, J. A., Mallmann, W. L. und Houghtby, G. A.; East Lansing, Michigan Univ. Evaluation of an oil-in-

water emulsion for cleaning eggs. **(Verwendung einer Öl-Wasser-Emulsion zum Reinigen von Eiern.)** Poultry Sci. **41** (1962) Nr. 6. S. 1947–1954. – 3 Abb., 3 Tab.
Vff. berichten einleitend von verschiedenen Säuberungsmethoden – feucht und trocken – von Eiern sowie von deren Vor- und Nachteilen. Sie selbst stellten Versuche mit verschiedenen Öl-Wasser-Emulsionen an und dazu zum Vergleich mit herkömmlicher Reinigungswäsche bei anschließender Ölbesprühung und einer Kontrollgruppe ungewaschener Eier. Vff. schlußfolgern, daß mit Reinigungsmittel gewaschene und anschließend mit Öl besprühte Eier gegenüber den in eine Öl-Emulsion getauchte bzw. gegenüber den ungewaschenen Eiern am wenigsten an Gewicht verlieren und den geringsten Anstieg des pH-Wertes aufweisen. B. Rempel. 2535.

Homler, B. E. und Stadelman, W. J.; Lafayette, Ind., Purdue Univ. The effect of oiling before and after cleaning in maintaining the albumen condition of shell eggs. **(Die Wirkung des Ölens der Eischale vor und nach der Reinigung auf die Erhaltung der Eiweißbeschaffenheit.)** Poultry Sci. **42** (1963) Nr. 1. S. 190–194. – 4 Tab., 11 Lit.
Es traten keine Unterschiede zwischen den Haugh-Einheiten auf, wenn die Eier vor oder nach der Reinigung geölt wurden. Die Gewichtsverluste waren allerdings höher bei einer ausschließlichen Ölung vor der Reinigung. Nicht geölte Eier waren in jedem Fall benachteiligt. R. Doehl. 2535.

Pepper, W. F., Snyder, E. S., Sibbald, J. R. und Slinger, S. J.; Guelph, Ontario Agric. Coll., Dep. of Poultry Sci. and Nutrit. The effects of cottonseed oil and cottonseed oil derivatives on the quality of eggs stored at 30 and 60 °F. for varying periods of time. **(Die Wirkungen von Baumwollsaatöl und Baumwollsaatölderivaten auf die Qualität von Eiern, die bei 30° und 60 °F gelagert wurden.)** Poultry Sci. **41** (1962) Nr. 6. S. 1943–1946. – 2 Tab., Lit.
Einleitend beschreiben Vff. Beobachtungen früherer Autoren bei der Verfütterung von Baumwollsaatöl bzw. -kernen. Sie selbst stellten Fütterungsversuche mit dieser Pflanze in dem Maße an, daß die Eiqualität nicht geschädigt wurde. Sie stellten aus Weiße-Leghorn-Hennen im 9. Legemonat 8 Fütterungsgruppen zusammen. Die Eier wurden nach unterschiedlicher Lagerungszeit und jeweils Lagertemperaturen von 30 bzw. 60 °F auf Sprenkelung und Farbe des Eigelbs und Rosafärbung des Eiweißes untersucht. Eine Gabe von 1–1,5% Baumwollsaatöl oder 3% -kernen ist nach Ansicht der Vff. zu vertreten.
B. Rempel. 2535.

Froning, Glenn W. und Swanson, Milo H.; St. Paul, Univ. of Minnesota, Dep. of Poultry Husbandry. Oiled versus unoiled eggs for short storage periods. I. The effect of time and method of oiling. **(Geölte gegenüber ungeölten Eiern bei Kurzzeitlagerung. 1. Mitt. Die Wirkung der Zeit und die Methode der Ölung.)** Poultry Sci. **41** (1962) Nr. 6. S. 1880–1886. – 3 Tab.
Es wurden Versuche durchgeführt mit Eiern Weißer-Leghorn-Hennen, die innerhalb 30 Min. nach dem Legen eingesammelt wurden. Im 1. Versuch wurden die Eier bei 55 bzw. 33 °F gelagert und nach 0–24 Std. in Öl getaucht. Im 2. Versuch wurde der 1. wiederholt und eine Gruppe hinzugefügt, die nicht vor einer Lagerzeit von 48 Std. geölt wurden. Im 3. Versuch wurde ein Teil der Eier bei 70–75 °F vor der Ölbehandlung gelagert. Bei 55 °F gelagerte und sofort nach dem Sammeln geölte Eier wiesen die günstigsten Werte auf.
B. Rempel. 2535.

Mukerji, P. C. und Fry, Jack L.; Manhattan, Kansas State Univ. Studies on preserving quality in market eggs. **(Untersuchungen über die Aufbewahrungsqualität bei Markteiern.)** Poultry Sci. **42** (1963) Nr. 2. S. 348–357. – 6 Abb., 5 Tab.

Vff. untersuchen folgende Punkte: Die Wirkung der Eischalenbehandlung auf die innere Eiqualität, die Fähigkeit von Plastikbehältern, die Eiqualität zu erhalten, Beziehungen von Zeit und Temperatur zur Verschlechterung der Qualität bei drei ausgewählten Temperaturen und gleichbleibender Feuchtigkeit, die innere Qualität nach ein- und zweiwöchentl. Lagerung und schließlich Gewichtsverluste bei so behandelten Eiern. Vff. schlußfolgern, daß bei 55 °F gelagerte Eier eine gute Qualität halten, bei höheren Temperaturen bei kurzer Lagerzeit (1–2 Wochen) noch gute Qualität, aber hohe Gewichtsverluste, in Plastikbehältern wenig Gewichtsverluste, aber Qualitätsminderung. Die Eier mit behandelter Schale weisen die besten Ergebnisse auf. B. Rempel. 2535.

Seideman, W. E., Cotterill, O. J. und Funk, E. M.; Columbia, Univ. of Missouri, Poultry Dep. Factors affecting heat coagulation of egg white. **(Faktoren, welche die Hitzekoagulation des Eiweißes bewirken.)** Poultry Sci. **42** (1963) Nr. 2. S. 406–417. – 6 Abb.
Das Eiweiß wurde nach Entfernung des Eigelbes unterschiedlichen Temperaturen über verschieden lange Zeiträume ausgesetzt und der pH-Wert in den einzelnen Versuchsgruppen festgestellt. Dabei traten gleiche Kurventypen auf, die sich durch den Grad der Undurchsichtigkeit und der Gelierung unterschieden. Weitere Versuche befaßten sich mit Volumen und Aufgangszeiten von Gebäcken, wobei die Viskosität des Eiweißes bei der Einwirkung höherer Temperaturen vom pH-Wert abhing. B. Rempel. 2535.

Ashton, H. E. und Fletcher, D. A.; Ottawa, Ontario, Canada, Nat. Res. Council, Div. of Building Res.; Product. Marketing Branch. Development and use of color standards for egg yolks. **(Entwicklung und Gebrauch von Farbstandards für Eidotter.)** Poultry Sci. **41** (1962) Nr. 6. S. 1903–1909. – 1 Abb., 2 Tab.
Vff. haben eine Skala von Farbstandards aufgestellt. Für diese Untersuchungen entwickelten sie ein ringförmiges Beobachtungsglas. Die Farbstandards wurden bei künstlichem Tageslicht oder bei natürlichem Nordlicht festgelegt, da andere Beleuchtungen, bes. gelbes Licht, einen falschen Eindruck der Eigelbfarben vermitteln. B. Rempel. 2535.

Berger, Richard. **Die Vermarktung des Schweizer Eies in neuer Sicht.** Dtsch. Geflügelwirtsch. **14** (1962) Nr. 17. S. 218–221.
Unter den heute herrschenden Umständen kann eine bestimmte Menge Schweizer Eier zu den erforderlichen, die Produktionskosten deckenden Preisen abgesetzt werden. Um einen vermehrten Absatz zu erreichen, müssen die Marktvorgänge, Konsumgewohnheiten, Qualitätsansprüche und Absatzwege beachtet werden. Vf. zeigt 3 Entwicklungswege in der Vermarktung des Schweizer Eies auf, wobei 1. unter Einbezug der bestehenden Produzenten-und Verwertungsorganisationen, die auch den Eier- und Futtermittelhandel umfassen können, ein Schweizer Markenei geschaffen wird, 2. kann ein Großverteilerunternehmen des Lebensmittelhandels ein Markeneiprogramm aufziehen und 3. kann sich eine Produzenten- oder eine Zuchtorganisation entschließen, ein Markeneiprogramm zu entwickeln. Um die Qualität des Markeneies zu garantieren, haben Züchter und Betriebsberater vom Vf. dargelegte Aufgaben zu erfüllen. U. Hofmann. 2535.

K. TIERPSYCHOLOGIE

McBride, G., James, J. W. und Shoffner, R. N.; Brisbane, Univ. of Queensland, Dep. of Animal Husbandry. Social forces determining spacing and head orientation in a flock of domestic hens. **(Soziale Faktoren, die die Verteilung im Raum und die Kopfhaltung in einer Hühnerherde bestimmen.)** Nature [London] **197** (1963) Nr. 4874. S. 1272–1273. – 1 Abb., 1 Tab., 2 Lit.

Die Verteilung der Hennen in einem Raum und deren Kopfhaltung ist nicht zufällig, sondern geordnet. Jede Henne stellt sich so zu dem am nächsten stehenden Nachbartier ein, daß sie dessen Kopf nicht frontal, sondern unter einem seitlichen Winkel von ca. 23° sieht. Hennen in weiterer Entfernung finden weniger Beachtung. In der engen Haltung eines vollbesetzten Intensivstalles ändert sich das Verhalten insofern, als die Hennen nicht immer vermeiden können, daß ihnen ein anderes Huhn mit dem Kopf von vorn nahe kommt. Unter normalen Bedingungen wenden sich Hennen einer derart nah herangekommenen Artgenossin ebenfalls frontal zu und nehmen damit eine Abwehrhaltung bzw. die Ausgangsstellung zum Kampf ein. Die Beobachtungen führten Vff. an 750 Hennen in intensiver Bodenhaltung durch und werteten Aufnahmen aus, die sie von oben — für die Hennen unsichtbar — photographiert hatten. C. Engelmann. 2610.

Salzen, E. A.; Liverpool, Univ., Dep. of Zool. Imprinting and the immobility reactions of domestic fowl. **(Prägung und die Reaktion „Erstarren" beim Haushuhn.)** Animal Behaviour **11** (1963) Nr. 1. S. 66–71. — 2 Tab., 14 Lit.

Das „Erstarren" gehört zu den Reaktionen aus Furcht, die nicht vor dem 7.–10. Lebenstag auftreten. Die Reaktion beobachtete Vf. hier an Küken, die er entweder zu 6 gemeinsam (**I**) oder einzeln (**II**) in dunkel verhängten Käfigen bei künstlichem 12-Std.-Tag hielt. Die Küken konnten die Nachbargruppen wohl hören, sie aber nicht sehen. Die Prüfung bestand darin, daß die Tiere auf einem Tisch schnell auf den Rücken gelegt und dann sich selbst überlassen wurden. Die tiefe Erstarrung (5 Min. = a) trat bei den Küken **I** am 8. Lebenstag spontan auf (bei 87%; vom 0.–4. Tag bei 1%), aber nur bei 9% der Küken **II**. In die kurze Erstarrung (1 Min. Dauer = b) fielen bis zum 4. Tag 19% der Gr. I bzw. 9% der Gr. II, am 8. Tag 100% (**I**) bzw. 39% (**II**). Im Alter von 14–16 Tagen zeigten 43% (**I** a) und 81% (**I** b) bzw. 0% (**II** a) und 30% (**II** b) die Reaktion. Für den Eintritt der Starre ist demnach eine gewisse soziale Erfahrung erforderlich, und die Trennung von den Artgenossen und der gewohnten Umgebung scheint dabei am wichtigsten zu sein. Eine weitere Versuchsreihe bestätigte die Deutung: Küken, die wiederum einzeln oder gemeinsam, aber diesmal bis zum 8. oder 14.–16. Tag gelebt hatten, wurden zu diesem Zeitpunkt entweder einzeln oder in unmittelbarer Nähe einer kleinen Kükengruppe in der bisherigen Weise geprüft. Die sozial bereits erfahrenen Küken **I** verrieten wenig Furcht in der Nähe der anderen (von den 8 Tage alten erstarrten 17%, von den 14 Tage alten 3%), während die isolierten Küken **II** von der Gegenwart der anderen nicht beeinflußt wurden (8% bzw. 4% erstarrten). Die kurze Starre trat bei 67% und 32% der Gr. **I** b auf und bei 17% der Gr. **II** b in beiden Altersklassen.

C. Engelmann. 2610.

Smith, F. V. und Bird, M. W.; Durham, England, Univ., Dep. of Psychol. Varying effectiveness of distant intermittent stimuli for the approach response in the domestic chick. **(Die Wirksamkeit eines entfernten und unterbrochenen Reizgebers auf die Annäherungsreaktion des Hühnerkükens.)** Animal Behaviour **11** (1963) Nr. 1. S. 57–61. — 1 Abb., 6 Tab., 13 Lit.

An 74 Küken im Alter von 24 ± 6 Std. wurde die Wirksamkeit verschiedener Lichtreize im Einzelversuch geprüft: a) eines flackernden Lichtscheins, b) einer weißen Scheibe mit einem schwarzen Sektor von 45°, die in 1,5 Sek. eine Umdrehung machte. Die Küken liefen in übereinstimmender Weise auf die beiden optischen Reizquellen zu (86 bzw. 79%). Als die rotierende Scheibe und der Lichtschein verkleinert wurden (von 12 auf 6 Zoll Dmr.), blieb das Ergebnis bei weiteren 52 Küken das gleiche (92 bzw. 81% näherten sich den Lichtquellen.). Bei wiederholter Darbietung verlor der Lichtschein an Wirksamkeit. Auch in simultanen Wahlversuchen zwischen beiden Stimuli wurden die Küken mehr von der sich drehenden Scheibe als vom flackernden Licht angezogen, d. h. 88% der überhaupt reagierenden Küken entschieden sich für erstere. C. Engelmann. 2610.

Salzen, E. A. und Tomlin, F. J.; Liverpool, Univ., Dep. of Zool. The effect of cold on the following response of domestic fowl. **(Der Einfluß der Kälte auf die Nachfolgereaktion beim Haushuhn.)** Animal Behaviour **11** (1963) Nr. 1. S. 62–65. – 4 Tab., 10 Lit.

12 und 24 Std. alte Küken, die entweder aus dem Schlupfbrüter unmittelbar entnommen oder 2–4 Std. in ihren Schlüpfkasten außerhalb des Brüters bei Zimmertemperatur gehalten waren (75 °F), bekamen 5–15 Min. lang einen weißen Papierzylinder gezeigt, der sich ununterbrochen drehte. Die bis dahin warm gehaltenen Küken folgten der optischen Reizquelle innerhalb der ersten 5 Min., die ausgekühlten sprachen darauf zuerst nicht an; aber nach 15 Min. waren auch die meisten von ihnen zum Zylinder hingelaufen. Unter den warm gehaltenen Küken gab es keine, die nicht nachfolgten. Wurde außer dem Nachfolgen auch die Hinwendung zur Reizquelle gewertet und der – nur begonnene – Versuch, sich ihr zu nähern, bestand kein Unterschied zwischen beiden Kükengruppen. Ebenso äußerten beide Gruppen gleich früh und gleich häufig Laute des Wohlbehagens dem Zylinder gegenüber. Unbehaglichkeitslaute ließen die Küken nur hören, wenn sie zum ersten Male in die Versuchsanordnung versetzt waren, und sich der Papierzylinder noch nicht drehte. Die Äußerungen des Behagens nahmen zu, wenn der Zylinder auf die Tiere zukam oder sie berührte. Die gewärmten Küken liefen insgesamt eine weitere Strecke hinter ihm her (12,5 Fuß) als die ausgekühlten (2,5 Fuß).
C. Engelmann. 2610.

Waller, Patricia F. und Waller, Marcus B.; Chapel Hill, Univ. of North Carolina, Dep. of Psychol. Some relationships between early experience and later social behavior in ducklings. **(Einige Beziehungen zwischen frühzeitiger Erfahrung und späterem sozialen Verhalten bei Entenküken.)** Behaviour [Leiden] **20** (1963) Nr. 3/4. S. 343–363. – 6 Abb., 3 Tab., 11 Lit.

In 3 Versuchsreihen prüften Vff. 1. wie sich 15 Entenküken, die 14 Tage lang a) einzeln, b) paarweise gehalten waren, 10–18 Std. nach dem Schlupf und 24 Std. später einem grünen Würfel gegenüber verhielten, der vor ihnen in einem Laufgang bewegt wurde (Gruppe im Prägungsalter). 2. das Verhalten von 16 Entenküken, die unter sonst gleichen Bedingungen 80 Std. nach dem Schlupf erstmalig und 24 Std. später zum zweiten Mal den Würfel sahen (Gruppe im Vermeidealter, nach Eintritt der Äußerung von Furcht). 3. 15 weitere Entenküken, die in den ersten 14 Tagen in ihren Käfigen lebten, ohne vor Versuchsaufgaben gestellt zu sein (Kontrollgruppe). Im Alter von 14 Tagen wurde allen Tieren an dem einen Ende eines Laufganges der Würfel, an dem anderen die Attrappe einer erwachsenen Ente gezeigt (4). Die Entenküken wurden anschließend für 22 Std. zu 3–4 Tieren zusammengesperrt und dann ihre Neigung geprüft, sich zu vereinigen oder abgesondert zu halten. Alle Tiere der Gr. 1 und – weniger deutlich – der Gr. 2 folgten dem Würfel häufiger als der Attrappe. Dieser Unterschied verschwand bei späterer Wiederholung. Dabei war es gleichgültig, ob die Enten allein oder paarweise gehalten waren. Gr. 3 folgte lieber der Attrappe. Unter den Bedingungen 4 fanden sich die paarweise gehaltenen Enten schneller zusammen, während sich die isoliert aufgewachsenen mieden bis auf die der Gr. 1, die den bewegten Würfel kennengelernt hatten. Die Scheu voreinander verlor sich nach dem zwangsweisen 22stündigen Zusammensein. Weitere Versuche mit abwechselnder Darbietung der Prägungszeichen (Würfel vom 1.–5. Tag, lebendes Entchen vom 6.–10. = Gr. 1, umgekehrte Reihenfolge = Gr. 2; 1.–5. Tag nichts, 6.–10. Tag Attrappe = Gr. 3) zeigten bei anschließender Wahl zwischen beiden, daß die erste Erfahrung mit einem bewegten Objekt das Nachfolgen dem an zweiter Stelle gebotenen gegenüber erleichterte. Das lebende Entenküken war dabei wirksamer als der Würfel. In einer letzten Versuchsreihe wurde untersucht, ob das Alter, in dem die Versuchstiere das lebende Entenküken sahen, die Nachfolgereaktion der Entenattrappe gegenüber beeinflußt. Das Alter erwies sich dabei als nicht so wichtig wie die Zeitspanne zwischen beiden Prüfungen. Je kürzer sie war, desto schneller liefen die Enten auf die Attrappe zu. Nach alledem bestimmt die Prägung längst nicht in dem Maße das spätere soziale Verhalten wie bisher angenommen.

C. Engelmann. 2610.

SPEZIELLE GROSSTIERZUCHT

A. ALLGEMEINES

Vlasov, P. G. (Wlassow, P. G.) Životnovodstvo v respublike Kuba. **(Tierzucht in der Republik Kuba.)** Životnovodstvo, Moskva **24** (1962) Nr. 10. S. 89–93. – 6 Abb.

Durch Maßnahmen, wie Einrichtung großer Tierzuchtbetriebe, rationelle Fütterung und Import von Zuchttieren, wird die Tierzucht Kubas stark intensiviert. Der Rinderbestand setzt sich zusammen aus Zeburassen und deren Kreuzungen mit hornlosem Vieh. In geringen Mengen sind Charollais, Santa-Gertrudis-Rind, Aberdeen-Angus, Ayrshire, Holstein-Friesian und Schweizer Braunvieh vertreten. Durch Rassenbereinigung werden in staatlichen Zuchtbetrieben und Genossenschaften große Herden geschaffen. Die verstärkte Zuchtarbeit zur Verbesserung der Milchleistung wird durch Einrichtung von Besamungsstationen unterstützt. Die Rindermast auf der Grundlage Zuckerrohr und Mischfutter wird durch den Bau einer großen Mastanstalt für 26000 Stck. Vieh beträchtlich erweitert. Der Schweinebestand umfaßt hauptsächlich ein Rassengemisch. Rein werden u. a. gezüchtet: Landrassen, Duroc-Jersey, Berkshire und Yorkshire. In den Staatsgütern werden die besten Zuchten konzentriert, von einem „Schweinezuchtzentrum" aus erfolgt die Versorgung der Betriebe mit Zuchtmaterial. Die traditionsreiche Geflügelzucht wird durch Stallbauten für die Broilermast erweitert. In der Schafzucht werden die Cheviot, in der Pferdezucht leichte Rassen bevorzugt. Die Futtergrundlage sind natürliche, mehr als $^{2}/_{3}$ des Bodens einnehmende Futterflächen, während der Feldfutterbau mit 2–3 Ernten im Jahr erst am Anfang der Entwicklung steht. G. Bernert. 3001.

Terpstra, C. Veeteelt in het voormalige Nederlands Nieuw Guinea. **(Tierzucht im ehemaligen Niederländisch-Neu-Guinea.)** Tijdschr. Diergeneeskunde **88** (1963) Nr. 4. S. 230–240. – 7 Abb., 2 Tab. Zus. in Engl., Franz., Dtsch.

Schweine und Hunde wurden schon früh eingeführt. Seit Beginn des 20. Jh. hielten niederländische, indonesische und einzelne japanische Kolonisten Rinder und Ziegen. 1953 fand der letzte Import von Milchvieh aus den Niederlanden statt. 1961 gab es in Niederländisch-Neu-Guinea 3324 Rinder, 649 Pferde, ca. 2400 Ziegen, ca. 600 Schweine und 18250 Hühner. Im Flachland sind die klimatischen, fütterungs- und haltungsmäßigen Voraussetzungen für die Milchviehhaltung ungünstig. Rassenmäßig sind die meisten Rinder indonesischer Herkunft, reinrassige Balirinder, Kreuzungen zwischen balinesischen, Madura-, australischen und Ongole-Rindern sowie reine Holländer. Das sogenannte Merauke-Rind ist nicht schwerer als 300–350 kg und deshalb als Schlachtvieh und als Zugvieh schlecht geeignet. Es wurden Zebus eingekreuzt, um für das Flachland geeignete Tiere zu erzeugen, und Santa-Gertrudis zur Erstellung von Tieren für das Bergland. Die Haltung der Tiere durch die Papuas erfolgte unter Abschluß von Haltungsverträgen. Die Vertragspartner sollten nach 5 Jahren 150% der Anzahl der überlassenen Tiere zurückgeben. Die Schweinezucht ist unbedeutend. An Ziegen werden vornehmlich kleine asiatische Fleischziegen gehalten, die z. T. durch indische Ziegen verbessert wurden. Die Schafe leiden in starkem Maße unter Eingeweidewürmern und Anämie. Im Flachland werden Kleinpferde gehalten. Die Eiererzeugung des Landes kann mit den Importen von Frischeiern konkurrieren. Eintagsküken wurden aus Australien bezogen, das Futter aus den Niederlanden und aus Australien. Als Legehennen werden am häufigsten Kreuzungen Australorp × Weiße Leghorn gehalten. Schlachtgeflügelerzeugung ist wegen der hohen Futterkosten nicht lohnend. — Vom zentralen Bergland kommen nur wenige Gebiete für die Tierzucht in Frage. Schweine sind hier neben den in Scharen vorkommenden Ratten und Hunden die einzige Quelle tierischen Eiweißes. Für die Haltung von Rindvieh sind die Verhältnisse günstig. An die Haltung von Milchvieh muß die Bevölkerung erst gewöhnt werden. Vorläufig ist von der Viehhaltung keine wesentliche Verbesserung der Ernährung der Papuas zu erwarten. J. K. Hinrichsen. 3001.

Tairov, N. P. (Tairow, N. P.); Min. für Landwirtsch. der UdSSR. Ob ėkonomičeskoj ėffektivnosti i specializacii otraslej mjasnogo životnovodstva. **(Ökonomische Wirksamkeit und Spezialisierung der Zweige der Fleischviehzucht.)** Vestnik sel'skochozjajstvennoj nauki, Moskva 7 (1962) Nr. 10. S. 71 bis 77. — 2 Abb., 1 Tab. Zus. in Engl., Franz., Dtsch. 3001.

B. PFERDE

Pruski, Witold; Warszawa, Zakład Hodowli Doświadczalnej Zwierząt PAN. Dzikie konie azjatyckie Equus przewalskii Poljak. **(Wild lebende asiatische Pferde [Equus przewalskii Poljak].)** Roczniki Nauk rolniczych, Ser. D **101** (1962) S. 5–89. — 20 Abb., 1 Tab., 162 Lit. Zus. in Russ., Engl. 3090.

Pečnikov, P. P. (Petschnikow, P. P.) Vlijanie režima ispol'zovanija proizvoditelej na biologičeskie fiziko-chimičeskie svojstva spermy. **(Einfluß der Häufigkeit der Zuchtbenutzung der Hengste auf die biologischen und physikalisch-chemischen Eigenschaften des Spermas.)** Trudy. Vsesojuznyj naučno-issledovatel'skij institut konevodstva, Moskva **28** (1960) S.119–134. — 6 Tab., 24 Lit. Zus. in Engl.
Die Häufigkeit der Zuchtbenutzung wirkt sich nicht nur auf die Menge der abgegebenen Spermien und ihre Beweglichkeit aus, sondern auch auf die phys.-chem. Eigenschaften der flüssigen Spermabestandteile. Das infolge gesteigerter Deckbelastung auftretende Anwachsen der Oberflächenspannung und der spez. Leitfähigkeit sowie Absinken der Schutzeigenschaften der Kolloide in der Samenflüssigkeit weisen auf eine starke Verringerung der Sekretionstätigkeit der Anhangsdrüsen hin. Neben diesen bei ansteigender Deckbelastung auftretenden Veränderungen wird festgestellt, daß der Hengst zur verhältnismäßig schnellen Reproduktion der Spermamenge und der phys.-chem. Eigenschaften auch nach intensiver Deckbenutzung befähigt ist, was allerdings nicht für jedes Tier gilt. Die Besonderheit des Versuchshengstes lag darin, daß seine Geschlechtsdrüsen auf häufige Spermaabgabe „trainiert" waren und er selbst über eine gut entwickelte Sicherungsbremsung verfügt. Damit im Zusammenhang kann keine allg. Zuchtbenutzungsnorm aufgestellt werden, da diese in Abhängigkeit von Alter, Rasse, Fütterungs- und Haltungsbedingungen, Nerventätigkeit und „Trainiertheit" der Geschlechtsdrüsen individuell verschieden sein wird. Das Fehlen von gesetzmäßigen Veränderungen sowohl in der ausgeschiedenen Spermienmenge als auch in den phys.-chem. Eigenschaften des Spermas, das an den Decktagen mit verschiedenen Intervallen gewonnen wurde, weist auf eine Veränderung der nervlichen Regulierung der Spermaabgabe in Verbindung mit dem physiol. Zustand des Organismus in der Deckperiode hin. G. Bernert. 3308.

Romić, S.; Zagreb, Univ., Fac. of Agric., Inst. for Veterin. Sci. and Zoohyg. Dob kod prve oplodnje, tjelesni razvoj i rasplodna sposobnost lipicanskih

kobila. **(Das Alter der Lipizzanerstuten bei der ersten Befruchtung, ihre Körperentwicklung und Zuchtfähigkeit.)** Veterinaria [Sarajevo] **11** (1962) Nr. 2. S. 171–179. – 4 Tab., 5 Lit. Zus. in Engl.
Lipizzanerstuten im Gestüt Dakovo (Kroatien), die mit 4 Jahren zum 1. Mal belegt und trächtig wurden, haben mit 7 Jahren einen höheren, längeren und breiteren Körper bei stärkerem Skelett als Stuten, die mit 3 Jahren befruchtet worden waren. In jüngerem Alter tragend gewordene Stuten brachten leichtere Fohlen, die Trächtigkeitsdauer war etwas verlängert, und in der Arbeitsleistung waren sie schwächer als die mit 4 Jahren erstmals befruchteten Tiere.
D. Ilančić. 3308.

Muser, R. und Nassal, J. **Tuberkulose, Tuberkulinreaktion und Mykobakterien beim Pferd.** Mh. Tierheilkunde **14** (1962) Nr. 10. Rindertuberkulose u. Brucellose **11** S. 118–126. – 2 Tab., 52 Lit.
Vff. gehen davon aus, daß die Kenntnisse über die Häufigkeit und die Diagnosestellung in vivo bei der Tuberkulose des Pferdes noch sehr gering sind. Sie bringen eine gute Literaturzusammenstellung, bes. zu Fragen der Häufigkeit der Tuberkulose bei Pferden auf Grund von Schlacht- und Sektionsbefunden, der bakteriol. und histol. Untersuchungsmöglichkeiten sowie der Anwendungsmöglichkeiten der Tuberkulinreaktion. – Bei eigenen Untersuchungen stellten die Vff. 3 Gruppen auf: 1. Tuberkulinisierung (103 Pferde), 2. Pathol.-anatomische und bakteriol. Untersuchung ohne Tuberkulinisierung (112 Pferde) sowie 3. Tuberkulinisierung, pathol.-anatomische und bakteriol. Untersuchung (98 Pferde). Es zeigten sich folgende Ergebnisse: Von den tuberkulinisierten Pferden reagierten 5,0% auf Säuger- und 19,9% auf Geflügeltuberkulin; die pathol.-anatomisch untersuchten Tiere zeigten zu 10,5% spez. Veränderungen, während bakteriol. in 35,2% der Fälle Mykobakterien nachgewiesen werden konnten, davon wurden 91,3% in die Gruppe der aviären Mykobakterien eingeordnet. – Aus den Untersuchungen ziehen Vff. die Schlußfolgerung, daß die positive Reaktion (Anschwellung der Haut an der Injektionsstelle auf über Fünfmarkstückgröße am 2. bzw. 3. Tag post inj.) auf ein Tuberkulin beim Simultantest mit einiger Sicherheit den Befall mit Mykobakterien anzeigt, und daß weiterhin das Pferd als Mykobakterienreservoir und somit Infektionsquelle angesehen werden muß.
E. Werner. 3380.

C. RINDER

Slatis, Herman M.; Lemont, Ill., Argonne Nat. Lab., Div. of Biol. and Med. Res. An analysis of inbreeding in the European bison. **(Eine Inzuchtanalyse beim Wisent.)** Genetics **45** (1960) Nr. 3. S. 275–287. 3428.

Stradomskij, E. A. (Stradomski, Je. A.); Moskau, Geogr. Inst. der Akad. der Wiss. der UdSSR. Razvedenie jakov. **(Die Züchtung von Yaks.)** Priroda, Moskva **52** (1963) Nr. 2. S. 101–103. – 1 Abb.
In den Gebirgsgebieten der SU werden die Weideflächen in Höhen über 2000 m ungenügend und teilweise überhaupt nicht genutzt, bedingt durch die klimatischen und geländemäßigen Verhältnisse. Die Nutzung dieser Weideländereien durch die Haltung von Yaks kann zu einer bedeutenden Steigerung der tierischen Produktion führen. Der Yak ist sehr anspruchslos und widerstandsfähig, kann in den Hochgebirgen Sommer wie Winter im Freien gehalten werden und bringt gute Erträge an Fleisch, Wolle und Häuten. Die Milchleistung ist gering. Auf den Hochgebirgsweiden des Tiën-schan können ohne Schaden für die Futterbasis der übrigen Haustiere bis 50000 Yaks gehalten werden, was eine zusätzliche Fleischproduktion von 25000 dt ermöglicht. Der Selbstkostenpreis von 1 dt Yakfleisch liegt dabei um das 3fache niedriger als von 1 dt Rindfleisch. Bei der Hybridisierung von Yaks mit taurinen Rindern können die Leistungseigenschaften, vor allem die Milchleistung, wesent-

lich erhöht werden. Die Bedeutung der Yakzucht wird durch die Mongolische Volksrepublik bewiesen, wo der Yak 30% aller Rinder ausmacht und durch die Fleischproduktion Exportbedeutung erlangt hat. K. Witt. 3430.

Akimov, G. S. (Akimow, G. S.); Riga, Lett. Forsch.-Inst. für Schweinezucht und Veterinärmed. Plemennaja rabota s burym latvijskim skotom. **(Zuchtarbeit mit den Rindern der Braunen Lettischen Rasse.)** Vestnik sel'skochozjajstvennoj nauki, Moskva 7 (1962) Nr. 1. S. 135–138. — 3 Abb., 1 Tab.
Das Lettische Braunvieh macht 96,3% des Rinderbestandes der Lett. SSR aus, seit 10 Jahren werden nur noch Bullen dieser Rasse verwendet. In 17 staatlichen Zucht- und Besamungsstationen stehen 344 Bullen, deren Mutterleistungen 4770 kg Milch und 4,60% Fett betragen (Leistungen der MV 5042 kg bei 4,60% Fett). Neben diesen Spitzentieren werden bedeutende Mengen von Bullen der oberen Klassen in Betrieben und zwischenbetrieblichen Besamungspunkten eingesetzt. In nächster Zeit wird die KB bei allen Kühen und Färsen durchgeführt. Dabei kommen sowohl die auf Töchterleistung geprüften Elite-Rekord-Bullen sowie Bullen, deren Väter sich als Leistungsverbesserer erwiesen haben, zum Einsatz. Hervorzuheben sind die Bullen Dselmis-Gaitis, Atom-Grestis, Margonis-Odin, Ullor-Rex sowie deren Söhne. Zur Erreichung objektiver Ergebnisse des Töchter-Mütter-Vergleiches werden spez. Prüfstationen eingerichtet. Ständige Steigerung der Milchleistung und des Fettgehaltes sowie Verbesserung der Futterverwertung sind Hauptinhalt der züchterischen Arbeit. Seit 1961 wird die Selektion auch nach dem Gehalt an Eiweißstoffen, Zucker, Mineralstoffen und Vit. auf der Grundlage der Linien und Familien durchgeführt. Unter den Verwandtschaftsgruppen werden Paarungen zur Schaffung neuer, dem gewünschten Typ entspr. Linien geprüft. Zur Verbesserung der Leistungen in der Praxis wird neben der bereits bestehenden Milch- und Fettleistungskontrolle die der Leistung je FE eingeführt.
G. Bernert. 3480.

Lebedev, I. (Lebedew, I.) Puti ulučšenija cholmogorskogo skota. **(Verbesserung der Cholmogoryer Rinder.)** Moločnoe i mjasnoe skotovodstvo, Moskva 7 (1962) Nr. 10. S. 29–32. — 2 Abb.
Die Verbesserung der Cholmogoryer begann planmäßig im Jahre 1917. Infolge guter Anpassungsfähigkeit der Tiere an verschiedene Klimazonen, Anspruchslosigkeit an Futter und Widerstandsfähigkeit gegen eine Reihe von Krankheiten werden die Cholmogoryer in mehreren Gebieten der Sowjetunion gezüchtet. Neben der Steigerung der Milchmenge und des Milchfettgehaltes wird Wert auf eine Erhöhung des Eiweißgehaltes der Milch gelegt.
R. Ihssen. 3480.

Šubin, P. N. (Schubin, P. N.) Izmenenija porodnych i produktivnych kačestv krupnogo rogatogo skota v Komi ASSR. **(Veränderungen der Rasse- und Leistungseigenschaften der Rinder in der ASSR der Komi.)** Tr. Komi fil. AN SSSR **1961** Nr. 11. S. 43–56. — Aus: Referativnyj žurnal. Biologija, Moskva **1962** Nr. 15. L 122. S. 15.
Aus dem ursprünglichen Waldrind auf dem Territorium der ASSR der Komi haben sich 2 Rindergruppen herausgebildet — das Syrjansker Rind und das Petschora-Rind. Das Syrjansker Rind ist klein, nur wenige Tiere erreichen ein Gewicht von 300 kg. Die Durchschnittsleistung beträgt 500–1000 kg Milch je Laktation bei einem Fettgehalt von 4–4,5% (bei guter Fütterung steigen die Milcherträge bis auf 1900 kg). Das Petschora-Rind steht im Typ und in der Abstammung dem Syrjansker nahe, ist aber größer als dieses. Die Durchschnittsleistung je Laktation beträgt 2298 kg bei 4,24% Fett. Versuche einer Kreuzung dieses einheimischen Viehs mit Bullen der Cholmogoryer und Holländischen Rassen gehen bis auf das 18. Jh. zurück, aber erst in der Sowjetzeit begann eine rasche Verbesserung durch Massenkreuzungen mit dem Cholmogoryer Rind. In 22 Jahren wurden mehr als 4000 Stck. Jungvieh der Chol-

mogoryer Rasse beschafft. Hauptzuchtmethode war die Verdrängungskreuzung. Mehr als 75% der Sowchosherden bestehen aus reinrassigen Tieren oder Kreuzungen. Auf den Kolchosen ging die Aufkreuzung langsamer vonstatten. Der Viehbestand zeichnet sich durch große Unausgeglichenheit im Körperbau aus. Erhebliche Unterschiede gibt es auch in der Milchleistung der Kühe in den einzelnen Betrieben und Kreisen (Beispiele).

übersetzt v. Th. C. Boetticher. 3490.

Snick, G. van und Kint, G. Le contrôle laitier en 1960. **(Die Milchkontrolle in Belgien im Jahre 1960.)** Rev. Agric. [Bruxelles] **15** (1962) Nr. 1. S. 115 bis 144. — 26 Abb., 9 Tab.

Die Leistungen im Jahre 1960 wurden durch die Trockenheit im Juni–Okt. des Jahres 1959 nachteilig beeinflußt. Da ein großer Teil der Kühe die Laktation in der fraglichen Zeitspanne abschloß, kommt diesem Umstande in der Bewertung der Leistung wesentliche Bedeutung zu. Die Durchschnittsleistung in den Zuchtbetrieben liegt während der ersten 305 Tage der Laktation bei 3972, in den Gebrauchsherden bei 3802 kg Milch, bei 137,6 kg Butterfett in den Hochzuchten und 130 kg in den reinen Erzeugerbetrieben. Der Fettprozentgehalt beträgt übereinstimmend 3,46%. 60302 Kühe sind in das Herdbuch eingetragen, 124545 Kühe werden nicht herdbuchmäßig erfaßt. 24% des Viehbestandes stehen unter Leistungskontrolle. Ca. 13–14% der Abkalbungen fallen in die Mon. Febr.–März. Bei der westflämischen Rasse sind es ca. 9% der jährl. Abkalbungen, die sich in diesen beiden Monaten ereignen. Bei dieser Rasse liegt die Hauptabkalbezeit im Sept./Okt., nachdem vom Aug.–Sept. die Abkalbungen von 7 auf 14% angestiegen sind. Die Steigerung des prozentischen Fettgehaltes ist als wesentliche Aufgabe der künftigen milchwirtschaftlichen Planung anzusehen. H. Busse. 3520.

Frieze, B. J. und Corley, E. L. Comparison of 305- and 365-day production records under stratified levels of herd production. **(Vergleich der 305- und der 365-Tageleistungen bei verschiedenen Herdendurchschnitten.)** J. Dairy Sci. **45** (1962) Nr. 10. S. 1260–1261.

81226 Leistungen von 15892 Kühen aus 3 Herdengruppen (niedrig: 400 bis 449 lb. Fett; mittel: 450–499 lb. Fett; hoch: 500–550 lb. Fett) und einer Herdengruppe mit 3maligem Melken lagen den Untersuchungen der Vff. zugrunde. Es sollte die Frage geklärt werden, ob die 365-Tageleistung der 305-Tageleistung in einem der 4 Herdentypen zu bevorzugen sei. Die Wiederholbarkeiten der 365-Tageleistungen waren in allen Fällen kaum höher als die der 305-Tageleistungen. Zwischen 305- und 365-Tageleistungen ergeben sich für alle 3 Merkmale Korrelationen um 0,99. Vff. kommen zu dem Schluß, daß es keine Gründe gibt, die 365-Tageleistung der 305-Tageleistung vorzuziehen. D. Rasch. 3520.

Rader, E. R., Ludwick, T. M. und Richardson, D. O.; Columbus, Ohio Agric. Exp. Stat., Dep. of Dairy Sci. Abnormal mammary development of the young dairy heifer and its association with future performance. **(Anomale Milchdrüsenentwicklung bei der jungen Färse in Beziehung zur künftigen Euterentwicklung.)** J. Dairy Sci. **45** (1962) Nr. 11. S. 1348–1352.

Die Kälber einer Holstein-Herde wurden 3 Mon. nach der Geburt auf Grund charakteristischer Milchdrüseneigenschaften typenmäßig eingestuft. 22 von ihnen wurden infolge ihrer anomalen Milchdrüsenentwicklung für die weitere statistische Auswertung herangezogen. Von 32 Milchdrüsen der 22 Tiere wurden 19 (59%) von 13 Kälbern zu Beginn der Laktation als blinde Euterviertel eingestuft. Bei den restlichen 9 Tieren wurden schwere Euterschäden beobachtet. Die nach dem 3 Mon. bei den Kälbern vorgenommene Eutercharakteristik wich bei 18 Tieren zu Beginn der Laktation erheblich von der ihrer vergleichbaren 54 Stallgefährten ab. Von einer 2. Gruppe von 179 Tieren wurde ein hoher Prozentsatz (31%) als nicht zuchttauglich verkauft.

Es gibt gewisse Anzeichen dafür, daß eine unzureichende Entwicklung des Milchdrüsensystems als sekundäres Geschlechtsorgan des Kalbes mit der endokrinen Funktion im Zusammenhang steht, die vermutlich die Drüsenentwicklung hemmt. W. Gimmler. 3542.

Suchánek, Bohumil und Jurčo, Vladimír; Praha, ÚVTI-MZLVH. Hodnocení tvarových a funkčních vlastností vemena se zřetelem k mechanickému dojení. **(Bewertung der Form- und Funktionseigenschaften des Euters mit Rücksicht auf das Maschinenmelken.)** Studijní Inform., živočišná Výroba **1962** Nr. 10. S. 3–56. – 1 Abb., 9 Tab., 59 Lit.

Auf Grund einer eingehenden Analyse der Fachliteratur wird die wirtschaftliche Bedeutung der funktionellen Eigenschaften des Euters erläutert und auf die Ergebnisse der Untersuchungen der Eutergröße und -form in ihren Beziehungen zur Milchleistung der Kühe hingewiesen. Aus diesen Untersuchungen geht hervor, daß die Ausgeglichenheit der Milchproduktion der einzelnen Euterviertel sowie die Melkbarkeit in bedeutend größerem Maße erblich bedingt sind als die Milchleistung. Durch die Einführung der Melkbarkeitsprüfungen in der ČSSR wurden die Bedingungen zur Veredelung der Form- und Funktionseigenschaften der Euter durch wissenschaftlich begründete Zuchtmaßnahmen geschaffen. F. Svoboda. 3546.

Kravčenko, N. A. und Benechis, B. M. (Krawtschenko, N. A. und Benechis, B. M.); Ukrain. Akad. der Landwirtsch.-Wiss. Sravnitel'nye metody ocenki nasledstvennosti proizvoditelej po rodoslovnoj. **(Vergleichende Methoden zur Bewertung der Vererbung von Vatertieren nach der Abstammung.)** Visnyk sil'śkogospodarśkoï nauky, Kyïv **4** (1961) Nr. 7. S. 70–77. – 4 Tab., 7 Lit. Orig.: ukrain., Ausz.: russ.

Im Artikel wird die durch die Vff. ausgearbeitete Methode zur Bewertung der Zuchtbullen sowohl nach der Nachkommenqualität als auch ihrer Abstammung dargelegt. Die vorhandene Bewertungsmethodik nach der Herkunft (Leistung der Mutter des Bullen und einer Reihe seiner Vorfahren) wurde in der praktischen Zuchtarbeit nicht angewendet und kann auch beim Vergleich bestimmter Zuchtbullen aus ein und derselben Herde nicht verwendet werden. In den vorliegenden Versuchen werden die Leistungen der Töchter der Bewertung der Bullen nach ihren Vorfahren gegenübergestellt. Daraus wurde folgende Formel erarbeitet.:

$$\mathrm{P} = \frac{2V + 2M + MM + VM + MV + VV + 8C}{16}$$

Es bedeuten: P = Zuchtbulle, $2V$ = zweifacher Index („theoret. Milchleistung") seines Vaters, errechnet aus der durchschnittl. Milchleistung seiner Töchter, $2M$ = zweifache Milchleistung seiner Mutter, MM bzw. MV = Leistung der Vorfahren mütterlicherseits, VM = bzw. VV = Leistung der Vorfahren väterlicherseits, $8\,C$ = durchschnittl. Leistung der Herde in den letzten 10 Jahren, multipliziert mit 8. – Diese Formel ermöglicht eine genauere kombinierte Bewertung der Bullen nach der Milchleistung ihrer Vorfahren sowie der ihrer Töchter. Diese Methode wird für die Anwendung in der praktischen Zuchtbewertung der Bullen empfohlen. G. Bernert. 3550.

Brown, C. J. und Gacula, Maximo. Genotype-environment interactions in postweaning rate of gain of beef cattle. **(Genotyp-Umwelt-Wechselwirkungen bei der Gewichtszunahme von Fleischrindern nach dem Entwöhnen.)** J. Animal Sci. **21** (1962) Nr. 4. S. 924–926.

Die Bullenselektion bei der Fleischrindzüchtung erfolgt auf Grund von Leistungstests bez. der Zuwachsleistung unter standardisierten Fütterungsbedingungen. Da die so selektierten Bullen oft unter den verschiedensten Umweltbedingungen durch KB eingesetzt werden, mußte experimentell nachgeprüft werden, ob die Rangordnung der Bullen von der Umwelt unabhängig ist, d. h., ob keine wesentlichen Genotyp-Umwelt-Wechselwirkungen vorliegen. Um dies nachzuprüfen, untersuchten Vff. 42 Nachkommengruppen mit 408 geprüften Bullenkälbern und 402 Färsenkälbern. Behandlung und Geschlecht werden vollständig vermengt. In 6 getrennten Herden-Jahreszeiten-Analysen ergaben sich hoch signifikante Umweltunterschiede. Für Bullendifferenzen und Bullen-Umweltwechselwirkungen ergaben sich keine signifikanten F-Werte. Es zeigte sich, daß alle Bullen nach den Leistungen ihrer Söhne ähnlich zu bewerten waren. D. Rasch. 3550.

Brumby, P. J., Walker, D. E. K. und Gallagher, R. M.; Ruakura Animal Res. Stat. Growth rate in beef cattle. **(Die Wachstumsrate beim Fleischrind.)** New Zealand J. Agric. **105** (1962) Nr. 4. S. 317. 319. 321. — 2 Abb., 2 Tab.
Da über die Erblichkeit der Zunahmen unter den Bedingungen der Weidemast wenig bekannt ist, wurden in Zusammenarbeit mit dem Waikeria Youth Centre 300 Zuchtkühe in 7 Herdbuchzuchten für die Produktion von Bullen ausgesucht und deren Nachkommen nach dem Gewicht ihrer Väter sowie ihrer eigenen Leistungen im Vergleich zu den Zuchtgefährten ausgewählt. Die Söhne schwerer Väter hatten eine Verbesserung der Zunahmen um $^1/_4$, die der leichten Väter eine Verschlechterung der Zunahmen um $^1/_4$ gegenüber den Herdengefährten aufzuweisen. Nach dem Absetzen der Mastbullen betrug die Heritabilität der Zunahmen ungefähr 50%. Eine Differenz von 100 lb. im Lgw. bedeutete eine Verlängerung der Mastzeit um 60–70 Tage. Die Aberdeen-Angus-Kühe (A.A.) leisteten 213 gal. in 180 Laktationstagen. Ihre Nachkommen wogen nach 180 Tagen 356 lb. Die Vergleichszahlen für die anderen genotypischen Gruppen betrugen: Hereford × A.A. 238 gal. — 396 lb.; A. A. × Jersey 319 gal. — 405 lb.; A.A. × Friesian 230 gal. — 388 lb. Nach der 12. Lebenswoche der Kälber waren die anfangs recht engen Beziehungen zwischen Mutterleistung und Zunahmen nur noch gering. Aus der Paarung A. A. × Jersey stammten die besten Mastbullen. Die Nachkommen der schwereren Bullen lieferten nach der Ausschlachtung das Gewicht von 631 lb. nach 830 Lebenstagen und die der leichteren von 639 lb. in 890 Tagen. Unter neuseeländischen Verhältnissen ist es ökonomisch, wenn die Weidemastbullen in 21 Mon. das Lgw. von 1000–1100 lb. erreichen und damit vor dem 2. Winter geschlachtet werden. Die Selektion nach der Zunahme der Mastrinder ist eine einfache, praktische Methode, nach der alle jungen Bullen selektiert werden sollten. G. Koriath. 3555.

Hogreve G. **Konstitution und Lebensleistung beim Rind. Abgeschlossene Lebensleistungen geschlachteter Herdbuchkühe aus Südhannover-Braunschweig, ein Hilfsmittel zur Konstitutionsbeurteilung des weiblichen Zuchtmaterials.** Tierärztl. Umschau **17** (1962) Nr. 5. S. 142–147. — 4 Tab.
Bez. des Typs schließt sich Vf. auf Grund seiner eigenen Befunde im letzten Jahrzehnt der Auffassung an, daß der Mischtyp dem Flach- und Breittiefbrusttyp in der abs. Lebensleistung in Milch und Fruchtbarkeit überlegen ist. Aus Untersuchungen des Vf. an 200–300 geschlachteten Herdbuchkühen der Zuchtgebiete Lüneburg und Südhannover-Braunschweig konnten für beide Zuchtgebiete teils recht ähnliche Befunde erhoben werden. Die Kühe aus Lüneburg wurden ⌀ 152 Tage später als die Kühe aus Südhannover im Herdbuch gelöscht und wurden im Schlachtalter ⌀ 40 Tage älter. Die Nutzungsdauer der Südhannoverschen Milchkuh übertraf die der Tiere aus Lüneburg jedoch um 64 Tage. Die erste Abkalbung erfolgte in Südhannover mit 32 Mon. 2,8 Mon. früher als in Lüneburg. Die Lüneburger Kühe weisen jedoch 0,3 Abkalbungen mehr auf als die Vergleichstiere des anderen Zuchtgebietes, in der Zwischenkalbezeit besteht bei Durchschnittswerten von 384 und 391 Tagen nur eine unbeträchtliche Differenz von 6 Tagen. Die abgeschlossene Lebensleistung in Milch beläuft sich in Südhannover auf 16225 kg, in Lüneburg auf

15648 kg bei einer unbeträchtlichen durchschnittl. Differenz von nur 577 kg. Gleiches trifft für die Fettmenge bei einer Differenz von nur 5,1 kg zu. Im prozentischen Fettgehalt liegt eine Differenz von nur 0,27% vor. Auch in der ersten Jahreskontrolle unterscheiden sich beide Kuhgruppen kaum. Trotz der unterschiedlichen Umweltbedingungen in beiden Zuchtgebieten weisen die Tiere in den konstitutionellen Merkmalen eine auffallende Ähnlichkeit auf. H. Busse. 3555.

Krop, Horst. **Die Bedeutung des Deutschen Rinderleistungsbuches für den züchterischen Fortschritt in der ostfriesischen Schwarzbuntzucht.** Z. Tierzücht. Züchtungsbiol. 78 (1962) Nr. 1. S. 26–42.
RL- und Nicht-RL-Kühe der ostfriesischen Schwarzbuntzucht unterscheiden sich nicht in ihrem Erstkalbealter und ihrer Zwischenkalbezeit; es besteht jedoch eine Überlegenheit der RL-Kühe in der Milch- und Fettmenge auf Grund der besseren Umweltbedingungen und schärferen Selektion in den Betrieben mit RL-Kühen. Aus RL-Kühen werden mehr Nachkommen zur Zucht benutzt als aus Nicht-RL-Kühen. Weibl. Nachkommen von RL- und Nicht-RL-Kühen unterscheiden sich nicht in ihren indirekten Leistungen. In ihren abs. direkten Leistungen bestehen bei ihnen zwischen den Betrieben gesicherte Differenzen. In ihren Relativleistungen bestehen zwar zwischen den Betrieben signifikante Unterschiede, innerhalb der Betriebe jedoch nur im Fett-%-Gehalt. Die Töchter von RL- und Nicht-RL-Kühen haben eine niedrigere Milchmenge, aber einen höheren Fett-%-Gehalt als ihre Mütter. Der wahre Zuchtwert von RL-Nachkommen wird überschätzt. Die guten Leistungen der RL-Kühe garantieren keine hohe Leistung ihrer Nachkommen. K. Pilz. 3555.

Burlakov, I. M. (Burlakow, I. M.); Moskau, Lenin-Akad. der Landwirtsch.-Wiss. O racional'noj strukture stada krupnogo rogatogo skota. **(Über eine rationelle Struktur der Rinderherde.)** Vestnik sel'skochozjajstvennoj nauki, Moskva 7 (1962) Nr. 8. S. 78–85. — 6 Tab.
Untersucht wird der Einfluß der Herdenstruktur, d.h. der Anteil an Milchkühen sowie anderen Alters- und Geschlechtergruppen, auf Alter und Lgw. des umgesetzten Bestandes, auf die Milch- und Fleischproduktion, den Futterverbrauch der Herde und die Rentabilität. Ein hoher Kuhanteil von 55–60% wirkt günstig auf die Produktionsleistung und die Rentabilität der Herde. Das Jungvieh wird bei dieser Herdenstruktur bereits im jungen Alter zum Schlachten oder zur weiteren Aufzucht und Mast an andere Betriebe abgeliefert. In der jetzigen Zeit muß jedoch der Kuhanteil im Interesse einer erweiterten Herdenreproduktion und einer Erhöhung der Viehbesatzdichte niedriger, bei ca. 40–45% gehalten werden. Alle weibl. Kälber ohne auffällige Mängel müssen aufgezogen und im Alter von 15–18 Mon. belegt werden. Betriebe mit umfangreichen Weideflächen bzw. solche, denen gewerbliche Futtermittel reichlich zur Verfügung stehen, können auch das Jungvieh bis zu einem Alter von 2,5–3 Jahren mästen. Als zweckmäßig empfohlen wird auch die Einrichtung zwischengenossenschaftlicher Mastpunkte. G. Häßler. 3604.

Vera y Vega, Alfonso; Córdoba, Dep. de Zootecn. Estudio comparativo de los métodos de sustitución de poblaciones bovinas. **(Vergleichende Untersuchung zu Methoden des ersatzweisen Austausches von Rinderpopulationen.)** Arch. Zootecn. [Córdoba] **11** (1962) Nr. 41. S. 70–101. — 4 Abb., 9 Tab., 14 Lit. 3604.

Gorjašin, V. A. und Ėfimov, A. E. (Gorjaschin, W. A. und Efimow, A. Je.) Rezervy povyšenija žirnomoločnosti černo-pestrogo skota. **(Reserven der Steigerung des Fettgehaltes der Milch beim Schwarzbunten Rind.)** V sb.: Povyšenie produktivnost s.-ch. životnych, Moskva **1961** S. 5–17. — Aus: Referativnyj žurnal. Biologija, Moskva **1962** Nr. 16. L 82. S. 12–13.

Auf den Sowchosen „Ljuban“ (Gebiet Leningrad) und „Pobeda“ (Gebiet Nowgorod) läuft seit dem Jahre 1953 ein Kreuzungsversuch mit dem Schwarzbunten Rind und Jersey-Bullen. Auf erstgenanntem Betrieb wurden 276 Kreuzungskälber erhalten (davon 89 Kuhkälber), auf dem zweiten 170 (davon 65 Kuhkälber). Bei gleicher Fütterung und Haltung betrug das Lgw. beim 1. und 3. Kalben bei den Kreuzungen mit 466 und 533 kg bzw. 447 und 515 kg (1. Betrieb) 50–60 kg weniger als bei den reinrassigen Tieren. In der Milchleistung (1.–3. Laktation) waren in beiden Sowchosen die Schwarzbunten leicht überlegen, im Milchfettgehalt dagegen die F_1-Tiere (bis abs. +1,09%). Die R_1-Kühe mit $^1/_4$ Jersey-Blut gaben auf dem Sowjetgut „Ljuban“ in der 1. Laktation ⌀ 3775 kg Milch mit einem Fettgehalt von 4,17%, auf dem Sowjetgut „Pobeda“ 3426 kg Milch mit einem Fettgehalt von 4,14%. In einem mit 18 F_1- und 18 schwarzbunten Kühen spez. durchgeführten Versuch wurde die Futterverwertung untersucht und aus je 100 FE von den Kreuzungskühen 4,09 kg, von den Schwarzbunten 3,24 kg Milchfett erhalten. Zur Untersuchung der Fleischeigenschaft wurden Mastversuche mit Ochsen durchgeführt. Die schwarzbunten Ochsen wogen im Alter von 15 Mon. 324 kg, die F_1-Tiere 308 kg. Hinsichtlich der Schlachtausbeute, der Zusammensetzung und des Kaloriengehaltes des Fleisches wurden keine wesentlichen Unterschiede festgestellt. Zwischen R_1-Ochsen und Schwarzbunten waren die Unterschiede noch geringer. Vff. ziehen den Schluß, daß die Hauptmethode der Weiterzucht mit den Kreuzungstieren deren Einmischung in das Schwarzbunte Rind sein muß.
übersetzt v. Th. C. Boetticher. 3606.

Jacenko, O. Ju. (Jazenko, O. Ju.); Charkow, Forsch.-Inst. für Tierzucht des Waldsteppen- und Polessje-Gebietes der Ukrain. SSR. Liniï velykoï rogatoï chudoby lebedynśkoï porody ta pleminna robota z nymy. **(Die Zuchtarbeit mit Linien der Lebediner Rasse.)** Visnyk sil'śkogospodarśkoï nauky, Kyïv 5 (1962) Nr. 5. S. 56–63. – 6 Abb., 1 Tab. Orig.: ukrain., Ausz.: russ.
In der Nachkriegszeit wurden 7 neue Linien, 3 Zuchtzweige und 5 Familiengruppen der Lebediner Rasse geschaffen und die bereits bestehenden Linien bedeutend verbessert. 10000 Kühe und 115 Bullen sind der Bestand, von dem sich auf 5 Zuchtbetrieben 2000 Kühe und 40 Bullen befinden. In den neuen Linien finden sich viele hervorragende Kühe. Hochleistungstiere gaben in 300 Tagen 8000–12000 kg Milch und bis zu 4–4,1% Fettgehalt. Die weitere Zuchtarbeit wird in Richtung einer Vermehrung, Vervollkommnung und Schaffung neuer hochproduktiver Linien der Milch-Fleischrichtung geführt. Zur schnellen Steigerung des Milchfettgehalts wurde Jerseyblut eingekreuzt. Das Ziel ist eine Kuh von 550–575 kg Lgw. mit 4500–5000 kg Milch bei 4,5–5% Fettgehalt. Ein Teil der Kreuzungstiere steht bereits in Leistung und übertrifft im Milchfettertrag (170 kg) die reinrassigen Tiere um 30–40%. Für 300 Tage der 1. Laktation gaben die Tiere ⌀ 3200 kg (2600–3700 kg) Milch mit 5,3% (4,6–6,0%) Fett. K. Neumann. 3606.

Freeman, A. E. Iowa State's „closed“ dairy herd. **(Situationsbericht über eine „geschlossen“ gezüchtete Milchviehherde des Staates Iowa.)** Iowa Farm Sci. 17 (1962) Nr. 3. S. 261–262. – 1 Abb.
Eine Holstein-Herde wird seit 1937 ohne Zuführung fremden Blutes gezüchtet. Neben allg. Betrachtungen enthält der Bericht spez. Angaben über die Selektion, die Leistungen, den Inzuchtgrad und die künftige Entwicklung der Herde. Die Ergebnisse der Leistungsprüfung von 1962 entsprechen einem 305-Tage-Laktationsäquivalent von 16800 lb. Milch und 541 lb. Butterfett je Tier, die analoge Leistung des Jahres 1930 lag bei 11838 bzw. 358 lb. Der durchschnittl. Inzuchtgrad aller 1958 abgekalbten Kühe war 13,3%. Eine Zunahme des Inzuchtkoeffizienten um 1% bedeutet im Durchschnitt dieser Herde eine Leistungsminderung um 54 lb. Milch und 1,74 lb. Butterfett, das mittlere Gewicht mit 3 Jahren liegt entspr. um 7 lb. niedriger. K. Damm. 3606.

L'vovič, A. K. (Lwowitsch, A. K.) Gibridizacija ostfrizskogo skota s zebu. **(Die Kreuzung des Ostfriesischen Rindes mit dem Zebu.)** Trudy soveščanija po otdalennoj gibridizacii rastenij i životnych. Sbornik dokladov. Otdalennaja gibridizacija rastenij i životnych, Moskva **1960** S. 358–360.
Den Klima- und Haltungsbedingungen Usbekistans sind die hochproduktiven Kulturrassen schlecht angepaßt. Anfälligkeit gegen Haemosporidiose und hohe Umweltansprüche haben ihre Ausbreitung behindert. Durch Kreuzung von Ostfriesen mit Zebus wurde eine Eigenschaftskombination vorgenommen. Im Tierzuchtinst. wurden aus 15 F_1-Rindern mehr als 200 Tiere der Rückkreuzung an Ostfriesen (R_1O) gezogen. Der verwendete Zebubulle stammte aus der Herde von Askanija-Nowa, die 1500–1800 kg Milch bei über 6% Fett erbringt. Die Ostfriesenkühe hatten ein Lgw. von 550–570 kg und eine Milchleistung von 4500–4700 kg. Die R_1O sind 4–5% leichter als Ostfriesen, die Schlachtausbeute ist jedoch höher. Die Milchleistung der R_1O betrug 1954/55 3839 kg bei 4,26% Fett. Der Fettertrag war 164,5 kg gegenüber 172,3 kg bei reinen Ostfriesen. Anpassung an Klima und Fütterung sowie Widerstandsfähigkeit gegen Krankheiten sind gut. Die R_1O haben einen leichten Knochenbau, kurzen Hals, ein abgeschlagenes und dachartiges Becken, feste Klauen und eine vorwiegend schwarze Färbung mit Aufhellungen an Bauch, Kopf und Seiten. Die Bullen weisen den Zebu-Höcker auf. Einige Familien dieser Zebuiden sollen schon Milchleistungen von 4900 kg bei 4,5–5,5% Fett erbringen.
W. Sommerfeld. **3606.**

Bellani, L. La fecondità dei tori utilizzati per la fecondazione artificiale influenza sulla fecondità degli incroci omo- ed etero-razziali su manze vergini. **(Die Fruchtbarkeit der zur künstlichen Besamung benutzten Bullen. Der Einfluß von gleich- oder fremdrassigen Paarungen auf die Fruchtbarkeit bei Färsen.)** Zootecn. e Veterin. **16** (1961) Nr. 9/10. S. 216–227. — 6 Tab. Zus. in Engl.
In die für die Jahre 1953–55 durchgeführten Untersuchungen wurden 9 Braunvieh-Bullen mit 107 Färsen, 18 Friesenbullen mit 311 Färsen und 2 Fleischbullen mit 109 Färsen, jeweils 14–30 Mon. alt, einbezogen. Der Anteil nicht umrindernder Färsen nach Erstbesamung lag bei Friesen- und Fleischbullen mit 69,77 bzw. 69,65% etwa gleich hoch und etwas höher als bei den Braunviehbullen mit 67,28%. Bei 344 fremdrassigen Besamungen war der N.-R.-Prozentsatz mit 72,38% wesentlich höher als bei 186 gleichrassigen Besamungen mit 63,97%. G. Krische. 3610.

Kohli, M. L. und Suri, K. R. Post-partum breeding interval and reproductive efficiency of the Hariana cow. **(Zwischenträchtigkeitszeit- und Fruchtbarkeit bei Hariana-Kühen.)** Indian J. Dairy Sci. **13** (1960) Nr. 2. S. 61–67. 3610.

Saxena, P. N. und Kumar, Sharwan. Persistency of milk yield in Sahiwal cows. **(Die Persistenz bei Sahiwal-Kühen.)** Indian J. Dairy Sci. **13** (1960) Nr. 2. S. 45–60. 3616.

Loen, A. van und Dieten, S. W. J. van; Utrecht, Rijksuniv., Fac. der Diergeneeskunde, Zoötechn. Inst.; Oerle, K.I.-Veren. „De Kempen". Afwijkende kalveren, verloop van de geboorte en de geboorteregistratie in verband met de K.I. bij rundvee. **(Abnormalitäten bei Kälbern, Geburtsverlauf und Geburtenregistrierung im Zusammenhang mit der künstlichen Besamung beim Rind.)** Tijdschr. Diergeneeskunde **87** (1962) Nr. 24. S. 1566–1572. — 1 Abb., 3 Tab., 8 Lit. Zus. in Engl., Franz., Dtsch.
Vff. diskutieren unter Zuhilfenahme statistischer Berechnungen die bisweilen geäußerte Meinung, daß die Registrierung der Geburten eines Besamungsbullen auf insgesamt 500 Geburten oder auf einen Teil der Betriebe, z.B. Herdbuchbetriebe, beschränkt werden könnte. Sie lehnen diese Auffassung sowohl aus

wissenschaftlichen als auch praktischen Gründen ab und fordern eine vollständige Geburtenregistrierung. Die dabei erzielten Ergebnisse geben die Grundlage für eine beträchtliche jährl. Verminderung der Häufigkeit von Totgeburten innerhalb der Färsenpopulation. W. Wittig. 3618.

Orth, A. **Fütterung des Rindviehs im Ackerbaubetrieb.** Arch. dtsch. Landwirtsch.-Ges. **30** (1962) S. 79–95.
Die moderne Fütterung muß 1. die Leistungsveranlagung der Tiere voll ausschöpfen und 2. kosten- und arbeitsschwach sein. In der Milcherzeugung sind das Futter mit 50–55% und die Arbeitskosten mit ca. 25% an den Produktionskosten beteiligt. Die Produktionskosten werden durch die Nutzungsdauer und durch die Höhe der Milchleistung stark beeinflußt. Bei richtiger Organisation der Milchviehhaltung wird der Liter Milch bei hohen Leistungen billiger produziert. Kostenschwach kann die Fütterung durch den Einsatz von Silage gestaltet werden, während Heu und Futterrüben als rel. teuer gelten. In Ackerbaugebieten ist meist eine schmale Rauhfutterbasis vorhanden. Ein Kriterium in der Fütterung der Milchkühe ist der Gehalt der Gesamtration an Rohfaser. Der Rohfaseranteil in der Gesamtration sollte 20–22% der Tr.-Subst. betragen. Die Rohfaserversorgung ist über Silage genauso möglich wie über Heu, so daß die Bereitung von Kleegrassilage empfohlen wird. Anwelksilagen ergaben nach schweizerischen Untersuchungen beste Qualitäten. Eine Rübenblatternte entspricht im Nährstoffertrag einer mittleren Wiesenheuernte. Bleibt das Blatt längere Zeit auf dem Felde liegen, gehen 40–50% der Nährstoffe verloren. Auch die Verluste, die bei der behelfsmäßigen Silierung eintreten, sind außerordentlich hoch. Die Futterrübe ist zwar ein ausgezeichnetes Futtermittel, bei entspr. Einsatz von Maissilage tritt jedoch keine Verschlechterung der Leistung ein. Im wirtschaftseigenen Futter stehen nur Nährstoffmengen für eine Leistung von 3000–3500 l zur Verfügung, so daß höhere Leistungen mit Kraftfutter erzielt werden müssen. Die Fleischerzeugung beim Rind läßt sich am günstigsten über die Kälbermast mit großen Mengen Magermilch und einem Fettzusatz oder über die Jungrindermast ermöglichen. In der Jungrindermast bis zum Alter von 18 Mon. ist der Einsatz großer Mengen wirtschaftseigenem Futters besser möglich als in der Intensivmast bis 13 Mon. H. Kleiber. 3632.

Najman, Luboš und Hladík, Vladimír; Pohořelice, VÚ, Krmivářský. Použití egalizovaného a odstředěného mléka vzakvašeném stavu při odchovu telat. **(Kälberaufzucht mit egalisierter und entrahmter Trockenmilch.)** Živočišná Výroba **7(35)** (1962) Nr. 11. S. 735–746. — 1 Abb., 8 Tab., 26 Lit. Zus. in Russ., Franz., Dtsch.
In Vergleichsversuchen wurde die Kontrollgruppe von Kälbern mit süßer Voll- und Magermilch, die Versuchsgrupppe dagegen mit gesäuerter egalisierter (auf einen Fettgehalt von 2% eingestellter) Vollmilch und Magermilch getränkt. Die Versuchskälber nahmen tägl. ⌀ 885, g, die Kontrollkälber 738 g zu. Der Nährstoffverbrauch je 1 kg Zunahme war bei der Versuchsgruppe erheblich geringer. Weiterhin wurde festgestellt, daß in der Sauermilch die Vermehrung der Coli-Bakterien wesentlich unterdrückt wurde. Bei der Versuchsgruppe wurden je Kalb und Vierteljahr 4,79 kg Milchfett eingespart. F. Svoboda. 3634.

Podoba, E. G. (Podoba, Je. G.) Napravlennoe ispol'zovanie nekotorych zakonomernostej razvitija molodka krupnogo rogatogo skota. **(Die gelenkte Ausnutzung einiger Entwicklungsgesetzmäßigkeiten des Jungviehs.)** Tr. Chaŕkovsk. s.-ch. in-ta **34(81)** (1961) S. 5–24. — Aus: Referativnyj žurnal. Biologija, Moskva **1962** Nr. 13. L 113. S. 16.
Auf Grund der Untersuchung der konstitutionellen Verschiedenartigkeit neugeborener Kälber wurde eine differenzierte Tränkmethode ausgearbeitet. Es wurden 3 Konstitutionstypen festgelegt: Typ mit hoher Futterverwertung,

Typ mit mittlerer Futterverwertung und Typ mit niedriger Futterverwertung. Die Typen kann man 10–20 Tage nach der Geburt der Kälber durch Wiegen und die Bestimmung des Kolostralmilchverbrauchs je kg durchschnittl. Lgw. (Geburtsgewicht plus Lgw. der Kälber am 10.–20. Lebenstag dividiert durch 2) bestimmen. Beim Tränken nach dem Plan muß man die schnellwachsenden Kälber mit hoher Futterverwertung als wertvollstes Zuchtmaterial absondern. Die Beobachtungen (> 5000 Kälber) haben gezeigt, daß Kälber mit hoher Futterverwertung im Durchschnitt tägl. 100–150 g mehr zunehmen als nach dem Tränkplan ausgerechnet wurde, dabei muß jedoch das Geburtsgewicht berücksichtigt werden. Kleine Kälber haben hohe Gewichtszunahmen durch Überfütterung, die sich negativ auf die folgende Milchleistung des Tieres auswirkt. Es wurde bestätigt, daß Tiere, die langsam im Mutterleib wachsen, diese Eigenschaften auch in der postembryonalen Periode behalten. Kälber, die in der Milchperiode schnell wachsen und eine höhere Futterverwertung haben, wachsen zu Kühen heran, die ca. 20% mehr Milch geben gegenüber Kühen, die als Kälber in der Tränkperiode ein langsames Wachstum zeigten.
übersetzt v. Ch. Eshkowa. 3634.

Varjan, R. und Sedjakin, V. (Warjan, R. und Sedjakin, W.) U korov-kormilic povysaetsja udoj. **(Steigerung der Milchmenge bei Ammenkühen.)** Moločnoe i mjasnose skotovodstvo, Moskva 7 (1962) Nr. 10. S. 28. — 1 Tab.
Werden Ammenkühen von Beendigung der Kolostralmilchperiode an bis zum Abschluß der Laktation ständig Kälber zum Saugen untergesetzt, so erhöht sich ihre Milchmenge im Gegensatz zu den Kühen, die nur gemolken wurden. Saugkälber gedeihen auch besser als von Hand getränkte Kälber und sind widerstandsfähiger gegen Krankheiten. R. Ihssen. 3634.

Karmanov, N. G. (Karmanow, N. G.) Vlijanie tipa kormlenija molodnjaka krupnogo rogatogo skota na formirovanie muskulatury i kostjaka. **(Einfluß des Fütterungstyps auf die Ausbildung der Muskulatur und des Knochengerüstes beim Jungvieh.)** Tr. Ural'skogo n.-i. in-ta s. ch. **3** (1961) S. 156–173. — Aus: Referativnyj žurnal. Biologija, Moskva **1962** Nr. 14. L 18. S. 3.
An 17 Kuh- und 11 Bullenkälbern der Schwarzbunten Rasse wurden die Untersuchungen durchgeführt. Die Tiere erhielten unterschiedliche Futterrationen: Gr. I wurde Kraftfutter und Gr. II Rauhfutter verabreicht. Nach einer Fütterung von 2; 6; 12 und 18 Wochen wurden die Tiere geschlachtet. Es zeigte sich, daß die Entwicklung der Muskulatur von der Art der Fütterung beeinflußt wurde. Die Gewichtszunahme war in Gr. I höher als in II. Die Muskulatur der Vordergliedmaßen wächst in beiden Gruppen intensiver als die der hinteren. Das Verhältnis zwischen Muskulatur und Knochengerüst ist in den Gliedmaßen ungleich; bei den Hintergliedmaßen übersteigt das spez. Gew. der Muskulatur das des Knochengerüstes. Die Analyse der Angaben über Gewicht und Länge zeigten, daß das Rumpfskelett (außer dem Schädel) schneller wächst als das Skelett der Gliedmaßen. Das Gliedmaßenskelett wächst unregelmäßig; die den Extremitäten am nächsten liegenden Teile (Schulterblätter und Beckenknochen) wachsen schneller. Das Knochengewicht nimmt mit dem Wachstum bedeutend schneller zu als die Längenmaße. Mittelfuß- und Zehenknochen wachsen langsamer in die Länge als alle anderen Knochen. Die unterschiedliche Fütterung hatte keinen wesentlichen Einfluß auf das Wachstum des Knochengerüstes. Die Knochen sind weniger labil als die anderen Organe und Gewebe (z. B. Muskeln und Fettgewebe). übersetzt v. I. Posdirca. 3636.

Gordienko, G. (Gordijenko, G.) Normirovannaja podkormka na „eločke'. **(Genormte Futterzuteilung im Fischgrätenmelkstand.)** Moločnoe i mjasnoe skotovodstvo, Moskva 7 (1962) Nr. 10. S. 27. — 1 Tab.
Das Kraftfutter wird den Kühen während des Melkens in Abhängigkeit von ihrer Milchleistung gereicht. Dazu wird die Herde nach der Milchmenge in

Gruppen untergliedert. Die Kraftfuttermenge für die einzelnen Tiere wird monatl. errechnet und beträgt 250 g/l Milch. Um die Zugehörigkeit der Kühe zu einer bestimmten Gruppe deutlich sichtbar zu machen, erhalten die Tiere gruppenweise unterschiedlich gefärbte Halsbänder. R. Ihssen. 3638.

Topps, J. H. und Oliver, J. The feeding of dairy in Southern Rhodesia. **(Die Milchviehfütterung in Süd-Rhodesien.)** Rhodesia agric. J. **57** (1960) Nr. 4. S. 287–289. 3638.

Pirnazarov, S. (Pirnasarow, S.) Vlijanie legkousvojaemych uglevodov v racionach bykov-proizvoditelej na kačestvo semeni i ich obščee sostojanie. **(Der Einfluß leichtverdaulicher Kohlenhydrate in den Futterrationen von Zuchtbullen auf die Qualität des Spermas und den Allgemeinzustand.)** Životnovodstvo, Moskva **24** (1962) Nr. 12. S. 32–34. – 2 Tab.
Bei Anreicherung der Futterrationen von Zuchtbullen mit leichtverdaulichen Kohlenhydraten, wie gekeimtem Getreide und Melasse (Zucker-Eiweiß-Verhältnis 0,4–0,62) erfolgt eine Verbesserung des Allgemeinzustandes, ein Anstieg des Carotin- und Vit.-A-Gehaltes im Blutserum sowie eine Verbesserung der Spermaqualität. So stiegen z. B. bei 5–6 Jahre alten Bullen nach 3 Versuchsmonaten das Ejakulatvolumen um 11,95% (von 4,2 auf 4,66 ml), die Spermienkonzentration in 1 ml um 97,30% (von 0,86 auf 1,64 Md.), die Resistenz der Spermien von 24000 auf 55000 und die Lebensdauer um 48,9% (von 288 auf 428 Std.). Bei Rationen mit Futtermitteln tierischer Herkunft (Magermilch) liegen diese Werte etwas niedriger. F. Schenk. 3644.

Korotov, G. P. (Korotow, G. P.) Žirnomoločnost' jakutskogo skota. **(Der Milchfettgehalt bei Jakutsker Kühen.)** Životnovodstvo, Moskva **24** (1962) Nr. 11. S. 65–67. – 1 Tab.
Die bodenständigen, reinrassigen Jakutsker Kühe haben sogar bei schlechten Haltungs- und Fütterungsbedingungen einen hohen Milchfettgehalt (4,46 bis 5,55%). Bei Verbesserung von Haltung und Fütterung steigen sowohl Milchleistung als auch Milchfettgehalt (2000 kg Milch pro Laktation mit bis zu 6,75% Milchfett) stark an. Um die Aufgabe der Schaffung großer Herden mit einer Milchleistung von 2000–3000 kg und einem Milchfettgehalt von 5% und mehr zu erfüllen, sollen Spezialfarmen geschaffen werden, in denen Fütterung und Haltung von Grund auf verbessert und die Jungtiere zielgerichtet aufgezogen werden. F. Schenk. 3662.

Firsova, T. N. (Firsowa, T. N.) Sostav moloka pomesej 2-go pokolenija i černo-pestrych korov. **(Die Zusammensetzung der Milch von Kreuzungstieren der 2. Generation und von Schwarzbunten Kühen.)** Tr. Mosk. vet. akad. **39** (1961) S. 49–56. – Aus: Referativnyj žurnal. Biologija, Moskva **1962** Nr. 23. L 78. S. 10.
Man bestimmte die Dichte der Milch, den Gehalt an Fett, Milchzucker, Gesamteiweiß, Casein und Tr.-Subst., den Durchmesser der Fettkügelchen sowie den Kaloriengehalt von 1 kg Milch bei Kühen der Schwarzbunten Rasse und Kreuzungstieren mit $^1/_4$ Jerseyblut. Die Laktationsleistung betrug bei den Schwarzbunten 4311 und bei den Kreuzungstieren 4448 kg Milch. Die Milch wies folgende Zusammensetzung auf (in%): Fettgehalt 3,43 und 3,79%, Caseingehalt 2,51 und 2,62%, Gesamteiweißgehalt 3,26 und 3,38%, Milchzucker 4,57 und 4,57%, Tr.-Subst. 11,94 und 12,37%, Dichte der Milch 29,3 und 29,3. Der Kaloriengehalt betrug entspr. 672 und 711 kcal. Die Milch der Kreuzungstiere war während der ganzen Laktationsperiode fett- und eiweißreicher und insgesamt biol. wertvoller. Der Durchmesser der Fettkügelchen betrug bei den Schwarzbunten 4,04 und bei den Kreuzungstieren 4,18 μm. übersetzt v. Ch. Eshkowa. 3662.

Granát, Jaroslav; Nitra, Katedra Všeobecnej Zootechn. Vysokej Školy Pol'nohospodárskej. Príspevok k štúdiu telesných tvarov a typu kráv slovenského strakatého plemene so zretel'om na kvantitatívnu produkciu mlieka. **(Beitrag zum Studium von Körperform und Typ der Kühe des Slowakischen Fleckviehs unter Berücksichtigung der quantitativen Milchleistung.)** Živočišná Výroba **7(35)** (1962) Nr. 12. S. 795–806. – 3 Tab., 8 Lit. Zus. in Russ., Dtsch.

Statistische Untersuchungen an insgesamt 960 Kühen ergaben, daß die bei den Gruppen mit verschiedener Milchleistung festgestellten Unterschiede in den Körpermaßen und Indices nicht signifikant sind, mit Ausnahme der Differenzen in der Brusttiefe und im Brustumfang, in der Körperlänge, im Röhrbeinumfang und Lgw. Bei diesen Maßen zeigt sich eine schwach positive Korrelation zur Milchleistung. Als hauptsächliche Mängel im Körperbau wurden festgestellt: schwach entwickelter Brustkorb, ungenügende Breite und Länge des Beckens und ungenügende Körperlänge. Kühe mit höherer Milchleistung weisen stets ein höheres Lgw. im Vergleich zu den Gruppen von Kühen mit niedrigerer Milchleistung auf. F. Svoboda. 3662.

Clark, R. David und Touchberry, R. W. Effect of body weight and age at calving on milk production in Holstein cattle. **(Die Wirkung von Körpergewicht und Kalbealter auf die Milchleistung von Holsteinkühen.)** J. Dairy Sci. **45** (1962) Nr. 12. S. 1500–1510.

180-Tage-Teilleistungen von 1344 Laktationen (1.–8.) von Holsteinkühen aus 6 Herden wurden auf ihre Abhängigkeit von Körpergewicht bzw. Kalbealter mit Hilfe der Regressionsrechnung untersucht. Die partiellen Regressionskoeffizienten zwischen Milchmenge und Gewicht bei festem Alter lagen für die einzelnen Laktationen zwischen 1,31 und 6,30, die zwischen Milchmenge und Alter bei festem Gewicht schwankten von –50,4 bis 205,7. Partielle Regressionen wurden auch für die Fettmenge berechnet. Die entspr. Werte lagen zwischen 0,07 und 0,157 bzw. zwischen –0,74 und 6,32. Vff. berechneten Heritabilitäten für Körpergewicht (0,29), Milchmenge (0,44) und Fettmenge (0,0) (!) der ersten Laktation und von 0,19, 0,43 bzw. 0,41 aus den ersten 4 Laktationen. Es wurde an Hand genetischer Korrelationen festgestellt, daß der Einfluß des Körpergewichtes auf die Milchleistung größer ist als der des Kalbealters. D. Rasch. 3662.

Ruževskij, A. B. (Rushewski, A. B.) Povyšenie žirnomoločnosti černopestrogo skota pri čistoporodnom razvedenii. **(Die Steigerung der Milchleistung und des Fettgehaltes der Milch der Schwarzbunten Rasse bei Reinzucht.)** V sb.: Povyšenie žirnomoločnosti korov pri čistoporodn. razvedenii, Vologda **1962** S. 108–118. – Aus: Referativnyj žurnal Moskva. Životnovodstvo, veterinarija **1963** Nr. 3. 58. 18. S. 2.

Bei solchen Rinderrassen wie der Roten Dänischen, dem Angler Rind, der Schwarzbunten Rasse erhöhte sich bei Reinzucht die Milchleistung und der Fettgehalt der Milch seit Beginn dieses Jh. um 0,8–0,9%. Eine große Bedeutung bei der Steigerung der Milchleistung und des Fettgehaltes der Milch hatten die Methoden der Auslese und der Zuchtwahl der Tiere, die Prüfung der Bullen nach der Nachkommenschaft, die Züchtung nach Linien. Es werden Angaben über die Verbesserung der Milchleistung und des Fettgehaltes der Milch der Schwarzbunten Rasse in Holland angeführt. In Schweden wurden bei der Verbesserung der Schwarzbunten Rasse analoge Methoden in der Züchtung angewendet. Positive Ergebnisse bei der Steigerung der Milchleistung und des Fettgehaltes der Milch der Schwarzbunten Rasse wurden in Estland und Litauen erzielt. Erfolgreich wird an der Verbesserung der Milchleistung und des Fettgehaltes der Milch auf den Sowjetgütern der zentralen Gebiete der RSFSR gearbeitet. übersetzt v. Ch. Eshkowa. 3662.

Kolesova, G. A. (Kolessowa, G. A.) Povyšenie žirnomoločnosti cholmogorskogo skota pri čistoporodnom razvedenii. **(Die Steigerung der Milchleistung und des Fettgehaltes der Milch des Cholmogoryer Rindes bei Reinzucht.)** V sb.:

Povyšenie žirnomoločnosti korov pri čistoporodn. razvedenii, Vologda **1962** S. 50–85. — Aus: Referativnyj žurnal Moskva. Životnovodstvo, veterinarija **1963** Nr. 3. 58. 17. S. 2.

Das Cholmogoryer Rind hat unter dem Einfluß einer langjährigen Zuchtarbeit und der Verbesserung der Fütterungs- und Haltungsbedingungen bedeutende Veränderungen im Körperbau, Lgw. und in der Leistung erfahren. In 200 Jahren stieg das Gewicht der Kühe um 175–200 kg, das der Bullen um 350–400 kg. Mitte des 18. Jh. betrug das Lgw. der Kühe 300–350 kg (gegenwärtig 460–500 kg), das der Bullen betrug im Jahre 1955 ⌀ 800–900 kg. Die Milchleistung der Kühe erhöhte sich in den letzten 100 Jahren um das 2- bis 2½fache. Die durchschnittl. Milchleistung erhöhte sich von 1935–55 nach den Angaben des Staatlichen Herdbuches bei den in das Herdbuch eingetragenen Kühen von 3060 auf 3539 kg. Der Fettgehalt der Milch war gering. Bei einer Milchleistung von 1230–2460 kg betrug er 3,7%. Der Fettgehalt stieg von 3,58% im Jahre 1915 auf 3,81% im Jahre 1930. Im gesamten Zuchtrinderbestand des Tätigkeitsbereiches der Staatlichen Cholmogoryer Herdbuchzucht erreichte im Jahre 1955 die Durchschnittsleistung je Kuh 2726 kg mit 3,75% Fett. Der geringe Fettgehalt läßt sich dadurch erklären, daß früher auf seine Steigerung in der Zuchtarbeit nicht genügend Wert gelegt wurde. Bei der Herdbucheintragung wurden geringe Anforderungen gestellt, auch der Auswahl der Bullen nach dem Milchfettgehalt der Vorfahren wurde nicht genügend Bedeutung beigemessen. In den einzelnen Betrieben erhöhte sich jedoch in kurzer Zeit bei den Kühen sowohl die Milchleistung als auch der Fettgehalt der Milch. Große Bedeutung in dieser Hinsicht hatte die Züchtung nach Linien und Familien. übersetzt v. Ch. Eshkowa. 3662.

Petrova, K. V., Martjugin, D. D. und Orlov, A. V. (Petrowa, K. W., Marjugin, D. D. und Orlow, A. W.) Vozmožnost' povyšenija mjasnych kačestv cholmogorskogo skota. **(Möglichkeiten zur Steigerung der Fleischqualität bei Cholmogoryer-Rindern.)** Životnovodstvo, Moskva **24** (1962) Nr. 11. S. 43–47. — 5 Abb., 4 Tab.

Hauptquelle der Fleischerzeugung sind die nicht zur Zucht bestimmten Jungbullen. Sie können entweder von Geburt an bis zur Schlachtung reichlich (I) oder bis zu 9 Mon. mäßig und danach reichlich gefüttert werden (II). Bei einem Versuch wurden bis zu 9 Mon. 1055,4 (I) und 712,6 FE (II) verbraucht; von 9–15 Mon. betrugen der Futterverbrauch 1013 (I) und 1023 FE (II) und die Tagesdurchschnittszunahmen 850 und 1100 g. Das Lgw. lag bei 418,5 und 382 kg. Insgesamt wurden 2068,1 (I) und 1735,9 FE (II) und pro kg Zunahme 5,43 und 5,03 FE verfüttert. Die Futterrationen hatten folgende Zusammensetzung: I — 10,3% Milch; 36,2% Kraftfutter; 15,5% Rauhfutter; 37,9% Saftfutter; bei II waren es 6,9; 32,9; 15,8 und 44,4%. Bei II konnten 16% Futter eingespart werden. Das Fleisch enthielt (mit 15 Mon.) 20,53 (I) und 17,5% (II) Fett, 16,67 und 17,14% Eiweiß und 61,94 bzw. 64,47% Wasser. F. Schenk. 3664.

Rust, Robert E. What is a meat-type steer? **(Was ist ein Fleischtyp — Mastochse?)** Iowa Farm Sci. **17** (1962) Nr. 4. S. 279–280. — 4 Abb., 1 Tab.

Die Definition für den Fleischtyp-Mastochsen lautet wie folgt: Ein junges Rind der erwünschten Qualität, welches einen Schlachtkörper mit etwas Marmorierung im mageren Fleisch und genügend Fett zur Abdeckung des Schlachtkörpers während des Handels und der Schlachtkörperteile während der Zubereitung produziert. Der Schlachtkörper soll frei von überschüssigem Fett sein, er soll aber ein Maximum von Muskelfleisch in den wertvollsten Partien wie Rippe, Lende und Keule aufweisen. Ein Fleischtyp-Rind unterscheidet sich nicht sehr von einem Fleischtyp-Schwein bez. der Anforderungen bei Fleisch und Fett. Ein 1000 lb. schwerer Mastochse soll eine durchschnittl. tägl. Lebendgewichtszunahme von Geburt bis Mastende von mindestens 0,681 kg aufweisen. Zur Erzeugung von Fleischtyp-Mastrindern spielen die Fütterung und die Erbanlagen der Tiere, welche durch die Nachkommenprüfung erkannt werden können, eine Rolle. Ein Vergleich der Gewichte und der Einzelhandelpreise für die 18 Teilstücke des Schlachtkörpers von Mastfärsen des Fleischtyps und des überfetten Types sind in einer Tab. angeführt. Die Ausschlachtungsprozente der mit 915 bzw. 940 lb. geschlachteten Färsen betrugen beim Fleischtyp 59,9 und bei den überfetten Tieren 62,8%. R. Kürbs. 3664.

Semak, I. L., Maksakov, V. Ja. und Ščerbakov, V. M. (Semak, I. L., Maxakow, W. Ja. und Stscherbakow, W. M.); Charkow, Forsch.-Inst. für Tierzucht des Waldsteppen- und Polessje-Gebietes der Ukrain. SSR. Vlijanie kormlenija na kačestvo govjadiny. **(Der Einfluß der Fütterung auf die Qualität des Rindfleisches.)** Životnovodstvo, Moskva **24** (1962) Nr. 11. S. 247–250. – 2 Tab.

Simmentaler Kälber erhielten in der Milchperiode pro Tier 300 (I), 150 (II) und 80 kg (III) Vollmilch sowie Magermilch, Futterhefe, Fischmehl, Kraftfutter, Rüben u.a. Das erst unterschiedliche Lgw. war mit 1,5 Jahren bei allen Gruppen fast gleich. Die Fleischqualität war mit einem Jahr vor allem bei III etwas schlechter als bei I (z.B. Fettgehalt 2,4% – I; 2,71% – II; 2,07% – III; Gehalt an N aus vollwertigen Eiweißen 2,391%; 3,272% und 2,265%), aber mit 1,5 Jahren fast ausgeglichen; empfohlen wird Typ II. – Kastrierte Jungbullen von 1,5–2 Jahren erhielten Rationen mit 65–70% Schnitzeln (I), 60% Schlempe (II), 70% Maissilage(II) bzw. 85% Grünfutter (IV). Tagesdurchschnittszunahmen und Schlachtausbeute lagen bei II am niedrigsten, ebenso der Gehalt des Fleisches an vollwertigen Eiweißen (I – 2,111%; II – 2,050%; III – 2,326%; IV – 2,313%). Die beste Fleischqualität wiesen III und IV auf. F. Schenk. 3664.

Engelke, Franz; Göttingen, Georg-August-Univ., Landwirtsch. Fak. **Mastendgewicht und Fütterungsmethode in ihrem Einfluß auf den Schlachtwert des Mastkalbes.** Diss. Göttingen **1961** 116 S.

Der ständig steigende Kalbfleischbedarf kann zu einem gewissen Teil durch die Erhöhung der Endgewichte der Schlachtkälber gedeckt werden. Die Marktstatistiken weisen aus, daß trotz Ansteigens der jährl. Kälbergeburten ein Rückgang der Kälberschlachtungen zu verzeichnen ist, was auf eine verstärkte Jungrindermast zurückzuführen ist. An 94 männl. Kälbern, die bei Endgewichten von 80–180 kg, in Abständen von 20 kg, geschlachtet wurden, wurden Mastleistung und Schlachtkörperqualität bei verschiedenen Endgewichten überprüft. Bei der Fütterung wurde zwischen der ausgesprochenen Tränkemast und der Tränke-Kraftfuttermast unterschieden. Die Kälber der Tränke-Kraftfuttermast zeigten in den tägl. Zunahmen eine wesentliche Überlegenheit. Mit zunehmendem Gewicht steigt der Nährstoffbedarf stark an. Dieser hohe Nährstoffbedarf kann nur über den Einsatz konzentrierter Kraftfuttermittel ausreichend gedeckt werden. Beim Vergleich der Schlachtkörperqualität waren die Tiere der Tränkemast auf Grund eines höheren Anteils an wertvollen Teilstücken und an Fleisch den Tieren der Tränke-Kraftfuttermast im Schlachtwert überlegen. Die Entwicklung der einzelnen Schlachtkörperteilstücke war im Vergleich der verschiedenen Endgewichte recht unterschiedlich. Die Zuwachsrate der Knochen und der Teilstücke mit hohem Knochenanteil, z.B. Keule und Rücken, war recht niedrig. Mit zunehmendem Endgewicht konnte ein erwünscht höherer Grad der Fettbildung erreicht werden. Die Tränke-Kraftfuttermast zeigte in der Wirtschaftlichkeit eine Überlegenheit zur ausgesprochenen Tränkmast. G. Buß. 3664.

Danilova, A., Nikonov, M. und Kočer, S. (Danilowa, A., Nikonow, M. und Kotscher, S.) Torfjanaja podstilka dlja skota. **(Torfstreu für den Rinderstall.)** Moločnoe i mjasnoe skotovodstvo, Moskva **7** (1962) Nr. 10. S. 45–47.

Als Einstreumittel in Rinderställen wird mit gutem Erfolg Torfmull mit 45–50% Feuchtigkeit verwendet. Die Einstreumenge je Tier und Tag beträgt 7–8 kg. Bei Verwendung von Torfstreu sinkt der Ammoniakgehalt im Stall um das 2½fache, die rel. Luftfeuchtigkeit und der CO_2-Gehalt der Luft liegen unter der Norm. Torfmull mit einem Feuchtigkeitsgehalt von über 50% ist ungeeignet, da die notwendige Einstreumenge dann zu hoch liegt, dagegen ist in Platten gepreßter sehr vorteilhaft. R. Ihssen. 3673.

Stanley, D. E., Kesler, E. M. und Bortree, A. L. Effect of a fluctuating milking vacuum on certain measures of udder health. **(Der Einfluß eines schwankenden Melkvakuums auf ein bestimmtes Maß an Eutergesundheit.)** J. Dairy Sci. **45** (1962) Nr. 11. S. 1343–1347.
Durch Umbau einer gewöhnlichen Standmelkmaschine mit einem Vakuumkontrollgerät wurde erreicht, daß das Vakuum in den Zitzenbechern zwischen 7–15 Zoll Quecksilbersäule mit 53 Pulsationen pro Min. variiert werden konnte. Es wurden 2 Versuche von 21 und 26 Tagen Versuchsdauer mit je 12 Kühen durchgeführt. In jeder Versuchsreihe entwickelten sich bei den 6 mit der umgebauten Maschine gemolkenen Versuchstieren 2 zu Beginn vorhandene klinische Mastitiden, deren rasche Weiterentwicklung im Vergleich zu den Kontrollkühen an Hand des Kalifornia-Mastitistestes beobachet wurde. Im Versuchsverlauf nahm auch die Anzahl der Leukocyten, bes. bei den Mastitiden, zu. Die Unterschiede im Milchertrag bei den Versuchs- und Kontrolltieren waren unbedeutend. Zur Beurteilung des Einflusses eines schwankenden Melkvakuums auf die Eutergesundheit war die gewählte Versuchszeit von 3–4 Wochen nicht ausreichend. W. Gimmler. 3677.

O'Neill, D. K.; Rydalmere, New South Wales Dep. of Agric., Div. of Sci. Serv. The effect of concentration on the performance of two DDT cattle-dipping formulations. **(Der Einfluß der Konzentration auf die Wirksamkeit zweier DDT-Lösungen zum Baden von Rindern.)** Austral. J. agric. Res. **14** (1963) Nr. 1. S. 119–128. 3678.

Meyer, W.; Berlin, Staatl. Veterinärmed. Prüfungsinst. **Zur Diagnostik der Rinderbrucellose.** Int. Z. Landwirtsch. [Sofia/Berlin] **1962** Nr. 6. S. 61–64. — 47 Lit. 3680.

Waite, R. und Blackburn, P. S. The relationship between milk yield, composition and tissue damage in a case of subclinical mastitis. **(Die Beziehungen zwischen Milchertrag, Zusammensetzung der Milch und Gewebsschäden in einem Falle von subklinischer Mastitis.)** J. Dairy Res. **30** (1963) Nr. 1. S. 23–33.
Gelegentlich einer Reihenuntersuchung von Milchkühen fand man im Colostrum einer Kuh — 5 Stunden post partum genommen — einen auffallend hohen Gehalt an Mikrokokken und Staphylokokken. Wiederholte Behandlungen mit Antibiotica (Penicillin, Streptomycin, Oxytetracyclin), lokal und i.m. verabreicht, zeitigten den in vitro gesehenen Erfolg nicht. Da die Kuh eine hohe Milchleistung hatte (5–6 gal. tägl.) und keine klinischen Zeichen einer Mastitis zeigte, wurde die Milch laufend auf chem. Zusammensetzung, Zell- und Keimgehalt untersucht. 84 Tage nach dem Kalben entschloß man sich trotz der hohen Milchleistung zur Schlachtung und unterzog des Euter einer genauen histol. Untersuchung. Im oberen Bezirk der beiden vorderen Viertel wurde je ein großer Abszeß gefunden, die als Infektionsherd angesehen werden. Für die übrigen 2 Viertel wurde keine Ursache für den Keimgehalt gefunden, und es kann nur angenommen werden, daß er auf einer Reinfektion durch die beiden vorderen Viertel beruht. Die Zahl aktiver Läsionen in den Drüsenläppchen war gering, 1–6%; aber mehr als die Hälfte aller Lobuli war angegriffen, obwohl die Ursache dafür scheinbar nicht auf der Infektion beruhte. In den abszedierenden Vierteln wurden ausgedehnte Schäden im Kanal-

system gefunden. Gleichzeitig mit einem hohen Zellgehalt (polymorphkernige Leukocyten, Epithelzellen und Lymphocyten) war auch die chem. Zusammensetzung der Milch abnormal: weniger Laktose und eine Verschiebung im Eiweißgehalt zugunsten von Blutserum-Albumin und Globulin auf Kosten des Caseins. – Der Zellgehalt und die Milchzusammensetzung waren bessere Indikatoren für eine Gewebsschädigung im Euter als die Gegenwart von Mastitiskeimen. Chr. Dietz. 3680.

Braund, D. G. und Schultz, L. H.; Madison, Univ. of Wisconsin, Dep. of Dairy Sci. Physiological and environmental factors affecting the California mastitis test under field conditions. **(Physiologische und umweltbedingte Faktoren, die den California-Mastitis-Test unter Praxisbedingungen beeinflussen.)** J. Dairy Sci. **46** (1963) Nr. 3. S. 197–203. – 6 Tab., 12 Lit. 3680.

Anonym. Preparing dairy cattle for exhibition. **(Die Ausstellungsvorbereitung von Milchvieh.)** Agric. Gaz. New South Wales **73** (1962) Nr. 12. S. 638–646. – 12 Abb., 2 Lit. 3690.

A szarvasmarhatörzskönyvezés és utódellenörzés évkönyve 1960/1961. (Jahrbuch der ungarischen Rinderherdbuchführung und der Rindernachkommenschaftsprüfung 1960/61.) Budapest: Mezögazdasági Kiadó. 1962. (148 S.) – Aus: Ung. Agrar-Rdsch. **1963** Nr. 2. Der erste Teil des Jahrbuches beinhaltet die Ergebnisse der Herdbuchführung im Jahr 1960/61. Es standen in Ungarn 141590 reinrassige Kühe (16,9 % des Gesamtbestandes) unter Herdbuchkontrolle (2,9 % mehr als im Vorjahr). 60,6 % der Herdbuchkühe standen ganzjährig unter Kontrolle, 62,6 % dieser ganzjährig kontrollierten Kühe befanden sich in volkseigenem Besitz, 33,2 % gehörten LPG, 4,2 % gehörten Hauswirtschaften bzw. individuellen Züchtern. 98,5 % des Bestandes der ganzjährig kontrollierten Kühe entfallen auf das Ungarische Fleckvieh, 0,8 % waren Simmentaler und 0,7 % Braunvieh. Die durchschnittl. Leistung dieses Bestandes betrug 3446 kg Milch mit 3,87 % und 133,4 kg Fett. 80,8 % der ganzjährig kontrollierten Kühe kalbten ab, 85,3 % der Bullenkälber und 91,9 % der Färsenkälber wurden zur Weiterzucht bestimmt. Das durchschnittl. Alter der ganzjährig kontrollierten Kühe betrug 6,9 Jahre, ihr durchschnittl. Erstkalbealter 31,6 Mon. Ferner wird im Jahrbuch über die Ergebnisse der Familien- und Linienzucht und bes. eingehend über die Leistungen der zur Bullenaufzucht und zur Erhöhung des Milchfettgehaltes ausgewählten Kühe berichtet. In den Besamungsstationen standen 572 Besamungsbullen (76 % Ungarisches Fleckvieh, 19 % Simmentaler). Im Rahmen der in Ungarn laufenden Rassenkreuzungsversuche brachten die aus Kreuzungen von Fleckvieh × Kostroma-Rind stammenden Kühe ∅ 4776 kg, die Nachkommen von 50 % Jerseyblut führenden Kreuzungen ∅ 3855 kg 4 %ige Milch. Der den Nachkommenschaftsprüfungen gewidmete Teil des Jahrbuches gibt die Zahl der bis Ende 1961 zur Erbwertermittlung zugelassenen Bullen, ihre geographische Verteilung und ihre Bewertung an. Abschließend werden die Ergebnisse der in Ungarn an Rindern durchgeführten Blutgruppenuntersuchungen mitgeteilt.

D. SCHWEINE

Trulsson, Gunnar. Svinskötseln under 1962. **(Die Schweinezucht in Schweden 1962.)** Svinskötsel **53** (1963) Nr. 2. S. 24–27. – 1 Abb., 6 Tab.
Die Zahl der Schlachtschweine erhöhte sich 1962 im Vergleich zum Vorjahr um 6% bei gleichzeitigem Rückgang der Mastendgewichte. Die Zahl der belegten Sauen hielt sich etwa auf dem Stand von 1961. Die Qualitätsanforderungen sind gestiegen. Eine Betrachtung der Mastprüfungsergebnisse zeigt, daß in den letzten Jahren nur geringe Verbesserungen erzielt werden konnten. Bei Landrasse und Yorkshire sind die durchschnittl. Tageszunahmen etwas höher als in Dänemark, während die Futterverwertung etwas schlechter ist als dort. Der Export von Zuchtschweinen ist zurückgegangen, nachdem in den Käuferländern entspr. Zuchtbestände aufgebaut werden konnten. Die größten Abnehmer waren die SU, Japan und die Philippinen. Die Preise für Gerste sind seit 1960 zurückgegangen; der Fleischpreis ist seit dem Vorjahr rückläufig. Im Jahresdurchschnitt waren die Ferkelpreise wesentlich niedriger als im Vorjahr. Insgesamt ist die Rentabilität der Schweinehaltung im Vergleich zu früheren Jahren schlechter geworden.
J. K. Hinrichsen. 3710.

Jelowicka, Janina. Z Duńskich doświadczeń bekonem. **(Über dänische Bacon-Experimente.)** Gospodarka Mięsna **14** (1962) Nr. 5. S. 12–15. – 2 Abb., 1 Tab.

Der Bericht, von dem eine Arbeitsübersetzung im Inst. für Fleischwirtschaft, Magdeburg, vorliegt, gliedert sich in: a) Arbeiten über Sauen und Saugferkel. Im Rahmen der Untersuchungen werden verschiedene Fütterungsmethoden beschrieben, die unterschiedliche Auswirkungen auf Trächtigkeit und Ferkelgewichte haben. b) Mastversuche an Schweinen. Der Einfluß der Futtermittel auf die Mast wird geklärt, die Ergebnisse werden im Hinblick auf die Schlachtqualität und den Fleischgeschmack ausgewertet. c) Bearbeitung der Ergebnisse der Kontrollstation über die Schlachtleistung. Lgw., Schlachtverlust, Speckdicke usw. werden jährl. an ca. 5000 Schweinen festgestellt und mit den unterschiedlichen Fütterungsmethoden verglichen. Vor- und Nachteile der neuen Methoden werden aufgezeigt. Die Aufhellung der Fleischfarbe wird auf Veränderungen im Rüssel der Tiere zurückgeführt. d) Arbeiten über Schweine der Piétrainrasse. Piétrainschweine werden mit Landrasse-Schweinen verglichen. F. Westphal. 3710.

Glodek, P.; Göttingen, Univ., Inst. für Tierzucht und Haustiergenetik. **Die Züchtung eines Deutschen Fleischschweines unter dem Einfluß Holländischer veredelter Landschweine.** Züchtungskunde **35** (1963) Nr. 2. S. 54–63. — 3 Abb., 5 Tab.

An Hand von Herdbuchunterlagen der Zuchtverbände Schleswig-Holstein, Baden und Kurhessen wurde die Entwicklung der Bestandeszusammensetzung bis zum Jahre 1962 untersucht. Seit dem ersten Import holländischer Schweine nach Schleswig-Holstein im Jahre 1951 wurden 700 Eber und 4000 Sauen der neuen Zuchtrichtung in das Herdbuch aufgenommen. Von 1956–61 hat sich die Zahl der auf den Auktionen des Verbandes umgesetzten Zuchtschweine verachtfacht, da andere Verbände zur Kombinationszüchtung kauften. In Baden und Kurhessen decken so fast gar keine alten deutschen Eber mehr, lediglich hält man an guten alten Sauenstämmen fest. An den Ergebnissen der Jahre 1960 und 1961 aus 2 Mastprüfungsanstalten wurden die Unterschiede zwischen den verschiedenen Stufen der Kombinationszüchtung für 10 Leistungseigenschaften errechnet. Als beste Ausgangsbasis für die Selektion auf das erwünschte Deutsche Fleischschwein erweist sich eine Kombinationspopulation, deren Holländeranteil zwischen 75 und 100% liegt.
Werner Schlegel. 3740.

Svječin, Ju. K. (Swjetschin, Ju. K.) Produktivnost' svinej raznych konstitucional'nych tipov. **(Die Leistungen von Schweinen verschiedener Konstitutionstypen.)** Nauk. praci Zootechn. fak. Ukr. akad. sil'škogospod. nauk **15** (1961) Nr. 2. S. 17–22. — Orig.: ukrain., Aus.: russ. Aus: Referativnyj žurnal. Biologija, Moskva **1962** Nr. 7. L 184. S. 23.

Neben der visuellen Beurteilung wurden zur Bestimmung der Knochenstärke Messungen des Sprunggelenkes, der Länge und Breite des Kopfes, der Widerristhöhe und der Rumpflänge vorgenommen. Die Festigkeit des Typs der Tiere wurde nach dem Verhältnis der Körpermasse zu seinem Volumen bestimmt, daneben wurde die Festigkeit des Knochengerüstes, die Festigkeit der Haut und ihrer Behaarung beurteilt. Zur Bestimmung des Körpervolumens der Tiere verwendete man folg. Maße: Brustumfang, Brustbreite und Rumpflänge. — Für den Versuch waren 155 reinrassige Schweine der Großen Weißen Rasse und deren Kreuzungen mit der Langohrigen Weißen Rasse ausgewählt. Alle Tiere waren gesund, normal entwickelt und befanden sich unter gleichen Fütterungs- und Haltungsbedingungen. Auf Grund der Beurteilung nach Augenmaß und der Meßergebnisse wurden alle Tiere nach konstitutionellen Typen in grobe-feste und grobe-lockere, in zarte-feste und zarte-lockere Typen eingeteilt. Das höchste Lgw. hatten die Tiere des zartenlockeren Typs. Die Läufer und Sauen der groben-festen Konstitution waren am spätreifsten. Der Gewichtsunterschied im Alter von 8 Mon. zwischen

Tieren des zarten-lockeren und groben-festen Typs betrug bei den reinrassigen Jungsauen 17% und bei den Kreuzungsjungsauen 12,9%. In 60 Masttagen benötigten die Eber des groben-festen Typs für 1 kg Gewichtszunahme 6,4 FE, die des zarten-lockeren Typs dagegen nur 5,4. Die Jungsauen des zarten-lockeren Typs erreichten das Schlachtgewicht 37 Tage früher als ihre Altersgenossinnen des groben-festen Typs. Die Speckdicke zwischen der 6. und 7. Rippe betrug bei den Jungsauen des zarten-lockeren Typs 4,2 cm, bei den Jungsauen des groben-festen Typs 3,6 cm.

übersetzt v. Th. C. Boetticher. 3740.

Tokarev, V. S. (Tokarew, W. S.) Ocenka skorospelosti, oplaty korma i mjaso sal'nych kačestv svinej. **(Die Beurteilung der Schnellwüchsigkeit, der Futterverwertung und der Fleisch- und Speckeigenschaften bei Schweinen.)** Svinovodstvo, Moskva **16** (1962) Nr. 12. S. 28–30. — 4 Tab.

Da die Kontrollmast viele Mängel hat, wird vorgeschlagen, die Kontrollaufzucht zur Beurteilung der Schnellwüchsigkeit und Futterverwertung anzuwenden. Die Auslese soll dabei nach der Nachkommenschaft unter Berücksichtigung der Tagesdurchschnittszunahmen und der Mastdauer bis zum Gewicht von 90–100 kg erfolgen. Die Auslese nach den Fleisch- und Speckeigenschaften soll an Hand der Ermittlung der Speckdicke und der Größe des Muskelauges am lebenden Tier mit dem Ultraschallgerät TUK-2 erfolgen (Messung der Speckdicke am Widerrist, zwischen der 6. und 7. Rippe, an der Lende und am Kreuzbein). Mit einer Spezialtabelle kann danach die Fleisch- und Speckausbeute berechnet werden. F. Schenk. 3820.

Clausen, Hjalmar, Nørtoft Thomsen, R. und Pedersen, O. K. Sammenlignende forsøg med svin fra statsanerkendte avlscentre 1961–62. **(51. Bericht über die Nachkommenprüfungen bei Schweinen aus staatlich anerkannten Zuchtzentren 1961/62.)** Beretn. Forsøgslab. [Statens Husdyrbrugsudvalg] **336** (1963) S. 1–156. — 4 Abb., 71 Tab.

Im Berichtsabschnitt wurden 5148 Schweine (Vorjahr 4848) — ausschließlich dänische Landrasse — geprüft. 99,1% aller Gruppen (Vorjahr 97,6%) waren regelmäßig zusammengesetzt. 1,2% der Tiere (Vorjahr 1,3%) wurden aus gesundheitlichen Gründen ausgeschieden. Tägl. Zunahme (686 g, Vorjahr 696 g) und Futterverwertung (2,95, Vorjahr 2,91), die in den Anfangsjahren der dänischen Nachkommenprüfungen beachtliche Fortschritte zu verzeichnen hatten, verharrten in den letzten 5 Jahren auf gleichem Niveau. Auch Schlachtlänge (95,9 cm, Vorjahr 95,7 cm), Rückenspeckdicke (2,82 cm, Vorjahr 2,85 cm) und Bauchdicke (3,33 cm, Vorjahr 3,30 cm) zeigten in den letzten Jahren nur geringe Änderungen. In der Schlachtlänge soll unter Beibehaltung des Mittelwertes die Variationsbreite eingeengt werden, der Bauch soll bei gleichbleibender Dicke durch vermehrte Fleischigkeit verbessert werden. Die subjektive Punktbewertung läßt eine Verbesserung in der Rückenfettverteilung und im Schinken erkennen. Eine Verbesserung des Fleisch-Fett-Verhältnisses am Kotelettanschnitt (34,7 cm^2 : 33,0 cm^2 = 95%) ist vorwiegend auf eine Verkleinerung der Fettfläche zurückzuführen. Der Anteil der in Klasse I eingestuften Tiere ging trotz einer Verminderung der Rückenspeckdicke infolge einer schärferen Bewertung von 94% auf 93% zurück. Die Bewertung der Fleischfarbe erreichte wieder das Niveau von 1958/59, nachdem zwischendurch ein Punktrückgang durch Tiere mit zu heller Fleischfarbe (Muskeldegeneration) zu verzeichnen gewesen war.

A. Schaaf. 3820.

Duniec, Henryk und Kostyra, Tadeusz; Kraków, Inst. Zootechn. Analiza wyników uzyskanych w SKURTCh w I kw. 1962 r. **(Ergebnisse der Mast- und Schlachtleistungsprüfung im 1. Vierteljahr 1962.)** Przegląd Hodowlany **30** (1962) Nr. 6. S. 17–20. — 3 Tab. 3820.

Surdacki, Zygmunt; Końskowola, Rolniczy Rejonowy Zakład Doświadczalny. Przydatność świń puławskich dla produkcij szynek. **(Eignung der Schweine der Puławy-Rasse zur Schinkenproduktion.)** Roczniki Nauk rolniczych, Ser. B **80** (1962) Nr. 4. S. 425–433. – 4 Tab., 6 Lit. Zus. in Russ., Engl.
Zehn Läufer der Puławyrasse aus der Zuchtanstalt Końskowola und 10 Läufer der Großen Weißen Rasse, die in der Gegend von Zamość aus Privatbesitz angekauft worden waren (Halbgeschwister nach demselben Eber), wurden mit 25 kg Lgw. auf Mast gestellt. Die Versuchstiere wurden individuell nach den für die Baconmast festgelegten Normen gefüttert. Im Gewichtsabschnitt von 95–98 kg erfolgte nach 18stündigem Fasten die Schlachtung. Nach 24-stündigem Auskühlen wurde die rechte Schlachtkörperhälfte nach der in den Mastprüfungsanstalten üblichen Methode beurteilt. Von der linken Hälfte wurde der Schinken zu Konserven verarbeitet. Nach 4wöchentl. Lagerung im Kühlraum erfolgte die Qualitätsbewertung durch 2 Kommissionen, die eine bestand aus Experten der Fleischindustrie, die andere aus Vertretern der Verbraucherkreise. Es ergab sich, daß während der eigentlichen Mastdauer (Gewichtsabschnitt 40–90 kg) die Großen Weißen schneller an Gewicht zunahmen (675 g gegenüber 524 g/Tag) und eine bessere Futterverwertung aufwiesen (4,21 gegenüber 5,21 Hafereinheiten je 1 kg Zuwachs) als die Puławyschweine. Die Schlachtkörper der Großen Weißen Schweine waren fleischreicher (17,97 gegenüber 15,07 kg) und weniger verfettet (9,66 gegenüber 12,28 kg) als die der Puławyschweine. Die Schinken der Großen Weißen waren schwerer (8,03 gegenüber 7,42 kg) und fleischreicher als die der Puławyschweine. – Auf Grund der Sinnesprüfung wurden alle Schinken beider Gruppen als „gut“ klassifiziert. Die Ergebnisse der Schlachtleistungsprüfung bestätigen somit, daß Puławyschweine sich als Rohmaterial zur Herstellung hochqualitativer Konserven sehr wohl eignen. Z. Osińska. 3820.

Unanov, G. S. (Unanow, G. S.); Unions-Forsch.-Inst. für Fleischind. Mjasnye kačestva svinej severokavkazskoj porody. **(Die Fleischeigenschaften der Schweine der Nordkaukasischen Rasse.)** Svinovodstvo, Moskva **16** (1962) Nr. 12. S. 31–34. – 3 Abb., 2 Tab.
In 2 Versuchen im Sommer und Winter erhielten die Gr. I als Hauptfutter Maisschrot und als Eiweißfutter Sonnenblumenkuchen und die Gr. II Mais, Gerste, Erbsen und Milchnebenprodukte. Mit 7 Mon. und 11 Tagen wogen II – 95,6 und 87,5 kg und I – 84,3 und 81,2 kg. Die durchschnittl. Dicke des Rückenspecks betrug 3,82 (I) und 4,06 cm (II), die Querschnittsfläche des Muskelauges 26,41 und 30,07 cm². Bei II stieg im Vergleich zu I die Fleischausbeute (49,05 gegenüber 44,2%), und die Fettausbeute sank (von 38,6 auf 34,63%); das Muskelgewebe enthielt bei I mehr Kalorien, bei II mehr Eiweiß; außerdem war hier der Speck fester. Beim schweren Typ dieser Rasse beträgt das Verhältnis von Fleisch: Fett 45–50%: 35–40%, beim leichten Typ 50–55%: 29–30%. Das Muskelgewebe war bei I intensiver gefärbt, während bei II der Gehalt an gebundenem Wasser höher war. F. Schenk. 3825.

Scheper, J.; Kulmbach, Bundesanst. für Fleischforsch. **Über die Bedeutung des täglichen Gesamt-, Fleisch- und Fettzuwachses für das Fleisch-Fett-Verhältnis beim Schwein.** Züchtungskunde **35** (1963) Nr. 2. S. 64–72. – 8 Tab.
Für 494 Schweine verschiedener Rassen, die im Gewicht von 105–120 kg zur Schlachtung kamen, wurde für das Fleisch-Fett-Verhältnis ein Mittelwert von 1:0,88 errechnet. Die Extrem-Werte erreichten 1:0,32 und 1:1,98. Der Unterschied im Fleisch-Fett-Verhältnis zwischen weibl. Tieren und männl. Kastraten und auch zwischen den Rassen ist signifikant. Für das Gesamtmaterial wurde im Durchschnitt ein Fleischzuwachs von 183 g je Lebenstag errechnet; die Extrem-Werte lagen bei 117 bzw. 273 g. Der Mittelwert des Fettzuwachses bei allen untersuchten Tieren betrug 157 g. Die prozentuale Verteilung der Varianz besagt, daß die Streubreite in erster Linie rassebedingt

ist, aber auch geschlechtsbedingt. Dagegen sind die Schwankungen in der tägl. Gesamtzunahme in erster Linie innerhalb der Gruppen und zwischen den Gruppen zu finden. Werner Schlegel. 3825.

Ilančić, D. und Fuks, R.; Sarajevo, Univ., Veterin. Fac., Res. and Diagnostic Inst. Korelativni odnosi nekih klaoničkih rezultata različitih pasminsko-produkcionih tipova svinja. **(Korrelative Beziehungen zwischen einigen Schlachtwerten bei verschiedenen Rassen bzw. Produktionstypen.)** Veterinaria [Sarajevo 11 (1962) Nr. 2. S. 151–161. – 3 Tab., 24 Lit. Zus. in Engl.

Es wurden an 6 Schlachtschweinegruppen (insgesamt 204 Tieren) verschiedener Rassen bzw. Produktionstypen, und zwar bei Fleisch- (Large White), Fett-Fleisch- (Schwarze Slawonische) und Fettschweinen (Mangalica) verschiedenen Alters und Gewichts, die Korrelationen zwischen einigen Schlachtwerten untersucht. In der gemeinsamen Gruppe von 128 Schweinen aller 3 Produktionstypen im Gewicht von 65–100 kg (die Gruppendurchschnitte lagen ausgeglichen zwischen 83,4 und 88,8 kg) wurden folg. positive und signifikante Korrelationen gefunden: Schlachtgewicht zu Hälftengewicht 0,67, zur Körperlänge 0,27, zur Rückenspeckdicke 0,46; Hälftengewicht zur Körperlänge 0,34, zur Hälftenlänge 0,26, zur Rückenspeckdicke 0,46; Hälftenlänge zur Lendenmuskelbreite 0,51, zum Schilddrüsengewicht 0,45; Rückenspeckdicke zur Bauchspeckdicke 0,28; Lendenmuskelbreite zum Schilddrüsengewicht 0,35 usw. Die Bauchspeckdicke stand in schwacher negativer, aber signifikanter Korrelation zum Schilddrüsengewicht (–0,26). In einzelnen Rassengruppen waren die Korrelationskoeffizienten meist nicht signifikant und kleiner. In der Gruppe der 140–189 kg schweren Mangalica-Fettschweine zeigte das Schlachtgewicht eine hohe, positive und hochsignifikante Korrelation zum Gewicht des Fleisches mit Knochen, des Speckes mit Flomen, des Eingeweidefettes, zur Halsspeckdicke, der Rückenspeckdicke und der Körperlänge, die wiederum mit dem Gewicht des Fleisches mit Knochen, des Speckes und mit der Bauchspeckdicke in einer mittelstarken, positiven und signifikanten Korrelation stand. D. Ilančić. 3825.

Cunningham, H. M., Friend, D. W. und Nicholson, J. W. G.; Nappan, Nova Scotia, Canada Dep. of Agric. Effect of electrical stimulation on muscular development and nitrogen retention of growing pigs. **(Die Auswirkung elektrischer Reizung auf die Muskelentwicklung und den Stickstoffansatz wachsender Schweine.)** J. Animal Sci. 22 (1963) Nr. 1. S. 226–229. – 3 Tab., 8 Lit.

Die angewendete Frequenz betrug 58 Impulse/Sek. Die Spannung wurde im Verlaufe einiger Tage auf 240 V gesteigert, so daß die hervorgerufene Muskelkontraktion in eine Krampfkontraktion überging, bei der die Muskeln sich straff anfühlten. – Die linke Körperhälfte von 6 Saugferkeln wurde 9 Wochen lang tägl. 20 Min. der elektrischen Reizung ausgesetzt. Mit ca. 32 kg erfolgte die Schlachtung. Die linken Schlachthälften waren um 2,5% schwerer als die rechten nicht stimulierten Seiten. Der linke Schinken (ohne Auflagefett) war um 4% und der M. semitendinosus um 9,8% schwerer als der rechte bei gleichem prozentualen Eiweißgehalt. – Eine ähnliche Behandlung von 70-kg-Schweinen bewirkte gegenüber der Kontrollgruppe eine um 5,3% höhere N-Rentention. H. Jung. 3825.

Bowman, G. H., Whatley jun., J. A. und Walters, L. E.; Stillwater, Oklahoma State Univ. Separation and measuring errors in swine carcasses. **(Zerlegungs- und Meßfehler bei Schweinekörpern.)** J. Animal Sci. 21 (1962) Nr. 4. S. 950–954. – 1 Abb., 3 Tab., 3 Lit.

Vff. analysierten 42 Schweinekörper von Kreuzungsbörgen, die im Gewicht von 200–215 lb. geschlachtet worden waren. Querschnitte wurden hinter dem 2., 6., 10. und 14. Brustwirbel, dem 3. Lenden- und dem 2. Kreuzbeinwirbel sowie in der Mitte und am Ende des Schinkens vorgenommen; Schinken, Mittelstück und Schulter einer jeden Seite wurden in Fleisch, Fett und Knochen zerlegt. Gemessen wurden die Speckdicke, Schlachtlänge, das spez. Gew. von Schinken, Mittelstück und Schulter und die Fleisch- und Knochenflächen an jedem Anschnitt. Wiederholbarkeitsschätzungen zeigten, daß das spez. Gew. des Schlachtkörpers und des Schinkens und lineare Messungen der Speckdicke und der Schlachtlänge mit genügender Genauigkeit an einer Schlachthälfte erfaßt werden können. An Querschnitten vorgenommene Fleisch- und Fettflächenmessungen zeigten an der Mittelregion des Körpers größere Genauigkeit als an den Enden. Die Abtrennung des Schinkens vom Körper und anschließende Zerlegung in Fett, Fleisch und Knochen war genauer als die Abtrennung und Zerlegung von Schulter und Mittelstück. Die bei Messung und Zerlegung erhaltenen Fehler werden besprochen.

A. Schaaf. 3825.

Evans, W. M. R.; Trawscoed, Exp. Husbandry Farm. Hybrid vigour in pigs. **(Heterosis bei Schweinen.)** Agriculture [London] **68** (1962) Nr. 12. S. 638–640.

Heterosis wird gemessen als Abweichung der F_1-Kreuzungstiere vom Elternmittel. Als Ausgangsrassen wurden auf dem Versuchsgut in Terrington Large White und Essex verwendet und auf dem Versuchshof Trawscoed Large White und Welsh. Von jeder Reinzucht-Rasse wurden 24 Sauen und 6 Eber in die Versuche einbezogen. Von jeder Versuchssau gelangte 1 Reinzuchtwurf und 1 Kreuzungswurf zur Auswertung. 4 Ferkel eines jeden Wurfes wurden für Getreide-Mastversuche von 60–200 lb. Lgw. herangezogen. Bei den F_1-Kreuzungstieren waren die Anzahl der lebend geborenen Ferkel, das Gewicht der Einzelferkel im Alter von 3 Wochen und das Wurfgewicht beim Absetzen der Ferkel nach der 8. Lebenswoche höher als dem Mittel der jeweiligen Ausgangsrassen entspricht. Auch die tägl. Zunahmen und die Futterverwertung der Kreuzungstiere waren in der Tendenz besser als bei den reinen Rassen. Die aufgetretenen Heterosiseffekte waren jedoch in keinem Falle signifikant. Für die Merkmale der Schlachtkörperqualität ergaben sich keine Unterschiede zwischen den Reinzucht- und Kreuzungsschweinen.

D. Fewson. 3905.

Čirkov, D. I. (Tschirkow, D. I.); Omsk, Sibir. Forsch.-Inst. für Landwirtsch. Zavisimost' meždu vozrastom i produktivnost'ju svinej. **(Die Beziehung zwischen dem Alter und der Leistung der Schweine.)** Životnovodstvo, Moskva **25** (1963) Nr. 1. S. 37–40. — 8 Tab.

Jungsauen sollen zum erstenmal mit 10–12 Mon. von Ebern, die älter sind als sie, gedeckt werden, da ihre Leistung dann 25–30% höher ist als beim Decken mit 10,5 Mon. durch gleichaltrige Eber (Wurfzahl 9 und 12 Ferkel, Absatzgewicht des Wurfes 165,4 und 194 kg). Die Tagesdurchschnittszunahmen der Ferkel von 2–4 Mon. betrugen bei Eltern von 8–9 Mon. Alter 320 g, bei ausgewachsenen Eltern 370 g. Bei der Gebrauchskreuzung wirkt sich das Alter der Eltern noch stärker aus. Leistung und Entwicklung der Sauen hängen nicht nur von dem Alter ab, in dem sie zum erstenmal gedeckt worden sind, sondern auch vom Alter ihrer Eltern und nächsten Vorfahren. Bei Eltern im Alter von 2–3 Jahren liegen Fruchtbarkeit, Milchleistung und Entwicklung der Ferkel der Töchter 5–13% höher als bei Eltern im Alter von 9–14 Mon.

B. Schenk. 3908.

Bowman, G. H., Bowland, J. P. und Fredeen, H. T. An appraisal of certain sources of environmental variation in the productivity of Yorkshire sows. **(Eine Schätzung der auf bestimmten Ursachen beruhenden umweltbedingten Variation für die Fruchtbarkeitsleistung von Yorkshire-Sauen.)** Canad. J. Animal Sci. **41** (1961)Nr. 2. S. 220–229. — 6 Tab., 8 Lit.

An einem Material von 616 Würfen aus einer 20jährigen Zuchtperiode der Yorkshire-Herde der Univ. von Alberta wurde der Einfluß einiger Umweltfaktoren auf Wurfgröße und Wurfgewicht analysiert. Es konnten keine Beziehungen zwischen Trächtigkeitsdauer und Gewichtsveränderungen während der Trächtigkeit einerseits und dem Wurfergebnis gefunden werden. Für alle untersuchten Wurfdaten (Anzahl der geborenen, der lebendgeborenen und der aufgezogenen [56 Tage] Ferkel, Wurfgewicht bei der Geburt und am 56. Lebenstag) ergaben sich große Differenzen zwischen den Jahren, die jedoch keine bestimmte Tendenz erkennen ließen. Die jahreszeitlich bedingten Unterschiede wirkten sich nur auf die Wurfgröße aus. Mit dem Gewicht der Sauen bei der Bedeckung stieg die Anzahl aller geborenen Ferkel bis zu einem Max. an. Andererseits erhöhten sich mit dem Gewicht der Sauen der Anteil der totgeborenen Ferkel und die Ferkelverluste während der Säugeperiode. Dementsprechend war der Einfluß des Gewichtes der Sauen beim Belegen auf die Anzahl der aufgezogenen Ferkel gering; lediglich bei den Sauen der geringsten Gewichtsklassen war die Anzahl der aufgezogenen Ferkel wesentlich vermindert. Für Jungsauen konnte nachgewiesen werden, daß das Gewicht bei der Begattung von größerer Bedeutung für Wurfgröße und Wurfgewicht ist als das Alter zu diesem Zeitpunkt. D. Fewson. 3910.

Smišek, Vl., Kubíček, Jar. und Venzarová, L.; Brno, Katedra Speciální Zootechn. II. VŠZ. Sledování závislosti živé váhy selat při narození v 21 dnech a ve 42 dnech stáři. **(Die Abhängigkeit des Lebendgewichtes der Ferkel bei der Geburt, am 21. und am 42. Lebenstag.)** Sborník Vysoké Školy Zemědělské v Brně, Řada A **1962** Nr. 2. S. 109–126. – 6 Abb., 15 Tab., 13 Lit. Zus. in Russ., Dtsch.

Untersuchungen an insgesamt 505 Ferkelwürfen ergaben ein enges korrelatives Verhältnis zwischen dem Wurfgewicht mit 21 und dem mit 42 Tagen nach dem Abferkeln ($r = + 0{,}723$). Die Variabilität der Wurfgewichte mit 42 Tagen (91,247 kg $\pm$ 30,14%) ist bedeutend größer als die mit 21 Tagen (48,575 kg $\pm$ 25,58%). Der Grad der Unausgeglichenheit ist am niedrigsten bei der Geburt der Ferkel (0,0298), höher bei den 21 Tage alten (0,0442) und am höchsten bei den 42 Tage alten Würfen (0,1472). Auf Grund der Ergebnisse dieser Untersuchungen wird empfohlen, die Ferkel nur bei der Geburt und im Alter von 42 Tagen zu wiegen. F. Svoboda. 3914.

Orlov, V. I. (Orlow, W. I.) 20 porosjat ot svinomatki. **(20 Ferkel je Sau.)** Svinovodstvo, Moskva **17** (1963) Nr. 2. S. 12–13.

Im Sowchos „Ljuban" (Gebiet Minsk) erzielen die Pfleger bei 2 Würfen mehr als 20 Ferkel je Zuchtsau. Die trächtigen Sauen werden in einem trockenen, sauberen Stall gehalten und erhalten Futter mit genügend Nähr- und Mineralstoffen und Vit. Nach dem Abferkeln werden die schwächeren Ferkel an die vorderen Zitzen angelegt; mit 3–4 Tagen erhalten sie getoastete Gerste, kohlensauren Kalk, Knochenmehl und Holzkohle. Mit einer Woche wird im Trinkwasser eine Eisensulfatlösung (2,5 g/l Wasser = 1 Eßlöffel je Wurf 3mal tägl.) verabreicht, und mit 10 Tagen bekommen die Ferkel Brei aus in Hydrokultur angebautem Grünfutter (20–30 g/Tier/Tag) und Lebertran (1 bis 2 g). Die Absatzferkel werden in Gruppen von 20–35 Tieren gehalten. Die zur Auffüllung der Zuchtherde bestimmten Jungsauen werden mit einem Gewicht von 18–22 kg von den fruchtbarsten und milchreichsten Sauen ausgewählt. B. Schenk. 3936.

Štěrba, Antonín und Zedník, Milan; Brno, Vysoká Škola Zemědělská, Agronom. Fak., Katedra pro Biotechnol. Výroby Živočišné. Výrobní výsledky při automatickém krmení prasat krmnými dávkami řídké konzistence. Část I. **(Produktionsergebnisse bei automatischer Fütterung der Schweine mit Futterrationen von dünner Konsistenz. 1. Mitt.)** Živočisná Výroba **7(35)** (1962) Nr. 12. S. 807–818. – 6 Abb., 7 Tab., 14 Lit. Zus. in Russ., Dtsch.

Die von 20–110 kg Lgw. gemästeten Schweine erhielten in Futterautomaten ein 43 °C warmes, dünnflüssiges Kraftfuttergemisch, dessen Tr.-Subst.-Gehalt 28,90% betrug. Das Futtergemisch setzte sich durchschnittl. aus 86,17% Futtergetreide und anderen Kraftfuttermitteln, 2,23% Luzernemehl und 11,60% Molkereiabfällen zusammen. Die Schweine nahmen im Futter tägl. 2,27 kg Tr.-Subst., 0,334 kg verd. E. und 2,06 kg StW auf. Der tägl. Zuwachs je Schwein betrug 0,575 kg. Je 1 kg Zuwachs wurden 0,582 kg verd. E. und 3,6 kg StW verbraucht. Der gesundheitliche Zustand der Schweine war befriedigend. Bei dieser Fütterungsmethode kann ein Pfleger 1200 Schweine betreuen. F. Svoboda. 3954.

Szécsényi, Á. und Stern, L. A száraztakarmánnyal történő sertésönhizlalás allathigiéniai jelentősége. **(Die tierhygienische Bedeutung der automatischen Trockenfütterung von Schweinen.)** Magyar Állatorvosok Lapja [Ung. veterinärmed. Bl.] **17** (1962) Nr. 8. S. 288–290. – Aus: Ung. Agrar-Rdsch. **1963** Nr. 2.

Vff. führten 11 Jahre lang an größeren Gruppen von Schweinen, die in Großbeständen, Mastanstalten bzw. Versuchsgütern gemästet wurden, vergleichende Fütterungsversuche durch. Nach ihren Erfahrungen sind von den Schweinen, die mit feuchtem Kraftfuttergemisch in regelmäßigen Zeitabständen aus Trögen (oder mindestens teilweise, d. h. kombiniert auf diese Weise) gefüttert wurden, mehr erkrankt und eingegangen als von solchen, die trockenes Kraftfuttergemisch nach Bedarf aus Futterautomaten aufgenommen haben. Bei der Verwendung dieses letzteren Verfahrens wurden weniger Erkrankungen der Verdauungswege und Atmungsorgane festgestellt. Auch die sog. Dispositionskrankheiten wurden bei diesen Tieren seltener beobachtet. Raufen und Unfälle kamen nur ausnahmsweise vor. Die wichtigsten charakteristischen Merkmale der Automatenfütterung sind: 1. Die Mast erfolgt ausschließlich oder beinahe ausschließlich mit Kraftfutter. 2. Die Tiere nehmen das trockene Futter Tag und Nacht nach Bedarf ausschließlich aus Automaten auf. 3. In Fällen, in denen Magermilch zur Verfügung steht, erhalten sie die Schweine in Tröge gegossen an Stelle von Trinkwasser. 4. Falls auch Grünfutter von Leguminosen oder Rüben gefüttert werden, streut man diese einfach auf den Futterplatz. Genügend frisches Trinkwasser ist erforderlich. Von Schweinen, die mit Automaten gemästet wurden, gingen 1,12% ein, von den mit feuchtem Kraftfuttergemisch gefütterten 2,42%. Die ad-libitum-Fütterung von trokkenem Kraftfutter aus Automaten wird als ein hygienisch vorteilhaftes Verfahren betrachtet. 3954.

Krjutčenko, E. A. (Krjuttschenko, Je. A.) Kak my perešli na gruppovoe soderžanie podsosnych matok. **(Der Übergang zur Großgruppenhaltung von säugenden Sauen.)** Svinovodstvo, Moskva **16** (1962) Nr. 12. S. 18–19.

Im März 1962 wurde im Kolchos „Rossija“ (Gebiet Rostow) auf Grund von Stall- und Arbeitskräftemangel zum erstenmal die Großgruppenhaltung von 25 säugenden Sauen eingeführt. Danach gab es keine Kümmerer mehr, das Absatzgewicht stieg von 10–12 auf 15 kg, und die Sterblichkeit sank von 5% auf 0,3–0,5%. Neben der Gruppenbucht liegen der Gruppenliegestall für die Ferkel (Tiefstreu), der Freßplatz für die Ferkel sowie die gemeinsamen Ausläufe mit den Freßplätzen für die Sauen. F. Schenk. 3978.

Machačev, R. S. (Machatschew, R. S.); Moskau, Landwirtsch. Timirjasew-Akad. Gruppovoe soderžanie podsosnych svinomatok i porosjat-sosunov. **(Die Gruppenhaltung von säugenden Sauen und Saugferkeln.)** Životnovodstvo, Moskva **25** (1963) Nr. 1. S. 82–83. – 2 Tab.

21 Sauen der Mirgoroder Rasse wurden eine Woche nach dem Abferkeln in Gruppenbuchten (je 3 Sauen mit Ferkeln) untergebracht, aus denen die Ferkel freien Zugang zum Auslauf und zur Weide hatten. Gegenüber der Haltung

in Einzelbuchten sanken die Kosten für einen Tierplatz von 29,40 auf 19,60 Rubel und die Nutzfläche in den Buchten von 4,8 auf 3,2 m² je Sau mit Wurf. Mit 2 Mon. wogen die Ferkel 13,4 kg bei Einzelhaltung und 13,9 kg bei Gruppenhaltung; außerdem waren bei letzteren die sanitär-hygienischen Verhältnisse in den Buchten besser. B. Schenk. 3978.

Berry, Thomas H., Jensen, Aldon H., Becker, D. E. und Woods, George T. Nutrition and management considerations for primary specific-pathogen-free and colostrum-deprived pigs. **(Betrachtungen über die Ernährung und Haltung von Schweinen, die primär von spezifischen Krankheitserregern frei sind und ohne Colostrum aufgezogen werden.)** J. Amer. veterin. med. Assoc. **141** (1962) Nr. 6. S. 689–693. — 4 Tab., 8 Lit.

In 3 Versuchen an 44 durch Hysterektomie gewonnenen sowie an 19 bei der Geburt in sterilen Plastiksäcken aufgefangenen Ferkeln wurden verschiedene Probleme der Ernährung und Haltung bei Aufzucht ohne Colostrum untersucht. Eine modifizierte Kuhmilchdiät führte zu signifikant höheren Gewichtszunahmen als eine Laktose-Casein-Diät. Bei 7maliger Fütterung tägl. wurden signifikant höhere Gewichtszunahmen als bei 3maliger erzielt; bei den häufiger gefütterten Ferkeln trat seltener Durchfall auf. Durch Füllung der Tröge in den Isolierungskäfigen durch ein Kupferrohr wurde die für die Fütterung der Ferkel benötigte Arbeitszeit verringert; die Tröge brauchen nur noch 1mal tägl. gereinigt und sterilisiert zu werden. Die Beifütterung von Antibiotica in den ersten 2 Wochen hatte keine signifikante Wirkung. Ein im Handel befindliches Fertigfutter für von spezifischen Krankheitserregern freie Schweine führte bei Fütterung vom 3.–20. Tag zu ähnlichen Gewichtszunahmen wie die modifizierte Kuhmilchdiät. Ein im Handel befindliches Präparat für Kinder erwies sich als ungenügend. W. Wittig. 3985.

Bžežinskij, S. K. und Gevedze, V. I. (Bsheshinski, S. K. und Gewedse, W. I.) Opyt bor'by s infekcionnym atrofičeskim rinitom svinej. **(Versuche mit der Bekämpfung der infektiösen atrophischen Rhinitis der Schweine.)** Svinovodstvo, Moskva **16** (1962) Nr. 12. S. 40–41. — 3 Tab.

Trächtige Sauen, die keine Verformungen der Gesichtsknochen und Faltenbildung der Haut auf dem Nasenrücken aufwiesen, erhielten jeden Tag in jede Nasenhöhle 15–20 ml 1%ige Rivanollösung eingeträufelt sowie zusammen mit Magermilch 0,005 g gelöstes Rivanol je kg Lgw., und zwar 5 Tage nacheinander und nach 7tägiger Unterbrechung nochmals 5 Tage bis 4 Tage vor dem Abferkeln. Von den Ferkeln der Versuchstiere erkrankten 23,07% an atrophischer Rhinitis, von den Kontrolltieren 41,37%; mit 4 Mon. wogen die Tiere 35,46 und 25,58 kg. Noch bessere Ergebnisse wurden erzielt, als auch die Ferkel mit 2 und 4 Wochen 4 Tage hintereinander in jede Nasenhöhle 2–4 ml 1%ige Rivanollösung und innerlich ebenfalls 2 bzw. 4 ml Rivanollösung (1:500) erhielten. F. Schenk. 3985.

Sjurin, V. N., Osidze, D. F. und Panteleev, Ju. V. (Sjurin, W. N., Osidse, D. F. und Pantelejew, Ju. W.) K probleme grippa i grippopodobnych zabolevanij svinej. **(Zur Frage der Grippe und grippeähnlichen Erkrankungen bei Schweinen.)** Vestnik sel'skochozjajstvennoj nauki, Moskva **7** (1962) Nr. 12. S. 58–62. — 30 Lit. Zus. in Engl., Franz., Dtsch. 3985.

Tacken, P. H. W. und Golstein Brouwers, G. W. M. van. Worminfecties bij varkens. **(Wurminfektionen bei Schweinen.)** Tijdschr. Diergeneeskunde **87** (1962) Nr. 23. S. 1521–1525.

Es wird eine kurze Übersicht über die Entwicklung von *Ascaris lumbricoides*, *Strongyloides ransomi*, *Metastrongylus apri* sowie der Strongyliden des Schweines und über die Vorbeuge und Behandlung dieser Wurminvasionen gegeben. W. Wittig. 3985.

Buysse, F. Bloedarmoede bij biggen. **(Blutarmut bei Ferkeln.)** Tijdschr. Diergeneeskunde 87 (1962) Nr. 22. S. 1423–1439.
Ferkel, die im Stall aufgezogen werden, weisen im Alter von 3 Wochen eine ausgeprägte Anämie auf. Bei im Freien gehaltenen Ferkeln konnte dieser Befund nicht erhoben werden. Durch ein regelmäßiges Angebot von Erde bei den im Stall gehaltenen Ferkeln kann die Anämie verhindert und die Gewichtszunahme begünstigt werden. Es ist deshalb ratsam, einen Auslauf mit Erde anzulegen. Eine einmalige i. m. Eisen-Dextran-Injektion (150 mg Fe) bei 3 Tage alten Ferkeln konnte bei Stallhaltung als wirksame Prophylaxe festgestellt werden. Die orale Applikation von Eisen-Dextran am 3., 5. und 11. Tag erwies sich als unwirksam. Ebenfalls ohne Einfluß blieb die i. m. Anwendung von Eisen-Dextran bei hochträchtigen Sauen auf den Hb.-Gehalt bei Ferkeln in den ersten Wochen nach der Geburt. H. J. Rummler. 3985.

A sertéstörzskönyvezés és utodellenorzés èvkönyve 1961. (Jahrbuch der ungarischen Schweineherdbuchführung und der Schweine-Nachkommenschaftsprüfungen 1961.) Budapest: Mezögazdasági kiadó. 1962. (84 S.) – Aus: Ung. Agrar-Rdsch. **1963** Nr. 2. 1961 standen in Ungarn 28308 Ungarische Yorkshire-, 89 Niederungs-, 2776 Cornwall-, 142 Sattel-, 464 Berkshire- und 2251 Mangalicaschweine unter herdbuchmäßiger Kontrolle. Die Zahl der Zuchtbetriebe verringerte sich um 214, die Zahl der kontrollierten Sauen um 5841. Die züchterischen und wirtschaftlichen Leistungen der Ungarischen Yorkshire – die 83,2 % des kontrollierten Gesamtbestandes ausmachen – erhöhten sich. Auf eine Sau entfielen 11,5 aufgezogene Ferkel (in den vorangegangenen Jahren 10,9–10,6). Der Abferkelprozentsatz betrug 144,5 % (in den Vorjahren 139,9–136,0). 1454 Yorkshire wurden Mastleistungsprüfungen unterzogen, sie erreichten ein Gewicht von 90 kg in 203 Tagen bei tägl. Zunahmen von Ø 648 g im Mastabschnitt 20–90 kg. Die durchschnittl. Körperlänge erreichte 91,8 cm (Verkürzung von 0,6 cm), die Rückenspeckdicke 33,7 mm (Zunahme von 0,5 mm). Das Gewicht der Schinken betrug 27,4 % des Schlachtgewichtes, die Kotelettfläche 32,9 cm². Der Bestand an Niederungssauen erzielte ein Abferkelergebnis von 132,6 %, pro Sau entfielen 8,8 aufgezogene Ferkel. Die Wurfgröße betrug bei der Geburt 9,0 (10,9 kg), mit 30 Tagen 7,0 (44,9 kg) und mit 60 Tagen 6,7 Ferkel (112,3 kg). Die Mangalicasauen zogen bei einem Abferkelprozentsatz von 142,4 % im Durchschnitt jährl. 7,9 Ferkel auf. Die durchschnittl. Ferkelzahl je Wurf belief sich auf 6,6. Zur Förderung der Landeszucht setzte man 4670 Eber ein, in den LPG 3101. Die Ergebnisse der Baconschweinprüfungen im Jahre 1961 waren: Klasse A 63,2 %, Klasse B 26,3 %, Klasse C 9,1 % und Klasse D 1,4 %. Im Rahmen der Nachkommenschaftsprüfungen wurde die Erbwertermittlung von 76 Stammebern abgeschlossen und die von 30 Ebern teilweise durchgeführt.

Az 1961. év II. félévében ivadékvizsgált törzskanok eredményei. A sertéstörzskönyvezés és utódellenurzés 1961. évi évkönyvének melléklete. (Ergebnisse der in der zweiten Hälfte des Jahres 1961 durchgeführten Nachkommenschaftsprüfungen von Stammebern in Ungarn. Beilage des Jahrbuches der ungarischen Schweineherdbuchführung und der Schweine-Nachkommenschaftsprüfungen 1961.) Budapest: Mezögazdasági kiadó. 1962. (64 S.) – Aus: Ung. Agrar-Rdsch. **1963** Nr. 2. Einleitend wird die zur Prüfung der Mastleistung angewandte Methode besprochen. Mastfähigkeit und Schlachtwert werden mit je 50 Punkten bewertet (je 1 kg Gewichtszunahme verbrauchte Menge an Stärkewerten: 25; Lebensalter bei Mastende: 15; Körperlänge: 7; tägl. durchschnittl. Gewichtszunahme: 10; prozentualer Anteil des Schinkens am Schlachtgewicht: 8; Baconqualität: 18; Bauchspeckdicke: 5; Muskeleinlagerung im Bauchspeck: 3; Fleischfarbe und -qualität: 3). In der zweiten Jahreshälfte 1961 wurden 824 Schweine geprüft. Sie erzielten eine tägl. Gewichtszunahme von Ø 670 g (in 200 Tagen 90 kg) bei einer Futterverwertung von 1: 2,33 kg StW. Die Körperlänge erreichte 92,5 cm, die Dicke des Rücken- und Bauchspeckes jeweils 35 mm. Das Gewicht der Schinken betrug 27,5 % des Schlachtgewichtes, die Kotelettfläche 32,5 cm². Hervorragend bewährten sich die Stammeber der „Amberto"-Linie, der „Farao"-Linie und der „Marshal"-Linie. Als wertvollstes Zuchttier erwies sich der aus Schweden importierte Eber „Konsul 40" (12 Nachkommen; 89 Punkte).

E. SCHAFE

Jančenko, F. N. (Jantschenko, F. N.); Stawropol, Unions-Forsch.-Inst. für Schaf- und Ziegenzucht. Puti uveličenija proizvodstva baraniny i šersti v gorach Severnogo Kavkaza. **(Wege zur Steigerung der Erzeugung von Schaffleisch und Wolle in den Bergen des Nordkaukasus.)** Životnovodstvo, Moskva 25 (1963) Nr. 1. S. 42–46. – 4 Tab.
Zwecks Steigerung der Fleisch- und Wollerzeugung wird in der Hochgebirgszone der Bestand an grobwolligen Karatschajewoer Schafen vergrößert, während in der Vorgebirgs- und Gebirgszone die dort vorhandenen Kreuzungstiere in halbfeinwollige Fleischwollschafe umgezüchtet werden, die einen Wollertrag von 3,5–4 kg (Muttern) bzw. 6,5–8,5 kg (Böcke), ein Lgw. von

48–55 kg mit einer Fleischausbeute von 50–56% und eine hohe Schnellwüchsigkeit und Vitalität aufweisen und sich ausgezeichnet der Bergweidehaltung anpassen können. Die Mutterherde soll auf 65–75% des Gesamtbestandes vergrößert und auf das Ablammen im Febr. und März umgestellt werden, da die zu dieser Zeit geborenen Lämmer beim Austrieb auf die Sommerweide schon kräftig sind, dort sehr gut zunehmen und nach der Schur mit 7–9 Mon. zur Schlachtung verkauft werden können. B. Schenk. 4080.

Aliev, G. A. (Alijew, G. A.); Akad. der Wiss. der Tadshik.SSR. Sozdanie mjaso-sal'no-šerstnoj porodnoj gruppy ovec v Tadžikistane. **(Die Schaffung einer Fleisch-Fett-Woll-Schafrasse in Tadshikistan.)** Živоtnovodstvo, Moskva **25** (1963) Nr. 1. S. 27–36. – 6 Abb., 7 Tab.
1948 begann man mit der Kreuzung von Hissar-Muttern (Fleisch-Fettschwanzschaf) mit Saradshiner Böcken. Die besten Ergebnisse brachte die Inzucht mit F_1-Kreuzungstieren. Daneben wurden die besten Saradshin-Hissar-Böcke mit Lincoln-Hissar-Muttern gekreuzt und die besten Kreuzungstiere ebenfalls zur Zucht verwendet. Heute gibt es 10400 Schafe der neuen Rasse, die die gute Akklimatisationsfähigkeit und die Fleisch- und Fetteigenschaften der Hissarschafe mit der guten halbfeinen Wolle der Saradshiner Schafe vereinigen. Der jährl. Wollertrag beträgt 4,1 (Böcke) bzw. 2,7 kg (Muttern); 1960 waren es bereits 50% Kammwolle und 84,8% Wolle der Sorten I und II. Die Widerristhöhe der Muttern beträgt 74,4 cm, die Rumpflänge 80 cm, der Brustumfang 105,9 cm, die Brusttiefe 35,3 cm und die Brustbreite 24,2 cm. Die Tiere eignen sich ausgezeichnet zur Weidemast. Sie übertreffen die Hissarschafe in bezug auf Schlachtgewicht, Ausbeute an Fleisch und Innenfett sowie den Fett- und Kaloriengehalt des Fleisches.
B. Schenk. 4090.

Dun, R. B. und Morrant, A. J.; Trangie, New South Wales Dep. of Agric., Agric. Exp. Stat. Identification of Merino rams homozygous for the poll gene. **(Identifizierung von homozygot hornlosen Merinoböcken.)** Austral. J. agric. Res. **13** (1962) Nr. 1. S. 69–81. – 11 Abb., 3 Tab., 14 Lit.
Vff. stellen die Einstufung nach dem Hornwachstum bei 23 Jungböcken, die aus Paarungen homozygot hornlos ♂ × heterozygot hornlos ♀ stammen, den Ergebnissen der Nachkommenschaftsprüfung gegenüber. Danach kann auch bei homozygot hornlosen Böcken geringes Hornwachstum auftreten. Als Höchstwert für das Hornwachstum bei homozygot hornlosen Böcken wird ein aus Längen- und Umfangsmessungen ermitteltes Hornvolumen von 0,05 cu. in. im Alter von 15 Mon. angesehen. Bei der Annahme dieses Grenzwertes ergaben sich 3% Fehleinstufungen. Das Messen des Hornvolumens im Alter von 15 Mon. bietet die gleiche Sicherheit für die Einstufung der Böcke wie eine Nachkommenschaftsprüfung, die 5 Lämmer je Bock enthält.
K.-H. König. 4145.

Ch'ang, T. S. und Rae, A. L.; Palmerston North, Massey Coll. Sources of variation in the weaning weight of Rommey Marsh lambs. **(Variationsursachen im Absatzgewicht von Romney-Marsh-Lämmern.)** New Zealand J. agric. Res. **4** (1961) Nr. 5/6. S. 578–582. – 2 Tab., 16 Lit.
An 3304 Daten aus 2 Romney-Marsh-Herden wurde der Einfluß von Geburts- und Säugetyp (Einzel- bzw. Zwillingslamm), Alter des Mutterschafes, Geburtsjahr, Geschlecht und Alter beim Absetzen auf das Absatzgewicht geprüft. Dabei wurden folgende Ergebnisse ermittelt (in der Reihenfolge: Variationsursache – Anteil an der Gesamtvariation in %): Geburtsjahr – 2,0; Alter der Mutter – 2,1; Geburts- oder Säugetyp – 45,5; Geschlecht des Lammes – 3,2; Alter beim Absetzen – 5,3; Rest – 41,9. Die Regression auf das Alter beim Absetzen betrug 0,28 lb./Tag. Die aus der Mütter-Kinderregression abgeleitete Heritabilität des Absatzgewichtes wird mit 0,35 angegeben. K.-H. König. 4162.

Vasil'ev, D. V. (Wassiljew, S. W.) Primenenie inbridinga pri vyvedenii porodnoj gruppy kalininskich mjasošterstnych ovec. **(Die Anwendung der Inzucht bei der Züchtung einer Rassengruppe der Kalininer Fleischwollschafe.)** Sb. naučn. tr. Kalininsk. gos. s.-ch. opytn. st. **1961** Nr. 1. S. 239–246. – Aus: Referativnyj žurnal. Biologija, Moskva **1962** Nr. 24. L 77. S. 12.

In der Zeit des II. Weltkrieges wurde fast die gesamte von der Versuchsstation „Kalinin" gezüchtete Herde der neuen Rassengruppe der Kalininer Fleischwollschafe vernichtet. 50 Muttern und 1 Bock (Bock Nr. 439) überlebten. Im Laufe einiger Jahre vermehrte sich diese Gruppe unter Verwendung nur dieses Schafbockes sowie seiner Söhne und Enkel. Vf. analysierte die Ergebnisse der Inzucht und der Kreuzung nichtverwandter Tiere innerhalb dieser Herde in den Jahren 1944–59. Berücksichtigt wurden die Ergebnisse von 7 Kreuzungsetappen: der einmaligen Inzucht Stufe II–I auf den Bock 439 (1); der einmaligen Inzucht II–II auf Bock 439 (2); der Inzucht II–II, einer der Elter auf Nr. 439 (3) ingezüchtet; Inzucht II–II, beide Elter auf Nr. 439 ingezüchtet (4); Inzucht III–II oder III–III, beide Elter und einer ihrer Vorfahren auf Bock 439 ingezüchtet (5); die Tiere selbst und ihre Vorfahren wurden durch Outbreeding gewonnen (6); die Tiere selbst wurden durch Outbreeding gewonnen, ihre beiden Eltern jedoch und einer der noch entfernteren Vorfahren waren auf Bock 439 ingezüchtet (7). Die Unfruchtbarkeit der Mutterschafe bei den genannten Kreuzungstypen betrug (in %): 1–4,24; 2–4,55; 3–7,2; 4–7,7; 5–9,0; 6–2,16; 7–5,88. Die Fruchtbarkeit der Mutterschafe lag entspr. bei (in %): 153; 159; 141,1; 136,2; 117,6; 147,9 und 143,6. Die Zahl der Totgeborenen (in %) betrug entspr.: 2,1; 0,0; 0,0; 0,3; 0,0; 1,0 und 0,0. Die Zahl der Mißbildungen (in %) betrug: 0,0; 0,0; 0,0; 0,77; 3,7; 0,0 und 0,0. Die Mißbildungen bestanden in verkürzten Extremitäten (vom Typ der Ankonaschafe), in Anomalien des Kopfes u.a. Die Verluste in der Zeit von der Geburt bis zum Absetzen (4 Mon.) betrugen: 4,33; 4,0; 6,2; 7,2; 8,4; 3,83 und 6,3. Beim Geburtsgewicht und Lgw. im Alter von 4 Mon. konnte eine signifikante Differenz zwischen den verschiedenen Inbreeding- und Outbreeding-Lämmergruppen nicht beobachtet werden. Derartige Unterschiede waren auch in bezug auf das Lgw. und den Schurertrag bei den ausgewachsenen Mutterschafen und dem Schafbock nicht festzustellen. Es ist möglich, daß dies ein Ergebnis der Zuchtverwendung der leistungsfähigsten Individuen ist. Vf. nimmt an, daß die Anwendung der Inzucht in einer Reihe von Generationen zur Entstehung einer einheitlichen, typausgeglichenen Herde mit guter Woll-Leistung und hohem Lgw. beigetragen hat.

übersetzt v. S. Thienel. 4164.

Žabaliev, M. A. und Meleščenko, È. (Shabalijew, M. A. und Melestschenko, E.); Grodno, Landwirtsch. Inst. Ispol'zovanie baranov Kalininskoj porodnoj gruppy dlja sozdanija krossbrednogo ovcevodstva. **(Züchterische Verwendung Kalininer Böcke zur Schaffung hochwertiger Kreuzungstiere.)** Ovcevodstvo, Moskva **9** (1963) Nr. 4. S. 14–15. – 3 Tab.

Seit 1954 arbeitet ein Inst. der Belorussischen SSR an der Schaffung einer Herde mit Fleisch- und Wollnutzung. In der ersten Periode wurden die Nördlichen Kurzschwanzschafe mit Precos-Böcken gekreuzt. 20% der Tiere der F_2 und F_3 wiesen ein feinwolliges, 60% ein halbfeinwolliges und 20% ein halbrauhwolliges Vlies auf. Durch weitere Verwendung von Precos-Böcken stieg der Anteil der Feinwollschafe, die Schurerträge gingen jedoch merklich zurück. Um die Woll- und Fleischeigenschaften der halbfeinwolligen Schafe zu verbessern, wurden Kalininer-Böcke angeschafft. Die Bastarde der Zweifachkreuzung (Kalininer × Precos × Nördliches Kurzschwanzschaf) wiesen gegenüber den Tieren der Ausgangskreuzung um 7,9% höhere Gewichte und um 19,9% bessere Schurleistungen auf.

E. Kahn. 4164.

Hyland, P. G.; Werribee, Victoria, Australia. Seasonal variation in wool growth. **(Jahreszeitliche Schwankungen im Wollwachstum.)** J. Agric. [Melbourne] **61** (1963) Nr. 1. S. 10–12.

In Victoria variierte der durchschnittl. Schurertrag je Tier in den letzten 10 Jahren von 9,02–11,1 lb. Allg. traten in den australischen Schaffarmen große jahreszeitliche Schwankungen im Wollwachstum auf. Nach Untersuchungen in Werribee ist die Wollproduktion während der Spätwinter- und Frühjahrsmonate fast doppelt so hoch wie im Spätsommer und Frühherbst. Die jahreszeitlichen Schwankungen im Wollwachstum werden auf Ernährung, Licht und Temperatur zurückgeführt. Der Einfluß der Ernährung ist in der Praxis größer als der von Licht und Temperatur. Knappes und trockenes Weidefutter tritt während des Sommers und Frühjahres auf, und der Mangel an Protein und Energie wirkt auf das Wollwachstum. Die Höhe des monatl. Wollwachstums ist sehr eng mit dem Wechsel im Lgw. der Schafe verbunden, was von der Menge des verfügbaren grünen Weidefutters abhängig ist. Es werden die Verbesserung der Weidesysteme und, wenn notwendig, der Ausgleich durch Verfütterung von Qualitätsheu, Eiweiß und Getreide, bes. an Muttern, während der letzten Wochen der Trächtigkeit, die Anwendung von Mineraldüngern auf Weiden und die Verlegung der Lammzeit von Herbst- auf Frühjahrslammung oder eine geteilte Lammung empfohlen. Dadurch könnten die jahreszeitlichen Schwankungen im Wollwachstum annähernd ausgeglichen und die Wollproduktion je Tier erhöht werden.

B. Kupatz. **4222.**

Doney, J. M. und Smith, W. F. The fleece of the Scottish Blackface Sheep. I. Seasonal changes in wool production and fleece structure. II. Variation in fleece components over the body of the sheep. **(Das Vlies des Schottischen Schwarzkopfschafes. 1. Mitt. Jahreszeitliche Änderungen in der Wolleistung und Vliesstruktur. 2. Mitt. Unterschiede in den einzelnen Vlieskomponenten an den Körperpartien der Tiere.)** J. agric. Sci. **56** (1961) Nr. 3. S. 365–378. **4234.**

Gol'cblat, A. I. (Golzblat, A. I.) Reakcija tonkorunnych ovec različnoj konstitucii na izmenenie srokov strižki. **(Reaktion feinwolliger Schafe verschiedener Konstitution auf Änderung der Schurtermine.)** Izvestija Timirjazevskoj sel'skochozjajstvennoj akademii, Moskva **1961** Nr. 4. S. 215–221. — 4 Abb., 6 Tab. Zus. in Engl. **4237.**

Walker, I. K. The coupled diffusion of heat and moisture in baled wool. Part 1. Changes in bale temperature. Part 2. Changes in bale weight. **(Die gleichzeitige Diffusion von Hitze und Feuchtigkeit in Wollballen. 1. Mitt. Änderungen in der Ballentemperatur. 2. Mitt. Änderungen im Ballengewicht.)** New Zealand J. Sci. **4** (1961) Nr. 4. S. 775–810. — 19 Abb., 2 Tab., 20 Lit.

Versuchsbericht über die Einwirkung wechselnder Temperaturen auf Rohwollballen in einem bestimmten Temperaturbereich: Es wird nachgewiesen, daß die vorliegenden Temperaturveränderungen im Inneren der Wolle mit der Henryschen Theorie von der gleichzeitigen Diffusion von Hitze und Feuchtigkeit übereinstimmen. Eine Methode, wie die langsame Temperaturveränderung in der Wolle gehemmt werden kann, wird beschrieben. Liegt keine gleichzeitige Diffusion von Wärme und Feuchtigkeit vor, breitet sich die Wärme schneller aus. Die Werte von σ und ω werden in einem bestimmten Temperaturbereich und bei bestimmter Erwärmungsamplitude dargestellt. Diese Ergebnisse sind bes. im Hinblick auf die Neigung der Schweißwolle zur Selbstentzündung von Interesse. Nach der Henryschen Formel bedeutet: σ = die Zunahme des Wassergehaltes der Schmutzwolle bei konstanter Luftfeuchtigkeit und Temperatur, ω = die Abnahme des Wassergehaltes der Schmutzwolle unter den Bedingungen von σ. H. Busse. **4238.**

Šerstobitov, D. V. und Ivanov, A. V. (Scherstobitow, D. W. und Iwanow, A. W.); Orenburg, Landwirtsch. Inst.; Gebiet Orenburg, Rayon Tschkalow, Sowchos „Karawanny". Katonnoe soderžanie i zimnij vypas ovec. **(Die Katonhaltung und die Winterweide von Schafen.)** Životnovodstvo, Moskva **25** (1963) Nr. 1. S. 51–53. – 2 Tab.

Ein „Katon" ist ein runder, schoberförmiger Windschutz ohne Dach, der aus Holzstangen und Stroh, Schilf, Preßstrohballen usw. errichtet wird. Die günstigste Wandhöhe ist 4–5 m bei einem Durchmesser von max. 16 m. Die Katons, deren Türen nachts geschlossen werden, werden in der Nähe der Schafställe gebaut, damit die Schafe bei schlechtem Wetter dort Schutz suchen können. In diesen Pferchen, die reichlich Einstreu erhalten, bleiben die Schafe nur nachts, tagsüber weiden sie. Die Katons haben sich vor allem in den Steppenbezirken des Gebietes Orenburg bewährt. Die Tiere erhalten zusätzlich zum Weidefutter Silage, Heu und Stroh. Durch die Winterhaltung in Katons und die Winterweide erhöhten sich das Lgw. gegenüber der Stallhaltung um 4 kg, der Wollertrag um 0,55 kg (von 3,8 auf 4,35 kg) und die Wollänge um 1,1 cm.

B. Schenk. 4275.

Balogh, I. und *Ferenczy, S.* **A juhtörzskönyvezés évkönyve, 1960/61.** (Jahrbuch der ungarischen Schafeherdbuchführung 1960/61.) Budapest: Mezögazdasági kiadó. 1962. (79 S.) – Aus: Ung. Agrar-Rdsch. **1963** Nr. 2. In 255 Zuchtbetrieben standen 58710 Mutterschafe des Ungarischen Kammwollmerino-Schafes unter herdbuchmäßiger Kontrolle. 61,7 % der Muttern waren in volkseigenem, 37,7 % in genossenschaftlichem und 0,6 % in privatem Besitz. 89,3 % der Tiere lammten ab, Zwillingsgeburten kamen in 45 % der Fälle vor. Der durchschnittl. Wollertrag betrug 5,43 kg. Das durchschnittl. Lgw. der Muttern betrug 44 kg, ihre Milchleistung 34,2 l. Die Wollfeinheit schwankte i. allg. zwischen A/AA und A/B. – Die Zahl der Kammwollmerino Stammzuchten belief sich auf 53 mit 18589 Muttern. 65,9 % der Muttern brachten 1 Lamm, 21,7 % Zwillinge. Das Ablammverhältnis betrug 109,5 %, das Aufzuchtverhältnis 106,0 %. Die Stammuttern erzielten ein durchschnittl. Schurgewicht von 5,55 kg, hatten ein Durchschnittsgewicht von 46 kg und eine durchschnittl. Milchleistung von 30,0 l. Im Herbst 1961 begann die offizielle Nachkommenschaftsprüfung der Schafe in 25 Zuchten, in die 200 Böcke und 60000 Muttern einbezogen wurden. Die Erbwertermittlung der Böcke erfolgte durch den Altersgefährtinnen-Vergleich (Vergleich der durchschnittl. Leistung sämtlicher weibl. Nachkommen mit der Durchschnittsleistung der Töchtergruppen der einzelnen Böcke). Manchmal wurde auch der Töchter-Mütter-Vergleich angewendet. Es wurden Wollertrag, Körpergewicht, Stapellänge und Sortiment bewertet.

SPEZIELLE KLEINTIERZUCHT

C. GEFLÜGEL

Volkova, L. P. und Šeluchina, T. K. (Wolkowa, L. P. und Scheluchina, T. K.) Pticevodstvo Latvii. **(Die Geflügelzucht in Lettland.)** Pticevodstvo, Moskva **1963** Nr. 3. S. 5–7. – 3 Abb.

In Lettland wurden 13 Spezialsowchosen und 19 zwischenkollektivwirtschaftliche Farmen für Hühnerhaltung sowie 24 Spezialsowchosen für Entenmast geschaffen. 1962 wurden 130,5 Mill. Eier erzeugt. In den Spezialbetrieben für Geflügel wird die Tiefstreuhaltung in weitgehend mechanisierten Ställen angewandt. Auf der Grundlage engl. Zuchttierimporte wird die Broilerproduktion organisiert. Die Brutstationen erbrüteten 1962 6,7 Mill. Küken, davon ca. 3 Mill. Wassergeflügel. H. Pingel. 4601.

Hühner

Müller, G.; München, Ifo-Inst. für Wirtschaftsforsch. **Gegenwartsprobleme und Zukunftsaussichten der deutschen Hühnerhaltung.** Ber. Landwirtsch. [N. F.] **40** (1962) Nr. 4. S. 778–792. – 8 Abb., 9 Lit. Zus. in Engl., Franz.

Eine Untersuchung der strukturellen Entwicklung der Hühnerhaltung zeigt, daß sich die Hühnerhaltung in Spezialbetrieben ohne eigene Bodenerzeugung und in größeren landwirtsch. Betrieben konzentriert. Da die Hühnerhaltung außerordentlich arbeitsextensiv, jedoch sehr kapitalintensiv ist, ordnet sie sich besser in Großbetriebe ein als in bäuerliche Betriebe. Als Spezialbetriebe ohne eigene Bodenerzeugung werden für die gesamte BRD 1500 Legehennen- und 100 Mastbetriebe, die 5 bzw. 33% der gesamten Bestände halten, genannt. Bis 1970 wird mit einem Mehrverbrauch je Kopf der Bevölkerung um 10 Eier und 0,5 kg Geflügelfleisch gerechnet. Das entspräche einer Mehrerzeugung von jährl. 550 Mill. Eiern und 26 Mill. Broilern. Da es schwer sein dürfte, die Importe durch Eigenerzeugung zu verdrängen, sollte die Wettbewerbslage der bäuerlichen Familienbetriebe durch staatl. Hilfsmaßnahmen verbessert werden, damit sie ihr Einkommen durch die Hühnerhaltung verbessern können und der Mehrverbrauch an Geflügelprodukten im Inland erzeugt wird, U. Hofmann. 4608.

Ruhdel; Ulm/Donau. **Aussichten und Entwicklungstendenzen der deutschen bäuerlichen Geflügelhaltung.** Dtsch. Geflügelwirtsch. **15** (1963) Nr. 24. S. 321 bis 323. — 4 Abb. 4608.

Engel, B.; München, Ifo-Inst. für Wirtschaftsforsch. **Die Broilerproduktion in den USA.** Ber. Landwirtsch. [N. F.] **40** (1962) Nr. 7. S. 875–889. — 3 Abb., 7 Tab., 24 Lit. Zus. in Engl., Franz.
Durch den stürmischen Aufbau der Broilerproduktion in den USA nach dem 2. Weltkrieg hat das Jungmasthuhnfleisch bereits einen Anteil von 66% am Geflügelfleischkonsum gegenüber 20% Puten- und 14% Hühnerfleisch (ohne Broiler). Durch die modernen Erzeugungsmethoden wurde eine stetige Kosteneinsparung ermöglicht, so daß das Brathuhnfleisch das billigste Magerfleisch überhaupt wurde. Die seit 1961 vorhandene Überproduktion übt einen Preisdruck aus. Dem Ausbau des Exports nach Westeuropa wird bes. Aufmerksamkeit gewidmet. Während die Broilerproduktion ihren Schwerpunkt zunächst in der Nähe des Hauptverbrauchszentrums New York hatte, ist der Produktionsanteil in den Südstaaten bis 1960 auf 53% gestiegen. Bei der Eiererzeugung ist dagegen in den Nachkriegsjahren keine Standortverschiebung eingetreten, der Schwerpunkt der Legehennenhaltung liegt nach wie vor in der Nähe New Yorks und im Hauptanbaugebiet für Futtergetreide. Vf. bespricht die agrarpolitische Situation und betriebswirtschaftliche Probleme der Broilerproduktion. U. Hofmann. 4608.

Tauchnitz, S.; Thum, Erzgebirge. **Unser Deutsches Reichshuhn.** Garten u. Kleintierzucht, Ausg. B **2** (1963) Nr. 12. S. 9. — 3 Abb. 4624.

Kopylovskaja, G. Ja., Lebedev, B. I. und Svirina, Z. A. (Kopylowskaja, G. J., Lebedew, B. I. und Swirina, S. A.) O plemennoj rabote v plempticezavodach. **(Über die Züchtungsarbeit in staatlichen Zuchtbetrieben.)** Pticevodstvo, Moskva **1963** Nr. 2. S. 20–23. — 1 Abb., 2 Tab.
Um Leistungen über 200 Eier je Henne zu erzielen, muß die Zuchtarbeit verbessert werden. Bisher fand die Nachkommenprüfung bei der Auswahl der Zuchthähne kaum Anwendung. Für die Nachkommenprüfung dürfen grundsätzlich keine Töchter gemerzt werden. Durch periodischen Hahnenwechsel können mehrere Junghähne auf Befruchtung, Schlupf, Aufzucht und Legeleistung bis zum 10-Monate-Alter überprüft werden. In die Stammzucht werden bereits geprüfte Hähne übernommen. Große Bedeutung gewinnt ferner die reziproke, rückläufige Selektion. H. Pingel. 4652.

Maloney jun., M. A., Gilbreath, J. C. und Morrison, Robert D.; Stillwater, Oklahoma State Univ., Agric. Exp. Stat., Poultry Sci. Dep. Two-way selection for body weight in chickens. 1. The effectiveness of selection for twelve-week body weight. **(Zweiweg-Selektion nach dem Körpergewicht bei Küken. 1. Mitt. Die Wirksamkeit der Selektion nach dem 12-Wochen-Gewicht.)** Poultry Sci. **42** (1963) Nr. 2. S. 326–334. — 5 Abb., 3 Tab., 10 Lit.
Vff. untersuchten an einem Gesamtmaterial von ca. 320 Hähnen, 2300 Hennen und 15500 Küken der Rasse Silber-Oklabar im Verlauf von 10 Generationen die Wirksamkeit der Selektion nach hohem und niedrigem individuellen

12-Wochen-Gewicht. Zur Zucht verwendet wurden jeweils alle Tiere, die in diesem Merkmal 1 Standardabweichung über oder unter dem jeweiligen Populationsmittel lagen. Von der 5. Generation wurde aus jeder Linie eine Untergruppe abgespalten, die durch Zufallspaarung weiter erhalten wurde. Die Differenz zwischen beiden Linien betrug nach 10 Generationen 77,1% des Ausgangsgewichtes (2,55 lb.), wobei die Veränderung in der hohen Linie größer war ($b = 0,16$) als in der niedrigen ($b = 0,03$). Die durchschnittl. Reaktion pro Generation betrug 0,18 lb. Die verwirklichte Heritabilität war 0,34 in der hohen und 0,07 in der niedrigen Linie mit einer signifikanten Differenz von 0,27 zwischen beiden. Die phänotypische Variation (s%) verminderte sich von 15,0% im Ausgangsmaterial auf ca. 4,0% in der 10. Generation der hohen Linie. Von den während der 5. Generation abgespaltenen Gruppen zeigte die aus der hohen Linie hervorgegangene Gruppe einen nicht mehr signifikanten Anstieg im 12-Wochen-Gewicht, während die andere praktisch zum Mittel der Ausgangspopulation zurückkehrte. A. Schaaf. 4655.

Maloney jun., M. A., Gilbreath, J. C. und Morrison, R. D.; Stillwater, Oklahoma State Univ., Agric. Exp. Stat., Poultry Sci. Dep. Two-way selection for body weight in chickens. 2. The effect of selection for body weight on other traits. **(Zweiweg-Selektion nach dem Körpergewicht bei Küken. 2. Mitt. Der Einfluß der Selektion nach dem Körpergewicht auf andere Merkmale.)** Poultry Sci. **42** (1963) Nr. 2. S. 334–344. — 4 Abb., 4 Tab., 9 Lit. 1. Mitt. vgl. vorst. Ref.

Vff. untersuchten die korrelierte Reaktion von 6 Merkmalen auf eine Selektion nach hohem und niedrigem 12-Wochen-Gewicht. Die Regressionsanalyse zeigte in der hohen Linie einen stark signifikanten Anstieg von 0,09 lb. je Generation im 6-Wochen-Gewicht und einen nicht signifikanten Anstieg von 0,2 g im März-Eigewicht. In der niedrigen Linie verminderte sich das 6-Wochen-Gewicht nicht signifikant um 0,01 lb. je Generation und das März-Eigewicht stark signifikant um 0,6 g. Das Alter bei Geschlechtsreife zeigte keine korrelierte Reaktion. Zwischen 12- und 6-Wochen-Gewicht bestanden in beiden Linien hoch signifikante Korrelationen von 0,245 bzw. 0,530. Zwischen 12-Wochen-Gewicht und März-Eigewicht war die Korrelation nur in der niedrigen Linie signifikant (0,158). Zwischen 12-Wochen-Gewicht und Alter bei Geschlechtsreife bestanden keine signifikanten Korrelationen. Beide Linien zeigten einen nicht signifikanten Anstieg im Anteil befruchteter Eier und einen nicht signifikanten Rückgang der Schlupfleistung gegenüber dem Ausgangsstamm. Bis auf die beiden letzten Generationen bestand zwischen beiden Linien kein Unterschied in der Legeleistung. Die durchschnittl. Legeprozente waren 0,47 bzw. 0,43. Die in der 5. Generation abgespaltenen Gruppen blieben in ihrer Leistung nahezu unverändert. A. Schaaf. 4655.

Schweitzer, L. J. und Nordskog, A. W.; Ames, Iowa State Univ., Dep. of Poultry Sci. Influence of parent flock source on poultry performance. **(Der Einfluß der Eltern auf die Leistung des Geflügels.)** Poultry Sci. **41** (1962) Nr. 5. S. 1578–1585. — 1 Abb., 7 Tab., 11 Lit.

In 3 aufeinanderfolgenden Jahren wurden aus 3 verschiedenen Zuchtbetrieben jeweils 2 Gruppen zu 15–20 Nachkommen an 24 Prüfstationen verteilt. Ermittelt wurde die Brütigkeit, die Eiproduktion nach monatl. Anfangsbestand, die Sterblichkeit während der Legeperiode, das Eigewicht im 8-Monate-Alter und der Prozentsatz eingestallter Junghennen. Die Varianzanalyse ergab für keine der genannten Merkmale eine signifikante Differenz zwischen den Zuchtbetrieben. Dagegen waren die Unterschiede zwischen den Prüfstationen hochsignifikant. Die Wirkung der Elterntiere ist unmittelbar mit jeder einzelnen Herde verbunden, jedoch nicht mit der betr. Zuchtfarm. Dies zeigt sich in der ermittelten Wechselwirkung zwischen Zuchtfarmen und Jahren. H. Pingel. 4656.

Friars, G. W., Bohren, B. B. und McKean, H. E.; Lafayette, Ind., Purdue Univ., Agric. Exp. Stat. Time trends in estimates of genetic parameters in a population of chickens subjected to multiple objective selection. **(Zeittrends bei Schätzungen genetischer Parameter in einer nach mehreren Merkmalen selektierten Hühnerpopulation.)** Poultry Sci. **41** (1962) Nr. 6. S. 1773–1784. – 6 Tab., 23 Lit.

Vff. schätzten genetische Varianzen und Covarianzen in 9 verschiedenen Generationen einer dominant weißen Broilerpopulation, die nach 5 Merkmalen selektiert worden war: Körpergewicht und Brustformnote bei 8 Wochen, Legeleistung, Eigewicht und Jährlingsgewicht. Die Heritabilitäten der untersuchten Merkmale zeigten keine beachtenswerten Zeittrends. Die Zeittrends der Umweltkorrelationen waren schwach positiv, während von den 18 Zeittrends der genetischen Korrelationen nur 2 positiv und 6 der negativen mit $P < 0{,}10$ statistisch signifikant waren. Die Selektion nach mehreren Merkmalen und genetische Korrelationen werden als wahrscheinlichste Ursachen für diese negativen Trends angesehen. A. Schaaf. 4660.

Waters, Nelson F. und Burmester, B. R.; East Lansing, Mich., U.S. Dep. of Agric., A. R. S., Animal Husbandry Res. Div., Regional Poultry Res. Lab. Mode of inheritance of resistance to induced erythroblastosis in chickens. **(Vererbungsmodus von Resistenz gegen induzierte Erythroblastose bei Küken.)** Poultry Sci. **42** (1963) Nr. 1. S. 95–102. – 4 Abb., 7 Lit.

An insgesamt 1280 Küken als Nachkommen von 8 Vätern und 33 Müttern aus 2 stark ingezüchteten Leghorn-Linien ($F > 95\%$) bestätigen Vff. ihre bereits 1958 veröffentlichte Aussage, daß eine Ausbildung von Resistenz gegenüber Erythroblastose (künstlich induziert durch Virus aus der Linie RPL 12) von einem einzelnen Paar autosomaler dominanter Gene abhängig ist. A. Schaaf. 4660.

Tindell, D.; Athens, Univ. of Georgia, Poultry Dep. Inter-strain aggressiveness and performance in chickens. **(Zwischen-Linien-Aggressivität und Leistung bei Hühnern.)** Poultry Sci. **41** (1962) Nr. 6. S. 1954–1956. – 2 Tab., 10 Lit.

Vf. fand signifikante Differenzen in der Aggressivität zwischen 10 Hennenlinien im Leghorntyp. Die aggressivste Linie gewann 51 von 72 Paaresprüfungen, die am wenigsten aggressive nur 19. Die Korrelationen zwischen der Agressivität und 12 Leistungs- bzw. Eiqualitätsmerkmalen waren niedrig ($-0{,}06$ bis $+0{,}39$) und bei je 8 Freiheitsgraden nicht signifikant. Die Ursachen für Abweichungen im Vorzeichen bestimmter Korrelationen gegenüber früheren Ergebnissen werden im verschiedenen Alter bei Messung der Aggressivität vermutet (34:59 Wo.). A. Schaaf. 4660.

Prachov, R. (Prachow, R.) Aparat za elektrizacija i elektrošok za borba s mŭtačnostta pro kokoškite. **(Elektrisierungs- und Elektroschockapparat zum Brutentwöhnen der Hennen.)** Izvestija na Naučnoizsledovatelskija institut po biologija i patologija na razmnožavaneto na selskostopanskite životni, Sofija **2** (1962) S. 251–254. – 1 Abb., 3 Lit. Zus. in Russ., Engl.

Zur Erniedrigung der Stromspannung auf 12; 8 oder 6 V benutzte Vf. einen gewöhnlichen Glockentransformator. Die eine Elektrode wird in die Kloake, die andere in den Schnabel eingeführt. Innerhalb von 5–6 Sek. nach Einschalten gerät die Henne in elektrisierten Zustand. Der Elektroschock, bei dem die Henne bewußtlos wird und wobei ein Tränentropfen im inneren Augenwinkel erscheint, tritt bei Leghorn-Hennen in 13–15 und bei Hennen anderer Rassen in 18–20 Sek. ein. Der Elektroschock war von besserer klinischer und wirtschaftlicher Wirkung. Die derart behandelten Glucken beginnen nach 8 bis 10 Tagen zu legen, und ihre Jahreslegeleistung ist um 10–20 Eier höher als die der Kontrollhennen. G. Radew. 4667.

Dimov, Al. (Dimow, Al.); Widin, Bulgarien, Zentr. Landwirtsch. Versuchsstat. Proučvanija za ustanovjavane na podchodjašti kombinacii za promišleno krŭstosvane meždu njakoi porodi kokoški. Opiti za promišleno krŭstosvane na kokoški ot porodite legchorn i njuchempšir. **(Untersuchungen zur Feststellung geeigneter Kombinationen für die Gebrauchskreuzung einiger Hühnerrassen. Versuche zur Gebrauchskreuzung von Leghorn und New-Hampshire.)** Izvestija na Naučnoizsledovatelskija institut po životnovŭdstvo „Georgi Dimitrov" – Kostinbrod, Sofija **15** (1962) S. 173–190. – 5 Abb., 11 Tab., 12 Lit. Zus. in Russ., Engl.

Es wurden folgende 4 Zuchtgruppen zu je 30 Hennen und Hähnen zusammengestellt: Gr. I New Hampshire × Leghorn, Gr. II Leghorn × New Hampshire, Gr. III New Hampshire × New Hampshire, Gr. IV Leghorn × Leghorn. Der Versuch wurde wiederholt. Ergebnisse (in der Reihenfolge der Gruppen): Schlupfergebnis (der befruchteten Eier) 88,5; 84,3; 86,4; und 87,5%; mittleres Schlupfgewicht der Küken 42,3; 42,2; 43,1 und 40,8 g; Gewichtszuwachs bis zum 3. Lebensmonat 1030,5; 1006,0; 1081,5 und 860,7 g, bis zum 6. Lebensmonat 2182; 1993; 2261 und 1597 g; Futteraufwand je kg Zuwachs bis zum 3. Lebensmonat 3,54; 4,01; 3,89 und 4,54 FE, bis zum 6. Lebensmonat 5,83; 6,44; 5,63 und 7,12 FE; Schlachtausbeute der 90tägigen Hähnchen 66,6; 67,8; 68,02 und 65,0%; Legebeginn der Junghennen – mit 177,4; 176,3; 196,2 und 182,2 Tagen; mittlere Jahreslegeleistung 190,0; 176,8; 162,2 und 173,6 Eier; mittleres Lgw. mit 12 Mon. 2504; 2489; 2784 und 2008 g.

N. Platikanow. 4669.

Baljozov, D. (Baljosow, D.); Sofia-Kostinbrod, Forsch.-Inst. für Tierzucht. Proučvanija za ustanovjavane na podchodjašti kombinacii za promišleno krŭstosvane meždu njakoi porodi kokoški. Opiti za promišleno krŭstosvane meždu njakoi obštopolzvatelni porodi kokoški s porodata korniš s ogled na polučavane na pileta za meso. **(Untersuchungen zur Feststellung geeigneter Kombinationen für die Gebrauchskreuzung einiger Hühnerrassen. Versuch zur Gebrauchskreuzung einiger Zwiehuhnrassen mit Cornish zur Erzeugung von Fleischhühnern.)** Izvestija na Naučnoizsledovatelskija institut po životnovŭdstvo „Georgi Dimitrov" – Kostinbrod, Sofija **16** (1962) S. 17–27. – 7 Tab., 10 Lit. Zus. in Russ., Dtsch.

Es werden reziproke Kreuzungen zwischen Cornish und New Hampshire und zwischen Cornish und Rhodeländern durchgeführt. Die in 7 Gruppen (zu 100) eingeteilten Küken – Gr. I Cornish, Gr. II Cornish × New-Hampshire, Gr. III New-Hampshire × Cornish, Gr. IV New-Hampshire, Gr. V Cornish × Rhodeländer, Gr. VI Rhodeländer × Cornish, Gr. VII Rhodeländer – waren in gleicher Weise gefüttert und gepflegt worden. Ergebnisse (in der Reihenfolge der Gruppen): Schlupfgewicht der Küken 42,4; 40,8; 42,2; 41,7; 41,7; 41,7 und 41,6 g; Lgw. mit 90 Tagen 1668, 1638, 1505, 1534, 1586, 1426 und 1234 g; Futteraufwand je kg Zuwachs 3,45; 3,62; 3,81; 3,76; 3,79; 3,76 und 4,89 FE; Schlachtausbeute der Hähnchen 72,3; 73,1; 71,1; 70,8; 72,2; 70,7 und 71,8%; Fleischanteil (bezogen auf das Schlachtgewicht) 76,0; 77,4; 76,8; 76,8; 73,4; 74,8 und 71,5%. N. Platikanow. 4669.

Orlov, M. V. (Orlow, M. W.); Sagorsk, Gebiet Moskau, Unions-Forsch.-Inst. für Geflügelzucht. Metody differencirovanija režima inkubirovanija jaic sel'skochozjajstvennoj pticy. **(Methoden der Umweltdifferenzierung bei der Brut von Geflügeleiern.)** Trudy Vsesojuznogo naučno-issledovatel'skogo instituta pticevodstva, Moskva **27** (1961) S. 130–147. – 6 Tab., 32 Lit.

Die Brut dient nicht nur der Vermehrung, sondern ist auch ein Mittel zur Lenkung der Entwicklung des Geflügelorganismus, mit dem Ziel, die Lebensfähigkeit und Leistung zu erhöhen. Die Brut umfaßt die Periode des Werdens des Organismus und ist deshalb bes. wichtig für die Einflußnahme auf die Entwicklung. Bei der Brut muß in Zukunft die Gesetzmäßigkeit der Keimentwicklung berücksichtigt werden. Auf Grund verschiedener Perioden in der Keimentwicklung müssen die Brutbedingungen differenziert werden, sonst stirbt ein Teil der Embryonen ab bzw. wird geschwächt. Bei der natürlichen Brut wird durch höhere Temperatur und geringeren Wasserverlust in den ersten Tagen das Anfangswachstum der Embryonen beschleunigt. Durch die Erzeugung von Eigenwärme werden am Brutende die Wärmeabgabe und die Wasser verdunstung erhöht. Abkühlung ist nur in Brutapparaten mit ungenügender Ventilation notwendig. Durch 12- bis 15stündige Vorbrut und anschließende Abkühlung auf 12–15 °C wird das Geschlechtsverhältnis zugunsten des weibl. Geschlechts verschoben. Wenn durch derartige Umweltbedingungen in frühen Entwicklungsstadien das Geschlecht verändert werden kann, muß es auch möglich sein, die Entwicklung der Geschlechtsorgane zu verbessern, so daß deren spätere Funktionsfähigkeit erhöht wird. H. Pingel. 4676.

Sergeev, V. A. und Dujunov, Ė. A. (Sergejew, W. A. und Dujunow, E.A.) Vremja osemenenija kur i oplodotvorennost' jaic. **(Zeitpunkt der Besamung von Hühnern und die Befruchtung der Eier.)** Pticevodstvo, Moskva **1963** Nr. 3. S. 27. — 1 Abb., 1 Tab.
Eine Hennengruppe wurde morgens zwischen 8^{00} und 9^{00} und die andere nachmittags zwischen 14^{30} und 15^{30} besamt. Befand sich im Eileiter während der Besamung kein Ei, ergab die Besamung nachmittags eine Befruchtung von 92,3% und vormittags von 70,0%. Befand sich im Eileiter ein Ei, betrug die Befruchtung bei der Besamung nachmittags 56,9% und bei der Besamung vormittags 51,2%. H. Pingel. 4677.

Kaplik, L.; Neustrelitz. **Die Junghennenfütterung.** Garten u. Kleintierzucht, Ausg. B 2 (1963) Nr. 12. S. 6. — 2 Abb. 4684.

Petrović, Vladimir, Štrbac, Petar und Mašić, Boško. Uporedno ispitivanje tova brojlera na podu i u baterijama. **(Die vergleichenden Untersuchungen über die Boden- bzw. Batteriemast der Broilerküken.)** Stočarstvo [Zagreb] **16** (1962) Nr. 1/2. S. 36–42. — 6 Tab., 10 Lit. Zus. in Engl.
In 3 nacheinander vom 22.3.–7.6.1961 durchgeführten 66 Tage dauernden Mastversuchen mit 42688 Küken (17123 Boden; [I], 25565 Batteriemast [II]) der White-Cornish (Linie Silver broiler, color marking weiß)-Hähne × New-Hampshire-Hennen wurden folgende Resultate erzielt (Bodenhaltung 15 Küken/m², Infrarotlampen, 15 cm Streudicke von Hanf- und Holzspänen; Batteriehaltung — bis zu 18 Tagen 70 Küken/m², bis zu 42 Tagen 35/m² und bis zu 66 Tagen 18 Küken/m²): Lgw. mit 66 Tagen 1108,7 g (I) bzw. 1143,7 (II), was einen signifikanten wenn auch praktisch nicht großen Gewichtsunterschied zugunsten von Batterie-Küken um 35 g bedeutet; die Verluste von 8,86 (I) und 8,48% (II) waren ziemlich hoch (wahrscheinlich Ventilationsstörungen); Futterverbrauch je kg Zuwachs: 3,18 (I) bzw. 2,76 (II), was einen signifikanten Unterschied von 0,40 kg, der auch praktisch interessant ist, zugunsten der Batteriemast bedeutet; die Vorteile der Batteriehaltung kamen zum Ausdruck bes. in der Qualität der Mastküken (9,3% Klasse I Boden-, und 34% Batteriemast, nebst 19,7% Klasse III Boden-, und nur 9,4% Batteriemast). I. Šmalcelj. 4690.

Tláskal, Josef und Perlín, Ctibor. Porovnávací výkrm jatečných kuřat. **(Vergleichsmast der Schlachtküken.)** Drůbežnictví [Praha] **11** (1963) Nr. 1. S. 7–8. — 5 Tab.
Die Lgw.-Zunahmen und der Futterverbrauch von mit schwedischem und tschechoslowakischem Mastfutter gemästeten Küken schwedischer und tschechoslowakischer Zucht werden verglichen. Bei Benutzung des schwedischen Futtergemisches (KF-granuliert) erreichten die schwedischen Küken ein durchschnittl. 10-Wochen-Gewicht von 1972 g, die tschechoslowakischen Küken das von 1616 g. Der Futterverbrauch je 1 kg Zunahme betrug bei den

ersteren 2,18 kg, bei den letzteren 2,34 kg. Die mit dem tschechoslowakischen Futtergemisch gemästeten Küken schwedischer Herkunft erreichten in 10 Wochen ein Durchschnittsgewicht von 1274 g, die einheimischen Küken ein Gewicht von 990 g. Der Futterverbrauch je 1 kg Zuwachs betrug 4,81 kg bzw. 6,17 kg. Bei einer Verlängerung der Mast auf 12 Wochen betrug das Gewicht bei Mastende bei den ersteren 1672 g, bei den letzteren 1325 g, der Futterverbrauch 4,33 kg bzw. 5,47 kg. Auf Grund dieser Ergebnisse wurden Maßnahmen zur Heranzucht leistungsfähigerer Mastküken sowie zur Herstellung einer besseren Mastfuttermischung getroffen. ČSSR/ÚVTI. 4690.

Perlín, Ctibor und Tláskal, Josef. Vliv krmiva a plemene na opeření a technologickou jakost kuřat. **(Einfluß der Rasse und des Futters auf Befiederung und technologische Qualität der Junghühner.)** Drůbežnictví [Praha] 11 (1963) Nr. 2. S. 24. — 3 Tab.
In Vergleichsmastversuchen wurde bei den Küken schwedischer Zucht im Alter von 5 Wochen bei Anwendung einer weniger geeigneten Futtermischung (VK) eine gegenüber den tschechoslowakischen spez. Mastküken bedeutend bessere Befiederung festgestellt. Aus den technol. und chem. Analysen der geschlachteten 10 Wochen alten Mastküken beider Herkunft ergab sich ein wesentlicher Einfluß des Futters auf die Qualität der Schlachthühner. Das Futtergemisch einheimischer Herkunft (VK ungranuliert) senkte den Fettgehalt sowie den Eiweißgehalt der Schlachthühner und steigerte den Wassergehalt im Vergleich zu den Masthühnern, die mit dem gehaltvolleren schwedischen Futtergemisch (KF-201, granuliert) gemästet wurden. Der Einfluß der Rasse war dagegen unwesentlich. Die mit dem einheimischen Futtergemisch gemästeten Küken beiderlei Herkunft wiesen eine geringere Schlachtausbeute, einen geringeren Fleischanteil sowie einen größeren Anteil an minderwertigen Körperteilen im Gegensatz zu den mit dem schwedischen Mastfutter gefütterten Küken auf. ČSSR/ÚVTI. 4690.

Nieschulz; Bonn. **Legeleistung der Hennen und Eiererzeugung im Bundesgebiet im Jahre 1961.** Dtsch. Geflügelwirtsch. 14 (1962) Nr. 23. S. 297–299. — 9 Tab.
Aus monatl. Meldungen von ca. 4600 landwirtsch. Hühnerhaltungen in der BRD wurde die Legeleistung berechnet. 1961 stieg die durchschnittl. Leistung um 3,2 Eier je Henne. In den norddeutschen Betrieben lag die Legeleistung höher als in den süddeutschen, im Bezirk der Landwirtschaftskammer Weser-Ems betrug sie ⌀ 189,1, in Bayern 145,4 Eier je Henne. Bei einer Gliederung der Hennenbestände in 0–10, 11–20, 21–50, 51–100, 101–250, 251 und mehr Hennen zeigte sich, daß die Legeleistung in den größeren Tierbeständen höher war. Der Anteil der monatl. Legeleistung war in den größeren Beständen ausgeglichener als in den kleineren, in denen der Anteil in den Mon. März–Mai stark hervortritt. Im Durchschnitt aller landwirtsch. und nichtlandwirtsch. Hühnerhaltungen im Bundesgebiet betrug die Legeleistung 155 Eier je Henne. Die Eiererzeugung der Berichterstatterbetriebe betrug 1961 8372 Mill. Stck., das waren 477 Mill. Stck. mehr (= 6%) als im Vorjahr. Die Steigerung ist weitgehend auf die Vergrößerung der Junghennenbestände zurückzuführen. Der Junghennenbestand erhöhte sich von 1960 zu 1961 von 49,3% auf 54,5%. H. Sommerfeld. 4700.

Kinder, Q. B. und Funk, E. M. Effect of season of hatch on productive performance and economic returns from egg strain hens. **(Der Einfluß des Schlupfzeitpunktes auf die Leistungseigenschaften und den ökonomischen Nutzen von Hennen aus Legeleistungslinien.)** Univ. Missouri, Coll. Agric., agric. Exp. Stat., Res. Bull. **1960** Nr. 723. S. 1–24. 4700.

Zločevskaja, K. V. (Slotschewskaja, K. W.); Sagorsk, Gebiet Moskau, Unions-Forsch.-Inst. für Geflügelzucht. Ocenka kačestv jaic pri kruglogodovoj inkubacii. **(Bewertung der Eiqualität bei ganzjähriger Brut.)** Pticevodstvo, Moskva **1962** Nr. 12. S. 91–21. — 4 Abb., 2 Tab.

Die Bruteiqualität bleibt nicht über das ganze Jahr gleich. Es wurden Eier zu verschiedenen Jahreszeiten von Jung- und 2jährigen Legehennen untersucht, und zwar nach 1-, 7- und 17tägiger Lagerung. Mit zunehmendem Alter nimmt nicht nur das abs. Gew. der Eier zu, sondern auch der rel. Tr.-Subst.-Gehalt im Eiklar und Eidotter sowie das rel. Dotter- und Schalengewicht, während das Gewicht des Eiklar rel. abnimmt. Mit zunehmendem Alter der Hennen nimmt auch der Zuckergehalt im Eiklar und Eidotter zu, der wichtig für die Anfangsentwicklung der Embryonen ist. Es wird vorgeschlagen, daß bei der Bewertung der Bruteiqualität das spez. Gew. nicht unter 1,08, das Verhältnis Eiklar : Dotter nicht unter 2,0 und der Eiklar-Index nicht niedriger als 0,078–0,080 sein sollen. H. Pingel. 4700.

Schwarz, L., Fehse, F., Müller, G. und Krasemann, E.; Hamburg, Lehranst. für Allg. und Soziale Hyg., Hyg. Inst. **Beobachtungen an Eischalen und Eiern. 10. Mitt. (Tyto alba guttata, Brehm) vor und nach dem Schlupf und über Schleiereulenküken.)** Zool. Anz. **169** (1962) Nr. 9/10. S. 356–367. — 5 Abb., 5 Tab., 11 Lit. 9. Mitt. vgl. LZ. Abt. III 8 (1963) Nr. 9. S. 1892.

An 6 Schleiereuleneiern wurden Gewichte und Maße ermittelt, Farbbestimmungen nach der kleinen Farbtafel von Ostwald vorgenommen, farbliches Verhalten bei UV-Bestrahlung und Befunde der Eischale mikroskopisch und chem. untersucht. Ferner wurden die Entwicklung der Schleiereulenküken, ihre Ernährung und Gewöhnung an die Freiheit beobachtet. H. Pingel. 4700.

Hartung, T. E. und Stadelman, W. J.; Lafayette, Ind., Purdue Univ., Animal Sci. Dep. The influence of metallic cations on the penetration of the egg shell membranes by Pseudomonas fluorescens. **(Der Einfluß von Metall-Kationen auf die Durchlässigkeit der Eischalenmembranen für Pseudomonas fluorescens.)** Poultry Sci. **41** (1962) Nr. 5. S. 1590–1596. — 5 Tab., 15 Lit.

Die Schalenmembranen wirken als Schutz gegen das Eindringen von Bakterien. Diese Wirkung wird durch verschiedene Kationen abgeschwächt oder erhöht. Waren in einer Lösung, die mit der Schalenmembran in Berührung kam, 10 oder 20 ppm Fe oder 10 ppm Mg, wurde die Durchlässigkeit der Schalenmembran erhöht. Durch 1% $ZnSO_4$ wurden dagegen die Bakterien zerstört. H. Pingel. 4700.

Skala, J. H. und Swanson, Milo H.; St. Paul, Univ. of Minnesota, Dep. of Poultry Husbandry. Studies of variation in initial quality of chicken eggs. 1. Physical measurements of albumen and yolks. **(Untersuchungen über Schwankungen der inneren Qualität von Eiern. 1. Mitt. Physikalische Messungen an Eiklar und Dottern.)** Poultry Sci. 41 (1962) Nr. 5. S. 1533–1536. — 3 Tab., 12 Lit.

Durch Ermittlung der Haugh-Einheiten wurden jeweils 30 Weiße-Leghorn-Hennen mit guter bzw. schlechter Eiqualität ermittelt. Die Eier mit guter Eiqualität waren schwerer und hatten einen höheren Anteil an Eiklar, wobei vor allem die mittlere Schicht mit zähem Eiklar einen rel. höheren Anteil ausmachte als bei Eiern mit geringerer Qualität. Es wird angenommen, daß bei Hennen, die Eier mit guter Eiqualität legen, der Teil des Eileiters, in dem das zähe Eiklar gebildet wird, eine größere Ausdehnung hat. H. Pingel. 4700.

Skala, J. H. und Swanson, Milo H.; St. Paul, Univ. of Minnesota, Dep. of Poultry Husbandry. Studies of variation in initial quality of chicken eggs. 2. Chemical properties of the albumen. **(Untersuchungen über Schwankungen der inneren Qualität von Eiern. 2. Mitt. Chemische Eigenheiten des Eiklars.)** Poultry Sci. **41** (1962) Nr. 5. S. 1537–1545. — 1 Abb., 5 Tab., 15 Lit. 1. Mitt. vgl. vorst. Ref.

Die mittlere zähflüssige und die innere dünnflüssige Eiklarschicht enthalten bei Eiern mit hohen Haugh-Einheiten mehr Asche und Gesamteiweiß als bei Eiern mit niedrigen Haugh-Einheiten. Hinsichtlich des pH-Wertes bestehen keine Unterschiede. Der Gehalt an Ovomucin ist von Bedeutung für die Eiqualität nach Haugh-Einheiten, denn die zähflüssige Eiklarschicht von Eiern guter Qualität enthält bedeutend mehr Ovomucin als von Eiern mit niedriger Qualität. H. Pingel. 4700.

Sunde, M. L.; Madison, Univ. of Wisconsin. The effect of different levels of vitamin A, β-apo-8'-carotenal and alfalfa on yolk color. **(Die Wirkung verschiedener Zusätze an Vitamin A, β-apo-8'-carotenal und Luzerne auf die Dotterfarbe.)** Poultry Sci. **41** (1962) Nr. 2. S. 532–541. — 8 Abb., 8 Tab., 13 Lit.
Durch Fütterung wird die Eidotterfarbe beeinflußt. In dieser Hinsicht können 6–7% Mais 1% Luzernemehl gleichgestellt werden. 6 mg β-apo-8'-carotenal je kg Futter brachten die gleiche Dotterfärbung wie 5% Luzernemehl. 9 mg β-apo-8'-carotenal waren 78% Mais gleichzusetzen. Durch Vit.-A-Zusatz wird die Pigmentierung gesenkt. H. Pingel. 4700.

Bunnell, R. H., Marusich, W. L. und Bauernfeind, J. C.; Nuthy, N. J., Hoffmann — La Rocke Inc. β-apo-8'-carotenal as an egg yolk pigmenter. **(β-apo-8'-carotenal als Eidotterpigment.)** Poultry Sci. **41** (1962) Nr. 4. S. 1109 bis 1115. — 5 Tab., 16 Lit.
β-apo-8'-carotenal ist in stabilisierter Form ein wirksames Dotterfärbemittel. Geringe Differenzen traten bei Verabreichung zwischen den Rassen auf. Trokkenstabilisierte Präparate wurden besser genutzt als ölige Lösungen. Pro-Oxydantien u.a. auch Nicarbazin, Zoalene, Säuren, Penicillin oder Bacitrazin waren ohne Einfluß auf die Ablagerung des Pigments im Dotter. 4,36 g β-apo-8'-carotenal je t Futter in einer Mischung mit 2% Luzerne ergab die höchste Ausfärbung. E. Urban. 4700.

Firsova, L. N. (Firsowa, L. N.); Ukrain. Forsch.-Inst. für Geflügelzucht. Ėffektivnost' različnych sposobov soderžanija kur. **(Die Wirksamkeit verschiedener Haltungsmethoden beim Huhn.)** Pticevodstvo, Moskva **1963** Nr. 1. S. 14–15. — 3 Tab.
Bei der mechanisierten Fütterungseinrichtung (Futterverteilungswagen und offene Futtertröge beiderseits des Stallganges) wurde die Futtervergeudung auf 4,5% gegenüber 16,7% bei der früher üblichen Fütterung mit offenen Futtertrögen im Stallraum gesenkt. H. Pingel. 4707.

Freundlich, Alicja. Prawidłowe przygotowanie głębokiej ściółki. **(Die richtige Herstellung einer Tiefstreu.)** Drobiarstwo **11** (1963) Nr. 3. S. 18–19.
Tiefstreu ist eine biol. reine Schicht, die sich als Folge der in ihr verlaufenden Fermentationsprozesse bildet. Die Herstellung erfolgt am besten in der Zeit von Juni–Sept. In kühleren Jahreszeiten ist die Beheizung des Raumes notwendig. Bei Anlage der Tiefstreu wird der Boden mit gelöschtem Kalk oder Superphosphat bestreut. Holzfußböden müssen vorher mit Pappe bedeckt werden. Auf den Kalk kommt eine 4–8 cm dicke Schicht getrockneten Pferdedungs und darauf bis 30 cm Material, das gerade zur Verfügung steht, wie Torf, Spreu, Hobelspäne usw. Alles muß vollkommen trocken sein. Die Streu muß 2–4 Wochen vor dem Besetzen des Stalles fertig sein. Die Pflege der Streu besteht darin, daß sie in biol. reinem Zustand erhalten wird. Das Feuchtwerden ist ein Zeichen dafür, daß sich ihre Struktur verschlechtert. Die Ursachen für die Feuchtigkeit im Raum müssen beseitigt und die an den Tränken feucht gewordene Streu muß durch trockene ersetzt werden. Unter den Sitzstangen können mit Netzen versehene Kisten für den Kot angebracht werden. Auch eine sorgfältige Lüftung des Stalles ist notwendig. Die obere Schicht soll 3–5 cm tief tägl. durchgearbeitet und geglättet werden. Eine gut angelegte Tiefstreu kann 2–3 Jahre nach Entfernung der oberen Schicht und nach Des-

infektion verwendet werden. Zu diesem Zweck bringt man den Rest der festgestampften Schichten zu mehrmaliger Selbsterhitzung. Nach Zusatz von frischem Material ist die Streu dann wieder hergestellt. PRL/CBR. 4707.

Vŭlčev, P., Stoev, P., Baljozov, D., Ivanov, K. und Nenov, C. (Wâltschew, P., Stoew, P., Baljosow, D., Iwanow, K. und Nenow, Z.) Izpitvane vlijanieto na dŭlbokata nesmenjaema postelja pri otgleždaneto na pileta. **(Prüfung des Einflusses der Dauerstreu bei der Kükenaufzucht.)** Izvestija na Naučnoizsledovatelskija institut po životnovŭdstvo „Georgi Dimitrov" – Kostinbrod, Sofija **16** (1962) S. 29–44. – 4 Abb., 10 Tab., 6 Lit. Zus. in Russ., Dtsch.
Es wurden 2 Versuche durchgeführt: a) mit 2 Gruppen zu je 450 Leghorn-Küken, und zwar Versuchsgruppe auf Dauerstreu aus 50% Schafmist und 50% zerkleinerten Maisspindeln, Kontrollgruppe auf gewöhnlicher Stroheinstreu (Wechselstreu); b) mit 2 Gruppen zu je 178 Rhodeländer-Küken, und zwar Versuchsgruppe auf Dauerstreu aus 50% Hühnermist und 50% zerkleinerten Maisspindeln, Kontrollgruppe auf gewöhnlicher Stroheinstreu (Wechselstreu). Ergebnisse (in der Reihenfolge der Versuche; in Klammern Kontrollgruppe): Lgw. der Küken mit 70 Tagen 718,4 (681,3) g und 720,5 (619,8) g; Kükensterblichkeit 1,55 (2,44)% und 2,24 (0,56)%; Futteraufwand je kg Zuwachs 4,79 (4,85) FE und 4,30 (4,72) FE. Die Geschwindigkeit der Luftbewegung sowie der Gehalt der Luft an schädlichen Gasen (NH_3, H_2S und CO_2) hielten sich in den Grenzen der Hygienenormen. Wesentliche Unterschiede zwischen dem Mikroklima in den Räumen mit Dauerstreu und mit Wechselstreu waren nicht feststellbar. N. Platikanow. 4707.

Samoletov, A. und Rachovič, S. (Samoletow, A. und Rachowitsch, S.) Pticefabriki Podmoskovja. **(Die Geflügelfabriken bei Moskau.)** Pticevodstvo, Moskva **1963** Nr. 1. S. 5–8. – 4 Abb., 1 Tab.
In den Geflügelfabriken bei Moskau wurden 1960 178 Mill. Eier und 5,14 Tt Geflügelfleisch erzeugt. 1962 waren es bereits 275 Mill. Eier und 7,3 Tt Fleisch. 1965 sollen durch die Geflügelfabriken für jeden Moskauer 210 Eier und 10 kg Geflügelfleisch zur Verfügung gestellt werden. Auch in den neuen Geflügelfabriken kommt die Batteriehaltung zur Anwendung. Die eigenen Zuchtherden liefern ganzjährig Bruteier. Es wird die Pelletfütterung angestrebt.
H. Pingel. 4707.

Dorn, P. **Legehennenkrankheiten und ihre Bekämpfung. Teil I.** Dtsch. Geflügelwirtsch. **14** (1962) Nr. 51 S. 654–655. – 3 Abb.
Der Geflügelschnupfen ist eine Haltungskrankheit, ungünstige stallklimatische Einflüsse schaffen die Voraussetzung für die Verbreitung im Organismus der dadurch geschwächten Tiere. Das Vit. A als Schutzvitamin der Schleimhäute ist von Bedeutung. Beim beginnenden Schnupfen sind Massenbehandlungen über Futter oder Wasser mit Sulfonamiden oder Antibiotica möglich. Bei der infektiösen Bronchitis ist ein über mehrere Wochen anhaltender Legerückgang als meist einziges Krankheitssymptom festzustellen, Behandlungsversuche können lediglich die allg. Widerstandskraft der Herde verbessern. Die Geflügeldiphtheroid-Erkrankung verläuft entweder als sog. Hautpocken- oder als die häufigere Schleimhautform. Für diphtheriegefährdete Betriebe wird eine Impfung als Schutzmaßnahme empfohlen. Für das derzeit häufigste Krankheitsbild bei Geflügelpest ist das plötzliche Absinken der Legeleistung oder der abs. Legestillstand, verbunden mit vereinzelt oder gehäuft auftretenden Atemgeräuschen typisch. Schutzimpfungen haben sich hervorragend bewährt, wobei der gesamte Bestand geimpft werden muß.
U. Hofmann. 4710.

Zjuban, V. I. (Sjuban, W.); Stawropol. Forsch.-Inst. für Veterinärhyg. Vlijanie biomicina na nevospriimčivost' kur k pasterellezu. **(Der Einfluß von**

Biomycin auf die Immunisierung der Hühner gegen Cholera.) Pticevodstvo, Moskva **1963** Nr. 1. S. 34–35. – 2 Tab.
Biomycin aktiviert die Immunität gegenüber Cholera, wenn 7 Tage vor der Vaccination 15 mg/Tier/Tag verabreicht werden. H. Pingel. 4710.

Enten

Ruban, B. V. (Ruban, B. W.); Charkow, Zootechn. und Veterinärmed. Inst. „Suchoputnoe" vyraščivanie utjat na mjaso. **(Mastentenaufzucht ohne Wasser.)** Životnovodstvo, Moskva **25** (1963) Nr. 2. S. 29–30. – 1 Tab.
Eine Entengruppe (**II**) wurde völlig ohne Wasserauslauf aufgezogen (Käfigbatterie – Akklimatisierungsstall – transportable Hütte), während **I** einen auf 23 Tage beschränkten Wasserauslauf erhielt. Die Fütterung beider Gruppen war gleich. Mit 55 Tagen wogen sie 2,52 (**I**) und 2,46 kg (**II**); für 1 kg Zunahme wurden 4,17 und 4,27 FE benötigt. Die Ausbeute an eßbaren Teilen betrug 71,44 bzw. 72,66% vom Schlachtgewicht. Bei der Haltung ohne Wasserauslauf sind die Ställe komplex anzuordnen und Tränken in Form langer Tröge an den Außenseiten der Ausläufe anzulegen, wobei die Trogbreite bei über 1 Mon. alten Enten mindestens 100% über die geltende Norm erhöht werden muß. Zum Schutz vor Hitze und schlechtem Wetter sind Schutzdächer aufzustellen. Die Futterrationen sind so zu berechnen, daß die Enten mit 50–55 Tagen bis zu 3 kg wiegen. B. Schenk. 4965.

Wessels, J. P. H. und Wilbraham, B. O.; Pietermaritzburg, Univ. of Natal, Fac. of Agric.; Natal, Cedara Coll. of Agric. and Res. Stat. The production of table ducks by crossing egg-laying with table type ducks. **(Die Produktion von Mastenten durch Kreuzung von Tieren des Lege- und Masttyps.)** South African J. agric. Sci. **5** (1963) Nr. S. 671–672. – 1 Tab.
Da Mastenten gewöhnlich wenig Eier legen und Fruchtbarkeit sowie Schlupffähigkeit gering sind, wurden Lege-Enten (Khaki Campbell) mit Peking-Enten gekreuzt, wobei die Kreuzungstiere im 8-Wochen-Alter nur 73 g weniger wogen als die Pekingenten (nicht signifikant), im 10- und 12-Wochen-Alter aber 156 bzw. 224 g weniger als die Peking-Enten (signifikant), was den Unterschied in der Eierleistung wirtschaftlich ausgleichen dürfte. Geschlechtsunterschiede bestanden in allen Altersgruppen. K. Männel. 4965.

Orlov, M. V. (Orlow, M. W.); Sagorsk, Gebiet Moskau, Unions-Forsch.-Inst. für Geflügelzucht. Izučenie i razrabotka režima inkubacii jaic utok i kur v inkubatore „Universal-45". **(Studium und Feststellung der Brutbedingungen für Enten- und Hühnereier im Brutschrank „Universal-45".)** Trudy Vsesojuznogo naučno-issledovatel'skogo instituta pticevodstva, Moskva **27** (1961) S. 148–164. – 12 Tab.
Gegenüber älteren Brutapparaten weist der „Universal 45" eine stärkere Luftbewegung (13–176 cm je Sek.), einen häufigeren Luftaustausch (33- bis 36-facher Luftwechsel im Vorbrüter und 17facher Luftwechsel im Schlupfbrüter je Std.) auf. Durch den starken Luftaustausch wird der CO_2-Gehalt im Vorbrüter auf 0,1–0,17% und im Schlupfbrüter auf 0,21–0,25% gehalten. Bemängelt wird, daß die Meßinstrumente nicht das Mikroklima um das Ei erfassen. Unmittelbar im Bereich der Bruteier ist die Temperatur höher als im Bereich der Thermometer. Die Brutergebnisse sind im „Universal 45" besser als im „Rekord 42". H. Pingel. 4965.

Chodžaev, M. (Chodshajew, M.) Periodičeskoe ochlaždenie jaic pri inkubacii. **(Periodische Abkühlung der Eier bei der Brut.)** Pticevodstvo, Moskva **1963** Nr. 2. S. 15. – 1 Abb., 2 Tab.
Durch periodische Abkühlung auf 30–32 °C vom 1. Bruttag bis zur Umlage in den Schlupfbrüter jeweils um 8^{00} und 20^{00} wurde der Schlupf um 7,3% erhöht. Sowohl in der Kontrolle als auch in der Versuchsgruppe wurden 5000 Enteneier zur Brut eingelegt. H. Pingel. 4965.

Truthühner

Carlson, C. W. South Dakota turkeys after ten years of State College research. **(Die Puten in Süd-Dakota nach zehnjähriger Forschung der staatlichen Hochschule.)** South Dakota Farm Home Res. **13** (1962) Nr. 2. S. 8–9.

Im Vordergrund der Forschungsarbeit standen Fragen der Fütterung. Es wurde erstmalig der Bedarf der Puten an P ermittelt. Ferner wurde die Wirkung von Reserpin, der Zusatz von Aminosäuren, insbesondere Lysin, die Toxität von Selen u.a. untersucht. H. Pingel. 5052.

Rasplicka, L. D. und Fry, Jack L.; Manhattan, Kansas State Univ. Body conformation and „breast blisters" in market turkeys. **(Körperbau und „Brustblasen" bei Schlachtputen.)** Poultry Sci. **42** (1963) Nr. 2. S. 423–428. – 7 Tab., 4 Lit.

Von je ca. 45 ausgeschlachteten Putern aus 12 Herkünften wurden im Zusammenhang mit teilweisem Auftreten von Brustblasen Körpermaße (Kiellänge, Körpertiefe und Brustbreite) ermittelt. Mit Hilfe der Diskriminanzanalyse konnte festgestellt werden, daß Beziehungen zwischen dem Körperbau und dem Auftreten von Brustblasen bestehen. Allerdings war es nur bei einigen Herkünften möglich, an Hand eines der genannten Körpermaße das Auftreten von Brustblasen vorauszusagen. Die Ergebnisse deuten die Möglichkeit an, Puten mit geringerer Empfänglichkeit für Brustblasen zu selektieren. Kiellänge und Körpertiefe waren untereinander und mit dem Lgw. positiv korreliert. W. Rudolph. 5080.

Trail, J. C. M. Fattening turkeys in Uganda. **(Putenmast in Uganda.)** East African agric. Forestry J. **28** (1963) Nr. 3. S. 146–147. – 2 Tab.

Breitbrüstige Bronzeputen wurden im Alter von 12–22 Wochen (Tiefstreuhaltung) gemästet. Das mit 22 Wochen erzielte Gewicht betrug ⌀ 4854 g/Tier bei einem Gesamt-Futterverbrauch von 25,12 kg ab Schlupftag und einer Futterverwertung von 5,1 : 1. Bei 80,2% Ausschlachtung wog der verkaufsfertige Rumpf 3892 g. Die Gesamtkosten für die Produktion beliefen sich auf 25 s. 39 d. je Mastpute bzw. 2 s. 38 d. je lb. Lgw. oder 3 s. 4 d. je lb. ladenfertige Ware. 55% der Gesamtkosten forderte der Futteraufwand. Je Mastpute ergab sich ein Gewinn von 12 s. 55 d., wenn ein Verkaufspreis von 4 s. 50 d. je lb. ladenfertiges Gewicht erzielt wurde.
W. Greiner-Petter. 5096.

Bierer, Bert W. The use of nihydrazone against Salmonella typhimurium and Salmonella gallinarum infections in turkeys. **(Die Anwendung von Nihydrazone gegen Salmonella-typhimurium- und S.-gallinarum-Infektion der Puten.)** Poultry Sci. **42** (1963) Nr. 2. S. 465–468. 5110.

Mehner, Alfred. **Lehrbuch der Geflügelzucht.** Züchtung, Fütterung und Haltung von Hühnern und Puten. Hamburg; Berlin: Verlag Paul Parey. 1962. (531 S. m. 152 Abb. u. 80 Tab.) 16 × 23 cm. DM 46,–. Vf. behandelt den gesamten Wissensstoff in 5 großen Kap. Nach den einführenden Kap. über die volkswirtschaftliche Bedeutung der Geflügelzucht und die Stellung der Geflügelhaltung als landwirtsch. Betriebszweig folgt im 3. Kap. eine umfassende Information über die Hühnerhaltung. Dieses große Kap. ist wiederum untergliedert in die Züchtung des Haushuhnes (Abstammung, Rassen, Vererbung, Legeleistung, Grundlagen der Zuchtarbeit, Durchführung der Züchtung), die Fütterung der Hühner (physiol. Besonderheiten beim Huhn, benötigte Stoffe und ihre Aufgaben, Stoffwechsel, Einflüsse der Ernährung auf die Leistungen, kennzeichnende Symptome für fehlerhafte Ernährung, rechnerische Bewältigung der Fütterung, Fütterungstechnik, Futtermittel), die Haltung des Haushuhnes (Brut, Aufzucht, Haltung der Lege- und Masttiere). In einem bes. Kap., das der Putenhaltung vorbehalten ist, werden die volkswirtschaftliche Bedeutung, Herkunft und Einteilung, Züchtung, Haltung, Fütterung, Verwertung der Mastputen und die Wirtschaftlichkeit der Putenhaltung behandelt. Das abschließende Kap. umfaßt die Organisation und Förderung der Geflügelhaltung. Literaturverzeichnis und Sachregister beschließen dieses gut ausgestattete, übersichtlich gegliederte und interessante Werk. F. Schenk.

D. KANINCHEN

Abdullaev, P. Ch. (Abdullajew, P. Ch.); Inst. für Tierzucht der Usbek.SSR. Sacharnaja svekla – vysokocennyj korm. **(Die Zuckerrübe — ein hochwertiges Futtermittel.)** Krolikovodstvo i zverovodstvo, Moskva 5 (1962) Nr. 10. S. 7–10. – 4 Tab.
Wiss. Materialien über den Nährwert der Zuckerrübe und die Arten ihrer Verfütterung an Kaninchen liegen noch nicht vor. Vom 1. Juli 1961–Juni 1962 wurden im Sowchos „Pskent", Gebiet Taschkent, 60 Muttertiere der Rasse „Graue Riesen' im Alter von 1,5 Mon. ausgewählt. Davon wurden Ende Nov. 5 Gruppen zu je 8 Tieren gebildet. Ihnen wurden 10 erprobte Vatertiere der gleichen Rasse zugeordnet. Alle Gruppen wurden entspr. den vom wiss. Forschungsinstitut für Pelztier- und Kaninchenzucht aufgestellten Normen gefüttert. Die Fütterung der einzelnen Gruppen unterschied sich nur in der Menge des Körnerfutters und der Zuckerrüben. Während der Trächtigkeit erhielten die Muttertiere 200 g, in den ersten Laktationstagen 260 g FE/Tag. Den Jungtieren wurde nach dem Absetzen bis zu 2 Mon. 150 g FE/Tag verabreicht. Der Eiweißgehalt in den Rationen der Muttertiere und der abgesetzten Jungtiere schwankte zwischen 11,5 und 14,6 g auf 100 g FE. Es wurde festgestellt, daß das Körnerfutter durch die Zuckerrübe völlig ersetzt werden konnte, wenn 36% der Ration aus Luzerneheu bestanden. Bes. effektiv war die Ration von Gr. III (43% Zuckerrüben, 17% Kraftfutter, 36% Luzerneheu). Mit 2 Mon. hatten die Jungtiere bei dieser Fütterung schon Mastqualität (1,9 kg). Die Zuckerrübe ist ein ausgezeichnetes Futtermittel für Kaninchen; der Körnerfutterverbrauch läßt sich auf ein Drittel senken. Der Eiweiß-, Carotin- und Mineralstoffbedarf kann durch Leguminosenheu gedeckt werden. Als Futternorm werden 90 g Heu auf 100 gFE empfohlen. F. Haseloff. 5265.

Serebrjakov, K. M. und Vačugov, M. A. (Serebrjakow, K. M. und Watschugow, M. A.); Udelnaja, Gebiet Moskau, Forsch.-Inst. für Pelztier- und Kaninchenzucht. Opyt vyraščivanija krol'čat na nesmenjaemoj podstilke. **(Ein Versuch der Haltung von Kaninchen auf Tiefstreu.)** Krolikovodstvo i zverovodstvo, Moskva 6 (1963) Nr. 1. S. 12–13.
Zur Senkung der Selbstkosten der Kaninchenhaltung wurde ein Versuch durchgeführt, der die Großgruppenhaltung von Kaninchen auf Tiefstreu zum Inhalt hatte. Die Ergebnisse des Versuches bestätigen die Möglichkeit, Kaninchen in großen Gruppen auf Tiefstreu ohne negative Auswirkung auf die Entwicklung der Tiere zu halten. Diese Haltungsweise trägt bedeutend zur Erleichterung der Pflege der Tiere bei und ermöglicht eine weitgehende Mechanisierung der Arbeitsprozesse. Bes. Bedeutung hat bei dieser Haltungsweise die rechtzeitige Entfernung aller kranken und krankheitsverdächtigen Tiere. K. Witt. 5265.

Gordienko, M. F., Merkušin, V. V. und Kuzovenkova, E. G. (Gordijenko, M. F., Merkuschin, W. W. und Kusowenkowa, E. G.); Kamenez-Podolski, Gebiet Chmelnizki, Inst. für Landwirtsch., Lehrstuhl für Spez. Tierzucht. O mjasnych kačestvach i srokach zaboja krolikov. **(Über die Fleischqualität und Schlachtungstermine bei Kaninchen.)** Krolikovodstvo i zverovodstvo, Moskva 5 (1962) Nr. 10. S. 11–15. – 9 Abb., 4 Tab.
Die chem. Analyse des Fleisches von Kaninchen, die im 4. und 8. Mon. geschlachtet wurden, zeigt, daß mit zunehmendem Alter der Tiere auch der Fettgehalt im Fleisch von 5,2 auf 8,8% ansteigt. Der Wassergehalt sinkt dagegen von 71,1 auf 67,5%. Der Nährwert des Fleisches erhöht sich von 1782 auf 2124 kcal. Es wurde auch der Futterverbrauch in FE je kg Zuwachs vom 1.–8. Mon. untersucht und festgestellt, daß die Schlachtung im 4. Mon. ökonomisch am vorteilhaftesten ist und den größten Gewinn bei Fleisch- und Fellrealisierung bringt. Der erzielte Gewinn übersteigt die Ausgaben um

Rbl. 1,08. Bei Schlachtungen im 8. Mon. betrug der Gewinn nur 85 Kopeken, d. h. um 23 Kopeken weniger als bei den Schlachtungen im 4. Mon. Es konnte somit nachgewiesen werden, daß die frühe Schlachtung einen großen ökonomischen Nutzen bringt. F. Haseloff. 5270.

E. PELZTIERE

Rodt, Peter. Aktuell genetikk. **(Aktuelle Genetik.)** Norsk Pelsdyrbl. **37** (1963) Nr. 4. S. 59–62.

Der Standardnerz ist im Preis gestiegen, und es geht darum, wenigstens 20% schwarze Felle zu erzeugen. Es werden verschiedene Zuchtverfahren mit Mutationsnerzen beschrieben. Dabei wird zwischen dominanten Mutationen (Stewart, Shadow), braunen Kombinationstypen (Beige), der Socklotserie, Perlnerzen, Winterblautypen (Violet, Cameo Saphir, Hope) und Lavendertypen unterschieden. Für die verschiedenen Kombinationsmöglichkeiten wird die Verteilung der einzelnen Farb- und Anlagentypen angegeben. J. K. Hinrichsen. 5302.

Rochmann, R. Virkningen av forskjellig fettinnhold i maten på minkens avlskondisjon. **(Die Wirkung verschiedenen Fettgehaltes in der Ration auf die Zuchtkondition des Nerzes.)** Norsk Pelsdyrbl. **37** (1963) Nr. 8. S. 133–136. — 5 Tab.

Es wird über 2jährige an der Univ. Michigan von Travis und Schaible durchgeführte Versuche mit 1523 Fähen berichtet. Die Kontrollration hatte als Hauptbestandteile Pferdefleisch, Pansen und Seefisch; sie enthielt 23% Fett in der Tr.-Subst. Die Versuchsration enthielt bis zu 44% Fett. Das entspricht 67% der Kalorien der Gesamtration. In den Fruchtbarkeitseigenschaften zeigten sich zwischen den Tieren mit verschieden hohen Fettgaben keine Unterschiede. Hohe Fettgaben können sich schädlich auswirken, wenn das Fett unzweckmäßig gelagert war. Unter Berücksichtigung norwegischer Erfahrungen wird es für möglich gehalten, die tägl. Fettgaben in der Zeit von Aug. bis in die Pelzzeit von 8–10 g auf 15 g zu erhöhen, ohne daß der Eiweißgehalt der Ration zu sehr herabgesetzt wird. J. K. Hinrichsen. 5302.

Kovalevskaja, N. K., Grinkevič, I. I., Makarov, A. A. und Petuchova, V. V.(Kowalewskaja, N. K., Grinkewitsch, I. I., Makarow, A. A. und Petuchowa, W. W.) Skarmlivanie konservirovannych kormov plemennym. zverjam. **(Die Fütterung von konservierten Futtermitteln an Zuchtvieh.)** Krolikovodstvo i zverovodstvo, Moskva **6** (1963) Nr. 1. S. 16–17.

Vff. beschreiben einen Fütterungsversuch mit konserviertem Futter an Zuchtnerzen und -füchsen. Das Fleisch-Fischfutter wurde mit Pyrosulfit-Natrium konserviert. Die Ergebnisse zeigten, daß die Fütterung des konservierten Futters keinen negativen Einfluß auf die Tiere hat. Die Aufnahme der konservierten Futtermittel war befriedigend, Verluste an Tieren wurden nicht beobachtet, und die Weibchen kamen rechtzeitig in die Brunst, wurden normal befruchtet und warfen lebensfähige Jungtiere. Auf Grund der gemachten Beobachtungen werden folgende Gaben an konserviertem Futter empfohlen: in der Ration der Zuchtfüchse bis 30%, in der Ration der Zuchtnerze bis 25% des Gesamtkaloriengehalts des Fleisch-Fischfutters. Bei der Fütterung von konserviertem Futter erhöht sich der Wasserbedarf der Tiere; deshalb muß ihnen ständig Wasser zur Verfügung stehen. K. Witt. 5302.

Belugina, O. P., Orlov, A. F., Pavlov, M. K. und Čigina, A. A. (Belugina, O. P., Orlow, A. F., Pawlow, M. K. und Tschigina, A. A.); Balaschicha, Gebiet Moskau, Landwirtsch. Unions-Inst. für Fernstudium. Podkormka norok soljami mikroėlementov. **(Spurenelemente als Beifutter für Nerze.)** Krolikovodstvo i zverovodstvo, Moskva **5** (1962) Nr. 10. S. 26–27. — 1 Tab.

In Nerzfarmen beobachtet man in den ersten 10 Tagen nach der Geburt eine bedeutende Sterblichkeit der Jungtiere. Bobrow, Bersin u. a. führen die Auflösung der Embryonen, die Geburt schwacher und toter Jungtiere und die hohe Sterblichkeit in den ersten Lebenstagen auf den Mangel an Spurenelementen zurück. Die Versuche von Titowa, Piskunow und Karelina (1960) an Standardnerzen zeigten, daß sich die Zuführung von Spurenelementen positiv auf das Überleben der Jungtiere auswirkte. Die Autoren verwendeten einen Komplex von 6 Spurenelementen: 4 mg $FeSO_4$, 0,5 mg $MnSO_4$, 0,75 mg $CuSO_4$, 0,3 mg $ZnCl_2$, 0,1 mg $CoCl_2$ und 0,007 mg KJ tägl./Tier. Die Salze wurden in 1% Na_2CO_3 gelöst. 134 Muttertiere wurden in 2 Gruppen eingeteilt. Beide Gruppen bekamen die gleichen Rationen. Die Versuchsgruppe erhielt vom 5.–7. Trächtigkeitstag an 3–4 Wochen lang zusätzlich Spurenelemente zugeführt. Dann folgte eine Pause von 3–4 Wochen. Nach diesem Zeitraum kann die Zufütterung fortgesetzt werden. Die Resultate zeigen, daß eine positive Wirkung erzielt werden konnte. In der Versuchsgruppe war die Sterblichkeit der Jungtiere bedeutend geringer als in der Kontrollgruppe. 4% der Versuchsgruppe gegenüber 11% der Kontrollgruppe nahmen nicht auf. Die Versuchsergebnisse unterstreichen die Zweckmäßigkeit der Zufütterung von Spurenelementen. F. Haseloff. 5302.

Lebedeva, N. M. (Lebedewa, N. M.); Leningrad, Veterinärmed. Forsch.-Inst., Lehrstuhl für Allg. und Besondere Chirurgie. Močekamennaja bolezń norok. **(Die Harnsteinerkrankung bei Nerzen.)** Krolikovodstvo i zverovodstvo, Moskva **5** (1962) Nr. 11. S. 27–29. — 3 Abb.

Verschiedene Autoren verweisen auf den Zusammenhang zwischen dem Mangel an Vit. A und der Harnsteinbildung bei Nerzen, jedoch erklärte das bisher vorliegende Material diesen Zusammenhang nicht völlig. An Laboratoriumsversuchstieren wurden deshalb die Avitaminose und die Hypovitaminose hervorgerufen. 50 weiße Mäuse wurden in 4 Gruppen aufgeteilt. Ihre Tagesration setzte sich zusammen aus 18% Casein, 67% Stärke, 10% Hefe, 4% einer Mischung verschiedener Salze und 1 IE Vit. D. Gr. I erhielt zusätzlich die volle Dosis an Vit. A, Gr. II die Hälfte und Gr. III ein Viertel davon. Gr. IV erhielt kein Vit. A. Die Versuchstiere wurden klinisch, röntgenologisch und pathologisch-anatomisch untersucht und wöchentl. gewogen. Die Tiere der Gr. I blieben klinisch gesund und brachten Nachkommen. Tiere der Gr. IV erkrankten schon nach 2 Wochen und starben in der 7.–14. Woche. Die Tiere der Gr. II und III erkrankten etwas später und in abgeschwächter Form. Die Intensität der Erkrankung und der Veränderung der Nierenstrukturen und der Harnblase entsprach dem Grad des Vit.-A-Mangels. Das Krankheitsbild der Versuchstiere bei Avitaminose deckte sich mit den Symptomen der Harnsteinerkrankung bei Nerzen. Dadurch konnte der enge Zusammenhang zwischen beiden Krankheiten nachgewiesen werden. Um in Nerzbeständen diese Krankheit zu verhindern, muß der vollwertigen Futterration in bezug auf Vit. A größte Aufmerksamkeit geschenkt werden.

F. Haseloff. 5302.

Kull, K.-E. Nya rön beträffande aleutiansjukan. **(Neue Erfahrungen mit der Aleutenkrankheit.)** Våra Pälsdjur **34** (1963) Nr. 4. S. 87–89. — 1 Abb.

Die Farbmutation, die später als Aleutennerz bezeichnet wurde, wurde 1946 erkannt. Die Träger dieser Anlage zeigten eine Schwächung der Lebenskraft und der Fruchtbarkeit. Das Krankheitsbild der sog. Aleutenkrankheit kommt aber bei den verschiedensten Farbtypen einschließlich der Standardnerze vor. Der Ablauf der Erkrankung erstreckt sich über 2 Wochen bis zu 4 Mon. Bei normal erscheinendem Appetit gehen die Zunahmen infolge von Verdauungsstörungen zurück. Dann nimmt die Freßlust ab, während der Durst zunimmt. Es treten Blutungen an den Lippen und am Zahnfleisch auf, und es lassen sich Zeichen der Blutarmut erkennen. Die krankhaften Veränderun-

gen erstrecken sich auf Nieren, Leber, Milz, Lymphdrüsen und Blut. Die Größe der Milz kann sich auf das 20fache erhöhen. Die Veränderung des Blutserums (höherer Globulin-, geringerer Albumingehalt) ermöglichen ein frühes Erkennen der Krankheit. Der hohe Gehalt an γ-Globulin läßt Zusammenhänge mit Rheumatismus und Gelenkrheumatismus vermuten. Die Ansteckung erfolgt möglicherweise durch Virusübertragung. Tiere, die die Aleutenanlage in doppelter Dosis haben, sind dafür empfindlicher als heterozygote Tiere. Zur Bekämpfung der Krankheit sollen Tiere aus Blutlinien, in denen mit erhöhter Frequenz die Aleutenkrankheit auftrat, aus der Zucht ausgeschieden werden. Reinigung und Desinfektion insbesondere der Käfige an der Krankheit eingegangener Tiere sind wichtig.
J. K. Hinrichsen. 5302.

Kinsel, George V. **Sumpfbiberhaltung mit oder ohne Badewasser?** Dtsch. Pelztierzüchter **37** (1963) Nr. 5. S. 87–89. – 12 Lit.
Zahlreiche Versuche wurden von verschiedenen Autoren beschrieben, in denen teils gute, teils schlechte Erfahrungen mit der Trockenhaltung der Sumpfbiber gemacht wurden. Als Nachteile werden schlechtere Fellqualität, kleinere Felle, geringere Gewichtszunahmen und mehr Totgeburten bei den ohne Badewasser gehaltenen Tieren herausgestellt. Als Vorteile sind in Versuchen anderer Autoren geringere Jungtierverluste bei guter Fellqualität und geringere Unkosten genannt. Ein abschließendes Urteil läßt sich noch nicht geben, doch dürfte sich die Trockenhaltung von Sumpfbibern dazu eignen, trächtige Metzen in Gehegen mit Drahtböden werfen zu lassen, die Jungtiere und zur Pelzung bestimmten Sumpfbiber aber dann in Gehegen mit reichlich Badewasser zu halten. H. Zimmermann. 5310.

Musaev, M. N. (Mussajew, M. N.) Novoe v stroitel'stve nutrivodčeskich ferm. **(Neues im Bauwesen der Nutriafarmen.)** Krolikovodstvo i zverovodstvo, Moskva **6** (1963) Nr. 1. S. 26–27. – 5 Abb.
Zur Senkung des Aufwandes an Zement wurden Gehege aus weißem Kalkstein gebaut, wobei die Mängel der alten Konstruktionen beseitigt wurden. Die Anlage der Gehege, die beschrieben wird, gestattet es, das Territorium der Farmen besser auszunutzen, die Arbeitsgänge zu mechanisieren und die Arbeitsproduktivität zu erhöhen. K. Witt. 5310.

Anonym. **Geschlechts-Unterscheidung beim Chinchilla.** Chinchillazucht **6** (1963) Nr. 4. S. 60. – 2 Abb.
Schon bei neugeborenen Männchen ist ein Abstand von 3–4 mm zwischen After und Penis vorhanden, das Weibchen ist an der quer zwischen After und Harnröhrenzapfen liegenden Vagina erkennbar. Der Harnröhrenzapfen kann zu Verwechslungen mit dem Penis Anlaß geben, zumal sich während der Brunstzeit durch die geöffnete Vagina der Abstand zwischen After und Harnröhre vergrößert. H. Zimmermann. 5318.

Anonym. **Züchtung.** Chinchilla-Zucht **6** (1963) Nr. 3. S. 45–47.; Nr. 4. S. 49–59.; Nr. 5. S. 64–66.
Die Geschlechtsreife setzt beim Chinchilla mit 6–8 Mon. ein. Die Tiere können zu jeder Jahreszeit verpaart werden, doch erreicht die Paarungsbereitschaft im Jan. und Febr. ihren Höhepunkt, so daß bei einer Tragezeit von 111 Tagen im Apr. und Mai die meisten Würfe auftreten. Durch Neuverpaarungen während dieser Zeit fallen weitere Würfe im Juli und Aug. an, die Mon. Aug. bis Nov. gelten allg. als natürliche Ruhezeit der Tiere. Während der Brunstzeit wird vielfach eine Erhöhung der Vit.-E-Zufuhr durch Verfütterung von Weizenkeimen vorgenommen. In 95% der Fälle entstehen bei der Verpaarung keine Schwierigkeiten, bei Beißereien bleibt meistens das Weibchen Sieger. Gelingt es nicht, das Weibchen kurz nach dem Werfen decken zu lassen, muß die Neuverpaarung bis zum Absetzen der Jungtiere verschoben werden. Zur

Paarung können die Tiere in einen Stall mit Ausweichkasten oder in einen Paarungskäfig gesetzt werden. Weiterhin ist es möglich, das Zuchtpaar im Stallgebäude frei laufen und so sich aneinander gewöhnen zu lassen. Für kampflustige Weibchen finden Maulkörbe oder Stoffkappen Verwendung. Die künstliche Befruchtung bereitet aus techn. Gründen Schwierigkeiten, obwohl hierdurch Böcke eingespart und Fellbeschädigungen infolge Paarungsschwierigkeiten vermieden werden könnten. Bisher sind die meisten Versuche aber erfolglos geblieben. Weibchen, bei denen die Brunst durch Hormongaben ausgelöst wurde, haben auf die KB nicht reagiert. Für den Zuchterfolg ist die Auswahl guter Zuchttiere die Vorbedingung, die durch das Zuchtsystem (Zufallszüchtung, Kreuzzüchtung und Inzucht) ergänzt wird. Die Zufallszüchtung kann nicht zur genetischen Vervollkommnung der Zucht führen, dagegen kann man mit der Kreuzzüchtung sehr befriedigende Resultate erzielen, doch ist hierzu ein längerer Zeitraum nötig. Der Vorzug der Inzucht ist, daß rezessive gute Eigenschaften zu Tage treten und die genetischen Eigenschaften der Tiere vereinheitlicht werden, als Nachteil können sich Vitalitätsverlust sowie Beeinträchtigung von Größe und Fruchtbarkeit bemerkbar machen. Durch Verpaarung von Tieren mit gegensätzlichen Eigenschaften läßt sich eine Verbesserung der Zucht nicht erreichen. Auch ist es nicht möglich, einen Tierbestand durch Zuchtmethoden weiter zu verbessern, als an guten Erbanlagen in den Tieren vorhanden ist. Schwierigkeiten bei der Zucht entstehen, wenn die Zuchttiere aus verschiedenen Zuchten gekauft werden, da die Nachkommenschaft dann die unterschiedlichsten Erbanlagen aufweist. Ein guter Zuchtstamm läßt sich nur aufbauen, wenn minderwertige Tiere rücksichtslos gepelzt werden. H. Zimmermann. 5318.

Bickel, Edmund. **Wissenswertes über das Sandbad der Chinchillas.** Dtsch. Pelztierzüchter **37** (1963) Nr. 6. S. 110–111. 5318.

Rozov, A. I. (Rosow, A. I.) Saltykovskie soboli. **(Saltykowoer Zobel.)** Krolikovodstvo i zverovodstvo, Moskva **5** (1962) Nr. 11. S. 22–23. — 1 Abb. Im Saltykowoer Pelztiersowchos spielt die Zobelfarm u. a. eine große Rolle. Von nur 738 Tieren sollen im Planjahr 1962 Rbl. 33800 Einkommen erzielt werden. Die Durchschnittsselbstkosten eines Zobelfelles betragen Rbl. 122 — der Verkaufspreis beträgt Rbl. 167. Zu diesem großen ökonomischen Nutzen trägt der ungewöhnlich lange Einsatz der Zobel in der Vermehrung bei. Tiere beiderlei Geschlechts können bis zum 14. Lebensjahr in der Vermehrung eingesetzt werden. So brachte das Muttertier Nr. 320, Geburtsjahr 1950, in 10 Jahren 40 Nachkommen von guter Qualität; das Muttertier Nr. 522 in 9 Jahren 45 Nachkommen, allerdings liegt die Qualität etwas unter dem Durchschnittsniveau. Mehr als 2 Jahre vergehen nach der Geburt, ehe man die Tiere verpaaren kann. Die Mitarbeiter der Farm stellten sich das Ziel, diese biol. Erscheinung zu überwinden. Sie verpaaren die Muttertiere schon mit 14 Mon., was bei 50% gelingt, wovon aber wiederum nur 20% Nachkommen bringen. Das Zuchtziel besteht in der dauernden Verbesserung der Fellqualität. Angestrebt wird eine dunkle Fellfarbe ohne Silber und ohne Kehlkopffleck. F. Haseloff. 5323.

G. BIENEN

Büdel, A.; München. **Franz von Hruschka. Zu seinem 75. Todestag († 9. Mai 1888.)** Dtsch. Bienenwirtsch. **14** (1963) Nr. 5. S. 139–142. — 3 Abb., 8 Lit. Mit der Erfindung der Honigschleuder wurde schlagartig die gesamte Technik der Honiggewinnung revolutioniert bei gleichzeitiger Verbesserung der Reinheit und Unversehrtheit des Honigs. Am 13. 3. 1819 wurde Franz von Hruschka geboren. Er war 30 Jahre aktiver Offizier. 1855 begann er mit der Bienenzucht. Hier konstruierte er den Lagerstock, der in Italien weite Verbreitung fand. Er arbeitete an verschiedenen Imkerblättern mit. 1869

besaß er 400 Völker und eine Werkstatt für Beuten und Geräte. Seine sanften Königinnen waren sehr begehrt. Er empfahl bereits die Stockwaage und beschäftigte sich mit der künstlichen Begattung der Königin. Zur Erfindung der Honigschleuder führte das Herumschleudern eines mit Honigwaben gefüllten Körbchens, das sein Sohn zur Großmutter tragen sollte. Diesem Körbchen ist die erste Honigschleuder nachgebildet, die 1865 der Wanderversammlung in Brünn vorgeführt wurde. Auf der Pariser Weltausstellung 1867 war die erste Radialschleuder zu sehen. 1869 wurden bereits 23 verschiedene Konstruktionen gezeigt. Nachdem von Hruschka seinen Abschied vom Militär genommen hatte, erwarb er ein Hotel in Dolo bei Venedig, später ein weiteres in Venedig, an dem er seinen ganzen Besitz verlor. Verarmt starb er am 9. 5. 1888. Seine Grabstelle ist nicht bekannt.
G. Droege. 5402.

Bilaš, G. (Bilasch, G.) O porodnom rajonirovanii pčel. **(Die Rayonierung der Bienen nach Rassen.)** Pčelovodstvo, Moskva **40** (1963) Nr. 4. S. 6–11. – 5 Tab.
Es gibt keine universalen Bienenrassen, die sich gleichermaßen allen Trachtverhältnissen anpassen. Dementsprechend treten in der Honigproduktion erhebliche Schwankungen auf. Während die zentralrussische Bienenrasse bei guter Tracht am produktivsten ist, wird sie bei geringer Tracht von ihren Bastarden mit der Grauen Hochgebirgsbiene mehrfach übertroffen.
H. Gentz. 5410.

Haydak, M. H.; St. Paul, Univ. of Minnesota, Inst. of Agric., Dep. of Entomol. and Econ. Zool. Changes with age in the appearance of some internal organs of the honeybee. **(Altersbedingte Veränderungen im Aussehen einiger innerer Organe der Honigbiene.)** Bee Wld. **38** (1957) Nr. 8. S. 197–207.
5425.

Woyke, J. und Ruttner, F.; Skierniewice, Poland, Zakład Pszczelnictwa S.G.G.W.; Wien, Bundesanst. für Bienenkunde. An anatomical study of the mating process in the honeybee. **(Eine anatomische Untersuchung über den Begattungsprozeß der Honigbiene.)** Bee Wld. **39** (1958) Nr. 1. S. 3–18. 5425.

Frisch, K. v. und Kratky, O.; München, Univ., Zool. Inst.; Graz, Univ., Inst. für Physikal. Chem. **Über die Beziehung zwischen Flugweite und Tanztempo bei der Entfernungsmeldung der Bienen.** Naturwissenschaften **49** (1962) Nr. 18. S. 409–417. – 17 Abb., 1 Tab., 15 Lit.
Es wird der Versuch unternommen, die Entfernungsmeldung beim Schwänzeltanz der Bienen quantitativ zu interpretieren. Aufgebaut wird auf der Annahme, daß die Erinnerung an eine durchflogene Strecke abklingt, d. h. daß von jedem Wegelement pro Zeiteinheit ein bestimmter Bruchteil „vergessen" wird. Die Kurven früherer Versuche über die Entfernungsmeldung der Bienen werden mathematisch interpretiert (bez. der mathematischen Ableitung muß auf das Orig. verwiesen werden), eine Beziehung zwischen Umlaufzeit und durchflogener Wegstrecke aufgestellt und die genannte Annahme geprüft. Das maßgebende Signal für die Entfernungsmeldung ist wahrscheinlich die Schwänzelzeit (Dauer des Schwänzellaufes), die aber mit der Umlaufzeit korreliert ist. Eine Interpretation der vorhandenen Messungen auf Grund der aufgestellten Beziehung ist stets möglich. M. Biedermann. 5425.

Hubbe, Wolfgang; Hörsingen, Kreis Haldensleben. **Beobachtungen zum Wabenbau der Honigbiene Apis mellifica L.** Arch. Geflügelzucht Kleintierkunde **6** (1957) Nr. 5/6. S. 343–358. 5425.

Free, J. B. **Die Anreize für das Stechen bei Honigbienen.** Bienenwelt [Graz] **5** (1963) Nr. 6. S. 126–131. – 3 Tab.
Vf. berichtet von seinen Versuchen zur Erforschung der Faktoren, die zum Stechen reizen und über Wege, Stiche zu vermeiden. Musselinbälle mit

Baumwollfüllung von ca. 2,7 cm Dmr. wurden an einem Faden vor den Fluglöchern oder knapp über dem Bienensitz bei offenem Magazin angebracht. Die Zahl der hängengebliebenen Stacheln wurde in den Versuchs- und Kontrollbällchen gezählt. Ergebnisse: Dunkel gefärbte Bälle wurde öfter gestochen als helle, bes. vor dunklem Hintergrund. Der Geruch des Bienengiftes regt zu weiteren Stichen an, kann jedoch durch Rauch ausgeschaltet werden. Bienen stechen eher Bälle mit dem Geruch des eigenen Volkes als solche mit dem Geruch fremder Völker. Bälle, die 1–3 Std. mit Wühl- oder Spitzmäusen zusammengegeben waren, erregten die Stechlust. Ebenso solche, die mit menschlichem Schweiß (von der Stirn) eingerieben wurden. Der Geruch von Dimethylphthalat, citronellol, methylsalicylat hielt die Bienen vom Stechen ab. Bienen stechen wahrscheinlich Stoffe mit rauher Oberfläche eher als solche mit glatter. Rasch bewegte Gegenstände werden öfter gestochen als langsam bewegte. Um die Zahl der Stiche zu vermindern, sollten die Imker hellfarbige, glatte Gewebe tragen und rasche Bewegungen und Schwitzen vermeiden. Rauch auf gestochene Stellen wird weitere Stiche verhindern helfen. Wahrscheinlich können abstoßende Stoffe die Zahl der Stiche weiter herabsetzen. G. Droege. 5425.

Frankland, A. W.; London, St. Mary's Hospital, Wright-Fleming Inst. of Microbiol. Treatment of bee sting reactions. **(Behandlung von Bienenstichreaktionen.)** Bee Wld. **44** (1963) Nr. 1. S. 9–12.

Zunächst werden die lokalen Reaktionen bei einem Bienenstich, wie Schmerz und örtliche Schwellung beschrieben. Das Bienengift enthält eine ganze Reihe giftiger Substanzen. Bes. wird auf den Gehalt an Histamin hingewiesen. Für die Behandlung der örtlichen Reaktionen eignen sich neben kühlenden Agentien in die Stichstelle einzureibende Antihistaminika. — Etwa 2% der Bevölkerung zeigen eine allg. Reaktion nach einem Bienenstich. Verhältnismäßig häufig finden sich darunter Imker, die mit der Zeit überempfindlich geworden sind. Die Reaktionen gehen von Nesselfieber bis zur Bewußtlosigkeit und epileptischen Symptomen innerhalb von 5 Min. nach dem Einstich. Die Behandlung allg. Reaktionen wird erläutert. Bei schweren Reaktionen ist Adrenalin das beste Mittel. In schweren Fällen ist Desensibilisierung durch fortlaufende Injektion von Bienengiftlösung in ansteigender Konzentration möglich. Das Verfahren ist aber schwierig und langwierig. Nach Einstellen der Injektionen kommt die Überempfindlichkeit meist nach ca. 2 Jahren wieder. M. Biedermann. 5455.

Stolz, Simon. **Gebrauchsköniginnenzucht und Verwertung im 3 WK.** Bienenvater [Wien] **84** (1963) Nr. 6. S. 179–180. 5460.

Bareš, Miroslav. Zkušenosti s chovem matek při matce. **(Erfahrungen mit der Zucht der Bienenköniginnen bei der Königin.)** Včelarství **16(97)** (1963) Nr. 1. S. 6–7.

Vergleichsversuche mit der Zucht von Königinnen im Waisenraum und bei der Königin ergaben folgendes: Bei der 1. Methode war das Durchschnittsgewicht der aufgezogenen Königinnen 177,4 mg, bei der 2. Methode dagegen 183,5 mg (3jährige Versuche). Das Gewicht der bei der Königin aufgezogenen Königinnen war demnach um 6,1 mg, d. i. um 3,4% höher. Auch das Gewicht der Tr.-Subst. des Futtersaftes ist bei der 2. Methode um 11,2% höher. Für Bienengroßzuchten wird die Benutzung einer Kombination beider Methoden vorgeschlagen, welche kurz beschrieben wird. Dabei können in einem Waisenraum 120–160 erstklassige Königinnen aufgezogen werden. Zur Zucht sollen ausschließlich nur die genetisch besten und stärksten Bienenvölker benutzt werden. Bei der vorgeschlagenen Zuchtmethode wird eine ausreichende Ernährung der Königinnen während ihrer Entwicklung gewährleistet.
ČSSR/ÚVTI. 5460.

Bozina, E. D. (Bosina, Je. D.); Rjasan, Pädagog. Inst. Sravnitel'noe izučenie plodovitosti matok raznych grupp pčel i prodolžitel'nost' ich žizni. **(Vergleichsprüfungen mit verschiedenrassigen Königinnen auf ihre Fruchtbarkeit und Lebensdauer.)** Zoologičeskij žurnal, Moskva **42** (1963) Nr. 3. S. 379–383. – 2 Abb., 3 Tab., 5 Lit. Zus. in Engl.
Für die Versuche wurden befruchtete Königinnen der südlichen Rassen (Italienische Biene, Graue Grusinische Hochgebirgsbiene, Kubanische Biene) im Vergleich mit lokalen Königinnen verwendet. Das Studium der Fruchtbarkeit wurde in folgenden Teilabschnitten durchgeführt: Studium des Geschlechtssystems, Ermittlung der durchschnittl. tägl. Eiablage, Anzahl der abgelegten Eier je Saison, Lebensdauer der Weisel. Die gefundenen Ergebnisse werden nach Gewicht der Königin, Dmr. der Samenblase, Zahl der Eischläuche, Fläche der Eierstöcke dargestellt. Die mittlere Anzahl der verdeckelten Brut je Volk wird ebenfalls tabellarisch mitgeteilt. Den ersten Rang nehmen dabei die italienischen Völker ein, den letzten die lokalen. Systematische Untersuchungen ließen im Verlauf mehrerer Jahre erkennen, daß die Anzahl der verdeckelten Brut bei lokalen Bienenrassen mit Beginn der Haupttracht abnimmt, bei den Völkern südlicher Rassen dagegen erst mit Ende der Haupttrachtzeit (2. Aug.-Hälfte). Die Aufzucht junger Bienen ist bei südl. Rassen im Juli und Aug. am intensivsten, bei nördl. Bienen klingt die Brutpflege eher ab. Die tägl. durchschnittl. Eiablage entspricht den bisher bekannten Zahlen, z. B. wurde beim grusinischen Volk Nr. 5 Anfang Juni eine durchschnittl. tägl. Eiablage von 1192 Eiern ermittelt. Bei Königinnen, die man nicht auswechselt, sondern bis zu ihrem Lebensende im Volk beläßt, verringert sich im 3. und 4. Lebensjahr die Zahl der abgelegten Eier, im 5. und 6. und in den folgenden Jahren ist sie aber in den meisten Fällen nicht geringer als im 1. Lebensjahr. 50% aller Königinnen leben in normal entwickelten Völkern 2–3 Jahre, 30–35% leben 4–6 Jahre. Nur ein geringer Prozentsatz überdauert das 6. Lebensjahr. Eine Königin der lokalen Rasse lebte 9,5 Jahre. H. Oschmann. 5460.

Dreher, Wilhelm; Kirschweiler über Idar-Oberstein. **Die Zucht im überstarken Sammelableger.** Rhein. Bienenztg. **114** (1963) Nr. 5. S. 142–143.
Aus überstarken Völkern, die zur Bremsung des Schwarmtriebes geschröpft werden müssen, entnimmt Vf. 8–10 Brutwaben mit anhängenden Bienen und gibt sie zusammen mit einer Pollen- und Honigwabe und den abgefegten Bienen von weiteren 3–4 Waben offener Brut in eine leere Beute. Dieser überstarke Sammelableger wird ab 3. Tag allabendlich mit $^1/_8$–$^1/_4$ l Honigwasser gefüttert. Nach 9 Tagen werden alle angeblasenen Weiselzellen entfernt und der Zuchtstoff entweder im Bogenschnitt oder an der Zuchtlatte gegeben. Die Reizfütterung wird bis zur Verdeckelung der Zellen fortgesetzt. Vorteile: bienenmäßig ideal zusammengesetztes Pflegevolk, genügend Jungbienen zum Füllen der Begattungskästchen, es wird kein Standvolk als Pflegevolk geopfert, und die geschröpften Standvölker sind vom Schwarmtrieb geheilt bzw. gehemmt. G. Droege. 5465.

Zikowsky, Franz; Deutsch-Wagram bei Wien. **Ich soll züchten?** Bienenvater [Wien] **83** (1962) Nr. 12. S. 345–348.; **84** (1963) Nr. 2. S. 46–48.
Im Frühjahr setzen die Bienen nur das in Brut um, was an Futter von außen hereinkommt, nicht die Stockvorräte. Deshalb etwas geringere Winterfütterung und kleine Gaben im Apr. Gute Honigernten hängen ab von reichlicher Flugbienenzahl, erbmäßig guter Entwicklungsgeschwindigkeit und wertvollem Zuchtmaterial. In der Tier- und Pflanzenzucht ist es üblich, wertvolles Saat- und Zuchtgut zu kaufen. Vf. rät, auch in der Bienenzucht immer neues Zuchtgut zu kaufen, damit zu arbeiten und davon zu ernten, bis es sich verbaut hat, und dann wieder neues zu kaufen. Die Zucht sollte nur von

Zuchtzentralen vorgenommen werden. Entweder sollen immer unbegattete Jungköniginnen gekauft werden oder auch begattete Rasseköniginnen, um davon zu vermehren. Viele Königinnen müssen sterben, weil sie falsch zugesetzt werden. Vf. setzt Königin im Brutableger zu, wenn alle Flugbienen heraus sind. G. Droege. 5480.

Puhlemann, K.; Berlin. **Soll der Imker schröpfen?** Rhein. Bienenztg. **114** (1963) Nr. 5. S. 138–142. – 1 Abb. 5480.

Stolz, Simon; Murau. **Schwarmverhinderung und Königin-Erneuerung.** Bienenwelt [Graz] **5** (1963) Nr. 6. S. 133–136. – 1 Abb.
Immer häufiger stehen Bienenstände leer, weil es an Nachwuchs fehlt. Es muß getrachtet werden, den Junglandwirten mit wenig Freizeit Betriebsweisen zu lehren, mit denen bei wenig Aufwand noch ein der Gegend angepaßter Ertrag erreicht werden kann. Wichtig ist, fast schwarmlos zu imkern und auf leichte Art die alternde Stockmutter gegen eine junge zu wechseln. Aus Völkern, die trotz entspr. Behandlung von der Schwarmlust erfaßt werden, wird ein Ableger gemacht, indem man alle Brutwaben mit anhängenden Weiselzellen und eine Futterwabe in ein Reservemagazin gibt. Dem Restvolk verbleibt der Honigraum mit einer gedeckelten Brutwabe und der Stockmutter. Ihm werden 3–4 Mittelwände und ebensoviel ausgebaute Waben gegeben. Es gibt viele Zusetzmethoden. Je einfacher und sicherer sie sind, desto eher wird es gelingen, die Imker zur rechtzeitigen Erneuerung der Stockmütter zu veranlassen. Die Jungmutter wird im 3 WK abends dunkel gestellt. Morgens wird der Honigraum abgenommen, die alte Königin abgedrückt und an die Stelle des bisherigen Brutraumes eine leere Beute gesetzt, in die das 3 WK hineinkommt; die Königin in der inseitigen Wabengasse in Fluglochnähe. Links und rechts davon kommen die Waben des abseits gestellten Brutraumes. Dann wird der Honigraum wieder aufgesetzt. Die Königin wird ohne Schwierigkeiten angenommen. G. Droege. 5492.

Burger, Karl; Villach/St. Ruprecht. **Eine Lösung des Schwarmproblems!** Bienenvater [Wien] **84** (1963) Nr. 6. S. 180–181. 5492.

Jaycox, Elbert R.; Davis, Univ. of California. The effect of drying and various diluents on spermatozoa of the honey bee (Apis mellifera L.). **(Der Einfluß von Trocknung und verschiedenen Verdünnungsmitteln auf die Spermatozoen der Honigbiene.)** J. econ. Entomol. **53** (1960) Nr. 2. S. 266–269. 5493.

Jordan, R.; Wien, Bundesanst. für Bienenkunde. **Lassen sich Flugbienen durch Verwendung an Pollenersatz reichhaltigem Teig von der Aufnahme eines solchen abhalten?** Bienenvater [Wien] **84** (1963) Nr. 5. S. 131–136. – 4 Abb., 2 Tab.
In jüngster Zeit sieht man in der Eiweißaufnahme der Trachtbienen eine nosemafördernde Gefahr. Es wurde deshalb geraten, Pollenersatzreiche Teige in der Beute zu reichen, in der Annahme, daß Flugbienen sich dafür nicht interessieren. Vf. stellte dazu Versuche an. Ein Beobachtungsstock wurde mit einem Kunstschwarm mit ca. 3000 Bienen besiedelt. Nach Ausbau und Bestiftung der Mittelwand wurden 150 gezeichnete 3 Tage alte Bienen zugesetzt. Als diese 26 Tage alt waren, kam in ein 4 cm hohes Fach im oberen Teil des Rahmens 30%iger Magermilchteig, der durch ein Gitter erreichbar war. Bei Gelblicht konnte ohne Störung der Bienen Tag und Nacht beobachtet werden. Es zeigte sich, daß sich die Flugbienen ebenso eifrig und anhaltend mit dem Teig beschäftigten wie die Jungbienen und das Futter an andere Bienen weitergeben. Ein 2. Versuch mit 25%igem Höselhefeteig zeigte das gleiche Ergebnis. Pollenersatz zur richtigen Zeit gegeben und, um eine Nosemainfektion zu vermeiden, oberhalb des Rähmchens, wirkt sich

entwicklungsfördernd und nicht nosemafördernd aus. Das Versuchsvölkchen blieb trotz 4wöchiger Fütterung mit Pollenersatz nosemafrei.
G. Droege. 5494.

Bižev, Bižo und Ivančev, V. (Bishew, Bisho und Iwantschew, W.) Opit za ustanovjavane vlijanieto na esennoto podchranvane na pčelni semejstva. **(Versuch zur Feststellung des Einflusses der Herbstzufütterung der Bienenvölker.)** Selskostopanska nauka, Sofija **1(7)** (1962) Nr. 9. S. 969–980. — 6 Tab., 8 Lit. Zus. in Russ., Engl.
Eine Gruppe von 3 Bienenvölkern wurde mit Sirup aus 50% Zucker, 45% Mohrrübensaft und 5% Magermilch und eine 2. Gruppe, von ebenfalls 3 Bienenvölkern, mit Sirup aus 50% Zucker und 50% Wasser mit 4–5% Magermilchzusatz aufgefüttert. Die zur Kontrolle dienende Gr. III, ebenfalls 3 Völker, bekam kein Beifutter. Zur Auffütterung wurden den entspr. Völkern in der Periode vom 18. 9.–11.10. tägl. je 300–1100 g Sirup gereicht. Ergebnisse am 12. Tag vom Beginn der Auffütterung (in der Reihenfolge der Gruppen): Anzahl der Waben mit Brut 7, 5 und 0; verdeckelte Brut 1100, 705 und 0 cm²; Honig 51,35; 50,8 und 56,3 kg; Pollen 1,95; 1,75 und 1,65 Waben. Bei Versuchsende betrugen die entspr. Ergebnisse: 8, 5 und 0 Waben, 1462,5; 400 und 0 cm², 60,75; 60,50 und 48,60 kg Honig und 2,50; 0,75 und 0,40 Waben Pollen.
N. Platikanow. 5494.

Warnecke, Bernd und Duisberg, Herwarth; Bremen, Staatl. Hyg. Inst., Bakteriol.-Serol. Abt.; Inst. für Honigforsch. **Die bakteriostatische (inhibitorische) Wirkung des Honigs.** Z. Lebensmittel-Unters. u. -Forsch. **107** (1958) Nr. 4. S. 340–344. 5496.

Benton, A. W., Morse, R. A. und Kosikowski, F. V.; Ithaca, N.Y., Cornell Univ., Dep. of Entomol. Bioassay and standardization of venom of the honey bee. **(Biologischer Test und Standardisierung des Giftes der Honigbiene.)** Nature [London] **198** (1963) Nr. 4877. S. 295–296. — 4 Lit.
Bienengift hemmt das Wachstum von *Bac. subtilis*. Die Hemmwirkung ist ähnlich der des Penicillins. Vff. verreiben Stachel plus Giftblasen von mit CO_2 betäubten Bienen in aqua dest., filtrieren und sterilisieren die Lösung. Damit werden Pepton-Glucose enthaltende Papierscheibchen gesättigt. Diese werden auf *Bac. subtilis* enthaltende Agarplatten aufgelegt, bebrütet und die Hemmzone gemessen. Vff. definieren für ihre Zwecke als Einheit diejenige sterilisierte Giftmenge in 1 ml Wasser, die eine im Dmr. 8 ± 0,3 mm große klare Hemmzone um ein 6,35 mm großes, mit Giftlösung gesättigtes Pepton-Glucosepapierscheibchen erzeugt, wenn dieses auf eine 1 Std. bei 36 °C vorgewärmte nährstofffreie Agarplatte gebracht wird, die auf 1 cm³ 1 Mill. Sporen von *Bac. subtilis* enthält und dann 5 Std. bei 36–37 °C bebrütet wird.
M. Biedermann. 5496.

Kloft, W.; Würzburg, Univ., Inst. für Angew. Zool. Problems of practical importance in honeydew research. **(Probleme der praktischen Bedeutung bei der Honigtauforschung.)** Bee Wld. **44** (1963) Nr. 1. S. 13–29. — 5 Abb., 71 Lit.
Das Interesse an Honigtau wächst ständig, da durch Rationalisieren und Mechanisieren in der Landwirtschaft die Honigerträge von landwirtsch. genutzten Flächen zurückgehen. — 3 lebende Systeme sind beteiligt: Pflanzen mit ihrem Kohlenhydrate enthaltenden Phloemsaft, pflanzensaugende Insekten, die den Honigtau ausscheiden und die Bienen, die diesen sammeln und daraus Honigtau-Honig bereiten. Jedes dieser Systeme wird von mannigfachen äußeren Faktoren beeinflußt. Vom Stand der Forschung über diese 3 Systeme wird ein Überblick gegeben. — Eine gewisse Rolle zur Stabilisierung der Honigtauerzeugung spielen die Ameisen, da sie teilweise die pflanzen-

saugenden Insekten pflegen und schützen. — Abschließend wird auf die praktischen Erfordernisse der Honigtauausnutzung, wie die Frage des Auffindens durch die Bienen und Völkerbehandlung sowie Aufstellung, eingegangen.
M. Biedermann. 5530.

Anonym. **Unsere besten Bienennährpflanzen.** Bienenvater [Wien] **83** (1962) Nr. 9. S. 252–255.; Nr. 10. S. 274–277.
Vf. gibt Anleitungen für Anlage eines Kräutergartens und für richtige Zubereitung von Kräutertee. Heilkräuter, die auch gute Bienenweidepflanzen sind, werden angeführt. — Ysop (*Hyssopus officin.*) spendet sehr gut Nektar, aber nur mäßig gelben Pollen. Honigfarbe: hellviolett. Anbauanleitung wird gegeben. Anwendung bei Katarrhen des Magens, Darms und der Luftwege. — Ringelblume (*Calendula off.*) honigt gut und liefert gelben Pollen. Die Pflanze dient der Heilung verschiedener innerer Krankheiten, auch Krebs. — Wegwarte (*Cichorium intybus*) spendet reichlich Nektar und weniger graugelben Pollen. Der Tee wirkt sich günstig auf Leber, Milz, Gallen- und Magentätigkeit aus. Anbauanleitung wird gegeben. — Löwenzahn (*Taraxacum off.*) honigt sehr gut und liefert ausgiebig Pollen. Nachmittags schließen sich die Blüten. Der dunkelgelbe Honig hat ranzigen Geschmack und kristallisiert schnell. Der Herbst- und der Rauhe-Löwenzahn blühen ab Juni und sind als Bienenweide weniger wertvoll. Der Tee heilt verschiedene Krankheiten. — Feldthymian (*Thymus serpyllum*) oder Quendel und Garten-Thymian (*Thymus vulgaris*) werden beschrieben. Sie honigen stets sehr gut, spenden aber wenig Pollen. Der Honig ist hellgelb und stark aromatisch. Der Tee ist nervenstärkend und wird u.a. bei Leber-, Gallen- und Magenleiden angewendet. — Boretsch (*Borago off.*), ein 1jähriges Kraut, ist eine ausgezeichnete Bienenweidepflanze. Wegen der kurzen Blütezeit wird Aussaat zu verschiedenen Zeiten empfohlen. Der Nektar ist mit 52% bes. zuckerhaltig. Aufguß von Blättern und Blüten wirkt herzstärkend und harntreibend. Vf. empfiehlt Salat von Löwenzahn, Boretsch und Wegwarte mit Honig und Zitronensaft. — Dost (*Origanum vulgare*) und die Kulturstaude *Origanum vulgare compactum* honigen sehr gut und liefern Pollen. Honigfarbe: hellgelb. Der Aufguß ist bei Krämpfen und Asthma, Einreibungen sind bei Rheuma und Gelenkleiden angezeigt. — Majoran (*Origanum majorana*), eine 1jährige Gewürzpflanze, spendet gut Nektar, aber wenig Pollen. Honigfarbe goldgelb. Anwendung als Gewürz, ferner wie Dost. — Löwenschwanz (*Leonurus cardiaca*), eine Staude, honigt sehr gut, spendet nur wenig Pollen. Honigfarbe goldgelb. Anwendung u.a. bei Verschleimungen, Magen-, Herzbeschwerden und Anämie. — Echter Salbei (*Salvia off.*), ein Halbstrauch, und Wiesensalbei (*Salvia pratensis*) spenden sehr gut Nektar und wenig Pollen. Honigfarbe dunkelgelb. Tee stärkt u.a. Magen, Darm u. Lungengewebe. — Gartensalbei (*S. virgata nemorosa*) kommt in 500 Arten als Staude und einjährige Pflanze vor.
G. Pritsch. 5530.

Fyg, W.; Liebefeld, Bern, Eidg. Milchwirtsch. Inst., Abt. Bienenkunde. **Anomalien und Krankheiten der Bienenkönigin.** Dtsch. Bienenwirtsch. **14** (1963) Nr. 5. S. 129–132.
Im 1. Teil werden die Anatomie und die normalen, altersbedingten Veränderungen der inneren Organe der Königin sowie die Eibildung in den Ovarien behandelt. An Mißbildungen seien genannt: Zwergköniginnen, Königinnen mit verkrüppelten Flügeln und Krallengliedern sowie anormalem Flügelgeäder. Bes. wichtig sind die Mißbildungen der Fortpflanzungsorgane, wie mangelhafte Entwicklung der Ovarien und der Eileiter, Duplizität der Samenblase, überzählige Eischläuche an den verschiedensten Stellen im Hinterleib und partieller oder totaler Situs inversus der asymmetrischen Abdominalorgane. Häufiger als Anomalien und Mißbildungen sind Krankheiten, die sich stets nachteilig auf die Legetätigkeit auswirken. H- und B-Melanose, Ovar-

Atrophie, Nosema u. a. Krankhafte Steinbildungen und Wucherungen im Rectum können die Eiablage behindern. Sehr häufig ist die krankhafte Drohnenbrütigkeit, bei der die Spermien im Receptaculum seminis degenerieren. Auch durch Sekretionsstörungen der Anhangsdrüsen oder Entartung des Samenblasenepithels kann eine begattete Königin drohnenbrütig werden. G. Droege. 5565.

Jordan, R.; Wien, Bundesanst. für Bienenkunde. **Zur mikroskopischen Nosemafeststellung.** Dtsch. Bienenwirtsch. **14** (1963) Nr. 5. S. 137–139. – 2 Abb.
Vf. wendet sich scharf gegen die oft geübte Form des Breiverfahrens zur Feststellung der Nosemainfektion eines Volkes, wobei die Hinterleiber mehrerer Bienen zusammen zerrieben und untersucht werden, weil dies zu Fehlschlüssen führt. Ebenso wenn die Bienen vor dem Bienenstand gesammelt werden. Die Untersuchung des winterlichen Leichenfalles vor Beginn der Reinigungsflüge (Einzelbienen) kann auch nur orientierenden Charakter haben, der Befund kann niemals auf das lebende Volk übertragen werden. Um den tatsächlichen Infektionsgrad zu ermitteln, müssen gelegentlich der ersten Flüge 20 Flugbienen einzeln untersucht werden (solche mit Pollenhöschen). Der Hinterleib wird mit 1 Tropfen Wasser zerrieben und mit Nigrosin oder gewöhnlicher schwarzer Tusche gefärbt. Die Sporen erscheinen als farblose Gebilde. Man wertet nach leichtem, mittleren und schweren Befall. Danach kann man sagen, zu wieviel Prozent die Flugbienen infiziert sind. Das Volk braucht deshalb aber, selbst bei höherem Infektionsgrad, noch nicht erkrankt zu sein. G. Droege. 5565.

Hauck, Eva. **Die Zusammenarbeit des Imkers mit den Behörden bei der Bearbeitung von Giftschäden.** Dtsch. Bienenwirtsch. **13** (1962) Nr. 2. S. 46–49. 5570.

Küthe, K. **Zusammenarbeit zwischen Imkern und amtlichem Pflanzenschutzdienst.** Dtsch. Bienenwirtsch. **13** (1962) Nr. 2. S. 49–52. 5570.

Svoboda, Jaroslav; Dol u Libčic, Výzkumný Ústav Včelařský. Průmyslové otravy včel arzénem. **(Arsenvergiftung bei Bienen durch Industrieexhalate.)** Rostlinná Výroba **8(35)** (1962) Nr. 11/12. S. 1499–1506. – 6 Tab., 5 Lit. Zus. in Russ., Dtsch.
Es werden einige Fälle von Vergiftungen von Bienen durch arsenhaltige Industrieexhalate in der ČSSR beschrieben. Die Rauchasche aus diesen Betrieben enthielt 0,004–0,075% Arsen. Die Biene nimmt mindestens 1 mg As im vergifteten Blütenstaub aus den verseuchten Gebieten auf, wobei bereits 0,37 mg toxisch wirken. Es wird empfohlen, im Umkreis der betr. Industriebetriebe ein Schutzgebiet festzusetzen, in welchem Bienen erst nach Installierung von Filtern zum Abfangen der Rauchasche und von Einrichtungen zum Auffangen der Arsenverbindungen gehalten werden sollten. Zur Befruchtung der Obstbaumblüten müßten kurzfristig Bienenstöcke herbeigeführt werden. Zum Schutze der Bienen vor Arsenvergiftungen sollte zum Futter eine 0,5%ige Lösung von kolloidalem Eisenhydroxyd (10 ml/l Zuckerlösung) zugesetzt werden. F. Svoboda. 5570.

H. SEIDENRAUPEN

Mamednijazov, O. N., Šulika, M. N., Kaspařjanc, L. R. und Gladyševa, L. E. (Mamednijasow, O. N., Schulika, M. N., Kasparjanz, L. R. und Gladyschewa, L. Je.) Nekotorye dannye po soderžaniju nukleinovych kislot v šelkootdelitel'noj železe raznych po produktivnosti porod tutovogo šelkoprjada. **(Einige Angaben über den Gehalt an Nucleinsäure in der Spinndrüse und ihr Einfluß auf die Leistung verschiedener Rassen des Maulbeerseidenspinners.)** Izv. AN TurkmSSR. Ser. biol. n. **1962** Nr. 1. S. 67–69. – Aus: Referativnyj žurnal. Biologija, Moskva **1962** Nr. 16. L 216. S. 29.
Die größte Menge RNS ist in der Fibroinabteilung der Spinndrüse enthalten, und zwar vom Schlüpfen der Raupen bis zum Spinnen der Kokons. Weniger

RNS ist im Reservoir und ganz wenig im Ausführungsgang enthalten. Zu Beginn des 5. Stadiums erfolgt eine rasche Steigerung der RNS-Menge in den Drüsenzellen durch Vergrößerung der Zellabmessungen und den Eintritt von RNS aus den Zellkernen. Gegen Ende des 5. Stadiums verringert sich der Gehalt an RNS im Zellplasma, und diese Verringerung setzt sich auch während des Kokonspinnens fort. Bei den produktiveren Rassen sind die Drüsenwände dicker, die Zellen und ihre Zahl sind größer, die Kerne sind stark verzweigt. Bei der Rasse SANIŠ 11 × SANIŠ 18 beträgt die Durchschnittsbreite der Drüsenzellenschicht im Querschnitt der Fibroinabteilung der Spinndrüse 0,112 μm, die Breite der Kernverzweigung — 0,031 μm; bei der Rasse „Schantung" beträgt die Breite der Drüsenschicht 0,112 μm, die Breite der Kernverzweigung 0,02 μm. Je höher die Leistung einer Rasse ist, eine um so größere Menge Nucleinsäure ist in der Spinndrüse enthalten.
übersetzt v. Th. C. Boetticher. 5656.

Buonocore, Corrado. La selezione del baco da seta per eliminare lo sfibrillamento delle bavelle. **(Die Vermeidung von Fadenabblättern beim Seidenspinner durch Selektion.)** Ann. Sperimentaz. agrar. [N.S.] **15** (1961) Nr. 1. S. 153–165. — Zus. in Engl. 5660.

Kulikov, N. S., Akramovskij, M. N. und Ščekin, E. D. (Kulikow, N. S., Akramowski, M. N. und Stschekin, Je. D.) Antibiotiki pri evropejskom gnil'ce pčel. **(Antibiotica bei der Faulbrut der Bienen.)** Veterinarija, Moskva **40** (1963) Nr. 4. S. 56–57.
Bisher wurden die Antibiotica zur Bekämpfung der Faulbrut der Bienen mit Sirup vermischt. Diese Behandlung brachte keinen 100%igen Erfolg. Vff. empfehlen, die Antibiotica in wäßriger Lösung in den Stock zu versprühen. Hierbei ist gewährleistet, daß alle Bienen mit dem Präparat in Berührung kommen, das sie bei der Reinigung aufnehmen. W. Plaschke. 5660.

Horie, Yasuhiro und Ito, Toshio; Suginami-ku, Tokyo, Japan, Sericult. Stat. Vitamin requirements of the silkworm. **(Der Vitaminbedarf der Seidenraupe.)** Nature [London] **197** (1963) Nr. 4862. S. 98–99. — 1 Abb., 3 Tab., 8 Lit.
Unter Verwendung synthetischer Kost — deren Zusammensetzung mitgeteilt wird — bei gleichzeitigem Hinzufügen oder Weglassen bestimmter Vertreter der Vit.-B-Gruppe prüfen Vff. in aseptischen Aufzuchten den Vitaminbedarf der Seidenraupe. Während bei Verabreichung vitaminfreier Kost alle Raupen vor oder kurz nach der 2. Häutung starben, erreichten im anderen Falle innerhalb der 25 Beobachtungstage einige Tiere sogar das 5. Stadium. Aus den Versuchen wird vorläufig geschlossen, daß Nikotinsäure, Pantothensäure und Pyridoxin wesentliche Bestandteile für ein normales Wachstum und eine normale Entwicklung der Seidenraupe sind. Das Fehlen eines von ihnen wirkt sich insbesondere bei den jüngeren Raupen aus. Das Weglassen des sonst fast allg. für Insekten notwendigen Riboflavins oder Biotins hatte keine Wachstumsbehinderung zur Folge. Die Ergebnisse von Aufzuchten unter nicht sterilen Bedingungen lassen schließen, daß Mikroorganismen z.T. eine Quelle für eine Vitaminversorgung sind. Die Versuche werden fortgesetzt.
H. Rost. 5670.

TIERERNÄHRUNG

B. CHEMISCHE BESTANDTEILE DES TIERKÖRPERS UND DER FUTTERMITTEL

Cmelik, S. H. W. Fatty acid composition of the milk fat of the eland antelope (Taurotragus oryx). **(Fettsäurezusammensetzung des Milchfettes der Elen-Antilope.)** J. Sci. Food Agric. **13** (1962) Nr. 12. S. 662–665.

Das acetonlösliche Milchfett der Elen-Antilope hat folgende Konstanten: VZ:232, JZ:28, RMZ:5.5, Polenske Z:0.8 Acetylzahl 3.2. Fettsäurezusammensetzung; Gesättigte FS:C_4:0,9; C_6:0,5; C_8:0,4; C_{10}:1,2; C_{12}:–; C_{14}:12,4; C_{16}:35,2; C_{18}:15,2; C_{20}: Spur. Monoensäuren: C_{12}:0,7; C_{14}:1,2; C_{16}:6,2; C_{18}: 17,9; Konjung. unges. Säuren: Diene:0,48, Triene: 0,12; Nicht konjung. unges. Säuren: Diene 1,53; Triene 1,0; Tetraene 0,21; Pentaene 0,33.
H. Steger. 7170.

Kieckebusch, Jahr, K., Czok, G., Griem, W., Bässler, K.-H., Hammar C.-H. und Lang, K.; Mainz, Univ., Physiol.-Chem. Inst. **Physiologische Eigenschaften geblasener Öle.** Fette, Seifen, Anstrichmittel **64** (1962) Nr. 12. S. 1154–1167. – 5 Abb., 15 Tab., 38 Lit. Zus. in Russ., Engl., Franz.

Systematische Untersuchungen über die physiol. Wirkung geblasener Öle (Temp. 180°) in Abhängigkeit von der Behandlungsintensität ergaben eine erhöhte Toxizität dieser Öle, die wahrscheinlich auf die Bildung von Oxypolymeren zurückzuführen ist. Die Toxizität durchschreitet dabei ein Max., das zwischen 0,45 bis 0,9 g/kg Körpergew. liegt. Im einzelnen wurden im Tierversuch (Albinoratte) bestimmt: Gewichtszunahme, Futteraufnahme, Proteinausnutzung, Verweildauer des Fettes in Magen und Darm, Transport durch die Darmlymphe, Wirkung auf die Motorik des Magen-Darmtraktes, Gallesekretion, Wasser-, Na- und Chloridausscheidung durch die Niere, Körpertemp., Beeinflussung des Dextran-Ödems, der Leberfunktion (Bromsulphthaleintest), des zentralen Nervensystems, der Motilität sowie des Zellstoffwechsels. Ferner wurden histol. Organuntersuchungen durchgeführt. Eine teilweise Wirkung der geblasenen Öle kann wahrscheinlich auf einen relativen Mangel an essentiellen Fettsäuren und Tocopherol zurückgeführt werden.
H. Ackermann. 7180.

Merler, E., Remington, J. S., Finland, M. und Gitlin, D.; Boston, Mass., Harvard Med. School, Dep. of Pediatrics, Biol. Chem. and Med. Differences between urinary albumin and serum albumin. **(Unterschiede zwischen Harnalbumin und Serumalbumin.)** Nature [London] **196** (1962) Nr. 4860. S. 1207 bis 1208. – 1 Abb., 4 Lit.

Von Vff. werden Molekülgröße und Peptidmuster von im normalen Harn gefundenen Albuminen mit dem des Serumalbumins verglichen. Es ergab sich für die Harnalbuminfraktion ein Extinktionskoeffizient von 11,0 gegenüber 5,32 für Serumalbumin. Die Sedimentationskonstante ergab sich zu $2{,}6 \pm 0{,}2$. Kristallines Serumalbumin von gleicher Konzentration ergab den Wert 4,2. Obgleich bei der Zonenelektrophorese die Harnalbumine verschiedener Personen annähernd gleiche Wanderungsgeschwindigkeiten zeigten, ergab die Immunoelektrophorese, daß einige von ihnen bei pH 8,6 stärker elektronegativ waren als Serumalbumin. Ob diese Differenz auf eine Denaturierung des Harnalbumins im Anschluß an die renale Filtration oder auf eine Spaltung der Peptidbindungen in vivo unter Bildung kleinerer durch Disulfidbindungen zusammengehaltener Fragmente zurückzuführen ist, bleibt offen. Interessant ist, daß kleinere Serumalbuminmoleküle offenbar der Resorption im Tubulus entgehen und dann im Harn erscheinen. U. Zelck. 7225.

Tschiersch, B.; Halle-Wittenberg, Martin-Luther-Univ., Pharmakognost. Inst. **Neue Aminosäuren in höheren Pflanzen. Eine Übersicht.** Pharmazie **17** (1962) Nr. 12. S. 721–730. – 5 Abb., 170 Lit.

Das Vorkommen und die Biochemie von 15 Glutaminsäurederivaten, 14 Alaninderivaten, 12 Aminobuttersäuren, 10 Cysteinderivaten und 10 Iminosäuren, die mit Hilfe chromatographischer Methoden in den letzten Jahren in höheren Pflanzen entdeckt wurden, werden auf der Grundlage von Literaturangaben beschrieben. K. Koepke. 7230.

Herbst, A.-M.; Berlin, Inst. für Gärungsgewerbe und Stärkefabrikation. **Zum Vitamin- und Aminosäuregehalt von Maisquellwasser.** Stärke **15** (1963) Nr. 4. S. 142–143. — 2 Tab., 13 Lit.

Auf mikrobiol. Wege wurde eine größere Anzahl von Maisquellwassern auf ihre Gehalte an B-Vit. (Vit. B_1, B_2, B_6, Pantothensäure, Nikotinsäureamid, Biotin, Folsäure, Inosit) und Aminosäuren (essentielle, halbessentielle, Glutaminsäure) untersucht. Dabei ergaben sich z. T. erhebliche Schwankungen zwischen den untersuchten Maisquellwasserproben und auch beim Vergleich mit Literaturwerten. Um bei der industriellen Verwertung der Maisquellwasser höchste Ausbeuten erzielen zu können, wird eine vorhergehende Untersuchung auf B-Vit. und Aminosäuren empfohlen. J. Wünsche. 7270.

Weber, F., Gloor, U. und Wiss, O.; Basel, Schweiz, Hoffmann-LaRoche & Co. AG, Abt. für Vitamin- und Ernährungsforsch. **Vitamin E und essentielle Fettsäuren.** Fette, Seifen, Anstrichmittel **64** (1962) Nr. 12. S. 1149–1153. — 4 Abb., 4 Tab., 24 Lit. Zus. in Russ., Engl., Franz.

Untersuchungen mit dl-α-Tocopherol-acetat-[8-methyl-^{14}C] (**I**) ergaben einen erhöhten **I**-Bedarf bei vermehrter Aufnahme essentieller Fettsäuren (Linol- (**III**) und Arachidonsäure). Albinoratten erhielten entweder eine Cocosfett-diät (Kontrolle) oder **III**-Diät. Es wurde die Verteilung von **I** und Ethoxyquin-[2,4-^{14}C] (**II**) in den Zellpartikeln (Zellkerne, Mitochondrien, Mikrosomen und überstehende Lösung) der Leber, im Gehirn und im Muskel bestimmt. Während **I** in stärkerem Maße gespeichert wird, fällt der **II**-Gehalt durch Ausscheidung rasch ab. Es wird diskutiert, inwieweit der natürliche Vit. E-Gehalt der Speisefette und -öle den durch die essentiellen Fettsäuren erhöhten Vit. E-Bedarf decken kann. H. Ackermann. 7276.

Doell, Ruth G. und Kretchmer, Norman; Palo Alto, Calif., Stanford Univ., School of Med., Dep. of Pediatrics. Studies of small intestine during development. I. Distribution and activity of β-galactosidase. **(Untersuchungen über den Dünndarm während der Entwicklung. 1. Mitt. Verteilung und Aktivität von β-Galactosidase.)** Biochim. biophysica Acta [Amsterdam] **62** (1962) Nr. 2. S. 353–362. — 7 Abb., 3 Tab., 18 Lit.

Die ß-Galactosidase wurde durch Anwendung von Lactose (I) und o-Nitrophenyl-ß-Galactosid (II) als Substrate im Darm des Menschen, der Ratte und des Kaninchens untersucht. Im Dünndarm der Ratte und des Menschen ist die Enzymaktivität max. im Jejunum, mäßig im Duodenum und Ileum, minimal im Caecum und abwesend im Magen. Die Darmmucosa des Kaninchens enthält 2β-Galactosidasen, ein Enzym, das beide Substrate und ein, das nur (II) hydrolysiert. Im Rattendarm wurden auch 2 Enzyme nachgewiesen. Das eine hat ein niedriges pH-Optimum und die gleiche Affinität zu beiden Substraten, während das andere (I) viel schneller als (II) hydrolysiert. Die β-Galactosidase des Menschendarms besitzt eine größere Affinität zur (I) als zum (II). I. Schröder. 7300.

Lapresle, C. und Webb, T.; Paris, France, Inst. Pasteur, Serv. de Chim. Microbienne. The purification and properties of a proteolytic enzyme, rabbit cathepsin E, and further studies on rabbit cathepsin D. **(Reinigung und Eigenschaften eines proteolytischen Enzyms, Kaninchen-Kathepsin E und weitere Untersuchungen mit Kaninchen-Kathepsin D.)** Biochem. J. **84** (1962) Nr. 3. S. 455–462. — 7 Abb., 2 Tab., 14 Lit.

Nach ausführlich beschriebenen Reinigungsverfahren wurden aus wäßrigen Extrakten von Kaninchenknochenmark 2 proteolytische Fermente in relativ großen Mengen erhalten. Das eine Enzym ist analog dem 1960 von Lapresle u. Webb aus Kaninchenmilz gefundenen und wurde Kaninchen-Kathepsin D genannt. Die elektrophoretische Beweglichkeit in Agargel wurde bei pH 8,2 zu [$-1{,}7 \times 10^{-5}$ cm.^{2}v^{-1} sec.$^{-1}$] bestimmt. Das zweite proteolytische Ferment wurde an Diäthylaminoäthylcellulose und durch Gelfiltration mit Sephadex G 75 isoliert und als Kaninchen Kathepsin E bezeichnet. Es ist in kleiner Menge in der Kaninchenmilz enthalten. Mit Humanserum als Substrat wurde das pH-Optimum von Kathepsin E zu 2,5 bestimmt. Es ist hitzelabil. Die synthetischen Substrate, die von den Kathepsinen A, B und C gespalten werden, werden von Kathepsin E nicht hydrolysiert. Die elektrophoretische Beweglichkeit von Kathepsin E in Agargel beträgt bei pH [8,2-7,2 $\times$ 10^{-5} $cm^2.v^{-1}$ $sec.^{-1}$.] I. Schröder. 7300.

Learmonth, E. Mitchell und Wood, J. C.; Puckeridge, Herts., England, Brit. Soya Products Limited. A trypsin inhibitor in wheat flour. **(Ein Trypsininhibitor in Weizenmehl.)** Cereal Chem. **40** (1963) Nr. 1. S. 61–65. — 1 Abb., 2 Tab., 6 Lit.
Mit Hilfe des Gelatinetestes (vgl. J. Sci. Food Agric. **2** [1951] S. **447**.) untersuchen Vff. die hemmende Wirkung eines Trypsininhibitors in wäßrigen Extrakten von Weizenmehlen. Der modifizierte Test wird beschrieben. Der Inhibitor wurde in einer Anzahl unterschiedlicher Weizenmehle nachgewiesen und ist weder ein Bestandteil der Kleie noch der Keimfraktion.
I. Schröder. 7300.

MacFarlane, W. V., Morris, R. J. H. und Howard, Beth; Canberra, Austral. Nat. Univ., Dep. of Physiol. Turn-over and distribution of water in desert camels, sheep, cattle and kangaroos. **(Wasserumsatz und -verteilung in Wüstenkamelen, Schafen, Rindern und Känguruhs.)** Nature [London] **197** (1963) Nr. 4864. S. 270–271. — 2 Abb., 1 Tab., 8 Lit.
Die Messung der Umsatzgeschwindigkeit des Wassers bei verschiedenen Tierarten unter tropischen Bedingungen führte u.a. zu folgenden Ergebnissen: Der Wasserumsatz von ausgewachsenen nichtlaktierenden Kamelen beträgt auf kg Körpermasse bezogen nur die Hälfte von dem der Schafe und nur $^1/_3$ von dem der Rinder. Bei 9tägigem Wasserentzug in der Hitze verloren Kamele 20,3% ihres Körpergewichtes. Der Gewichtsverlust ging hauptsächlich auf Kosten des Wassers aus den Verdauungsorganen. F. Weißbach. 7360.

C. UNTERSUCHUNGS- UND VERSUCHSMETHODIK

Devi, Anima; New York, Columbia Univ., Coll. of Physicians and Surgeons, Dep. of Med.; Quebec, Univ., Dep. of Biochem. Isolation and characterization of ribonucleic acid from rat lens. **(Isolierung und Charakterisierung von Ribonucleinsäure aus Rattenlinsen.)** Canad. J. Biochem. Physiol. **40** (1962) Nr. 1 S. 41–47. — 2 Abb., 3 Tab., 14 Lit.
Mit Hilfe des stark modifizierten Verfahrens von Kirby (vgl. Biochem. J. **64** [1956] S. 405.) wurde aus Augenlinsen der Ratte RNA isoliert. Durch die vorgenommene Abänderung des Verfahrens wird der Abbau der RNA durch RNase während der Extraktion verhindert. Die Aktivität beträgt 20–25% von der der löslichen RNA der Hefe. Vf. charakterisiert die Struktur der RNA durch verschiedene Methoden und vergleicht sie mit DNA-Präparaten von Kalbsthymus, Rattenleber und E. coli. I. Schröder. 7540.

Irvaneć, O. M. (Irwanez, O. M.) Vyznačennja vologosti kormiv pered ïch sylosuvannjam. **(Bestimmung der Feuchtigkeit der Futtermittel vor ihrer Silierung.)** Nauk. praci. Nauk.-dosl. in-t zemlerobstva i tvarynnyctva zachidn. r-niv URSR **15** (1961) S. 51–57. — Orig.: ukrain., Ausz.: russ. Aus: Referativnyj žurnal. Biologija, Moskva **1962** Nr. 18. L 7. S. 2.
Um Silo-Futter herzustellen, ist es zweckmäßig, vorher seine Feuchtigkeit zu bestimmen, um die optimalen Verhältnisse für einen normalen Silierungsprozeß zu ermitteln (günstigster Feuchtigkeitsgehalt des Futters 60–75%). Die Bedeutung der Feuchtigkeit der Silomasse sowie der Methoden ihrer Berechnung bei der Bereitung von Misch-Futter werden erläutert. Es wird

eine Methodik zur Bestimmung der Feuchtigkeit der Silomasse im Labor. angegeben und eine Tab. der Feuchtigkeit einzelner Futtermittel angeführt. An Hand eines Beispiels (Wassermelone + Maiskolben + Mohrrüben) wird die Errechnung des gesamten Prozentsatzes der Feuchtigkeit illustriert.
übersetzt v. I. Reich. 7462.

Simo, Kathleen und Christensen, G. M.; Duluth, Univ. of Minnesota, Dep. of Chem. Quantitative analysis of sugars in royal jelly. **(Quantitative Analyse von Zuckern in Königinnenfuttersaft.)** Nature [London] **196** (1962) Nr. 4860. S. 1208–1209. — 1 Abb., 2 Tab., 6 Lit.
Zur Herstellung von Standardwerten von D-Glucose, D-Fructose und D-Saccharose werden in einem Colorimeterröhrchen zu 1 ml Zuckerlösung (5 bis 30 γ) 0,1 ml wäßriges, 80%iges Phenol und 5,0 ml 36 n H_2SO_4 zugegeben, die Mischung sorgfältig umgeschüttelt und eine halbe Std. leicht verschlossen abkühlen lassen. Die Absorption der gelborangefarbenen Lösung wird bei 490 mμ gemessen. Die Reproduzierbarkeit ist gut. Für die Trennung und Analyse der Zucker in Königinnenfuttersaft wird eine gewogene Menge (20–30 mg) auf die Startlinie des Chromatographiepapiers (Whatman Nr. 1) aufgetragen und unter Verwendung von n-Butanol-Äthanol-Wasser (4:1:5) chromatographiert. Die Zucker, deren Lage durch Kontrollstreifen ermittelt wird, werden 15 Min. mit 20 ml Wasser aus dem Papier eluiert, die Lösung durch Glaswolle filtriert und jeweils 1 ml zur Analyse entnommen. Entsprechende Blindproben werden berücksichtigt. Eine untersuchte Probe enthielt 9,76% D-Glucose, 11,32% D-Fructose und 0,94% D-Saccharose.
F. Kreienbring. 7485.

Nordin, P.; Manhattan, Kansas State Univ., Dep. of Biochem. Fractionation of starch dextrins on Sephadex. **(Fraktionierung von Stärkedextrinen an Sephadex.)** Arch. Biochem. Biophysics **99** (1962) Nr. 1. S. 101–104. — 4 Abb., 12 Lit.
An Säulen (60 × 1,5 cm) von Sephadex G-75 wird die Auftrennung von Naegeli-Amylodextrin, von einem enzymatischen Amylosehydrolysat und von löslicher Stärke untersucht. Die Proben werden mit aqua dest. eluiert. Die Auflösung der Produkte wird durch Jodfärbung und durch nicht weiter erläuterte Papierchromatographie verfolgt. Amylose wird auf der Säule nicht zurückgehalten, ihr Molekulargewicht ist mutmaßlich zu groß. Amylodextrin kann vollständig von Amylose getrennt werden. Die teilweise fermentativ hydrolysierte Amylose wird in durch Jod blau und rot gefärbte Zonen und in Oligosaccharide aufgetrennt. Die bemerkenswert einfache, schnelle und reproduzierbare Anwendung von Molekularsieben wird für die Verwendung bei der Polysaccharidfraktionierung empfohlen. F. Kreienbring. 7485.

Ruttloff, H. **Zur Trennung von Sacchariden an Kohle/Celite-Säulen.** Ernährungsforschung 7 (1963) Nr. 4. S. 540–560. — 12 Abb., 11 Lit.
Für die Chromatographie der Zucker an Kohle-Celite-Säulen wird die Anwendung der „Aktivkohle Apolda 3761" anstelle von Darco G 60 (Atlas Powder Company, USA) untersucht. Die Auftrennung verschiedener Saccharidgemische (Glucose-Saccharose-Raffinose-Gemisch, partielles Amylosehydrolysat) an den Kohle-Celite-Säulen (1:1, w:w) erfolgt durch Stufen- und Gradienten-Elution unter Verwendung von Wasser-Äthanol. Der Fortgang der Elution wird analytisch durch Messung der Drehung aller Fraktionen (20 ml) und Anfertigung von Chromatogrammen einzelner Fraktionen (S & S 2043 a und 2040 b gl, Butanol-Pyridin-Wasser 6:4:3, 1dimensional) verfolgt. Zwischen der Kohle Darco G 60 und der Aktivkohle Apolda 3761 bestehen nur graduelle, keine grundsätzlichen Unterschiede. Die Aktivität der Aktivkohle ist etwas zu hoch, so daß gelegentlich Restanteile des zu eluierenden Zuckers stärker zurückgehalten werden. Die Gradienten-Elution ist vorteilhaft, da die einzelnen Gipfel durch den schnellen Anstieg der Alkoholkonz. dichter auf-

einanderfolgen. Die Kohle-Celite-Säulen besitzen rel. hohe Kapazität (z.B. 1,5 g Gemisch auf 30 g Kohle-Celite) jedoch sind ihrer Anwendbarkeit gewisse Grenzen gesetzt. Zur Reinigung und Vordifferenzierung saccharidhaltiger biol. Substrate kann ihr Einsatz empfohlen werden. Die Trennergebnisse werden ausführlich besprochen. F. Kreienbring. 7485.

Samuelson, Olof und Swenson, Birgit; Göteborg, Sweden, Chalmers Tekn. Högskola, Dep. of Engng. Chem.: Partition chromatography on ion exchange resins. Separation of sugars. **(Verteilungschromatographie an Ionenaustauscherharzen. Trennung von Zuckern.)** Acta chem. scand. **16** (1962) Nr. 8. S. 2056–2058. — 5 Abb., 6 Lit.
Die Trennung von Zuckern an Säulen von Dowex 1X-8 (1 × 84 cm, SO_4^{--}-Form, 45–75 μ) wird beschrieben. Als Elutionsmittel wird wäßriges Äthanol mit 65-74% Alkohol verwandt bei Durchflußraten von 0,8 ml cm^{-2} × min^{-1} und einer Arbeitstemperatur von 28°. Glucose läßt sich mit 65%igem Äthanol quantitativ vom Pentasaccharid Verbascose und vom Tetrasaccharid Stachyose trennen, dsgl. können Glucose, Raffinose und Stachyose glatt getrennt werden. Bei anwachsenden Alkoholkonzentrationen wachsen die Verteilungskoeffizienten an, es verschiebt sich z.B. die Lage des Glucosegipfels zu höheren Elutionsvolumen und verbreitert sich. 70–74%iger Alkohol ist geeignet zur Trennung der Monosaccharide von verschiedenen Disacchariden, z.B. Maltose, Cellobiose, Saccharose und Lactose. Die Auftrennung aller Zucker erfolgt etwa entsprechend dem Molekulargewicht, die Monosaccharide werden zuerst eluiert. Für kompliziertere Mischungen wird schrittweise Elution oder Gradientenelution mit fallender Alkoholkonzentration empfohlen. Alleinige Trennung von Monosacchariden ist ebenfalls möglich.
F. Kreienbring. 7485.

Sloane-Stanley, G. H. und Jones, G. R. N.; London, Roy. Coll. of Surgeons of England, Physiol. Dep.; Pathol. Dep. Simple methods for the determination of very small amounts of nitrogen in organic matter. **(Einfache Methoden für die Bestimmung sehr kleiner Mengen an Stickstoff in organischer Substanz.)** Biochem. J. **86** (1963) Nr. 3. S. 16 P. — 11 Lit.
Es wird über Modifizierungen der Mikro-N-Bestimmungsmethoden mit $HClO_4$-Aufschluß und direktem Anfärben mit Nesslers Reagenz für Gewebeschnitte und Flüssigkeiten berichtet. Die Empfindlichkeit und Zuverlässigkeit konnte u. a. durch Anwendung kleiner Mengen $HClO_4$ und Ninhydrin anstelle von Nesslers Reagens erreicht werden. F. Weißbach. 7495.

Hill-Cottingham, D. G. und Wagner, Susan A.; Long Ashton, Bristol, Res. Stat. An improved method for the determination of nitrogen in plant material using a stable Nessler reagent. **(Eine verbesserte Methode zur Bestimmung von Stickstoff in Pflanzenmaterial durch Anwendung von stabilem Neßler-Reagens.)** J. Sci. Food Agric. **13** (1962) Nr. 12. S. 669–672. — 3 Tab., 3 Lit.
Bis 200 μg N können ohne Destillation in Pflanzenmaterial durch die direkte Bestimmung mit Neßler-Reagens im Kjeldahlaufschluß bestimmt werden. Die Farbentwicklung wird durch Einhaltung der angegebenen Standardreaktionsbedingungen insbesondere der sorgfältigen Neutralisation des entsprechenden aliquoten Teils gewährleistet. Die entwickelte Methode wird mit dem Destillationsverfahren hinsichtlich ihrer Genauigkeit verglichen. Vff. zeigen an einer Varietät von Pflanzenmaterialien, daß hinsichtlich der Genauigkeit kein Unterschied besteht. Methode: In ein 50 ml Kölbchen wird eine aliquote Menge von 1–5 ml (20–200 μg N enthaltend) pipettiert, dazu werden 0,1 ml Bromkresolgrün (0,02%) gegeben, anschließend wird mit 1,66 n NaOH neutralisiert. Die Lösung wird auf ca. 20 ml verdünnt und jeweils 5 ml einer Na-Tartratlösung (69 g/l), „gum acacia“ und Neßler-Reagens (Herstellung wird beschrieben) jeweils nach entsprechender Durchmischung,

zugesetzt. Abschließend werden 10 ml von 1,66 n NaOH sehr schnell bei gleichzeitigem Schütteln des Kolbens zugesetzt und bis zur Marke mit Wasser aufgefüllt. Die Messung der Extinktion erfolgt bei 430 mμ in einer 1 cm Küvette 1 Std. nach der letzten NaOH-Zugabe. Die Auswertung erfolgt an einer gleichzeitig unter gleichen Bedingungen aufgestellten Eichkurve. Das Verfahren ist leicht abänderungsfähig und kann über andere Bereiche der N-Konzentration modifiziert werden. I. Schröder. 7495.

Stegemann, Hermann und Loeschke, Volkmar; Hannoversch-Münden, Biol. Bundesanst., Inst. für Biochem. **Mikrobestimmung von Stickstoff als Indophenolblau nach Chloramin-T-Oxydation.** Hoppe-Seyler's Z. physiol. Chem. **329** (1962) Nr. 3/6. S. 241–248. – 4 Abb., 1 Tab., 25Lit.

Von den 3 Möglichkeiten, den N direkt im Aufschlußkolben ohne Destillation zu bestimmen, (Nessler-Verfahren, Ninhydrinmethode und Indophenolblau-Reaktion) untersuchten Vff. die Indophenolblau-Reaktion und beschreiben ausführlich ein Verfahren, das es erlaubt, 3–50 μg NH_4 mit Phenol als Indophenolblau nach Oxydation mit Chloramin T mit einem Fehler von $\pm 1{,}5\%$ bei 25 μg N zu bestimmen. Die Bedingungen der Reaktion werden im einzelnen untersucht und so gewählt, daß eine besonders schnelle und wenig störanfällige Analyse nach Kjeldahlaufschluß im Aufschlußgefäß möglich ist. Die Methode ist insbesondere für Serienanalysen geeignet, wobei ca. 200 Proben pro Tag untersucht werden können. I. Schröder. 7495.

Dikov, V. (Dikow, W.) Prinos kŭm metoda za količestveno opredeljane na beltŭčnite frakcii, polučeni pri elektroforezata vŭrchu chartija i agar. **(Beitrag zu quantitativen Bestimmungsverfahren der bei der Papier- und Agarelektrophorese erhaltenen Eiweißfraktionen.)** Izvestija na Naučnoizsledovatelskija institut po biologija i patologija na razmnožavaneto na selskotopanskite životni, Sofija **2** (1962) S. 57–62. – 2 Abb., 1 Tab., 9 Lit. Zus. in Russ., Engl.

Zur quantitativen Bestimmung der Eiweißfraktionen bei Papier- und Agarelektrophoresen hat Vf. Vergleichsuntersuchungen mittels des Planimeters von Amsler und dem zweispitzigen Zirkel angestellt. Auf Grund der Untersuchungsergebnisse wird ein neues, bequemes Schnellverfahren zu Flächenabmessungen bei der quantitativen Bestimmung der Eiweißfraktionen mittels des zweispitzigen Zirkels vorgeschlagen, wobei zur Berechnung der Eiweißwerte die Formel $P-a\ (m_1 + m_2 + m_3 \ldots)$ aus der Geodesie zur Anwendung kommt. Die biometrische Bearbeitung der Angaben aus den mit dem Planimeter von Amsler und dem zweispitzigen Zirkel gemessenen 50 Proteinogrammen zeigt die Vorzüge der vorgeschlagenen Methode auf. G. Radew. 7500.

Paulov, Štefan, Gírethová, Gabriela und Kostolanská, Anna; Bratislava, Katedra Zool. Prírodovedeckej Fak. Univ. Komenského a ČSAV; Biol. Ústav Slovenskej Akad. Vied, Oddelenie Zoól. Použitie roztokov KOH pri určování koncentrácie bielkovín rozdelených elektroforézou na papieri. **(Anwendung von KOH-Lösungen zur Konzentrationsbestimmung der durch Papierelektrophorese abgetrennten Eiweißstoffe.)** Biológia [Bratislava] **17** (1962) Nr. 11. S. 841–843. – 1 Abb., 2 Tab., 5 Lit. Zus. in Russ., Dtsch.

Bei der Anwendung einer Elutionslösung von 44 mg KOH in 100 ml von 0,9%igem NaCl statt der Elutionslösung von 2,5%igem Na_2CO_3 in 25%igem CH_3OH werden gleiche Ergebnisse der Eiweißkonzentrationsbestimmung mittels der Elektrophorese erzielt. Der Farbstoff (Bromphenolblau) wird aus allen Fraktionen innerhalb 1 Std. eluiert. KOH-Lösungen mit kleineren Konzentrationen lassen nach der gleichen Zeit Spuren des Farbstoffes zurück, während mehr konzentrierte KOH-Lösungen Bromphenolblau entfärben.

F. Svoboda. 7500.

Odense, Paul H. und Shinners, C. W.; Halifax, Nova Scotia, Fisheries Res. Board of Canada, Technol. Stat. Direct vertical starch gel electrophoresis of cod muscle tissue. **(Direkte Vertikal-Stärkegelelektrophorese von Kabeljau-Muskelgewebe.)** Canad. J. Biochem. Physiol. **40** (1962) Nr. 12. S. 1842–1843. — 2 Abb., 7 Lit.

Vff. vergleichen nach der Smithies-Methode die Elektrophorese von Kabeljau-Muskelextrakt mit der direkten Elektrophorese von Kabeljau-Muskelgewebe. Die Herstellung des Extraktes sowie die Durchführung der Elektrophorese wird im einzelnen beschrieben. Der Puffer wurde modifiziert und besteht aus TRIS (Trishydroxymethylaminomethan), 15,1 g/l, EDTA (Äthylendiamintetraessigsäure), 1,5 g/l und Borsäure, 1,15 g/l. Der End-pH liegt bei 8,3. Die Konzentration der angewendeten Stärke im Gel beträgt 12 g/100 ml Pufferlösung, Bedingungen: 50 mA, 800–560 V, Laufzeit 6 Std., Geltemperatur 2–12°. Ergebnis: Während bei der Gewebe-Elektrophorese 10 Proteinbanden erhalten werden, sind es im Extrakt nur 9. Bei der fehlenden wird ein labiles Protein angenommen, das bei der Extraktion zerstört wird. Die direkte Elektrophorese bietet Vorteile, da eine Extraktion nicht mehr erforderlich und somit auch eine Denaturation des Proteins weniger wahrscheinlich ist. Die Methode eignet sich auch zur Lokalisation von Gewebebestandteilen sowie für histologische Vergleiche und Enzymstudien.

I. Schröder. 7500.

Kelley, J. J. und Koenig, V. L.; Minneapolis, Minn., Gen. Mills Inc. Electrophoretic analysis of flour proteins. I. "Salt-soluble" proteins. **(Elektrophoretische Analyse von Mehlproteinen. 1. Mitt. Salzlösliche Proteine.)** J. Sci. Food Agric. **13** (1962) Nr. 12. S. 644–650. — 4 Abb., 4 Tab., 15 Lit.

25 g Proben eines Weizenmehls (8,5% Protein) wurden nach beschriebener Methode extrahiert und für die Elektrophorese vorbereitet. Der Extrakt wurde mit Hilfe der Grenzelektrophorese unter verschiedenen Bedingungen untersucht. Die 6 untersuchten Puffer ergaben sehr unterschiedliche Verteilungsmuster: Veronalpuffer, pH 8,6, zeigte bei 0,1 m NaCl als Extraktionsmittel die günstigste Auftrennung (9 Banden), während Phosphatpuffer, pH 3,2, als ungünstigstes Lösungsmittel nur 3 Banden ergab. Extraktion und elektrophoretische Analyse in Acetatpuffer ergaben Differenzen in der Komponentenverteilung beim Vergleich mit der 0,1 m NaCl Extraktion. Keine signifikanten Differenzen wurden mit Boratpuffer erhalten. Beim Vergleich von entfettetem und intaktem Mehl ergaben sich leichte Unterschiede im Verteilungsmuster.

I. Schröder. 7500.

Kaminski, E.; Chorleywood, Rickmansworth, Herts., Brit. Baking Ind. Res. Assoc. Study of wheat proteins soluble in water, salt solution, 70% ethanol and dilute acetic acid by starch-gel electrophoresis. **(Untersuchungen von Weizenproteinen, löslich in Wasser, Salzlösung, 70% Äthanol und verd. Essigsäure, mit Hilfe der Stärkegel-Elektrophorese.)** J. Sci. Food Agric. **13** (1962) Nr. 11. S. 603–607. — 3 Abb., 17 Lit.

Vf. untersuchte stärkegelelektrophoretisch nach Extraktion mit verschiedenen Lösungsmitteln die Proteinkomponenten von Hartweizenmehl. Es wurden 20 g Proben des Mehls nach angegebener Methode extrahiert und untersucht. Ergebnis: Die in Wasser und Salzlösungen löslichen Fraktionen enthalten 22 bzw. 23 Komponenten. Die Extrakte mit 70% Äthanol und verdünnter Essigsäure enthalten jeweils 10 Hauptkomponenten und nur Spuren anderer, während Gluten 21 Komponenten aufweist. Diese 21 Komponenten reduzieren sich auf 12, wenn das Gluten aus einem Mehl stammt, das vorher mit Wasser und anschließend mit einer Salzlösung extrahiert worden ist. 30 Komponenten konnten max. nachgewiesen werden, wenn das Originalmehl mit Al-Lactat-Puffer, welches Thiomersal enthält, dispergiert wird.

I. Schröder. 7500.

Ramachandran, L. K.; Bangalore, Indian Inst. of Sci., Dep. of Biochem. The use of N-bromosuccinimide in the study of the composition & structure of proteins. **(Die Verwendung von N-Bromsuccinimid beim Studium der Zusammensetzung und Struktur von Proteinen.)** J. sci. ind. Res. [New Delhi], Sect. C **21C** (1962) Nr. 5. S. 111–117. — 2 Abb., 5 Tab., 50 Lit.

N-Bromsuccinimid (I) ist ein geeignetes Reagens bei der Bestimmung des Tryptophangehaltes von Proteinen und Peptiden sowie bei der Untersuchung der selektiven Spaltung der C-Tryptophyl-Peptidbindung. Vf. zeigt, daß (I) weiter geeignet ist, festzustellen, ob Indolreste ein Teil der aktiven Seite von biol. aktiven Proteinen darstellen. Die Verwendung von (I) bei der Analyse der C-Tryptophyl-Sequenz bei besonderen Proteinen aus verschiedenen Species, Mutanten und Arten verschiedener Organismen wird aufgezeigt. Die experimentellen Verfahren zur schnellen Bestimmung von Tryptophan und zur Spaltung von C-Tryptophylbindungen werden ausführlich beschrieben.

I. Schröder. 7500.

Cobbett, W. G., Kenchington, A. W. und Ward, A. G.; London, Brit. Gelatine and Glue Res. Assoc. The determination of the tyrosine content of gelatins. **(Die Bestimmung des Tyrosingehalts von Gelatinen.)** Biochem. J. **84** (1962) Nr. 3. S. 468–474. — 2 Abb., 7 Tab., 27 Lit.

Tyrosin reagiert mit α-Nitroso-β-naphthol in Gegenwart von HNO_3 unter Bildung einer gefärbten Verbindung, welche bei Licht unbeständig ist. Mit Hilfe einer „Promoter"-Lösung (2 ml Nitrosonaphthol-Lösung, 1 ml Standard-Tyrosin-Lösung, 6 ml H_2O, 1 ml 2,5 n HNO_3 und 3 ml konz. HCl) werden die Reaktionsbedingungen reproduzierbarer gestaltet. Die Tyrosingehalte wurden nach 3 beschriebenen Methoden bestimmt (colorimetrisch, spektrophotometrisch, chromatographisch). Die Resultate sind vergleichbar. Ähnliche Werte wurden weiter bei intakten und hydrolysierten Proben derselben Gelatine erhalten. Die Tyrosingehalte liegen zwischen 0,2 und 0,8% Tyrosin. Die Untersuchungen des Tyrosingehaltes in Gelatinefraktionen zeigen, daß ein Anteil des Tyrosins in verunreinigter Form vorliegen muß.

I. Schröder. 7505.

Nonaka, Yoshimi und Ariyama, Hisashi; Tohoku, Univ., Fac. of Agric., Dep. of Food Chem. On the amino acid sequence of urinary peptides of rats fed on a polished rice diet. **(Über die Aminosäuresequenz von Harnpeptiden von Ratten, die mit poliertem Reis gefüttert wurden.)** Agric. biol. Chem. [Tokyo] **26** (1962) Nr. 12. S. 850. — 3 Lit. Orig.: engl.

Die über Harnpeptide von Vff. publizierten Arbeiten (vgl. LZ. Abt. III 8 [1963] Nr. 8. S. 1699.; Nr. 3. S. 577.; Tohoku J. agric. Res. 12 [1961] Nr. 3. S. 291.) wurden fortgesetzt. Es wurde die Sequenz von 2 der früher isolierten Peptide, die in der größten Menge exkretiert wurden, mit Hilfe der DNP-Methode untersucht. Ergebnis: Peptid 1 besitzt folgende Sequenz: H-Ala-Glu-Ser-Asp-Thr-Val-Gly-Met-OH, Peptid 2: H-Ala-Glu-His-Cys-Thr-Glu-Ser-Gly-Ala-Lys-Val-Thr-Asp-Met-OH. Durch in vitro Versuche wurden aus Reisprotein nach peptischer (24 Std.) und pankreatischer Hydrolyse (48 Std.) papierchromatographisch Peptide isoliert, deren Sequenz ebenfalls bestimmt wurde. Von den 8 isolierten Peptiden, deren Sequenz angegeben wurde, enthalten 7 Threonin und die Hälfte Lysin; einige sind hinsichtlich der Art und der Anzahl der Aminosäuren den Harnpeptiden ähnlich. Vff. beweisen damit die Enzymresistenz der isolierten Peptide und erklären den spez. Supplementierungseffekt von Lysin und Threonin bei Reisdiät. I. Schröder. 7505.

Stewart, Ivan; Lake Alfred, Univ. of Florida, Citrus Exp. Stat. Determination of ornithine, lysine, arginine, citrulline and histidine. **(Die Bestimmung von Ornithin, Lysin, Arginin, Citrullin und Histidin.)** J. Chromatogr. [Amsterdam] **10** (1963) Nr. 3. S. 404–407. — 1 Abb., 2 Tab., 6 Lit.

Auf mit EDTA gepuffertem Papier (Whatman No. 52) wurden nach der 1-dimensionalen Methode mit Phenol(190 ml 88%ig), m-Kresol (165 ml) und Puffer (45 ml, pH 9,3) folgende Aminosäuren bzw. Amine getrennt: Hydroxylysin (RF = 0,03), Ornithin (0,07), Lysin (0,12), Arginin (0,24), Citrullin (0,31), Histidin (0,40), Homocitrullin (0,52), Tyramin (0,65), Äthionin (0,76). Die Trennungen können in 12 Std. ohne vorhergehendes Waschen des Papiers oder Reinigung der Reagenzien durchgeführt werden. Das Verfahren wird ausführlich beschrieben. I. Schröder. 7505.

Kato, Tetsuya und Tsuchiya, Yoshio; Kawasaki, Ajinomoto Co., Inc., Centr. Res, Lab. Resolution of N-acyl amino acids with optically active neutral amino acid amides. **(Zerlegung von N-Acyl-Aminosäuren mit optisch aktiven neutralen Aminosäureamiden.)** Agric. biol. Chem. [Tokyo] **26** (1962) Nr. 8. S. 467–472. — 1 Tab., 22 Lit. Orig.: engl.
Es wird eine brauchbare Methode zur chemischen Zerlegung von DL-N-Acyl-Aminosäuren beschrieben. L-Leucinamid als Auftrennungsagens liefert verhältnismäßig schnell L-Alanin, L-Valin, L-Leucin, L-Phenylalanin, L-Tryptophan und L-Methionin aus den entsprechenden DL-N-Acyl-Derivaten. L-Tyrosinamid und L-Phenylalaninamid liefern diastereoisomere Salze in geringerer Ausbeute und Reinheit als L-Leucinamid. J. Wünsche. 7505.

Zitomer, Fred und Lambert, Jack L.; Manhattan, Kansas State Univ., Dep. of Chem. Spectrophotometric determination of ammonia as trichloramine. **(Spektrophotometrische Bestimmung von Ammoniak als Trichloramin.** Analyt. Chem. **34** (1962) Nr. 13. S. 1738–1740. — 5 Abb., 2 Tab., 5 Lit.
Es wird eine empfindliche und schnelle spektrophotometrische Bestimmungsmethode für NH_3 beschrieben. Das NH_3 wird mit Hypochlorit bei einem gepufferten pH von 5,19 bei 23° bis 29° in Trichloramin übergeführt. Überschüssiges Hypochlorit wird mit Nitritionen zerstört, da dieselbe Farbreaktion gegeben wird. Anschließend erfolgt eine Umwandlung mit einem Cadmiumjodid-Stärkereagens zu einer blauen Komplexverbindung, die spektrophotometrisch bei 615 mμ gemessen wird. Lediglich Bromidionen ergeben signifikante Interferenzen und führen zu niedrigeren NH_3-Werten. Durch Oxydation mit Hypochlorit in Gegenwart von Salizylsäure können diese Schwierigkeiten umgangen werden. Die NH_3-Bestimmung ist im Bereich von 10 bis 300 Teilen pro Billion durchführbar. I. Schröder. 7510.

Skipski, Vladimir P., Peterson, Robert F. und Barclay, Marion; Rye, N.Y., Sloan-Kettering Inst. for Cancer Res., Div. of Exp. Chemotherapy; New York, Cornell Univ., Med. Coll., Graduate School of Med. Sci., Sloan-Kettering Div. Separation of phosphatidyl ethanolamine, phosphatidyl serine, and other phospholipids by thin-layer chromatography. **(Die Trennung von Phosphatidyläthanolamin, Phosphatidylserin und anderen Phospholipiden durch Dünnschichtchromatographie.)** J. Lipid Res. **3** (1962) Nr. 4. S. 467 bis 470. — 2 Abb., 18 Lit.
Mit Silica-Gel G-Platten wurden dünnschichtchromatographisch Phospholipide und Cerebroside aufgetrennt. Vff. verwendeten 2 verschiedene Platten, 1. Neutralplatten: Lösungsmittel-Chloroform-Methanol-Eisessig-Wasser (65:25:8:4). Auf den basischen Platten wurde eine gute und reproduzierbare Trennung des Phosphatidylserins von anderen Phospholipiden erhalten, auf den neutralen Platten eine bessere Trennung der Cerebroside von den Phospholipiden. Vff. beschreiben eine praktische Methode zur Trennung von Phospholipiden, die aus Rattenleber und Humanserum extrahiert wurden.
I. Schröder. 7515.

Annison, E. F. und Lindsay, D. B.; Armidale, Australia, Univ. of New England, School of Rural Sci. The measurement on entry rates of propionate and of butyrate in sheep. **(Die Messung der Resorptionsgeschwindigkeiten von Pro-**

pion- und Buttersäure beim Schaf.) Biochem. J. 85 (1962) Nr. 3. S. 474–479. – 1 Abb., 4 Tab., 16 Lit.

An 3 Schafen wurde die Resorptionsgeschwindigkeit von Propion- und Buttersäure gemessen. Durch kontinuierliche Infusion mit ^{14}C markierten Substanzen konnte die Blutkonz. erhöht und der Fehler der Messungen auf ± 20% reduziert werden. Die Resorptionsgeschwindigkeit von Propionsäure beträgt nach Fütterung etwa das 3–4fache von der nach 24 Std. Hungern. Bei einem Tier konnte nach 48 Std. Hungern keine Resorption von Propionsäure beobachtet werden. Die Resorptionsgeschwindigkeit der Buttersäure betrug nach der Fütterung etwa 20% der Propionsäureresorption und nach 24 Std. Hungern konnte keine Buttersäureresorption beobachtet werden. W. Jentsch. 7520.

Skidmore, W. D. und Entenman, C.; San Francisco, Calif., U. S. Naval Radiol. Defense Lab. Two-dimensional thin-layer chromatography of rat liver phosphatides. **(2-dimensionale Dünnschichtchromatographie von Rattenleberphosphatiden.)** J. Lipid Res. 3 (1962) Nr. 4. S. 471–475. – 4 Abb., 3 Tab., 20 Lit.

Rattenleberphosphatide wurden bei einer Entwicklungszeit von ca. 2 Std. auf 20 × 20 cm und 5 × 20 cm Glasplatten mit Silica-Gel G (E. Merck) unter Verwendung von 4 Lösungsmitteln (1. Chloroform-Methanol-7n NH_3 (60:35:5), 2. Chloroform-Methanol-7n NH_3 (35:60:5), 3. Methanol-Wasser-7n NH_3 (6:3:1), 4. Isopropanol-Essigsäure-Wasser (3:1:1)) getrennt. Von Phosphatidylserin, Phosphatidyläthanolamin, Phosphatidylinositol, Phosphatidylcholin, Sphingomyelin und Lysophosphatidylcholin wurden charakteristische Hydrolysenprodukte erhalten und identifiziert. Die beschriebene Methode kann zur Untersuchung von Phosphatiden und Extrakten anderer Gewebe angewendet werden. I. Schröder. 7525.

Dijkshoorn, W. und Lampe, J. E. M. Partition chromatography of the organic acids of Lolium perenne L. on silica gel columns. **(Verteilungschromatographie der organischen Säuren von Lolium perenne L. an Silikagelsäulen.)** Inst. biol. scheikund. Onderzoek Landbouwgewassen Wageningen, Meded. **1962** Nr. 191. S. 141–148. – 2 Abb., 5 Lit.

Die Trennung org. Säuren aus Pflanzen an Silikagelsäulen ist weitverbreitet im Gebrauch, wobei je nach Art der Pflanzen und Säuren (z. B. flüchtige und nicht flüchtige) die Verfahrensweise modifiziert wird. In der vorliegenden Arbeit wird eine Vorschrift für die Untersuchung von *Lolium* gegeben unter Berücksichtigung der von anderen Autoren mit der Trennung an Silikagelsäulen gemachten Erfahrungen. Die Säuren werden mittels Anionenaustauscher isoliert, dann wird die Oxalsäure bestimmt, und danach werden die Extrakte zur Chromatographie vorbereitet. Des weiteren werden Vorschriften über die Anfertigung der Lösungsmittel und der Säule, Aufbringen der Probe und Aufbau der Apparatur für die kontinuierliche Chromatographie gegeben. Die 170–180 gewonnenen Fraktionen werden mit NaOH titriert (Thymolblau als Indikator). Die Darstellung und Auswertung der Werte erfolgt auf logarithmischem Papier. Es ergibt sich eine Kurve mit additiver Folge der Werte, die qualitative und quantitative Schlüsse zuläßt.
W. Stenz. 7540.

Boyle, John J. und Ludwig, Ernest H. Analysis of fatty acids of continuously cultured mammalian cells by gas-liquid chromatography. **(Die Fettsäureanalyse fortlaufend kultivierter Säugetierzellen durch Gas-flüssig-Chromatographie.)** Nature [London] **196** (1962) Nr 4857. S. 893–894.

Es wird eine für Serienbestimmungen geeignete Technik zur Bestimmung der Fettsäurezusammensetzung der Säugetierzellen beschrieben. Die Zellkulturen werden in Laktalbumin-Rinderserum überimpft und bei 37° inkubiert. Nach 48stündiger Wachstumsperiode wird mit Alkohol aus den mit Pufferlösung

gewaschenen Zellen dasFett extrahiert, das letztere verseift und mit Petroläther das Unverseifbare abgetrennt. Die Fettsäuren werden aus dem Verseifungsrückstand dargestellt, in die Methylester überführt und gaschromatographisch getrennt. (Trägergas: Argon; Säulenfüllung: Äthylenglykol, Succinatpolyester mit Cellitbedeckung; Temperatur 180°). Die quantitative Fettsäure-Zusammensetzung des Fettes einiger Zellkulturen wird mitgeteilt.
H. Steger. 7540.

Affsprung, H. E. und Gainer, A. B.; Norman, Univ. of Oklahoma, Dep. of Chem. Tetratolylstibonium sulfate a new reagent for the qualitative analysis of organic acids. **(Tetratolylstiboniumsulfat, ein neues Reagens für die qualitative Analyse von org. Säuren.)** Analyt. chim. Acta [Amsterdam] **27** (1962) Nr. 6. S. 578–584. — 3 Tab., 6 Lit.
Es wird die Herstellung von Tetratolylstiboniumsulfat (I) sowie seine Verwendung als Reagens für org. Säuren beschrieben. (I) gibt sowohl mit aromatischen Sulfonsäuren, wasserlöslichen Säuren, als auch mit verschiedenen anderen substituierten Säuren schwerlösliche stabile Derivate, die sich leicht umkristallisieren lassen und charakteristische und weit genug voneinander entfernte Schmelzpunkte besitzen. Die Salze können aus n-Hexan-Benzin oder Wasser-Äthanol-Mischungen umkristallisiert werden. Die Schmelzpunkte von 50 Verbindungen werden angegeben. Mit Hilfe der polarographischen Methode kann eine schnelle Bestimmung der Formelgewichte aus den Salzderivaten erfolgen.
I. Schröder. 7540.

Hjarde, Willy; Copenhagen, Denmark, Nat. Vitamin Lab. Collection and examination of clover samples for determination of the contents of tocopherol and carotene. **(Entnahme und Prüfung von Kleeproben zur Bestimmung des Tocopherol- und Carotingehaltes.)** Acta Agric. scand. **12** (1962) Nr. 4. S. 325 bis 334. — 7 Tab.
Um eine einheitliche Bewertung des Tocopherol (**I**)- und Carotin (**II**)-Gehaltes von Rotklee vornehmen zu können, wurden eine Reihe von Faktoren und ihr Einfluß auf den **I**- und **II**-Gehalt geprüft. Wesentliche **I**- und **II**-Verluste treten bei Gefrierlagerung der Proben nach dem Auftauen auf. Beim Verreiben der frisch entnommenen Probe mit Äthanol im Verhältnis 1:1 ist der **I**-Verlust nach 8 Tagen unbedeutend, der an **II** schon beträchtlich. Die zur Extraktion erforderliche Äthanolmenge beträgt etwa das 10fache der Einwaage. Die Streuung innerhalb einer Probe wurde für **I** zu 18% und für **II** zu 5,6% ermittelt. Die **II**- und besonders die **I**-Verluste sind bei Lagerung der unbehandelten Kleeproben bei +4 ° noch nach 22 Tagen gering. Im Äthanol-Petrolätherextrakt (Lagerung bei −18°) ist auch nach 10monatiger Lagerung kein **I**- und **II**-Abfall festzustellen. H. Ackermann. 7566.

Maxim, V. und Gondoș, M. Contribuţii la cunoașterea conţinutului nutreturilor în vitamina E. **(Beitrag zur Ermittlung des Vitamin-E-Gehaltes der Futtermittel.)** Lucrările ştiinţ. Inst. Cercetări zootehn. **19** (1961) S. 135–147. — 4 Tab., 7 Lit. Zus. in Russ., Engl., Franz., Dtsch.
Die Vit.-E-Bestimmung erfolgte an Hand der chem. Methode mit „Stickstoffsäure“, Eisenchlorid und α-α-Dipiridyl. Untersucht wurden Rauhfutter (Luzerne-, Klee-, Wickhafer- und Wiesenheu) und Kraftfutter (Mais, Gerste, Hafer und Weizenkleie). Der Vit.-E-Gehalt von Heu war ⌀ 2,10 bis 2,75 mg% und von Kraftfutter ⌀ 0,299–2,41 mg%. Der Hafer war am reichsten an α-Tocopherol (27%) und Mais und Weizenkleie am ärmsten (11%).
R. Petrovszky. 7566.

Wilson, P. W., Kodicek, E. und Booth, V. H.; Cambridge, Univ.; Med. Res. Council, Dunn Nutrit. Lab. Separation of tocopherols by gas-liqid chromatography. **(Trennung von Tocopherolen durch Gaschromatographie.)** Biochem. J. 84 (1962) Nr. 3. S. 524–531. — 6 Abb., 5 Tab., 10 Lit.

Vff. bestimmten das rel. Retentionsvolumen von Tocol, Monomethyl-, Dimethyl- und Trimethyltocolen sowie deren Acetate an Siliconpolymer SE 30-, Fluoralkylsiliconpoymer QF-1- und Poly(äthylenglykoladipat)-imprägnierten Celitsäulen. Aus dem Vergleich der Gas(I)- mit der Papierchromatographie (II) ergibt sich, daß die Trennfaktoren bei I mit Siliconpolymeren als stationäre Phase sich additiv aus den Methylgruppen und Doppelbindungen zusammensetzen, während sich diese bei II gegenseitig ausschalten können. Bei den Estern kommt noch der Acetattrennfaktor hinzu. Vergleichende Untersuchungen eines Sojabohnenextraktes nach I und 2dimensionaler II ergaben gut übereinstimmende Resultate. H. Ackermann. 7566.

Anderson, R. H. und Moran, D. F.; Minneapolis, Minn., Gen. Mills, Inc., Centr. Res. Lab. Quick method for riboflavin in a high-potency cereal product. **(Schnellmethode zur Riboflavinbestimmung in angereicherten Getreideprodukten.)** Cereal Chem. **39** (1962) Nr. 6. S. 463–468. – 1 Abb., 2 Tab., 2 Lit.
Zur routinemäßigen Kontrolle des Riboflavin(I)-Zusatzes in Getreideprodukten ist die Extraktion des I mit 10%iger Essigsäure geeignet. Nach Zusatz von Methanol und anschließender Filtration wird ein klares, farbloses Filtrat erhalten. Vergleichende fluorometrische Bestimmungen mit der A.O.A.C.-Methode ergaben gute Übereinstimmung. Arbeitsgang und Messung werden eingehend beschrieben. H. Ackermann. 7568.

Mihalyi, Elemer und Godfrey, Jamie E.; Bethesda, Md., Nat. Inst. of Health; Nat. Heart Inst., Lab. of Cellular Physiol. and Metabolism. Digestion of fibrinogen by trypsin. I. Kinetic studies of the reaction. **(Die Verdauung von Fibrinogen durch Trypsin. 1. Mitt. Kinetische Untersuchungen über die Reaktion.)** Biochim. biophysica Acta [Amsterdam] **67** (1963) Nr. 1. S. 73–89. – 9 Abb., 3 Tab., 40 Lit.
Die Fibrinogenverdauung wurde im Viskosimeter, in der Ultrazentrifuge, im Polarimeter sowie durch die Freisetzung des Nichtprotein-N untersucht. Sie wird in 3 Reaktionsstufen unterschieden. 1. In eine schnelle Reaktion, in der 12 Peptidbindungen gelöst werden und wodurch die Gerinnungsfähigkeit verloren geht, 2. in eine langsamere Reaktion, in der 80 Peptidbindungen gelöst werden und eine in der Ultrazentrifuge langsame sedimentierende Komponente verschwindet und 3. in eine langsame Reaktion, in der die Auflösung des Moleküls in kleine Peptide erfolgt. I. Schröder. 7580.

Mihalyi, Elemer und Godfrey, Jamie E.; Bethesda, Md., Nat. Inst. of Health; Nat. Heart Inst., Lab. of Cellular Physiol. and Metabolism. Digestion of fibrinogen by trypsin. II. Characterization of the large fragment obtained. **(Die Verdauung von Fibrinogen durch Trypsin. 2. Mitt. Charakterisierung von großen isolierten Fragmenten.)** Biochim. biophysica Acta [Amsterdam] **67** (1963) Nr. 1. S. 90–103. – 6 Abb., 3 Tab., 28 Lit. 1. Mitt. vgl. vorst. Ref.
Vff. untersuchen ein nach kurzer tryptischer Hydrolyse isoliertes Fibrinogenfragment. Hydrolyse, Isolierung und die physikochemischen Techniken werden beschrieben. Es erfolgt eine komplette Aminosäure- und Hexosegehaltsbestimmung des intakten Fibrinogens und des Fragmentes. Die Beziehungen zwischen beiden werden diskutiert. I. Schröder. 7580.

Ramsey, H. A.; Raleigh, North Carolina State Coll., Dep. of Animal Sci., Animal Nutrit. Sect. Electrophoretic characterization of pregastric esterase from the calf. **(Elektrophoretische Charakterisierung der prägastrischen Esterase des Kalbs.** J. Dairy Sci. **45** (1962) Nr. 12. S. 1479–1486. – 7 Abb., 12 Lit.
Die Untersuchungen sollten klären, ob die prägastrische Esterase des Kalbs aus einem Enzym oder einer Enzymgruppe besteht. Dazu wurden

Extrakte verschiedener Gewebe und Futterstoffe der Elektrophorese in angefärbtem Stärkegel unterworfen. Die Ergebnisse zeigen, daß die prägastrische Esterase aus wenigstens 6 verschiedenen Enzymen besteht. Infolge ihrer verbesserten Löslichkeit in Stärkelösung niedrigerer Konz. müssen sie ein rel. hohes Molekulargew. besitzen. Der Bildungsort scheint die Zungenbasis zu sein, wie das Vorkommen in diesem Gewebe beweist. Auf die Notwendigkeit der Identifizierung der einzelnen Enzyme bei Enzymkomplexen für die Aufklärung ihrer Funktion wird hingewiesen. W. Jentsch. 7580.

Carnie, J. A. und Porteous, J. W.; Univ. of Aberdeen, Marischal Coll., Dep. of Biol. Chem. The solubilization, thermolability, chromatographic purification and intracellular distribution of some glycosidases of rabbit small intestine. **(Die Löslichkeit, Thermolabilität, chromatographische Reinigung und intracelluläre Verteilung einiger Glykosidasen in Kaninchendünndarm.)** Biochem. J. **85** (1962) Nr. 3. S. 620–629. – 1 Abb., 4 Tab., 13 Lit.
Homogenate der Mucosazellen von Kaninchendünndarm wurden durch Zentrifugieren in eine „Nuclear"-, eine schwere und eine leichte Mitochondrien- und eine Mikrosomen-Fraktion zerlegt, auf die sich die Invertase-Aktivität aufteilt. Durch Zentrifugieren bei 100000 g wurde ein Sediment erhalten, das 55–60% der Invertase-Aktivität des Homogenates enthält. Extraktion mit Bicarbonat, Trocknung mit Aceton und Extraktion mit wäßriger Lösung, Verdauung mit Lecithinase, mit Lipase und mit Trypsin brachten max. bis zu 21% dieser Aktivität in Lösung. In 0,5%iger Desoxycholat-Lösung lösten sich 9–79% des Enzyms. In Pyrophosphatlösung brachte Utlraschallbehandlung etwa 50% der Aktivität in Lösung. In den Lösungen des Enzyms mit Desoxycholat und der Ultraschallbehandlung fanden sich Invertase, Maltase und Trehalase. Die Trehalase war temperaturbeständiger als die beiden anderen Enzyme. Bei Chromatographie auf einer DEAE-Cellulosesäule mit Phosphatpuffern wurden Maltase und Invertase teilweise zurückgewonnen und dabei stark erhöhte Aktivität in einzelnen Fraktionen gefunden. Trehalase wurde nicht zurückerhalten. Invertase und Maltase wurden bei der Chromatographie nur sehr wenig getrennt jedoch deutet dies an, daß diese Aktivitäten auf 2 verschiedene Proteine zurückzuführen sind.
F. Kreienbring. 7580.

Hall, C. E. van, Safranko, John und Stenger, V. A.; Midland, Mich., Dow Chem. Co., Spec. Serv. Lab. Rapid combustion method for the determination of organic substances in aqueous solutions. **(Schnellmethode zur Bestimmung von organischen Substanzen in wäßrigen Lösungen durch Veraschung.)** Analyt. Chem. **35** (1963) Nr. 3. S. 315–319. – 6 Abb., 2 Tab., 14 Lit.
Die beschriebene Methode gestattet C-Bestimmungen in stark verdünnten wäßrigen Lösungen bei Konzentrationen von 2 mg/l an aufwärts in 2 Min. pro Einzelanalyse. Die org. Substanz der Probe wird im O_2-Strom oxydiert, das entstandene CO_2 in einem Gerät durch Infrarotabsorption gemessen und die Impulse von einem Schreiber aufgezeichnet. Aus der Höhe der Ausschläge kann anhand einer Eichkurve auf den C-Gehalt geschlossen werden.
F. Weißbach. 7610.

Garland, P. B. und Randle, P. J.; Cambridge, Univ., Dep. of Biochem. A rapid enzymatic assay for glycerol. **(Eine schnelle enzymatische Bestimmung von Glycerin.)** Nature [London] **196** (1962) Nr. 4858. S. 987–988. – 1 Abb., 2 Lit.
Das beschriebene Verfahren basiert auf der Reaktionskette: Glycerin + ATP $\rightleftharpoons$ Glycerin-1-phosphat + ADP (Glycerinkinase); ADP + Phosphoenolbrenztraubensäure $\rightleftharpoons$ ATP + Brenztraubensäure (Pyruvatkinase); Brenztraubensäure + $NADH_2$ (Nicotinsäureamid-adenin-dinucleotid) $\rightleftharpoons$ Milchsäure + NAD (Lactatdehydrogenase). Die so mit der Phosphorylierung von Glycerin

gekoppelte Oxydation von $NADH_2$ läßt sich spektrophotometrisch bei 340 mμ verfolgen. Bei pH 7,6 ist die gewünschte Reaktionsrichtung (nach rechts) begünstigt und Glycerin kann quantitativ bestimmt werden. Die Analyse von Glycerin im Bereich von 0,005–0,05 μmol/ml ist in 3–5 Min. vollständig. Glycerin als Substrat weist bei ähnlicher Konzentration gegenüber Dihydroxyaceton und L-Glycerinaldehyd eine 14mal größere Anfangsgeschwindigkeit auf. Untersuchungsergebnisse an normalen Männern, Diabetikern und verschiedenen Rattengeweben werden mitgeteilt. F. Kreienbring. 7610.

Ash, R. W.; Bucksburn, Aberdeen, Rowett Res. Inst. Gastro-intestinal re-entrant cannulae for studies of digestion in sheep. **(Magen-Darm aus- und wieder eintretende Kanüle für Verdauungsstudien beim Schaf.)** Animal Product. 4 (1962) Nr. 3. S. 309–312. — 3 Abb., 8 Lit.

Vf. weist auf die große Bedeutung von Magen-Darm aus- und wieder eintretenden Kanülen für Studien der Verdauungsprozesse hin und beschreibt die Herstellung einer entsprechenden Kanüle aus Plaststoffe. Maße und Technik der Kanülenanfertigung werden mitgeteilt. Schafe, die mit einer Pylorus-Duodenum aus- und wieder eintretenden Kanüle versehen waren, standen bis zu 18 Mon. für Versuchszwecke zur Verfügung. L. Hoffmann. 7755.

Cunningham, H. M., Friend, D. W. und Nicholson, J. W. G. Note on a re-entrant fistula for digestion studies with pigs. **(Überlauffistel für Verdauungsstudien beim Schwein.)** Canad. J. Animal Sci. 42 (1962) Nr. 1. S. 112 bis 113. — 2 Abb., 1 Lit.

70 Pfund schwere Schweine wurden eine Woche vor und 4 Wochen nach der Operation entsprechend behandelt und mit einer mit Vit. und Spurenelementen angereicherten Magermilchdiät flüssig ernährt. Operationstechnik nach Markowitz, Transsektion eines Dünndarmabschnittes von etwa 12 bis 15 cm Länge vor dem Caecum. Einsatz der Fistel zwischen die Darmstümpfe. Das proximale Fistelende wurde am Dünndarm in Höhe der linken Flanke und das distale rechts in der Hälfte der Leibeshöhe befestigt. Die äußeren Enden der Fistel werden von halbkreisförmigen Plastikröhren gebildet, das unter dem Bauch entlanglaufende Mittelstück besteht aus einem Gummischlauch. Postoperative Versorgung mit 800 000 IE Penicillin G und 1,0 g Dihydrostreptomycin. Um die Ingesta in das Caecum zu befördern, bedarf es eines beträchtlichen Druckes. Ständige Magermilchzufuhr ist daher unerläßlich, da sonst grobe Futterbestandteile die Fistel verstopfen. Die Durchflußmenge je Std. beträgt 0–1 500 ml bei einem Trockensubstanzgehalt von 4–12%, je nach der Fütterungszeit und der Konsistenz des Futters. Viele Futterstoffe, wie z. B. die Magermilch, passieren den Dünndarm in weniger als 12 Std. Die Magermilch soll abends, das Kontrollfutter 12 Std. später verabreicht werden. Probenentnahmen sind in einstündigen Abständen zur Untersuchung der Verdaulichkeit der verschiedenen Kohlenhydrate, Fette und Proteine im Magen und Dünndarm des Schweines vorzunehmen. H. Busse. 7755.

Phadke, Kalindi und Sohonie, Kamala; Bombay, Inst. of Sci., Dep. of Biochem. Nutritive value of field bean (Dolichos lablab). Part I. In vitro digestibility of raw & autoclaved beans. **(Nährwert der Feldbohne [Dolichos lablab]. 1. Mitt. In vitro Verdaulichkeit von rohen und autoklavierten Bohnen.)** J. sci. ind. Res. [New Delhi], Sect. C **21C** (1962) Nr. 6. S. 155–158. — 3 Abb., 3 Tab., 17 Lit.

Vff. hydrolysierten Casein, rohe Feldbohnen und Feldbohnen, die 5 Min. 1, 2, 3 und 4 Std. bei einem Druck von 15 lb. autoklaviert wurden, mit Pepsin, Trypsin und Pepsin + Trypsin. Casein diente dabei als Standardprotein. Die Hydrolysebedingung wird im einzelnen beschrieben. Die Verdaulichkeit des Proteins wurde durch die Freisetzung des löslichen N bestimmt. Sie ist bei Casein am größten. Während das Autoklavieren der Feldbohne auf die peptische Verdaulichkeit der Feldbohne keinen Einfluß ausübt, steigt die tryptische Verdaulichkeit nach dem Autoklavieren an. Das Max. wird bei einer Druckbehandlung nach 5 Min., das Min. nach 4] Std. erhalten. Die mikrobiol. Aminosäurebestimmungen lassen bei einem Vergleich mit Casein einen Mangel an fast allen essentiellen Aminosäuren erkennen. Methionin ist die am stärksten limitierende Aminosäure (1,24% nach 5 Min., 0,83% ohne, 0,85% nach 4 Std. Autoklavieren.). I. Schröder. 7770.

Sinclair, D. G. und Evans, E. V.; Guelph, Ontario Agric. Coll., Dep. of Nutrit.; Ontario Veterin. Coll., Div. of Fur Bearing Animals. A metabolism cage designed for use with mink. **(Ein Stoffwechselkäfig für Nerze.)** Canad. J. Biochem. Physiol. **40** (1962) Nr. 10. S. 1395–1399. – 4 Abb., 5 Lit.
Es wird ein Stoffwechselkäfig für Nerze beschrieben, der aus Untersuchungskäfig, Nestraum, Futterrohr, Sammeltrichter und Kotplatte besteht. In ausführlichen Zeichnungen werden die Ausmaße angegeben. Das Futterrohr wird besonders beschrieben. In mehreren Versuchen konnten mit dem Stoffwechselkasten Kot und Harn gut getrennt und Futterverstreuungen vermieden werden. W. Jentsch. 7785.

Bhatia, Balraj und Rao, V. N.; Delhi, India, Metcalfe House, Defence Sci. Lab. Muscle-transducer method of recording respiratory movements in small animals. **(„Muskelüberträgermethode" zur Aufzeichnung der Atmungsbewegungen in kleinen Tieren.)** J. appl. Physiol. **18** (1963) Nr. 2. S. 418–419. – 2 Abb., 4 Lit.
Es werden 2 Möglichkeiten zur Registrierung der Atembewegung von Tieren beschrieben. Im ersten Fall wurden 2 Muskelstränge (z. B. aus einem Froschbein) um die Brust und den Bauch des Versuchstieres gespannt und 2 verschiedene Elektroden in jeden Muskelstrang eingeführt. Mit den Atmungsbewegungen dehnen sich die Muskelstränge bzw. kontrahieren sich wieder, wodurch sich ihr elektrischer Widerstand ändert. Diese periodischen Widerstandsänderungen werden mittels eines Oszillographen registriert. Im zweiten Fall werden die beiden Elektroden (Cu und Ag) in die Bauchmuskeln sowie in die Interkostalmuskeln operativ eingesetzt und die Widerstandsänderungen registriert. Einige wesentliche Vorteile der Methode sind folgende: Die Messungen können an nicht anästhetisierten Tieren durchgeführt werden. Die Eigenbewegung der Tiere verursacht keine Störung. Die Änderungen in der Zwerchfell- und Bauchatmung können simultan registriert werden. Es werden mehrere Kurven der Atembewegungen einer Ratte, gemessen mit den beschriebenen Techniken, angeführt. R. Schiemann. 7802.

Gottlieb, Sheldon F. und Jagodzinski, Robert V.; New York, Union Carbide Corporation, Div.; Linde Co., Tonawanda Lab. Body plethysmograph for respiratory measurements of unanesthetized small animals. **(Körper-Plethysmograph für respiratorische Messungen an unbetäubten kleinen Tieren.)** J. appl. Physiol. **17** (1962) Nr. 3. S. 576–578. – 4 Abb., 6 Lit.
Vff. beschreiben ausführlich einen Körper-Plethysmographen zur Messung der Atemfrequenz und Atemtiefe kleiner Tiere. Die Vorteile dieser Apparatur gegenüber bisher gebräuchlichen sind: 1. während der Messung können normale physiol. Bedingungen aufrechterhalten werden (keine chirurgischen Eingriffe oder Betäubung). 2. Temperaturregulation ist möglich. 3. Kopf und Schwanz des Tieres sind für verschiedene Behandlungen z. B. EEG-Aufnahme, Injektionen, Blutdruckmessung verfügbar. 4. Hohe Empfindlichkeit. 5. Einsetzen in Klimakammern möglich. Nach einer Eingewöhnungszeit ertragen die Tiere die Einsperrung im Plethysmographen bis zu 4 Std. ohne sichtbares Unbehagen. L. Hoffmann. 7802.

Hayward, J. S., Nordan, H. C. und Wood, A. J.; Vancouver, Univ. of Brit. Columbia. A simple electrolytic respirometer for small animals. **(Ein**

einfaches elektrolytisches Respirometer für kleine Tiere.) Canad. J. Zool. **41** (1963) Nr. 1. S. 63–68. – 4 Abb., 12 Lit.

Vff. beschreiben eine rel. einfache Apparatur zur Messung des O_2-Verbrauches von kleinen Tieren (im Beispiel Mäuse). Das Prinzip der Messung besteht darin, daß in einem geschlossenen System der durch die Tiere verbrauchte O_2 unter Ausnutzung des entstehenden Unterdrucks als automatisches Schaltprinzip durch elektrolytisch erzeugten O_2 (aus 30%iger NaOH-Lösung) ersetzt wird. Bei konstanter Spannung ist der erzeugte O_2 der Elektrolysenzeit proportional, die genau registriert wird. Das vom Tier produzierte CO_2 wird durch Absorption im System laufend entfernt. Die Eignung der Apparatur wird am Beispiel der Untersuchung der Abhängigkeit des O_2-Verbrauches von der Umgebungstemperatur sowie am Beispiel der diurnalen Variationen des O_2-Verbrauches von Mäusen demonstriert. Die Vorteile der Apparatur (geringer Aufwand an Meßinstrumenten, Eignung für kurze- und langfristige Messungen, geringes Volumen, normale Gaszusammensetzung, automatische Arbeitsweise, keine Korrekturen bei der Gasmengenberechnung u. a.) werden herausgestellt. R. Schiemann. 7802.

O'Shea, J. und Maguire, M. F. Determination of calorific value of feedstuffs chromic acid oxidation. **(Bestimmung des Brennwertes von Futterstoffen durch Oxydation mit Chromsäure.)** J. Sci. Food Agric. **13** (1962) Nr. 10. S. 530–534. – 1 Abb., 2 Tab., 9 Lit.

Vff. geben eine Methode an, die Brennwerte von Futterstoffen aus den Oxydationsäquivalenten zu berechnen. 0,5 g Material werden im Überschuß mit 1,5 n $K_2Cr_2O_7$ oxydiert. Nach KJ-Beigabe erfolgt mit 0,15 n $Na_2S_2O_3$-Lösung die Rücktitration des unverbrauchten $K_2Cr_2O_7$. Das verbrauchte $K_2Cr_2O_7$ ist ein Maß für den Brennwert der Futterstoffe, welches jedoch vom Protein- und Fettgehalt abhängig ist. Die auf 1 kcal entfallenden ml 1,5 n $K_2Cr_2O_7$ (= Oxydationskoeffizient C) lassen sich einfach aus den folgenden Gleichungen berechnen, wenn der Proteingehalt (P) der Futterstoffe bekannt ist: $C = 23{,}39 - 0{,}069\,P + 0{,}000226\,P^2$, wenn der Fettgehalt $< 10\%$ und $C = 24{,}02 - 0{,}1055\,P + 0{,}000621\,P^2$, wenn Fettgehalt $> 10\%$. Vergleichsmessungen nach der calorimetrischen und der oxydativen Methode werden nicht angeführt. Die theoretischen Grundlagen der Methode werden erörtert.

L. Hoffmann. 7819.

Schiemann, R., Jentsch, W., Klippel, W., Schmidt, F., Trela, St. und Tscheschschmedschiew, B.; Rostock, Oskar-Kellner-Inst. für Tierernähr. **Vergleichende Untersuchungen zwischen der Methodik der Gesamtstoffwechselmessungen und der Tierkörperanalytik an wachsenden Ratten und Schweinen.** Arch. Tierernähr. **12** (1962) Nr. 6. S. 321–342. – 18 Tab., 12 Lit.

Vff. untersuchen an Albinoratten die N-, C- und Energie-Ansatzwerte nach der Methode der Gesamtstoffwechselmessungen (I) und der Methode der Körperanalyse (II). Nach II ergaben sich (im Vgl. zu I) Fehlmengen von 2,7% N, 0,3% C und 0,2% Energie, bezogen auf die Futtereinnahmen. In analogen Versuchen an Schweinen (35–100 kg) betrugen die gleichen Fehlmengen 7,3% N, 1,7% C und 0,6% Energie (Fehlerbreiten werden angegeben.) – An Schweinen wurden weiterhin Nettoenergiewerte von Mais und Gerste nach der von Tomme angegebenen Kontrollschlachtungsmethodik ermittelt. Hierbei ergaben sich sehr hohe Streuungen. Vff. schlußfolgern aus ihren Ergebnissen, daß die Bestimmung der Nettoenergie von Futterstoffen beim Schwein hinsichtlich der Genauigkeit und auch im Falle des Arbeitsaufwandes am besten in Gesamtstoffwechselversuchen ermittelt wird.

H. Bergner. 7820.

D. ERNÄHRUNGSPHYSIOLOGIE

Verdauung und Resorption

Anonym. The stomach and hypothalamic feeding centers. **(Magen und Hypothalamus als Fütterungszentrum.)** Nutrit. Rev. **20** (1962) Nr. 11. S. 344 bis 346.
Mit Hilfe von implantierten Elektroden im Sättigungszentrum des Hypothalamus wurde mit steigendem Druck im Magen eine erhöhte elektroencephalographische Aktivität gefunden. Diese konnte aber nicht bei spontanen Hungerkontraktionen des Magens festgestellt werden. Danach spielt der Magen nicht die primäre Rolle bei der Auslösung des Hungergefühls, signalisiert aber bei Nahrungsaufnahme den Druck bzw. den Grad der Wandspannung zum Sättigungszentrum. B. Piatkowski. 7852.

Kratzer, F. H. und Porter, J. W. G.; Shinfield, Reading, Nat. Inst. for Res. in Dairying. The effect of pH on the digestion of proteins in vitro by pepsin. **(Der Einfluß des pH auf die Proteinverdaulichkeit durch Pepsin in vitro.)** Brit. J. Nutrit. **16** (1962) Nr. 4. S. 579–584. — 2 Abb., 17 Lit.
Für α-Casein, Molkenprotein, Sojabohnenflakes und 2 isolierte Sojaproteine ist das pH-Optimum für die Pepsinverdaulichkeit 1,8–2,0. Die Erhöhung des pH-Wertes auf 4 vermindert die Verdaulichkeit der Sojaproteine stärker als die der Milchproteine. Durch Elektrophorese und Chromatographie wurde festgestellt, daß bei der Verdauung von α-Casein bei pH 1,7 ein Peptid entsteht, daß aus Lysin, Glutaminsäure, Asparaginsäure, Glycin, Prolin und Alanin besteht, bei pH 4,1 aber kaum auftritt. Mögliche Erklärungen für die Ergebnisse werden diskutiert. W. Jentsch. 7852.

Greaves, J. P.; London, Royal. Free Hospital, School of Med., Dep. of Physiol. Protein digestibility and ingestion. **(Proteinverdaulichkeit und -aufnahme.)** Nature [London] **197** (1963) Nr. 4866. S. 499–500. — 1 Abb., 11 Lit.
Vf. erklärt die Definitionen „scheinbare" (**sV**) und „wahre" Verdaulichkeit (**wV**). Ausgehend von der Annahme, daß **wV** eines Proteins oder Futtermittels unabhängig vom Proteingehalt und der aufgenommenen Proteinmenge konstant ist und das Gleiche auch für $\mathbf{F_0}$ (Darmverluststickstoff) gilt, ergibt sich eine Relation von **sV** zur N-Einnahme (**E**) gemäß der Gleichung: $\mathbf{sV} = \mathbf{wV} - \mathbf{F_0}\,(100/\mathbf{E})$, d. h. die Relation zeigt einen hyperbolischen Verlauf. Die Berechnung verschiedener Versuchsergebnisse nach dieser Gleichung bestätigte die o. g. Annahme. H.-D. Bock. 7852.

Bowden, D. M. und Church, D. C.; Corvallis, Oregon State Univ., Dep. of Animal Sci. Artificial rumen investigations. I. Variability of dry matter and cellulose digestibility and production of volatile fatty acids. **(Untersuchungen mit dem künstlichen Pansen. 1. Mitt. Streuung der Trockensubstanz- und Cellulose-Verdaulichkeit und Bildung flüchtiger Fettsäuren.)** J. Dairy Sci. **45** (1962) Nr. 8. S. 972–979. — 8 Tab., 28 Lit.
Von einem einzigen Ochsen mit laufend konstanter Ration aus schlechtem Heu und 4–6 lb. Luzerne-Gerste-Pellets tägl. wurde das Inokulat gewonnen, das trotzdem hinsichtlich seiner Aktivität tägliche Unterschiede aufzuweisen hatte. Der künstliche Pansen (KP) bestand aus 250 ml Zentrifugengläsern, mit CO_2 begast, 39° Inkubation, 48 Std. Inkubationsdauer, jeweils gefüllt mit 70 ml Aq. dest., 30 ml künstlichem Speichel (s. Orig.), 2,5 ml 5,3%iges Na_2CO_3-Lösg., Start-pH 6,8, 6 ml Inokulat und 1 g lufttrockener sowie gemahlener Substanz. Für 4 Parallelen lag die Streuung (s) bei 39 Rohrglanzgrasporben (**I**) zwischen ±0,5 und ±6,8 für die Celluloseverdaulichkeit sowie zwischen ±0,5 und ±4,3 für die Tr.-Subst.-Verdaulichkeit. Auch für andere geprüfte Futterstoffe (Pellets, Wiesenheu und Futtermischungen) lag die Streuung im gleichen Bereich und stimmt mit zitierten Angaben aus der

Literatur gut überein. Aus je 20 ml des KP wurde die Fettsäureanalyse säulenchromatographisch durchgeführt. Gefrostete und künstlich getrocknete I ergaben praktisch gleiche Gesamtmengen und prozentuale Verhältnisse an flüchtigen Fettsäuren. H. H. Budzier. 7862.

Bowden, D. M. und Church, D. C.; Corvallis, Oregon State Univ., Dep. of Animal Sci. Artificial rumen investigations. II. Correlations between in vitro and in vivo measures of digestibility and chemical components of forages. **(Untersuchungen mit dem künstlichen Pansen. 2. Mitt. Korrelationen zwischen in vitro- und in vivo-Maßen der Verdaulichkeit und chemischen Bestandteilen von Futterpflanzen.)** J. Dairy Sci. **45** (1962) Nr. 8. S. 980–985. – 5 Tab., 20 Lit. 1. Mitt. vgl. vorst. Ref.
In Auswertung der in der 1. Mitt. beschriebenen Versuche mit Rohrglanzgras konnten folgende signifikanten Korrelationen bestimmt werden: in vitro-Verdaulichkeit (I) der Tr.-Subst. (II) mit in vivo-Verdaulichkeit (III) von **II** (r = 0,73), mit Rohproteingehalt (**IV**) der Futterstoffe (r = 0,68) und mit Cellulosegehalt der Futterstoffe (**V**) (r = –0,41), **I** der Cellulose mit **III** von **II** (r = 0,49), mit **III** der Rohfaser (r = 0,49) und mit **IV** (r = 0,66) sowie **III** von **II** mit **IV** (r = 0,79). Die in der Literatur angegebenen signifikanten Korrelationen zwischen in vitro- und in vivo-Verdaulichkeit von Grünfutterstoffen sowie verschiedenen Heuarten liegen zwischen r = 0,71 und r = 0,98. H. H. Budzier. 7862.

Purdom, Mary R.; Bucksburn, Aberdeen, Rowett Res. Inst. Micromanipulation in the examination of rumen bacteria. **(Mikrurgie bei der Untersuchung von Pansenbakterien.)** Nature [London] **198** (1963) Nr. 4877. S. 307 bis 308. – 6 Lit.
Unter Anwendung der Methode von Johnstone (vgl. J. gen. Microbiol. **9** [1953] S. 293.) wurde der Frage noch einmal nachgegangen, ob bei den ruminalen Selenomonaden zwischen in vivo- und in vitro-Kulturen morphologische Unterschiede bestehen. An zahlreichen Einzellkulturen konnte experimentell bestätigt werden, daß in vitro-Kulturen Bakterienzellen ergeben, die erheblich kleiner sind (z. B. in vivo 12 μ, in vitro nur 1,8–4,5 μ). In einer Reihe von Fällen wurden aus den Isolaten aber Mischkulturen bzw. Stämme erhalten, die für *Selenomonas* atypisch waren. Die Herstellung von Einzellkulturen anderer ruminaler Bakterienarten mißlang bisher oder war unbefriedigend. H. H. Budzier. 7862.

Sutherland, T. M., Ellis, W. C., Reid, R. S. und Murray, Moira G.; Bucksburn, Aberdeen, Rowett Res. Inst. A method of circulating and sampling the rumen contents of sheep fed on ground, pelleted foods. **(Eine Methode der Durchmischung und Sammlung von Panseninhalt von Schafen bei gemahlenem pelletierten Futter.)** Brit. J. Nutrit. **16** (1962) Nr. 4. S. 603–614. – 3 Abb., 7 Tab., 10 Lit.
Gemahlene und pelletierte Rationen erhalten in der Fütterung der Wiederkäuer immer größere Bedeutung. Untersuchungen der Pansenfunktion und -biologie gestalten sich aber infolge abnehmender Pansenmotalität schwieriger; entnommene Proben weisen eine heterogene Zusammensetzung und oberhalb im Pansen befindliche Teile einen größeren Tr.-Subst.-Gehalt auf. Vff. beschreiben eine Membranpumpe mit einer Durchflußrate von 1–2 l/Min. Die Pumpe ist außen aufgehängt, ein gebogenes, schräg angeschnittenes Rohr (Kunstoff) wird durch die Pansenfistel (Durchmesser 2 inch) so eingeführt, daß das Ende in die Mitte des Pansens reicht. Die Pumpe wurde 30 Min. vor der Probenahme in Tätigkeit gesetzt. Die Schafe wiesen trotz mehrmaliger Probenahme in der Woche eine gute Gesundheit auf. Ein Einfluß der zeitlich begrenzten Tätigkeit der Pumpe auf Verdaulichkeit, pH und FFS-Konzentration war nicht festzustellen, lediglich beim NH_3-Gehalt ergaben sich geringe Abweichungen. B. Piatkowski. 7862.

Yarns, D. A. und Putman, P. A. An economical rumen cannula. **(Eine billige Pansenfistel.)** J. Animal Sci. **21** (1962) Nr. 4. S. 744–745.

Die Herstellung eines Verschlusses für eine große Pansenfistel (⌀ 10 cm) im eigenen Labor wird beschrieben. Das Material ist flexibel („Plastisol"). 7862.

Gärtner, K. **Untersuchungen in vitro über die Ammoniakpassage durch die Pansenschleimhaut von Rindern und deren Beeinflussung durch pH-Wert und antidiuretisches Hormon.** Zbl. Veterinärmed., R. A **10** (1963) Nr. 1. S. 11–20. — 2 Abb., 3 Tab., 15 Lit. Zus. in Engl., Franz., Span.

Die Passage des Ammoniaks durch die Schleimhaut des Pansens wurde unter unterschiedlichen Bedingungen untersucht. Das Material wurde am Schlachthof entnommen und alsbald zur Untersuchung verwendet. Die Größe der Ammoniakpassage in die Schleimhaut ist von der Ammoniakkonzentration der Versuchslösung abhängig, wobei oberhalb einer Konzentration von 10 mg% die Passagerate etwa linear mit der Konzentration zunimmt. Die NH_3-Permeabilität der Pansenwand wird durch den pH-Wert auf der Schleimhautseite beeinflußt: Im schwach sauren Bereich (pH 5 und 6) beträgt die Permeabilität nur rund $^2/_3$ der im alkalischen oder neutralen Bereich. Auf eine gesteigerte Ammoniakresorption bei schwach alkalischer Reaktion in den Vormägen deuten auch in vivo-Beobachtungen hin. Bei einer Oberfläche der Vormägen des Rindes von 8 m^2 und bei einer Ammoniakkonzentration von 10–20 mg% errechnet sich eine Passagekapazität der Schleimhaut von 48 bis 64 mg pro Minute. Die in vivo beobachtete Permeabilitätssteigerung für Ammoniak durch Vasopressin ist offenbar kein einfacher Hormoneffekt; nur in sehr hoher Dosierung, bei kontinuierlicher Verabreichung und bei Harnstoffgegenwart auf der Bindegewebeseite kann Vasopressin die Ammoniakpassage durch die Pansenschleimhaut in vitro steigern. E. Kolb. 7862.

Gärtner, K. **Untersuchungen über den Transportmechanismus von Harnstoff-Stickstoff durch die Pansenschleimhaut von Rindern in vitro.** Pflügers Arch. ges. Physiol. Menschen Tiere **276** (1962) Nr. 3. S. 292–302. — 3 Abb., 1 Tab., 34 Lit.

An Pansenschleimhautstücken von Rindern wurde in vitro die Passage von Harnstoff-N von der Bindegewebs- zur Schleimhautseite untersucht, indem dieselben in eine beschriebene Apparatur eingespannt wurden und der Spülflüssigkeit an der Bindegewebsseite unterschiedliche Harnstoff- und Glucosemengen zugesetzt wurden. In Abständen von 10 Min. wurden Proben zur Untersuchung auf den Harnstoff- und NH_3-Gehalt entnommen. Mit steigender Harnstoffkonzentration auf der Bindegewebsseite nimmt die Passagerate zu, jedoch nur bis zu einer Konzentration von 20 mg% der Spülflüssigkeit. Bei höheren Konzentrationen stellt sich eine konstante Passagerate ein. In der Pansenschleimhaut wird Harnstoff bei einer Konzentration bis 40 mg% in der Spülflüssigkeit in dem Maße akkumuliert, daß die Gewebekonzentrationen um einen etwa konstanten Wert über der des Mediums liegt. Harnstoff, der Spülflüssigkeit zugesetzt, wird durch eine Urease der Schleimhaut gespalten. Ebenso wird der die Schleimhaut durchfließende Harnstoff teilweise zerlegt. Eine Fermenthemmung durch Borsäure führt gleichzeitig zu einer Passagehemmung für Harnstoff-N. Für die Harnstoffüberführung in den Pansen wird ein Transportsystem angenommen, das im Sinne eines Carrier-Systems zu verstehen ist, in dem Harnstoff akkumuliert und transportiert wird. Durch das Transportsystem wird eine limitierte kontinuierliche Zuführung von Bluthamstoff in den Pansen gewährleistet und damit eine untere Ammoniakkonzentration in den Vormägen. Der Ursprung der in der Pansenschleimhaut vorhandenen Urease ist noch ungeklärt.

H. Gürtler. 7862.

Oltjen, Robert R., **Waller**, George R., **Nelson**, Arnold B. und **Tillman**, Allen D.; Stillwater, Oklahoma Agric. Exp. Stat. Ruminant studies with diammonium phosphate and urea. **(Untersuchungen an Wiederkäuern mit Diammoniumphosphat und Harnstoff.)** J. Animal Sci. **22** (1963) Nr. 1. S. 36–42. — 6 Tab., 14 Lit.

An 4 Versuchen mit Schaflämmern und in 3 Versuchen mit wachsenden Ochsen zeigte sich, daß Diammoniumphosphat (I) (1–5% der Ration) als Phosphatquelle geeignet ist, jedoch wurde der N hieraus nicht so gut genutzt wie aus Harnstoff oder Sojaschrot. Bei den Schafen wurde nach I-Fütterung eine höhere N-Ausscheidung im Harn gefunden. Schwierigkeiten bereitete die ungenügende Futteraufnahme bei den I-Rationen. Laborversuche zeigten, daß I NH_3 freisetzt, wenn man destilliertes Wasser oder Wiederkäuerspeichel hinzufügt. Dementsprechend bedingte der NH_3-Geruch eine Freßunlust. Bei Pelletierung des Futters unter Hitze und Druck gingen 50% des I-N verloren. In Toxizitätsprüfungen an Schafen fanden Vff., daß erst eine Dosis von 88 g I je 100 lb. Körpergewicht toxisch wirkt und den Blutammoniakgehalt auf 58 (nach 15 Min.) bzw. 79 mmol/l (nach 30 Min.) erhöht.

H. Bergner. 7862.

Campbell, T. C., **Loosli**, J. K., **Warner**, R. G. und **Tasaki**, I.; Ithaca, N.Y., Cornell Univ. Utilization of biuret by ruminants. **(Ausnutzung von Biuret durch Wiederkäuer.)** J. Animal Sci. **22** (1963) Nr. 1. S. 139–145. — 1 Abb., 11 Tab., 15 Lit.

In einem Wachstumsversuch mit 2–4 Mon. alten Kälbern stellen Vff. fest, daß Biuret nur eine geringfügig niedrigere Zunahme ergibt als Harnstoff. Zum gleichen Ergebnis kommen sie in einem Versuch mit Färsen. Auch in einem Milchleistungsversuch erreichte die Biuretgruppe (3% Biuret im Kraftfutter, davon 1 lb. für 3 lb. Milch) mit 35,8 lb. Milch (3,7% Fett) fast die gleiche Leistung wie die Harnstoffgruppe mit 37,1 lb. Milch (3,6% Fett) pro Tier und Tag. Die Sojaschrotgruppe erzielte 47,1 lb. Milch (3,5% Fett). Sowohl in den Wachstumsversuchen als auch im Milchleistungsversuch wurde festgestellt, daß die Wirkung des Biurets sich 2–3 Wochen nach Fütterungsbeginn verbesserte. In einem weiteren Versuch an Schafen fanden Vff. eine Zunahme des NH_3-Gehaltes im Pansensaft mit der Dauer der Biuretfütterung. Sie schlußfolgern, daß durch Adaption der Mikroorganismen die Hydrolyse des Biurets verstärkt und eine erhöhte N-Ausnutzung ermöglicht wird.

H. Bergner. 7862.

Lichonosova, N. D. (Lichonossowa, N. D.) Vlijanie na processy piščevarenija ovec bol'šich doz karbamida. **(Der Einfluß hoher Carbamiddosen auf die Verdauungsprozesse bei Schafen.)** V sb.: Fiziol. s.-ch. životnych, Moskva **1962** S. 48–53. — Aus: Referativnyj žurnal. Biologija, Moskva **1962** Nr. 24. L 167. S. 22.

Es wurden die Prozesse der Verdauung und des Stoffwechsels bei Wiederkäuern bei Ersatz von 25–50% des löslichen Proteins durch N des Carbamids untersucht. Der Versuch wurde an 2 Schafen mit einer äußerlichen Anastomose im Bereich des Zwölffingerdarms durchgeführt. In der 1. Versuchsperiode betrug der Carbamid-N (8 g) 25% des verdaul. N der Ration, in der 2. Periode (19 g) 51%. Die Perioden dauerten je 2 Monate. Carbamid wurde zweimal am Tage zusammen mit Kraftfutter verfüttert. Es wurden keinerlei Abweichungen im Appetit und im Zustand der Schafe beobachtet. Die Verdaulickeit der Tr.-Subst. betrug in der 1. Periode 73% (779 g) der mit dem Futter aufgenommenen Tr.-Subst., in der 2. Periode 70% (651 g). Bei einer unbedeutenden Senkung der Verdauung im Darm in der 2. Periode des Versuchs erfolgte eine intensivere Verdauung der Stoffe in den vorderen Abschnitten des Verdauungstraktes. Die Verdauung im Magen erfolgte gleichmäßiger, die Ausnutzung des Carbamids erfolgte vorwiegend in den Vormägen. Eine verstärkte Ausscheidung des Carbamids durch den Harn wurde nicht beobachtet. übersetzt v. Ch. Eshkowa. 7862.

Bryant, M. P. und Robinson, I. M.; Beltsville, Md., A.R.C., A.R.S., Animal Husbandry Res. Div. Apparent incorporation of ammonia and amino acid carbon during growth of selected species of ruminal bacteria. **(Augenscheinliche Inkorporation von Ammoniak und Aminosäuren-C während des Wachstums von selektierten Pansenbakterienarten.)** J. Dairy Sci. **46** (1963) Nr. 2. S. 150–154. – 2 Tab., 19 Lit.

An 23 Pansenbakterienstämmen, die 13 bekannten und verbreiteten sowie 2 nicht definierten Species angehören, wurde untersucht, ob NH_3 und Aminosäuren-^{14}C (**I**) verwertet werden kann. Vertreter 6 namhafter Arten inkorporierten zwischen 5,4% und 8,8% des Gesamtkultur-$^{14}C/\mu mol$ TCA-N. Isolate von 5 Arten wie auch beide unbekannten inkorporierten zwischen 0,7% und 2,0% NH_3. Beide Fähigkeiten können zusammenfallen, jedoch war auch eine einseitige Leistung zu beobachten. *Bacteroides ruminicola* wie *Butyrivibrio fibrisolvens* verwerteten nicht oder nur kaum NH_3 und nur wenig **I**. 6 Stämme inkorporierten nicht NH_3, alle aber, jedoch quantitativ stark differenziert, **I**. Der inkorporierte ^{14}C war in allen Fällen zu 77% bis 88% in der Proteinfraktion lokalisiert. H. H. Budzier. 7862.

Richardson, D. und Tsien, W. S.; Manhattan, Kansas State Univ. Quantitative determination of the amino acid content of rumen fluid from twin steers fed soybean oil meal or urea. **(Quantitative Bestimmung der Aminosäuren im Pansensaft von Zwillings-Ochsen, die mit Sojaschrot oder Harnstoff gefüttert wurden.)** J. Animal Sci. **22** (1963) Nr. 1. S. 230–231. – 1 Tab., 9 Lit.

2 Zwillingspaare fistulierter Ochsen erhielten pro Tier und Tag 1 lb. Luzerneheu, 4 lb. Prärieheu und 5 lb. Maisschrot. Ein Ochse in jedem Paar erhielt 1 lb. Sojaschrot (**I**), der andere 60 g Harnstoff (**II**) und 1 lb. Mais. Nach 63tägiger Fütterung wurden Panseninhaltsproben entnommen. Die Methodik der Aufarbeitung und Aminosäurenbestimmung wird beschrieben. Der Rohproteingehalt pro Liter Pansensaft betrug bei **I** 6,51 bzw. 6,38 g und bei **II** 7,31 bzw. 5,15 g und der Aminosäurengehalt **I** = 3,67, 3,90 g, **II** = 3,17, 2,47 g. Alle einzelnen Aminosäuren waren bei Sojaschrotfütterung reichlicher vorhanden als bei Harnstoffütterung. Die Einzelwerte der 19 untersuchten Amonisäuren werden angegeben. H. Bergner. 7862.

Somasundaram, Addanki, Hibbs, J. W. und Conrad, H. R.; Wooster, Ohio Agric. Exp. Stat., Dep. of Dairy Sci. Changes with age in glutamic oxalacetic transaminase activity of sonically oscillated rumen juice compared to total steam volatile fatty acids in calves fed different roughages. **(Altersmäßig bedingter Wechsel in der Glutamin-Oxalessig-Transaminase-Aktivität ultrabeschallten Pansensaftes im Vergleich zum Gehalt an Gesamt-flüchtigen-Fettsäuren bei Kälbern mit unterschiedlicher Rauhfuttergabe.)** J. Dairy Sci. **46** (1963) Nr. 2. S. 159–160. – 1 Abb., 2 Lit.

In der Humanmedizin gilt der Glutamin-Oxalessig-Transaminase-Aktivitäts (GOTA)-Titer als Befund für einen vorhandenen Zellsubstanzabbau wie er bei Nekrosen aufzutreten pflegt. Nach Ultrabeschallung ergibt die Protozoenfraktion eine sehr hohe, der zellfreie Pansensaft eine nur geringe GOTA, die Bakterienfraktion liegt dazwischen. Untersuchungen an Kälbern ergaben, daß die GOTA mit zunehmendem Alter von 2–16 Wochen langsam und beständig ansteigt. Hierzu im Gegensatz zeigt die Menge an Gesamt-flüchtigen-Fettsäuren (GFFS) mit einem Alter von 8–10 Wochen ein deutliches Maximum und fällt dann etwas ab. GOTA und GFFS werden beide von der Rationsart beeinflußt, aber jedoch nicht gleichsinnig. GOTA scheint ein besseres Kriterium für die Populationsdynamik der Pansenmikroorganismen zu sein als die GFFS, was experimentell noch zu beweisen ist. H. H. Budzier. 7862.

Bailey, R. W.; Palmerston North, New Zealand, Dep. of Sci. and Ind. Res., Plant Chem. Div. The intracellular α-galactosidase of a rumen strain of Streptococcus bovis. **(Die intrazelluläre α-Galactosidase eines Pansenstammes von Streptococcus bovis.)** Biochem. J. **86** (1963) Nr. 3. S. 509–514. — 2 Abb., 3 Tab., 12 Lit.
Als Ausgangsmaterial diente ein lyophilisierter Stamm von *Str. bovis*, welcher nach Kultur 2–3 g Zellfrischmasse/l Glucose-Nährmedium (I) zur Aufarbeitung lieferte. Der Zellextrakt enthielt folgende Enzyme: α-Galactosidase, Amylase, Saccharosephosphorylase und gelegentlich Isomaltase. Fehlte in I Phosphat, so wurde Saccharose nicht hydrolysiert, Raffinose jedoch zu Galactose und Saccharose. Alle *Str. bovis*-Carbohydrasen hatten in der Spanne von 37 °C bis 42 °C das Aktivitätsoptimum zwischen pH 5,6 und pH 6,3. Hierzu im Gegensatz ist der Bereich von pH 3,5 bis pH 5–6 der aus Pflanzen, Hefen oder Schimmelpilzen gewonnenen Carbohydrasen als sehr breit anzusehen und deutlich von den aus *Str. bovis* isolierten differenziert.
H. H. Budzier. 7862.

Satter, L. D. und Baumgardt, B. R.; Madison, Univ. of Wisconsin. Changes in digestive physiology of the bovine associated with various feeding frequencies. **(Wechsel in verdauungsphysiologischem Geschehen bei Rindern im Zusammenhang mit der Häufigkeit des Fütterns.)** J. Animal Sci. **21** (1962) Nr. 4. S. 897–900. — 1 Abb., 1 Tab., 21 Lit.
3 trockenstehende Fistelkühe wurden mit Luzerneheu, 2-, 4- bzw. 8mal tägl. gefüttert (90% des ad libitum-Verzehrs). Die Verdaulichkeit wurde mit Cr_2O_3 bestimmt. Die Technik der Entnahme von Panseninhalt wird beschrieben, ebenfalls die chem. Bestimmungsmethoden. Ein Einfluß auf die Verdaulichkeit von Tr.-Subst., Energie bzw. N wurde nicht festgestellt. Die N-Retention stieg bei häufigerem Füttern erheblich, doch scheint die zeitliche Differenz in der Gravidität der trockenstehenden Kühe von Einfluß zu sein. Mit der Häufigkeit des Fütterns sinken die Tagesschwankungen in der Konzentration der flüchtigen Fettsäuren und des NH_3. Die höhere NH_3-Konzentration im Pansen nach dem Füttern bewirkt ein Absinken des pH-Wertes und eine höhere N-Ausscheidung über den Harn. Die prozentuale FFS-Produktion sowie das Essigsäure-/Propionsäure-Verhältnis blieben unbeeinflußt, die gesamte FFS-Konzentration (mmol/l) stieg bei häufigerem Füttern geringfügig an. B. Piatkowski. 7862.

Solovych, A. G. (Solowych, A. G.) Sostojanie processov piščevarenija u žvačnych životnych pri raznych režimach poenija. **(Der Zustand der Verdauungsprozesse bei Wiederkäuern bei verschiedenen Systemen des Tränkens.)** V sb.: Fiziol. s.-ch. životnych, Moskva **1962** S. 164–177. — Aus: Referativnyj žurnal. Otd. vyp. životnovodstvo, veterinarija Moskva **1963** Nr. 1/58/94. S. 15.
Durch die Methode der äußerlichen Darmanastomosen wurden der Grad der Entleerung des Chymus, seine Menge, seine Eigenschaften und die Zusammensetzung sowie die motorischen Funktionen des Magen-Darmkanals untersucht. Bei 2- und 3maligem Fressen der Kühe sowie beim Selbsttränken wurde ein gleichmäßiger und stabiler Zustrom des Chymus aus dem Magen in den Darm beobachtet. Bei 1maligem Tränken verringerte sich die Menge des zuströmenden Chymus beträchtlich und seine Entleerung erfolgte unregelmäßig. Die Zusammensetzung des Chymus nach dem Gehalt an Tr.-Subst., Wasser, Asche, organ. Subst. wies bei verschiedenem Tränken keine Abweichung von der Norm auf. Beim Tränken der Schafe jeden 2. Tag sank der Wasserverbrauch auf 73–74%, der Verbrauch an Futter auf 74–83% ab und die Chymusentleerung im Tagesdurchschnitt aus dem Magen in den Darm, die mit einer

Verringerung der Menge der Verdauungssäfte zusammenhängt, von 15,1 auf 13,5 l. Bei Verfütterung von saftigem grünen Gras wird der Verdauungsprozeß durch das seltene Tränken der Schafe nicht gestört. Am 2. Tage des Durstens wurde bei den Schafen eine Hemmung der Chymusentleerung festgestellt, die am 6. Tage 37% der Tagesmenge betrug. Am 5. Tage des Durstens betrug die von den Tieren gefressene Futtermenge 21,5% der Anfangsration. Bei dem teilweisen Futterverzicht blieb die Zusammensetzung des Chymus normal. Nach dem Dursten kam die Wiederherstellung der Verdaulichkeit in erhöhtem Appetit, in einer gesteigerten Entleerung des Chymus und in der allmählichen Wiederherstellung seiner Zusammensetzung zum Ausdruck.
übersetzt v. I. Posdirca. 7862.

Dongindoo, Ė. (Dongindoo, E.) Sostojanie processov piščevarenija u korov v svjazi s aktom doenija. **(Der Zustand der Verdauungsprozesse bei Kühen in Zusammenhang mit dem Melkprozeß.)** V sb.: Fiziol. s.-ch. životnych, Moskva **1962** S. 348–358. – Aus: Referativnyj žurnal. Otd. vyp. životnovodstvo, veterinarija, Moskva **1963** Nr. 1/58/95. S. 15.
Die Untersuchungen wurden an Milchkühen im Lab. für Physiol. des Unions-Inst. für Tierzuchtforsch. und auf der Versuchsstat. „Jermolino" ausgeführt. Im Laboratorium erfolgten die Versuche an Kühen mit Fisteln mit duodenaler Anastomose. Während der Fütterung erhöht sich der Zustrom von Chymus aus dem Labmagen in den Zwölffingerdarm um 15–32%. Der verstärkte Zufluß von Chymus wird 15–20 Min. nach Beginn der Fütterung festgestellt. Das Melken erschwert den Zufluß des Chymus aus dem Magen in den Darm um 8–32% im Vergleich zu dem Zufluß vor dem Melken. Während der Fütterung tritt mit der Intensivierung der Chymusentleerung eine verstärkte Tätigkeit des Zwölffingerdarmes ein. Während des Melkens verringert sich die Anzahl und die Intensität der Kontraktionen und die Abstände zwischen den Kontraktionen werden größer. Das Melken hemmte das Wiederkäuen, das die Darmtätigkeit steigert. übersetzt v. I. Posdirca. 7862.

Vorob'ev, E. S. (Worobjow, Je. S.) Sostojanie processov pitanija u otkarmlivaemych bykov-kastratov pri skarmlivanii im zelenych kormov i vodjanistych racionov s vključeniem sintetičeskich azotsoderžaščich soedinenij. Soobšč. I. **(Zustand der Ernährungsprozesse bei Ochsen bei Verfütterung von Grün- und Saftfutterrationen einschließlich synthetischer stickstoffhaltiger Verbindungen. 1. Mitt.)** V sb.: Fiziol. s.-ch. životnych, Moskva **1962** S. 37–42. – Aus: Referativnyj žurnal. Otd. vyp. Životnovodstvo, veterinarija, Moskva **1963** Nr. 1/58/92. S. 14.
An 4 Ochsen im Alter von 2 Jahren mit duodenalen Anastomosen wurden die Verdauungsprozesse und der Verbrauch an Nährstoffen untersucht. Die Tiere erhielten verschiedene Futterrationen, natürliche Schlempe und mit NH_3 versetzte Schlempe, frisches Gras mit und ohne Kraftfutterzusatz. Jeder Versuch bestand aus einem Vorversuch (25 Tage) und einer Bewertungsperiode (6–8 Tage). Die Anreicherung der Ration mit Ammoniumsalzen übte einen Einfluß auf die Verdauungsprozesse aus. Der Zusatz von Ammoniumcarbonat führte zur Vergrößerung der Menge des Darmchymus, der Verdauungssäfte und der Aufnahme; bei Verfütterung von ammonisierter Schlempe verringerte sich die Intensität der Magenverdauungsprozesse. Die Zugabe von Kraftfutter zu Rationen, die frisches Gras enthielten, rief eine Intensivierung der Darmverdauungsprozesse hervor. Beim Ersatz von Kraftfutter durch Gras wurde eine verringerte Bildung von Darmchymus sowie von Verdauungssäften und der Aufnahme im Darmkanal beobachtet.
übersetzt v. I. Posdirca. 7862.

Aliev, M. G. (Alijew, M. G.) Vlijanie raznych režimov kormlenija na piščevarenie u krupnogo rogatogo skota. **(Der Einfluß verschiedener Fütterungssysteme auf die Verdauung des Rindviehs.)** V sb.: Fiziol. s.-ch. životnych,

Moskva **1962** S. 152–163. — Aus: Referativnyj žurnal. Otd. vyp. Životnovodstvo, veterinarija, Moskva **1963** Nr. 1/58/91. S. 14.
Im Lab. für Physiol. Landwirtsch. Nutztiere des Unions-Inst. für Tierzuchtforsch. wurde der Einfluß einer verschiedenen Fütterungsfolge und der Häufigkeit der Fütterung auf die Verdauungsprozesse und die Verdaulichkeit der Futtermittel untersucht. Es wurden die Methodik der Kombination einer chronischen Fistel für den Durchfluß des Sekrets der Bauchspeicheldrüse mit duodenaler Anastomose und die Methodik der doppelten Darmanastomosen angewendet. Die Menge und die Qualität des Saftes der Bauchspeicheldrüse wird von den Eigenschaften des Chymus beeinflußt, der aus dem Magen in den Darm gelangt. Aus dem Magen gelangt der Chymus in einzelnen Wellen in den Darm (800–1200 Wellen pro Tag). Aus dem Dünndarm gelangt der Chymus in Zeitabständen von 30–40 Min. in den Blinddarm. Bei Wiederkäuern überwiegt die Magenverdauung. Im Magen werden 65% der Tr.-Subst., im Dünndarm 24–30% und im Dickdarm 5–11% verdaut. Der im Dünndarm aufgesaugte Chymus besteht im Durchschnitt aus 97,4% Wasser und 2,6% Tr.-Subst.; im Dickdarm besteht er aus 96,9–98,7% Wasser und 1,3–3,1% Tr.-Subst. Das Grün- und Kraftfutter, das vom Rindvieh gefressen wird, gelangt nach 5½–6 Std. aus dem Magen in den Dünndarm, den es in 2½ Std. passiert und von dort in den Dickdarm, wo es 5–8 Std. verbleibt. Eine Änderung des Fütterungsregimes hat eine Änderung des Verdauungsprozesses zur Folge. Bei 4maliger Fütterung im Vergleich zur 3maligen Fütterung verbrauchen die Tiere zum Fressen 25,3% und zum Wiederkäuen 14,4% weniger Zeit; die Verdauung des Futters im Magen nimmt um 18,87%, die Ruhezeit um 14,6% zu. übersetzt v. I. Posdirca. 7862.

Tosev, A. und Petkov, A. (Tossew, A. und Petkow, A.) Izsledvane količestvoto na amonjak v tŭrbuchnoto sŭdŭržanie na ovce. **(Untersuchung der Ammoniakmenge im Panseninhalt von Schafen.)** Naučni trudove. Visš selstostopanski institut „Georgi Dimitrov“. Zootechničeski fakultet, Sofija **12** (1963) S. 331–337. — 3 Tab., 18 Lit. Zus. in Russ., Dtsch.
Durch Anwendung der Methodik von Butz u.a. untersuchte Vf. die Dynamik des Ammoniaks im Panseninhalt bei Schafen. Es wurde festgestellt, daß sich die Ammoniakmenge während der verschiedenen Fütterungszeiten ändert, wobei sie vor der Fütterung am niedrigsten und in der 1. Std. nach der Fütterung am höchsten ist. Gegen die 6. Std. nach der Fütterung stellte das Ammoniak seine ursprüngliche Menge wieder her. G. Radew. 7862.

Pšeničnyj, F. D. und Ševčenkova, D. I. (Pschenitschny, F. D. und Schewtschenkowa, D. I.); Kiew, Ukrain. Akad. der Landwirtsch.-Wiss., Lehrstuhl für Fütter. Landwirtsch. Nutztiere. Vliv střídavého krmení na fyzikální a chemické ukazatele obsahu bachoru a tvorbu vitamínu B_{12} u mladého skotu. **(Einfluß wechselnder Fütterung auf physikalische und chemische Kennziffern des Panseninhaltes und auf Vitamin-B_{12}-Bildung bei Jungvieh.)** Živočišná Výroba **7(35)** (1962) Nr. 11. S. 769–780. — 7 Tab., 11 Lit. Zus. in Russ., Franz., Dtsch.
Gemäß Ergebnissen 3jähriger Untersuchungen hat das 3malige und 2malige tägl. Tränken der Kälber mit Voll- und Magermilch einen unterschiedlichen Einfluß auf die Entwicklung der fermentativen Prozesse und die Biosynthese von Vit. B_{12} im Pansen. Bei 2mal tägl. getränkten Kälbern steigt der aktive Säuregrad sowie der Gehalt an flüchtigen Fettsäuren und auch die Bildung von Vit. B_{12} im Pansen. Eine in wöchentl. oder monatl. Intervallen wechselnde intensive und weniger intensive Fütterung der Kälber stimuliert die Gärprozesse im Pansen. Mit dem Alter der Kälber erhöht sich im Panseninhalt der Anteil der Essigsäure, verringert sich die Konzentration des Gesamtgehaltes an flüchtigen Fettsäuren und steigt der pH-Wert und die Anzahl der Infusorien. F. Svoboda. 7862.

Freer, M. und Campling, R. C.; Reading, Shinfield, Nat. Inst. for Res. in Dairying. Factors affecting the voluntary intake of food by cows. 5. The relationship between the voluntary intake of food, the amount of digesta in the reticulo-rumen and the rate of disappearance of digesta from the alimentary tract with diets of hay, dried grass or concentrates. **(Faktoren, die die freiwillige Futteraufnahme bei Kühen beeinflussen. 5. Mitt. Die Beziehungen zwischen der freiwilligen Futteraufnahme des Panseninhalts und der Rate des Verschwindens der Digesta aus dem Verdauungstrakt bei Fütterung von Heu, Trockengrünfutter oder Konzentraten.)** Brit. J. Nutrit. **17** (1963) Nr. 1. S. 79 bis 88. – 2 Abb., 5 Tab., 10 Lit. 4. Mitt. vgl. LZ. Abt. III **8** (1963) Nr. 6. S. 1250.
In früheren Untersuchungen stellten Vff. fest, daß Kühe mit dem Fressen von unterschiedlichem Rauhfutter aufhörten, wenn verschieden hohe Mengen Digesta im Reticulo-Rumen waren. Diese Mengen waren so bemessen, daß sie vor der nächsten Mahlzeit wieder gleich waren. Blaxter u.a. vertreten die Meinung, daß nach dem Füttern die Höhe der Digesta auch bei verschiedenen Rauhfutterstoffen gleich ist. In dieser Versuchsreihe erhielten 3 Fistelkühe 5 Std. ad libitum Heu, künstl. getrocknetes Gras (I) oder Kraftfutter. Die Tiere verzehrten 20,9 lb. Heu, 28,2 lb. I oder 18,8 lb. Kraftfutter. Die Verzehrsleistung stand in direkter Beziehung zur Verdaulichkeit des Rauhfutters im gesamten Verdauungstrakt bzw. im Reticulo-Rumen allein und in umgekehrter Beziehung zur Verweildauer der Futterteilchen im Verdauungstrakt. Der Inhalt im Reticulo-Rumen nach der Fütterung war bei Heu und I etwa gleich, aber bei I vor der nächsten Mahlzeit niedriger. Vff. schlußfolgern aus den Ergebnissen, die sie unter den beschriebenen Bedingungen erzielten, daß die Futteraufnahme bei einem Panseninhalt von 35 lb. eingestellt wird, wenn tägl. 18 lb. Tr.-Subst. den Pansen verlassen. Bei Rauhfutterstoffen, die eine längere Aufenthaltsdauer verursachen, wird das Fressen bereits bei geringerem Panseninhalt eingestellt. Es wird ungefähr so viel aufgenommen, daß der Panseninhalt zur nächsten Mahlzeit ca. 19 lb. Tr.-Subst. beträgt. Bei alleiniger Verabreichung von Kraftfutter konnten keine Beziehungen zwischen Verdaulichkeit und Aufenthaltsdauer einerseits und Verzehrsleistung andererseits gefunden werden. Der Panseninhalt war niedriger. Hier scheint die Concentration der Verdauungsprodukte der begrenzende Faktor für die Aufnahme zu sein. Der pH-Wert fiel 1–2 Std. nach Futterbeginn auf 4,6 und verblieb auf dieser Höhe ca. 3–6 Std. B. Piatkowski. 7862.

Archipovec, A. I. (Archipowez, A. I.); Poltawa, Forsch.-Inst. für Schweinezucht. Rol' amilolitičeskoj aktivnosti sljuny svinej v piščevaritel'nom processe. **(Amylolytische Aktivität des Speichels der Schweine und ihre Rolle im Verdauungsprozeß.)** Vestnik sel'skochozjajstvennoj nauki, Moskva **7** (1962) Nr. 8. S. 86–88. – 3 Tab., 8 Lit. Zus. in Engl., Franz., Dtsch.
Die Untersuchungen zeigen, daß die amylolytische Aktivität des Homogenaten und des Speichels der Schweine stark vom Alter beeinflußt wird. Der Speichel sehr junger und sehr alter Tiere enthält nur geringe Mengen des amylolytischen Fermentes. Schweine, an die Futterrationen gefüttert werden, die Getreide, Hackfrüchte, Grünfutter und Maiskolbensilage enthalten, sezernieren einen Speichel mit einer höheren amylolytischen Aktivität als Schweine, die nur Getreide erhalten. Der Speichel beeinflußt die Verdauung; er hemmt in gewissem Grad die proteolytische Aktivität der Pentidase der verd. Produkte und schafft dadurch günstige Bedingungen für die Wirkung der Speichelamylase für die Hydrolyse der Stärke der Futtermittel. G. Leisner. 7870.

Pesti, L. Az egészséges sertés bélbaktériumflórájának kvalitativ és kvantitativ vizsgaláta. **(Qualitative und quantitative Untersuchungen an der Darmbakterienflora gesunder Schweine.)** Magyar Állatorvosok Lapja [Ung. veterinärmed. Bl.] **17** (1962) Nr. 9. S. 336–338. – Aus: Ung. Agrar-Rdsch. **1963** Nr. 2.

Es wurde eine qualitative und auch quantitative Analyse der Darmbakterienflora von gesunden Schweinen vorgenommen. *Lactobacillus acidophilus, Enterococcen, E. coli, Clostridien* und aerobe sporenbildende Bakterien erwiesen sich dabei als ständige Mitglieder der Bakterienflora des Dünn- und Dickdarmes von Schweinen. Staphylyococcen und Pilze wurden nur sporadisch angtroffen. Lactobacillen und Enterococcen waren in überwiegender, Coli-Bakterien aber in bedeutend geringer Zahl vorhanden. Das Verhältnis von Lactobacillen, Enterococcen und Coli-Bakterien im Dickdarm von Schweinen kann als konstant betrachtet werden. Dieses Verhältnis erwies sich als grundsätzlich unabhängig von der Herkunft, den Fütterungsumständen und z.T. auch vom Lebensalter der Schweine. Der Dünndarm von Schweinen enthält ebenfalls Bakterien, es konnte aber im Vorkommen der verschiedenen Arten keine Gesetzmäßigkeit nachgewiesen werden. In neugeborenen Ferkeln ist die Darmflora sehr verschieden. Die permanente Bakterienflora entwickelt sich in der 3. bis 4. Lebenswoche. Diese Flora erleidet zur Zeit des Absetzens in ihrer Zusammensetzung insoweit eine Veränderung, als die Zahl der Coli-Bakterien zeitweilig ansteigt. Nach einigen Tagen aber stellt sich das bereits erwähnte Gleichgewicht wieder her. Deswegen kann gefolgert werden, daß die Komponenten der Darmbakterienflora gesunder Schweine in einem stabilen Gleichgewicht sind, mit anderen Worten, gesunde Schweine verfügen über eine gut charakterisierte Bakterienflora. 7870.

Noblitt, C. G., Hardison, W. A., Huber, J. T. und Graf, G. C.; Blacksburg, Virginia Agric. Exp. Stat., Dep. of Dairy Sci. Effect of manual total collection of feces upon nutrient digestibilities. **(Einfluß der quantitativen Kotsammlung von Hand auf die Verdaulichkeit der Nährstoffe.)** J. Dairy Sci. **46** (1963) Nr. 1. S. 67–68. — 1 Tab., 5 Lit.
Vff. prüften, inwieweit Stress-Faktoren bei Verdaulichkeitsversuchen ständige Gegenwart einer Aufsichtsperson, ständiges Lampenlicht des Nachts u.a. einen Einfluß auf das Ergebnis ausübt. Sie verglichen daher die kontinuierliche Kotsammlung (I) durch die Aufsichtsperson („Stress") und die Bestimmung mit Cr_2O_3 (kein Stress (II). Bei I lagen die VK für Tr.-Subst. um 3% (Kühe) bzw. 7% (Färsen) höher als bei II. Dennoch war die Gewichtszunahme bei II besser als bei I. Vff. führen dies auf einen höheren Energiebedarf der I-Tiere zurück. Durch die erhöhte Aktivität wäre evtl. die höhere Verdaulichkeit zu erklären. B. Piatkowski. 7884.

Herzig, Jaroslav und Sedláček, J.; Pohořelice, Výzkumný Ústav Krmivářský. Vliv volného pohybu pokusných zvířat na stravitelnost krmiva. **(Einfluß der freien Bewegung der Versuchstiere auf die Verdaulichkeit der Futtermittel.)** Živočišná Výroba **7(35)** (1962) Nr. 12. S. 845–850. — 5 Tab., 9 Lit. Zus. in Russ., Franz., Dtsch.
Es wurden die VK von Gärmais, welcher an Hammel in Versuchskäfigen und in Buchten mit der Möglichkeit freier Bewegung verfüttert wurde, ermittelt. Die Verdaulichkeit bei Käfighaltung bzw. freier Bewegung betrug 64,4 bzw. 62,7% für Tr.-Subst., 62,1 bzw. 61,2% für Gesamt-N, 72,9 bzw. 72,9% für Rohfaser und 68,9 bzw. 67,5% für N-fr. E. Da sich die VK in beiden Fällen annähernd gleichen, kann angenommen werden, daß die Begrenzung der freien Bewegungsmöglichkeit bei Versuchstieren keinen wesentlichen Einfluß hat. F. Svoboda. 7884.

O'Dell, G. D., King, W. A., Cook, W. C. und Moore, S. L. Effect of physical state of Coastel Bermuda grass hay on passage through digestive tract of dairy heifers. **(Die Wirkung des physikalischen Zustandes von Heu des Küsten-Bermudagrases auf die Passage durch den Verdauungstrakt von Färsen.)** J. Dairy Sci. **46** (1963) Nr. 1. S. 38–42. — 4 Tab., 13 Lit.
Vff. verabreichten in mehreren Versuchen mit Brillant grün gefärbtes Heu von Küsten-Bermudagras (*Cynodon dactylon*) in Ballenform (B.), gemahlen (G.)

sowie gemahlen und pelletiert (P.) an Färsen, um die Durchgangszeit des Futters zu bestimmen. Zu diesem Zweck wurde der Verlauf der Ausscheidung der gefärbten Futtergabe im Kot und die Verweildauer in den einzelnen Abschnitten nach der Schlachtung untersucht. Von B., G. und P. wurden im gesamten Verdauungstrakt 194,2%, 175,7% und 110,9% und im Pansen 146,6% 121,2% und 63,7% der Futtermenge gefunden, die die Tiere im Verlauf der letzten 24 Std. verzehrten. Im Reticulo-Rumen befanden sich 75,5%, 69,3% und 57,7%, bezogen auf den Gesamtgehalt im Verdauungskanal. Daraus geht hervor, daß die Verweildauer von P. im Pansen viel kürzer war als von B. und G. Mehr als $^1/_3$ von P. hatte bereits nach 24 Std. den Pansen passiert. Die ersten gefärbten Futterteile erschienen bei B. nach 17–20 Std., bei G. nach 13–16 Std. und bei P. nach 4–12 Std. Die höhere Durchgangsgeschwindigkeit erklärt die niedrige Verdaulichkeit von P. Die im Labmagen gefundene Futtermenge war bei allen 3 Fütterungsvarianten gleich, dagegen lag im folgenden Teil des Traktes der Anteil bei P. deutlich höher als bei G. und B. B. Piatkowski. 7888.

King, W. A., O'Dell, G. D., Brannon, C. C. und Webb, H. J. Effect of grinding and pelleting on the utilization of Coastal Bermuda grass hay by dairy heifers. **(Die Wirkung von Mahlen und Pelletieren auf die Verwertung von Heu des Küsten-Bermudagrases bei Färsen.)** J. Dairy Sci. **46** (1963) Nr. 1. S. 34–37. — 3 Tab., 22 Lit.
An 3 Färsen wurde die Verdaulichkeit von Ballen-(B.), gemahlenem (G.) und pelletiertem (P.)-Heu gleicher Herkunft in 6 Versuchen geprüft. Die Verdaulichkeit betrug (Werte nach dem Komma sind auf- bzw. abgerundet):

	Tr.-Substanz	Rohprotein	Rohfett	Rohfaser	N-fr. E.	TDN
B.	54	67	48	59	48	52
G.	51	64	37	55	47	49
P.	46	60	37	42	44	44

Danach waren die Differenzen zwischen B. und P. besonders deutlich. Vff. beobachteten eine höhere Durchgangsgeschwindigkeit des behandelten Futters (bes. P.). Die tägl. Verzehrsleistung von (B., G., P.) 14,63; 14,83 und 15,00 lb.-Heu von Küsten-Bermudagras deckt den Bedarf an N, Ca und P. in der Färsenaufzucht. B. Piatkowski. 7888.

Woods, Walter und Luther, Richard; Ames, Iowa, Agric. and Home Econ. Exp. Stat. Further observations on the effect of physical preparation of the ration on volatile fatty acid production. **(Weitere Beobachtungen über die Wirkung der physikalischen Behandlung der Ration auf die Produktion flüchtiger Fettsäuren.)** J. Animal Sci. **21** (1962) Nr. 4. S. 809–814. — 3 Tab., 18 Lit.
Der Einfluß der Mahlfeinheit (½ bzw. $^1/_4$ inch) des Pelletierens, des Erhitzens (feucht oder trocken) und der Konzentratbeifütterung auf die FFS-Produktion wurde in Versuchen an Lämmern (Schlundsonde) geprüft. Das Pelletieren der Heuration bewirkte ein weites C_2/C_3-Verhältnis (ca. 3,1) Kraftfutterbeigabe verengt es auf 1,79 (½ inch) bzw. 1,52 ($^1/_4$inch), senkt also den C_2- und erhöht den C_3-Säure-Gehalt. Bei feinerem Mahlen wird mehr C_3-Säure erzeugt. Die Produktion an C_4-Säure wurde durch Kraftfutter ebenfalls gesteigert. Das Erhitzen der Ration war von geringem Einfluß. B. Piatkowski. 7888.

Intermediärer Stoffwechsel

Bremer, Jon; Oslo, Univ., Rikshospitalet, Inst. of Clin. Biochem. Carnitine as a fatty acid carrier in intermediary metabolism. **(Carnitin als Fettsäureüberträger im Intermediärstoffwechsel.)** Nature [London] **196** (1962) Nr. 4858. S. 993–994. — 1 Abb., 3 Lit.

Vf. synthetisierte Palmitylcarnitin sowie andere Acylcarnitine und testete diese Substanzen als Substrate für isolierte Mitochondrien. Dabei ergab sich, daß Palmitylcarnitin die O-Aufnahme durch Herzmitochondrien in Gegenwart katalytischer Mengen Succinat stark erhöhte. Palmitat oder Carnitin für sich zeigten keinen Einfluß, während Palmitat plus Carnitin nur einen geringen stimulierenden Effekt hatten. Auf Grund dieser hervorstechenden Wirksamkeit des Palmitylcarnitins wird Letzteres als ein Intermediat bei der carnitinstimulierten Oxydation von Palmitat angenommen. Ähnliche Resultate wurden auch mit Butyryl- und Octanoylcarnitin erhalten. Auf Grund der Tatsache, daß bei dem obigen Versuch das racemische DL-Palmitylcarnitin benutzt wurde und die Nettosauerstoffaufnahme nur etwa 40–45% der für die Oxydation des gesamten gebundenen Palmitats berechneten Menge betrug, war zu schließen, daß nur das eine optische Isomere, vermutlich die L-Form, metabolisiert wird. Nach Ansicht des Vf. stellt das Palmitylcarnitin eine wasserlösliche, aktivierte Fettsäure dar, die von den Mitochondrien gebildet wird. Es wird angenommen, daß das Carnitin als Überträger aktivierter Fettsäuren durch die mitochondrische Membran zu ihrer weiteren Nutzung im Citronensäurecyclus fungiert. U. Zelck. 7910.

Mendicino, Joseph und Utter, Merton F.; Cleveland, O., Western Res. Univ., School of Med., Dep. of Biochem. Interaction of soluble and mitochondrial multienzyme systems in hexose phosphate synthesis. **(Wechselwirkung löslicher und mitochondrialer Multienzymsysteme bei der Hexosephosphatsynthese.)** J. biol. Chemistry **237** (1962) Nr. 5. S. 1716–1722. — 3 Abb., 9 Tab., 40 Lit.

Es wurde festgestellt, daß ein Multienzymsystem, bestehend aus Enzymen der Glykolyse und Fructosediphosphatase, Hexose-monophosphat aus 3-Glycerinphosphorsäure in Gegenwart von ATP und DPNH bilden kann. Durch die Zugabe von Lebermitochondrien kann Glucose-6-phosphat aus Fumarat-2-^{14}C durch oxydative Phosphorylierung von Malat und ATP zu Phosphoenolbrenztraubensäure gebildet werden. In Verbindung mit den Mitochondrien erhalten Milchsäure-dehydrogenase und Laktat einen hohen Gehalt an DPNH, das für die reduktive Phase der Hexosephosphatsynthese zur Verfügung steht. Die begrenzenden Faktoren der Systeme, die Wechselwirkungen und deren Signifikanz werden diskutiert. W. Jentsch. 7910.

Borst, P., Loos, J. A., Christ, E. J. und Slater, E. C.; Amsterdam, Univ. Lab. of Physiol. Chem. Uncoupling activity of long-chain fatty acids. **(Die Trennungsaktivität langkettiger Fettsäuren.)** Biochim. biophysica Acta [Amsterdam] **62** (1962) Nr. 3. S. 509–518. — 7 Abb., 2 Tab., 47 Lit.

Die ungesättigten langkettigen Fettsäuren stimulieren die ATPase-Aktivität der Rattenlebermitochondrien mit Mg^{++} im pH-Bereich von 6,0–9,5 mehr als die gesättigten. Ölsäure, Linol-, Linolen-, Arachidon- und Elaidinsäure wirken etwa gleich. Die gesättigten Fettsäuren stimulieren bei pH 8 kaum, die ungesättigten haben ihr Max. bei pH 9. Mg^{++} waren für die max. Stimulierung durch Ölsäure erforderlich. Ohne Mg^{++} inhibiert Ölsäure die durch 2,4-Dinitrophenol stimulierte ATPase. Die oxydative Phophorylierung wird am P : 0-Verhältnis in verschiedenen Substraten gemessen. Die Spaltung durch Ölsäure kann durch Serumalbumin reversibel gemacht werden. Die Ergebnisse der unterschiedlichen Wirkung der gesättigten und ungesättigten Fettsäuren und der Wirkung von Mg^{++} stimmen mit denen anderer Versuchsansteller, die niedrigere Konzentrationen wählten, nicht überein. W. Jentsch. 7910.

Hall, Reginald; Boston, Massachusetts Gen. Hospital, Harvard Med. School, Dep. of Med. Nucleic acid synthesis in the thyroid. **(Nucleinsäuresynthese in der Schilddrüse.)** Biochim. biophysica Acta [Amsterdam] **61** (1962) Nr. 4. S. 530–537. — 2 Abb., 5 Tab., 23 Lit.

Vf. untersucht an Schilddrüsenschnitten von Schaf, Kalb und Schwein den ^{14}C-Einbau in die Nucleinsäuren. Der Einbau in die DNS war stets bedeutend niedriger als in die RNS. In Kalbsschilddrüsen war die Purinsynthese in vitro sehr stark. Dabei wurden 44% des ^{14}C-Formiat in die C-8-Position des RNS-Adenins eingebaut. Die Adenin- und Guaninsynthese war aber stärker in der Kern-RNS als in der Cytoplasma-RNS. Schweine- und Schafschilddrüsen zeigten nur ca. $^1/_{10}$ der Einbauaktivität. Vergleiche mit der Einbauintensität in die RNS-Purine anderer Gewebe bei Schaf und Kalb wurden durchgeführt. Die rel. spez. Aktivität des Adenins in Kalbschilddrüsenschnitten wurde von 863 durch Glucose auf 1253 und durch 5-Amino-4-Imidazolcarboxamid (I) auf 7268, durch I + Glucose auf 13448 und durch I-Riboside auf 12334 gesteigert. 8-^{14}C-Adenin wurde in Adenin 16mal stärker eingebaut als in Guanin.

H. Bergner. 7910.

Muntz, John A. und Vanko, Michael; Albany, N. Y., Union Univ., Albany Med. Coll., Dep. of Biochem. The metabolism of intraportally injected fructose in rat liver in vivo. **(Der Stoffwechsel in die Pfortader injizierter Fructose in der Rattenleber in vivo.)** J. biol. Chemistry **237** (1962) Nr. 12. S. 3582 bis 3587. — 3 Abb., 3 Tab., 19 Lit.

Nach der Injektion von Fructose-1- oder -6-^{14}C in die Pfortader von Ratten wurden nach 5–135 Sek. in der Leber in Glucose 4–22%, in Lactat 6–16% und in Glycerinphosphat 2–6% der Aktivität, in Glykogen, Fett und Protein max. 2% der Aktivität gemessen. Bei nicht gefütterten Tieren war die Aktivität der Glucose besonders hoch. Weniger als 1% der Aktivität trat in Glucose-6-P, Fructose-6-P, Hexose-diphosphat und Glycerin-P auf. Auch bei Dinitrophenolinjektion wurden 20% der Fructose in Glucose übergeführt. Die Ergebnisse lassen vermuten, daß entweder ein großer Teil der Glucose nicht aus Fructose gebildet wird, oder daß die Phosphorsäureester nicht mit den, auf dem Weg zur Glucose neugebildeten Estern im Gleichgewicht stehen. Die bestehenden Vorstellungen über den Fructosestoffwechsel der Leber werden im Hinblick auf die erhaltenen Ergebnisse besprochen. W. Jentsch. 7910.

Anonym. Hypophysectomy and glucose uptake by adipose tissue. **(Hypophysenektomie und Glucoseaufnahme durch Fettgewebe.)** Nutrit. Rev. **20** (1962) Nr. 3. S. 87–88. — 5 Lit.

Der Einfluß der Hypophysenektomie auf die Glucoseaufnahme wurde am Rattendiaphragma geprüft. Die Ergebnisse waren widersprechend und die Versuchsbedingungen nicht vergleichbar. Die Untersuchungen am Fettgewebe in vitro führten zum Ergebnis, daß durch Hypophysenektomie die Glucoseaufnahme niedriger ist als in normalem Gewebe. Durch Wachstumshormon und durch Serum von normalen und mit Wachstumshormon behandelten hypophyselosen Ratten wurde die Glucoseaufnahme erhöht.

W. Jentsch. 7910.

Maur, J. M., McComiskey, D. M., Haynes, J. W. und Beaton, J. R.; Toronto, Ontario, Defence Res. Med. Lab. Carbohydrate metabolism in hypothermic rats and hamsters. **(Kohlenhydratstoffwechsel hypothermischer Ratten und Hamster.)** Canad. J. Biochem. Physiol. **40** (1962) Nr. 10. S. 1427 bis 1438. — 6 Abb., 20 Lit.

Durch Unterkühlung wird bei i. p. Verabreichung die Verwertung der Glucose vermindert aber nicht die von Pyruvat. Die Bildungsgeschwindigkeit von Leberglykogen wird nicht beeinflußt. Der Milchsäuregehalt des Blutes wird durch Pyruvat weiter erhöht, durch Glucose dagegen nicht. Die Glucoseverwertung ist bei Hamster und Ratte bei Hypothermie etwa gleich. Der Blutglucosegehalt ist erhöht, der Leberglycogengehalt erniedrigt, verbunden mit einer Erhöhung des Gehaltes an Ketonkörpern im Plasma. Die Versuchsergebnisse mit Insulin- und Alloxanbehandlung der Ratten zeigen, daß die Veränderung des Stoffwechsels durch Hypothermie etwas modifiziert, aber nicht eliminiert werden kann. W. Jentsch. 7910.

Senior, John R. und Isselbacher, Kurt J.; Boston, Mass., Harvard Med. School; Massachusetts Gen. Hospital. Direct esterification of monoglycerides with palmityl coenzyme A by intestinal epithelial subcellular fractions. **(Direkte Veresterung von Monoglyceriden mit Palmitylcoenzym A durch intestinale, epitheliale, subcellulare Fraktionen.)** J. biol. Chemistry **237** (1962) Nr. 5. S. 1454–1459. — 2 Abb., 5 Tab., 30 Lit.

Aus Mucosazellen des Rattenjejunums wurden die Mitochondrien und Mikrosomen isoliert und der Einbau von ^{14}C-markiertem Palmitylcoenzym A sowie weiterer aktivierter Fettsäuren in Monoglyceride in Anwesenheit verschiedener Cofaktoren untersucht. Sowohl die Mikrosomen- als auch in geringerem Ausmaß die Mitochondrienfraktion katalysieren den Einbau von aktivierten Fettsäuren vornehmlich zu Di- und teilweise auch zu Triglyceriden unter Freisetzung von CoA, wobei das die Reaktion katalysierende Enzymsystem wärmestabil ist, nicht energieabhängig ist und die Reaktion nicht über phosphorylierende Zwischenprodukte verläuft. Die mikrosomale Fraktion enthält weiterhin eine aktive Monoglyceridlipase sowie eine Thiokinase, die langkettige Fettsäuren mit Hilfe von CoA aktiviert, so daß sämtliche erforderlichen Enzyme zur Resynthese von höheren Glyceriden aus freien Fettsäuren in den Mucosazellen des Verdauungstrakts vorhanden sind. Analoge Befunde ergaben sich auch für Mucosazellen des Dünndarms von Kaninchen, während Lebermikrosomen von Ratten keine Synthese von Diglyceriden unter vergleichbaren Bedingungen bewirkten. Die Befunde sind hinsichtlich der intracellularen Resynthese und des Transportes von Lipoiden durch die Darmwand eingehend diskutiert. Es wird ein Schema der Stoffwechselwege der Lipoidresynthese in intestinalen Epithelzellen, ausgehend von den Verdauungsprodukten bis zur Bildung der Chylomikronlipoide, gegeben. R. Schiemann. 7910.

Lea, M. A. und Walker, D. G.; Birmingham, Univ., Dep. of Biochem. Changes in glucose-6-phosphate metabolism during development. **(Änderungen im Glucose-6-phosphat-Stoffwechsel während der Entwicklung.)** Biochem. J. **85** (1962) Nr. 3. S. 30 P. — 7 Lit.

Am Meerschweinchen wurde die Wirkung der Fermente des Glucose-6-phosphatstoffwechsels in den verschiedenen Entwicklungsstadien untersucht. Glucose-6-phosphatase erscheint in der Leber, Niere und Darmschleimhaut etwa im 57 Tage alten Fötus, die Aktivität steigert sich auf die Hälfte der beim erwachsenen Tier, erhöht sich nach der Geburt rapid und unterscheidet sich von der Entwicklung der Fermentaktivität bei der Ratte. Die Aktivitäten der Phosphoglucomutase, Phosphoglucose-isomerase (des Fötus), Glucose-6-phosphat-dehydrogenase und 6-Phosphogluconat-dehydrogenase (der Placenta) verändern sich nicht wesentlich. Das Auftreten der Glucose-6-phosphatase ist mit keiner bemerkenswerten Veränderung der Aktivität der anderen Fermente verbunden, so daß die anderen Fermente, abgesehen von der Glucose-6-phosphat-dehydrogenase nicht für die Veränderung des Glykogenspiegels z. Zt. der Geburt verantwortlich sind. W. Jentsch. 7910.

Foster, Daniel W. und Bloom, Ben. The synthesis of fatty acids by rat liver slices in tritiated water. **(Die Synthese von Fettsäuren in Tritiumwasser durch Rattenleberschnitten.)** J. biol. Chemistry **238** (1963) Nr. 3. S. 888–892.

2 g Leberschnitten von Ratten bzw. Hunden wurden 2 Std. in 5 ml $KHCO_3$-Puffer (pH 7,4), der 25 μmol Glucose und CH_3COOK enthielt, inkubiert. Zu einem Teil der Ansätze wurden 100 mc ^3H_2O, zum anderen Glucose-1-^3H zugefügt. Aus den von diesem Material isolierten Fetten wurden die Fettsäuren isoliert und die Gesamt-^3H-Einlagerung sowie die innermolekulare Lage der

C-Atome mit ^{3}H-Anlagerung bestimmt. In Palmitin- und Stearinsäure war das meiste ^{3}H enthalten. Wider Erwarten hatte sich ^{3}H bevorzugt an ungeradzahlige C-Atome des Moleküles angelagert. H. Steger. 7910.

Bremer, Jon; Oslo, Univ., Rikshospitalet, Inst. of Clin. Biochem. Carnitine in intermediary metabolism. The metabolism of fatty acid esters of carnitine by mitochondria. **(Carnitin im Intermediärstoffwechsel. Der Stoffwechsel der Fettsäureester des Carnitins in den Mitochondrien.)** J. biol. Chemistry **237** (1962) Nr. 12. S. 3628–3632. – 3 Abb., 3 Tab., 10 Lit.

Eine einfache Methode zur Präparation der Ester des Carnitins und der Palmitin-, Capryl- und Buttersäure wird beschrieben. Diese Verbindungen werden in Gegenwart von katalytischen Mengen von Bernsteinsäure und Mitochondrien verschiedener Rattengewebe vollständig zu CO_2 oxydiert und H_2O wird aus dem Acylrest der L-Isomeren gebildet. Freie Fettsäuren als Zwischenstufen sind ausgeschlossen. Von dem Acylcarnitin werden die Acylgruppen durch Lebermitochondrien vollständig zu Acetessigsäure umgebildet. Bei Zugabe von Bernsteinsäure nimmt die CO_2-Bildung zu und die Acetessigsäurebildung ab. Über organspez. Differenzen in der Ausnutzung der Verbindungen und die Funktion der Carnitine im Intermediärstoffwechsel wird berichtet. W. Jentsch. 7920.

Heimberg, Murray, Weinstein, Ira, Dishmon, Guinn und Dunkerley, Allen; Nashville, Tenn., Vanderbilt Univ., School of Med., Dep. of Pharmacol. The action of carbon tetrachloride on the transport and metabolism of triglycerides and fatty acids by the isolated perfused rat liver and its relationship to the etiology of fatty liver. **(Die Wirkung von Tetrachlorkohlenstoff auf den Transport und Stoffwechsel der Triglyceride und Fettsäuren in der isolierten durchströmten Rattenleber und die Beziehung zur Ätiologie der Fettleber.)** J. biol. Chemistry **237** (1962) Nr. 12. S. 3623–3627. – 7 Abb., 2 Tab., 30 Lit.

Die Verabreichung von CCl_4 an Ratten scheint den Abtransport der Triglyceride aus der Leber zu inhibieren. Die Triglyceridaufnahme oder die Produktion von Ketonkörpern durch die Leber werden nicht beeinflußt. Harnstoffproduktion und Glucosefreisetzung sind vermindert. Die Synthese von Lebertriglyceriden aus Acetat-1-^{14}C wird nicht beschleunigt. Es wird vermutet, daß die Synthese von Lipoproteiden im endoplasmatischen Reticulum aus anderorts gebildeten Triglyceriden einen wesentlichen Schritt im Abtransport der Triglyceride aus der Leber darstellt, der durch Schädigung des endoplasmatischen Gewebes durch CCl_4 gestört ist und zur Bildung der Fettleber führt. W. Jentsch. 7920.

Spencer, Alice F. und Lowenstein, John M.; Waltham, Mass., Brandeis Univ., Graduate Dep. of Biochem. The supply of precursors for the synthesis of fatty acids. **(Das Angebot an Vorstufen für die Fettsäuresynthese.)** J. biol. Chemistry **237** (1962) Nr. 12. S. 3640–3648. – 5 Abb., 7 Tab., 45 Lit.

An Milchdrüsenpräparaten wurde die schnelle Inkorporation von Citrat in Fettsäuren demonstriert. Die Inkorporation von Citrat erfolgte schneller als die von Acetat bei Gegenwart oder Abwesenheit von Citrat oder Malonat. Versuche mit asymmetrisch markierten Citraten zeigten, daß die Inkorporation hauptsächlich über Acetyl-CoA vonstatten geht, aber auch ein kleiner Prozentsatz über Oxalacetat. Malonat wird in beachtlicher Höhe, aber langsamer in Fettsäuren inkorporiert als Citrat oder Acetat in Gegenwart von Citrat oder Malonat. Die begrenzende Reaktionsstufe ist die Aktivierung von Malonat zu Malonyl-CoA. Es wird ein Schema von der Umbildung von Kohlenhydraten in Fett über Citrat angegeben, bei dem weder freies Acetat als Zwischenprodukt, noch die Diffusion von Acetyl-CoA aus den Mitochondrien auftritt. Die Aktivierung der Acetyl-CoA-Carboxylase-Reaktion er-

folgt durch Citrat und die Verwertung von Citrat über die Enzymreaktion stellt einen selbstregulierenden Mechanismus der Fettsäuresynthese dar.
W. Jentsch. 7920.

Black, A. L., Kleiber, M., Luick, J. R. und Kaneko, J. J.; Transfer of carbon from formate to amino acids of milk protein in the intact cow. **(Die Übertragung des Kohlenstoffs aus Formiat auf Aminosäuren des Milchproteins bei der gesunden Kuh.)** Amer. J. Physiol. **203** (1962) Nr. 6. S. 1067 bis 1070. — 4 Tab., 27 Lit.

Markiertes Formiat wurde 2 laktierenden Rindern i. v. und einer Kuh in die Euterzisterne verabreicht. Bis 36 Std. nach der Verabreichung wurden Milchproben entnommen, aus deren Milchprotein verschiedene Aminosäuren isoliert und ihre spez. Aktivität ermittelt wurde. Die spez. Aktivität war am größten in der ersten Probe (3 Std. p. i.) und nimmt bei den späteren Proben stark ab. Am stärksten waren Methionin und Serin markiert; sie umfaßten 90–95% der im Casein nachweisbaren Radioaktivität. Noch 36 Std. nach der Verabreichung lag ihre Markierung 10- bis 30fach über den anderen Aminosäuren. Die intramolekulare Verteilung des ^{14}C wurde bei beiden Aminosäuren untersucht. Dabei war beim Serin das Hydroxymethyl-C und bei Methionin das Methyl-C markiert. Relativ wenig waren die anderen C-Atome dieser Aminosäuren oder die anderen Aminosäuren, die vom laktierenden Rind synthetisiert werden, markiert. Dies zeigt, daß das Formiat-C im Zeitraum des Experiments nur in einen sehr begrenzten „C_1-Pool" und nicht in andere Stoffwechselpools eingeht. Durch die Infusion von Formiat in die Euterzisterne konnte ermittelt werden, daß der Einbau des Formiats in die Aminosäuren des Milcheiweißes nicht im Euter, sondern an anderen Stellen (vorwiegend der Leber) erfolgt.
E. Grün. 7930.

Axelrod, A. E., Trakatellis, Anthony C. und Hofmann, Klaus.; Pittsburgh, Univ., School of Med., Biochem. Dep. Antigenicity of synthetic polypeptides with known amino-acid sequence. **(Die Antigeneigenschaften von synthetischen Polypeptiden mit bekannter Aminosäuresequenz.)** Nature [London] **197** (1963) Nr. 4863. S. 146–148. — 4 Tab., 9 Lit.

Es wurden die antigenen Eigenschaften einer Reihe von Polypeptiden (mit 13, 16, 20 und 23 Aminosäuren) bekannter Aminosäuresequenz in verschiedenen Testverfahren an Meerschweinchen geprüft. Die Aminosäuresequenz entsprach dem N-terminalen Aufbau des Corticotropins von Schweinen. Wenn die Peptide frei vorlagen, zeigten sie keine antigenen Eigenschaften, sondern hatten eine mit der Kettenlänge zunehmende ACTH-Wirkung. Bei Blockierung der freien Aminogruppen (des endständigen Serins durch die Acetyl- und der ε-Aminogruppe des Lysinmoleküls durch die Formylgruppe) erhielten die Polypeptide ausgeprägte antigene Eigenschaften, die ebenfalls mit der Kettenlänge zunahmen. Die Beziehungen zwischen den hormonalen Eigenschaften der freien Peptide und den antigenen Eigenschaften der blockierten Peptide werden diskutiert.
R. Schiemann. 7930.

McLaughlan, J. M., Noel, F. J., Morrison, A. B. und Campbell, J. A.; Ottawa, Ontario, Dep. of Nat. Health and Welfare, Food and Dry Lab. Blood amino acid studies. IV. Some factors affecting plasma amino acid levels in human subjects. **(Untersuchungen der Aminosäuren im Blut. 4. Mitt. Einige Faktoren, die den Plasma-Aminosäure-Gehalt des Menschen beeinflussen.)** Canad. J. Biochem. Physiol. **41** (1963) Nr. 1. S. 191–199. — 4 Abb., 3 Tab., 11 Lit. 3. Mitt. vgl. LZ. Abt. III 7 (1962) Nr. 10. S. 2132.

Vff. bestimmten in kleinen, dem Finger entnommenen Blutproben (0.5 ml) von 11 Testpersonen die 4 freien Aminosäuren (AS) Lysin, Methionin, Threonin und Tryptophan mit Hilfe mikrobiol. Methoden. Es zeigte sich, daß der Gehalt an diesen **4 AS** schnell anstieg, nachdem die Testpersonen z. B.

gebackenen Heilbutt gegessen hatten. Die Höhe und die Dauer des Gehaltes des Blutes an den 4 **AS** hingen von der Menge und Qualität des jeweils aufgenommenen Proteins sowie von dessen **AS**-Zusammensetzung ab. Wurde Butter zum Fischprotein aufgenommen, stieg der Methionin- und Threonin-Gehalt des Blutes nicht so stark. Gleichzeitige Aufnahme von Stärke (Kartoffel) oder Zucker zu Fischprotein beeinflußte dagegen den Gehalt des Blutes an den 4 **AS** nicht. H.-D. Bock. 7930.

Carver, Michael J. und Paska, Rita; Omaha, Univ. of Nebraska, Coll. of Med., Psychiatrie Inst., Dep. of Biochem. Urinary amino-acids on phenylalanine-tyrosine supplemented diets. **(Die Aminosäuren im Harn bei mit Phenylalanin und Tyrosin ergänzten Diäten.)** Nature [London] **197** (1963) Nr. 4866. S. 493. – 1 Tab., 8 Lit.

An wachsenden Ratten wurde der Einfluß einer Zulage von 3.75% DL-Phenylalanin + 3.75% L-Tyrosin zu einer normalen Rattendiät auf die Aminosäure (**AS**)-Ausscheidungen im Harn untersucht. Bei sonst normalen Zunahmen der Versuchstiere im Vergleich zur Kontrolle stieg die Phenylbrenztraubensäure-Ausscheidung mit dem Harn erheblich an. Im Vergleich zur Kontrolle nahm außerdem die Ausscheidung der **AS** Threonin, Serin, Glutamin, Cystin, Lysin und l-Methylhistidin im Harn zu, während Asparaginsäure, Glutaminsäure, Glycin und Alanin vermindert ausgeschieden wurden. H.-D. Bock. 7930.

Anonym. Cycloleucine, a new model for amino acid transfer. **(Cycloleucin, ein neues Modell für Aminosäureübertragungen.)** Nutrit. Rev. **20** (1962) Nr. 10. S. 311–313. – 10 Lit.

Übersicht über neuere Literatur zur Verwendung von Cycloleucin (1-Aminocyclopentan-1-carbonsäure) als Modellsubstanz für den aktiven Aminosäuretransport. Cycloleucin verhält sich bezüglich des Aminosäuretransportes wie die neutralen Aminosäuren. Es ist vollständig stoffwechselinaktiv, wirkt leicht toxisch und wird von den Nierentubuli im Gegensatz zur häufig verwendeten α-Aminoisobuttersäure als Modellsubstanz weitgehend rückresorbiert. Trotz der Toxizität wird Cycloleucin als Modellsubstanz zur Untersuchung des Transportes und der Übertragung von Aminosäuren empfohlen. R. Schiemann. 7930.

Leon, H. A., Arrhenius, E. und Hultin, T.; Stockholm, Univ. of Stockholm, Wenner-Gren Inst. for Exp. Biol. Effects of glucocorticoid administration on the incorporation of labelled amino acids into protein by cell-free rat-liver systems. **(Wirkungen einer Glucocorticoid-Behandlung auf den Einbau von markierten Aminosäuren in Protein durch zellfreie Rattenlebersysteme.)** Biochim. biophysica Acta [Amsterdam] **63** (1962) Nr. 3. S. 423 bis 433. – 8 Abb., 2 Tab., 38 Lit.

Ratten wurden i. p. einmalig verschiedene Gluco- und Mineralocorticosteroide injiziert. Nach 10 bis 20 Std. wurden die Tiere getötet, zellfreie Leberenzymsysteme isoliert und der Einbau von ^{14}C-markiertem Valin bzw. Leucin in Proteine in Anwesenheit verschiedener Cofaktoren gemessen. Die Glucocorticoide stimulierten die Inkorporationsaktivität etwa in dem Maße, wie sie die Ablagerung von Leberglykogen bewirken. Die Stimulierung betraf hauptsächlich die Mikrosomen, wobei sowohl zum mikrosomalen Protein als auch zu den mikrosomalen Ribonucleinsäuren eine Beziehung gefunden wurde. Auch bei isolierten Ribonucleoproteidpartikeln ergab sich ein ähnlicher, aber signifikant geringerer Anstieg. Bei Corticoidgaben, die einen optimalen stimulierenden Effekt bewirkten, war eine Markierung der löslichen Proteine besonders ausgeprägt. Die Mineralocorticosteroide bewirkten keine eindeutige Veränderung der K^+-Abhängigkeit des inkorporierenden Systems, obwohl ein gewisser Einfluß vorzuliegen scheint. R. Schiemann. 7930.

Cooper, A. H., Harris, G. und Neal, G. E.; Nutfield, Surrey, Great Britain, Brewing Ind. Res. Foundation. The incorporation of labelled amino acids into subcellular fractions from brewers' yeast. **(Der Einbau von markierten Aminosäuren in die subcellularen Fraktionen von Brauereihefe.)** Biochim. biophysica Acta [Amsterdam] **61** (1962) Nr. 4 S. 573–582. — 4 Abb., 2 Tab., 39 Lit.

Aus Homogenaten von Saccharomyces cerevisiae wird eine mikrosomale Fraktion (I), eine 20000 g-Fraktion (II) und eine Zellsaftfraktion (III) gewonnen. I enthielt 58% Protein und 42% RNS und II 91% Protein und 9% RNS. Der Einbau von markierten Aminosäuren (aus einem radioaktiven Proteinhydrolysat) war in II (aus Zellen in der exponentiellen Wachstumsphase) bedeutend größer als in I. III hatte die niedrigste spez. Aktivität. II aus zerfallenden Zellen zeigte den doppelten Aminosäureeinbau als die gleiche Fraktion aus wachsenden Zellen. I und III aus zerfallenden Zellen ergaben nur eine äußerst niedrige spez. Aktivität. Es wird angenommen, daß II als mitochondriale Fraktion das komplette Enzymsystem enthält. Wurden zu I „pH 5-Enzyme" zugegeben, so betrug die spez. Aktivität 50, dagegen nach Zugabe von inaktivierten Enzymen 30. In II verhielten sich die entsprechenden Zahlen wie 2500:2250. Ein Teil der Radioaktivität war in Peptid-Nucleotidverbindungen lokalisiert, welche in allen **3** Fraktionen gefunden wurden. H. Bergner. 7930.

Villa-Trevino, Saul und Farber, Emmanuel; Pittsburgh, Pa., Univ. of Pittsburgh, School of Med., Dep. of Pathol. The reversal by adenosine triphosphate of ethionine-induced inhibition of protein synthesis. **(Die Beseitigung der durch Äthionin bedingten Hemmung der Eiweißsynthese durch Adenosintriphosphat.)** Biochim. biophysica Acta [Amsterdam] **61** (1962) Nr. 4. S. 649–651. — 2 Tab., 11 Lit.

Ratten (180–220 g) fasteten über Nacht und erhielten dann Injektionen von Äthionin (I) mit oder ohne ATP. Nach 5 Std. wurden die Tiere getötet, die Leberribosomen isoliert und in einer Inkubationsmischung mit ^{14}C-Leucin bebrütet. Die I-injizierten Tiere zeigten nur 10% des Leucineinbaus der Kontrollen. Erhielten sie gleichzeitig ATP, so war der Einbau den Kontrollen äquivalent. Diese Ergebnisse wurden in einer Wiederholung bestätigt. Die Verabfolgung von Adenin anstelle von ATP wirkte in gleicher Richtung, jedoch ist ATP weniger toxisch. Die Ergebnisse zeigen, daß I die Eiweißsynthese in der Leber nicht direkt hemmt, sondern indirekt über ihren Effekt auf die ATP-Konzentration der Leber wirkt. H. Bergner. 7930.

Truman, D. E. S. und Korner, A.; Cambridge, Univ., Dep. of Biochem. Initial stages in the incorporation of amino acids into protein in rat-liver mitochondria. **(Anfangsstufen beim Einbau von Aminosäuren in Protein in Rattenlebermitochondrien.)** Biochem. J. **85** (1962) Nr. 1. S. 154–158. — 2 Abb., 3 Tab., 17 Lit.

Rattenlebermitochondriensuspensionen wurden mit Essigsäure auf pH 5 angesäuert und mit KOH wieder neutralisiert. Nach Zentrifugation wurde ein Mitochondrienextrakt erhalten, der hinsichtlich des Einbaues von markierten Aminosäuren in Ribosomenprotein die gleichen Eigenschaften zeigte wie Zellsaft. Die pH 5-Fällung des Extraktes verhielt sich analog wie der Extrakt bezüglich des Aminosäureeinbaues. Die Inkorporation der Aminosäuren wurde durch Guanosintriphosphat (GTP) stimuliert und durch Puromycin gehemmt. Die Nucleosidtriphosphate CTP und UTP zeigten keinen Einfluß auf die Aminosäureninkorporation. In die Ribonucleinsäurefraktion des Mitochondrienextraktes erfolgte kein nennenswerter Aminosäureneinbau. Die Ergebnisse sind bezüglich der Mitwirkung der löslichen Fraktion der Mitochondrien beim Aminosäureneinbau in Protein diskutiert. R. Schiemann. 7930.

Franklin, T. J.; Alderley Park, Macclesfield, Ches., Imperial Chem. Ind. Limited, Pharmacol. Div. The inhibition of protein synthesis by chlortetracycline in cell-free systems. **(Die Hemmung der Proteinsynthese durch Chlortetracyclin in zellfreien Systemen.)** Biochem. J. **84** (1962) Nr. 3. S. 110 P. – 4 Lit.

Vf. untersuchte den Einfluß von Chlortetracyclin (I) auf die Inkorporation von L-^{14}C-Leucin in verschiedenen Fraktionen von zellfreien Präparationen von Rattenleber in vitro. Die Inkorporation der Aminosäure in das gesamte Protein einer Suspension von Mikrosomen im Zellsaft wurde beträchtlich durch (I) inhibiert. Kein Effekt auf den Umfang der Inkorporation der Aminosäure in die übertragende RNA wurde erhalten, wenn die pH 5,0 Fraktion mit (I), L-^{14}C-Leucin und ATP inkubiert wurde. Wenn jedoch eine mikrosomale Präparation zusammen mit „GTP“, Phosphoenolpyruvat und Pyruvatkinase zugegeben wurde, wurde eine zunehmende Markierung der übertragenden RNA und eine abnehmende Markierung des mikrosomalen Proteins erhalten. Wenn die pH 5,0 Fraktion mit L-^{14}C-Leucin markiert wurde und dann zu einer geeigneten Mikrosomalfraktion zugegeben wurde, reduzierte (I) die Übertragung der Aminosäure auf das mikrosomale Protein in starkêm Maße. I. Schröder. 7930.

Energiewechsel

Metz, Robert und Salter, J. M.; Toronto, Univ., Dep. of Med. Res. Effect of glucagon on liver glycolysis. **(Der Einfluß von Glucagon auf die Glykolyse in der Leber.)** Nature [London] **196** (1962) Nr. 4859. S. 1094–1095. – 3 Tab., 6 Lit.

An Leberschnitten von ♂ Ratten im Krebs-Ringer-Bikarbonatpuffer wurde unter aeroben Bedingungen eine konstante Erniedrigung der Glykolyse durch Glucagon festgestellt. Die gleiche Wirkung wurde durch Adrenalin und 3′,5′-AMP verursacht. Durch Versuche unter anaeroben Bedingungen konnte ermittelt werden, daß es sich um eine reduzierte Bildung von Pyruvat und Lactat handelt und nicht um eine erhöhte Oxydation dieser Komponenten. Die Phosphorylierung der Hexosen ist nicht beeinflußt. Es ist wahrscheinlich, daß durch Glucagon über die Stimulierung der 3′,5′-AMP-Produktion die Glykogenolyse beeinflußt und die Pyruvat-Bildung erniedrigt wird. W. Jentsch. 8007.

Blaxter, K. L.; Kirkhill, Ayr, Hannah Dairy Res. Inst. The fasting metabolism of adult wether sheep. **(Der Hungerstoffwechsel ausgewachsener männlicher Schafe.)** Brit. J. Nutrit. **16** (1962) Nr. 4. S. 615–626. – 1 Abb., 6 Tab., 32 Lit.

Die Ergebnisse von 95 Hungerstoffwechselversuchen mit 37 ♂ Schafen wurden ausgewertet. Nach 64–112 Std. Hungern betrug die CH_4-Produktion 5% der des Fütterungszustandes und der Energiewert pro g N im Harn betrug 9,0 kcal. (geringe Nachwirkung der Fütterung), der respiratorische Quotient war nach 64 Std. stabil. Individuelle Unterschiede im Hungerstoffwechsel betrugen 10%. Im Alter von 1–6 Jahren fiel der Hungerstoffwechsel um 20%. Während des Hungerns stammten 76% des Energieverlustes vom Fett und 24% vom Protein. Zwischen den Rassen wurden keine Unterschiede im Stoffwechsel gefunden. W. Jentsch. 8015.

Eiweißstoffwechsel

Hedin, P. A. und Schultze, M. O.; St. Paul, Univ. of Minnesota, Inst. of Agric., Dep. of Agric. Biochem. Excretion and metabolism of amino acids in rats. **(Exkretion und Stoffwechsel von Aminosäuren in Ratten.)** J. Nutrit. [Philadelphia] **74** (1961) Nr. 2. S. 131–138. – 6 Tab., 45 Lit.

300 g schwere ♂ Ratten wurden mit folgender proteinfreier Diät gefüttert: Diät (I) = 12,2%, Diät (II) = 18,3% und Diät (III) = 24,4% einer Mischung von 16 Aminosäuren, von denen 8 (Methionin, Phenylalanin, Threonin, Tryptophan, Valin, Isoleucin, Alanin und Asparaginsäure) als razemische Mischung vorlagen. Die anderen Komponenten waren: 4% Salzmischung, 3% pflanzliches Öl, eine komplette Mischung fett- und wasserlösl. Vitamine und variierte Mengen Sucrose. Die Ratten (3 Gruppen) erhielten 2 mal tägl. 5,7 g dieser Diät entspr. 10 ml einer wäßrigen homogenisierten Suspension durch eine Magentube. Harn und Fäkalien wurden tägl. gesammelt. Der Harn wurde auf N-Verbindungen (Harnstoff, Allantoin, Harnsäure, NH_2-N, Kreatinin, Kreatin, Aminosäuren, einschließlich den D-Isomeren) und 2-Oxosäuren untersucht. Ergebnis: Die Ratten waren im N-Gleichgewicht. Von den Aminosäuren wurden Threonin, Valin und Isoleucin in der größten Menge ausgeschieden. 62% des aufgenommenen D-Threonins, 51% des D-Valins und 65% des D-Isoleucins erschienen im Harn. 13% der ausgeschiedenen Aminosäuren lagen in gebundener Form vor. Der Gehalt an 2-Oxosäuren im Harn entspricht etwa 1,75% der aufgenommenen Aminosäuren.

I. Schröder. 8042.

Harrill, Inez, Gifford, Elizabeth Dyar und Bartz, Elisabeth P.; Fort Collins, Colorado State Univ., Agric. Exp. Stat., Home Econ. Sect. Effect of methionine and riboflavin on free amino acids, riboflavin and lipids in selected rat tissues. **(Die Wirkung von Methionin und Riboflavin auf freie Aminosäuren, Riboflavin und Fette in ausgewählten Rattengeweben.)** J. Nutrit. [Philadelphia] 78 (1962) Nr. 3. S. 320–324. — 2 Tab., 26 Lit.

Rattendiäten mit 18% Casein und 10 bzw. 100 μg Riboflavin (R) wurden mit 0,2 bzw. 2% L-Methionin (M) supplementiert. Die R- und M-Zusätze hatten folgende Wirkungen auf den AS-Gehalt des Blutplasmas, auf das Wachstum der Tiere und auf den Gehalt an R-haltigen Coenzymen sowie Cholesterin und Gesamtfett in den Lebern: Durch die M-Zusätze zur Ration wurden die M-Gehalte im Plasma erhöht; bei verschiedenen R- + M-Kombinationen auch die Valin- und Lysin-Gehalte beeinflußt. Die Wachstumsgeschwindigkeit der Tiere wurde bei 100 μg R und 0,2% M signifikant erhöht, nicht aber bei nur 10 μg R. Der Zusatz von 2% M verringerte das Wachstum der Tiere, unabhängig vom R-Gehalt in der Ration. Bei 100 μg R wurde durch die steigenden M-Gaben die Retention von R und R-haltigen Coenzymen in der Leber erhöht. Die Cholesterin-Konzentration in der Leber nahm bei 100 μg R mit steigenden M-Gaben ab. Die R- und M-Supplemente hatten praktisch keinen Einfluß auf den Gesamtfettgehalt der Leber.

J. Wünsche. 8042.

Mauron. Jean und Mottu, Francoise; Vevey, Schweiz, Res. Lab. of Nestle's Products. Sweetened condensed vs. evaporated milk in improving the protein efficiency of wheat flour. **(Vergleich von gesüßter Kondensmilch mit evaporierter Milch bei der Verbesserung der Proteinwirksamkeit von Weizenmehl.)** J. agric. Food Chem. 10 (1962) Nr. 6. S. 512–515. — 1 Abb., 10 Tab., 13 Lit.

In Versuchen an wachsenden ♂ Albinoratten (Wistar-Zuchtstamm) wurde die Ergänzungswirkung von gesüßter Kondensmilch (I) und evaporierter Milch (II) zu Weizenmehl bei gleicher Proteingabe verglichen. Die Ergänzungswirkung von I war mit einem PER von 3,25 höher als die von II (PER 3,05). Lysin-Zusatz erhöhte die Ergänzungswirkung von II, die infolge eines geringen Gehaltes an verfügbarem Lysin ungünstiger als die von I war. Diskussion der Möglichkeiten, die Lysin-Verfügbarkeit bei II zu verbessern.

H.-D. Bock. 8042.

Featherston, W. R., Bird, H. R. und Harper, A. E.; Madison, Univ. of Wisconsin, Dep. of Poultry Sci and Biochem. Effectiveness of urea and ammonium nitrogen for the synthesis of dispensable amino acids by the chick. **(Wirksamkeit von Harnstoff und Ammonium-Stickstoff für die Synthese entbehrlicher Aminosäuren durch das Küken.)** J. Nutrit. [Philadelphia] 78 (1962) Nr. 2. S. 198–206. — 1 Abb., 5 Tab., 12 Lit.

♂ und ♀ Eintagsküken (Cornish × White Rock) werden zunächst eine Woche mit einer Sojaproteinkost gefüttert und erhalten dann ein Futter, das als N-Quellen ein Gemisch der 12 essentiellen L-Aminosäuren (in 2 Konzentrationen) mit und ohne Zusätze anderer N-Verbindungen enthält. Bei gleichem N-Gehalt verbessern Zulagen von Harnstoff und Diammoniumcitrat (I) das Wachstum ebenso wie solche von 5 nicht essentiellen Aminosäuren (AS). Die Wirkung kommt, wie Bestimmungen der AS im Plasma zeigen, durch eine Erhöhung der N-Retention und die Bildung von AS aus Harnstoff und I zustande. Zwischen der Wachstumsrate und der Plasma-AS-Konzentration besteht eine signifikante positive Korrelation, d. h. das Wachstum wird bei adäquatem Angebot an den essentiellen Aminosäuren durch den Futtergehalt an AS oder deren Vorläufern begrenzt. Wenn die Zulagen an essentiellen Aminosäuren zwecks Intensivierung des Wachstums erhöht werden, sind Harnstoff und I nicht in gleichem Ausmaß wirksam wie AS. B. Gaßmann. 8050.

Soffwechsel stickstofffreier Nährstoffe

Adler, J. H. und Wertheimer, E. A reciprocal relationship between blood glucose and plasma free fatty acids (FFA) in dairy cows and its significance for problems of fat metabolism in ruminants. **(Eine reziproke Beziehung zwischen Blutzucker und freien Fettsäuren des Plasmas bei Milchkühen und deren Bedeutung für Probleme des Fettstoffwechsels bei Wiederkäuern.)** Bull. Res. Council Israel, Sect. E **10 E** (1962) Nr. 2. S. 97–101. — 2 Abb., 1 Tab., 13 Lit.

Zwischen Blutzucker und freien Fettsäuren bestehen bei monogastrischen Tieren Beziehungen, wobei ein Abfall der Glucose zu einem Anstieg der freien Fettsäuren im Plasma führt. In Untersuchungen an 35 laktierenden Kühen wurden der Blutzucker und der Gehalt des Plasmas an freien Fettsäuren ermittelt und deren Beziehung zueinander untersucht. Es zeigte sich, daß bei Wiederkäuern ähnliche Beziehungen bestehen, wobei ein Abfall des Blutzuckers zu einem Anstieg der freien Fettsäuren führt. Dabei muß berücksichtigt werden, daß die Umsatzgeschwindigkeit der freien Fettsäuren sehr hoch ist und rund 28% pro Min. beträgt, demgegenüber die der Glucose rund 7%. Bei der Glucose wurde ein Mittelwert von 41,1 mg% und eine Schwankungsbreite von 30 bis 55,5 mg% festgestellt; bei den freien Fettsäuren betrug die Durchschnittskonzentration 0,248 mÄqiv pro Liter, die Schwankungsbreite 0,004 bis 0,633. Es wird vermutet, daß bei der Synthese von Glycerin im Fettgewebe Propionat Verwendung findet. E. Kolb. 8062.

Hahn, P.; Praha, Fysiol. Ústav ČSAV. Tvorba a utilisace glukosy a glykogenu. Vývojové aspekty. **(Bildung und Utilisierung von Glukose und Glykogen. Perspektive Aspekte.)** Českoslov. Fysiol. **12** (1963) Nr. 1. S. 26–33. — 2 Abb., 3 Tab., 64 Lit.

Bei saugenden Ratten hat die Verabreichung von Olivenöl die Zunahme von Glykogen in der Leber zur Folge und die Verabreichung der Linolsäure verursacht den Anstieg des Blutzuckers. Bei abgesetzten Rattenjungen wurde jedoch diese Reaktion nicht beobachtet. Bekanntlich sinkt nach der Geburt der Glykogengehalt rasch, doch normalisiert er sich bald. Es ist wahrscheinlich, daß die stärkere Glykogenbildung nach der Verabreichung von Olivenöl an junge Ratten durch das Freiwerden des Glycerophosphats bedingt ist, aus dem dann sowohl das Glucose-6-Phosphat als auch Glykogen entstehen. ČSSR/ÚVTI. 8062.

Caster, W. O., Ahn, Philip, Hill, Eldon G., Mohrhauer, H. und Holman, Ralph; Minneapolis, Univ. of Minnesota, Dep. of Physiol. Chem.; Austin,

Univ. of Minnesota, Hormel Inst. Determination of linoleate requirement of swine by a new method of estimating nutritional requirement. **(Bestimmung des Linolatbedarfs des Schweines durch eine neue Methode der Bestimmung des Ernährungsbedarfs.)** J. Nutrit [Philadelphia] **78** (1962) Nr. 2. S. 147–154. — 2 Abb., 1 Tab., 13 Lit.

Es wird eine neue Methode zur Bestimmung des Minimalbedarfs an Nährstoffen vorgeschlagen, die sich vor allem für die Interpretation von Gewebeanalysen und Gewichtszunahmen eignet. Vff. füttern 66 Schweine 56 Tage lang mit teilweise gereinigten Futterrationen, die verschiedene Mengen Linolsäure enthalten, bestimmen in Herz und Leber die Konzentration an ungesättigten Fettsäuren (Dien- bis Hexaensäuren) und tragen diese gegen den Linolatgehalt des Futters auf. An den aus den Exponentialfunktionen abgeleiteten Konstanten wird gezeigt, daß 4 verschiedene Stoffwechselprozesse in die Linolaternährung eingehen. Zwei davon korrespondieren mit einem Linolatbedarf von 0,6 und 1% der Kalorien. Die eine der beiden Bedarfszahlen (0,6 kcal/100 kcal des Futters) ist mit einem Abfall im Dien- und einem Anstieg im Triengehalt der Gewebe nach Steigerung der Linolataufnahme verknüpft. Die andere (1,5 kcal/100 kcal des Futters) hängt mit dem Tetraenstoffwechsel und der Gewichtszunahme zusammen. Die beiden anderen Stoffwechselprozesse (Speicherung von Linolatüberschüssen, Gewebelipidveränderungen bei Linolataufnahme unter 0,4% der Kalorien) werden nicht in Bedarfsangaben interpretiert. B. Gaßmann. 8066.

Steger, H., Piatkowski, B. und Püschel, F.; Dummerstorf, Inst. für Tierzuchtforsch. der Dtsch. Akad. der Landwirtsch.-Wiss. zu Berlin. Der **Einfluß verschiedener Futterfette und einiger kohlenhydrathaltiger Milchaufwertungsstoffe auf den Organismus des Kalbes während der Aufzucht von der 2. bis zur 10. Lebenswoche.** Arch. Tierzucht 6 (1963) Nr. 5/6. S. 426–443. — 1 Abb., 11 Tab., 7 Lit. Zus. in Russ., Engl. — nach Zus.

Durch Fütterungsversuche an Absatzkälbern mit verschiedenen Milchaufwertungsstoffen (Butterfett, Talg, Rapsöl, Kokosfett, Leinöl, Mehl, Zuckerrübenvollschnitzeln) wurde im Verlaufe einer Aufzucht, Periode von 8 Wochen (2.–10. Lebenswoche der Tiere), die physiol. Wirkung dieser Ernährung auf die Tiere untersucht. Es wurden der Fettgehalt des Serums sowie der Cholesterinspiegel laufend kontrolliert und weiterhin die Verdaulichkeit der einzelnen Fette und der Einfluß der einzelnen Milchaufwertungsstoffe auf die Verwertbarkeit der einzelnen Nährstoffe im Organismus bestimmt. Bes. interessierte die Art und Menge der mit dem Kot wieder ausgeschiedenen Fettsubstanzen. Nach der Schlachtung der Tiere wurden ihre Lebern und das Nierenfett eingehend untersucht und die Futterwirkung und der Futtereinfluß herausgestellt. 8066.

Mineralstoffwechsel

Wasserman, R. H.; Ithaca, N. Y., Cornell Univ., New York State Veterin. Coll., Dep. of Physical Biol. Studies on vitamin D_3 and the intestinal absorption of calcium and other ions in the rachitic chick. **(Untersuchungen über Vitamin D_3 und die intestinale Resorption von Calcium und anderen Ionen beim rachitischen Küken.)** J. Nutrit. [Philadelphia] **77** (1962) Nr. 1. S. 69–80. — 8 Abb., 6 Tab., 18 Lit.

An Küken wurde ab 5. bis 7. Lebenstag für 2 bis 4 Wochen eine rachitogene Diät verfüttert. Verglichen wurden rachitische Tiere (I) mit Tieren, die 24 Std. vor den Resorptionsuntersuchungen 500 IE Vit. D_3 p. o. erhielten. Die Untersuchungen wurden an ca. 8 cm langen abgebundenen Dünndarmabschnitten (vorwiegend Duodenum) vorgenommen. Durch Vit. D_3 wird die Ca- und Sr-Resorption in allen Darmabschnitten erhöht; abs. am höchsten ist sie im Duodenum und Jejunum. Eine erhöhte Resorption durch Vit. D_3 wurde noch

für Mg, Ba, Co, weniger ausgeprägt für Ca und Fe, nicht für Na, K, Cu, und Zn festgestellt. In Abhängigkeit von der Zeit findet eine schnellere und prozentual höhere Resorption bei geringeren Ca-Dosen statt. Auf die Phosphatresorption hat Vit. D_3 keinen Einfluß. Durch Citrat (Acetat als Vergleichsanion) wird die Ca-Resorption nicht herabgesetzt, Phosphat und Phytat erniedrigen sie bei rachitogenen Tieren und Vit. D_3 in annähernd gleichen Verhältnissen, während Glycerophosphat und EDTA die Ca-Resorption stärker herabsetzen.
H. Ackermann. 8123.

Ermenkov, K. (Ermenkow, K.) Vlijanie na cinka vŭrchu mineralnia obmjan (Ca i P) i usvojavaneto na Ca^{45} u rastjašti pileta. **(Einfluß des Zinks auf den Mineralwechsel [Ca und P] und die ^{45}Ca-Aufnahme bei heranwachsenden Küken.)** Naučni trudove. Visš selskostopanski institut „Georgi Dimitrov". Zootechničeski fakultet, Sofija **12** (1963) S. 339–348. – 6 Tab., 21 Lit. Zus. in Russ., Dtsch.
Durch Zugabe 1,2 mg wassergelösten Zinkchlorids zu 100 g der Futterration heranwachsender Küken führt Vf. Fütterungsversuche durch, wobei der Zinkeinfluß auf den Mineralaustausch, die ^{45}Ca-Aufnahme und die Geschlechtsreife ausgewertet wurden. Es wurde gefunden, daß die Versuchsküken eine bessere Gewichtszunahme aufwiesen und mehr ^{45}Ca in den Knochen enthielten. Die Ca- und ^{45}Ca-Ablagerung war im Brust- und Unterschenkelbein am höchsten. Die Zinkzugabe beschleunigte die Geschlechtsreife der Küken
G. Radew. 8123.

Rook, J. A. F. und Storry, J. E.; Shinfield, Reading, Nat. Inst. for Res. in Dairying. Magnesium in the nutrition of farm animals. **(Magnesium in der Ernährung der landwirtschaftlichen Nutztiere.)** Nutrit. Abstr. Rev. **32** (1962) Nr. 4. S. 1055–1077. – 415 Lit.
Vff. geben einen Überblick über Physiologie des Mg, über Stoffwechsel und Bedarf, über Mangelerscheinungen und Störungen unter besonderer Berücksichtigung der Hypomagnesämie. Aus der Vielzahl der zusammengetragenen Ergebnisse werden im Zusammenhang mit der Grastetanie 2 Probleme herausgearbeitet, nämlich die sehr niedrige Ausnutzung (unter 20%) von Mg bei Wiederkäuerrationen und die Rolle des niedrigen Ca-Spiegels im Serum. Die niedrige Ausnutzung wird einmal durch die Menge an Speichel beeinflußt; die somit abgesonderte Mg-Menge kann doppelt so hoch sein wie die mit dem Futter aufgenommene. Weiterhin wird die Mg-Resorption durch Glucose, die aber im Wiederkäuermagen bereits gespalten wurde, gefördert. Dadurch erklärt sich die hohe Mg-Exkretion im Kot des Wiederkäuers. Ungeklärt bleibt der Zusammenhang zwischen Grastetanie und niedrigem Ca-Spiegel im Serum. Es zeigt sich aber, daß die Löslichkeit von Knochen-Ca in extracellulärer Flüssigkeit bei niedriger Concentration von Mg^{++} abnimmt. Außerdem wurde an Kälbern eine Calcifikation weicher Gewebe auch bei Mg-Mangel festgestellt. Dadurch wäre der fallende Ca-Spiegel bei Mg-Mangel zu erklären.
B. Piatkowski. 8123.

Meyer, H. **Über die Beziehungen zwischen dem Magnesiumgehalt im Blut und in der Milch beim Rind.** Mh. Tierheilkunde **14** (1962) Nr. 10. S. 327–332. – 1 Abb., 12 Lit.
In vorliegenden Untersuchungen an 2 laktierenden Kühen wurde geprüft, ob ein relativ Mg-armes Futter den Mg-Gehalt der Milch senkt. Mg-Gehalt im Blut ausgangs zwischen 1,8 und 2,2 mg%; er sank nach 8 Tagen auf 0,9 mg% ab, die Mg-Ausscheidung betrug ausgangs 11–12 mg% in der Milch, es erfolgte ein Abfall auf etwa 9,5 mg%. Bei der Kuh B fiel der Mg-Gehalt im Blut von ausgangs 2,4–2,8 mg% auf 1,4 mg% innerhalb von 5 Tagen ab. Der Mg-Gehalt lag zu Beginn des Versuches zwischen 12 und 13 mg% und fiel im Verlaufe des Experimentes allmählich auf 10–11 mg% ab. Zwischen der Höhe des jeweiligen Mg-Gehalts im Blut und der Milch ergaben sich vor allem bei Ver-

suchsende keine klaren Beziehungen. Die Untersuchungen zeigen, daß der Mg-Gehalt in der Milch auch bei einer für das Tier bedrohlichen Senkung des Blut-Mg- Spiegels nicht unmittelbar und entspr. der Mangellage in größerem Umfange reduziert wird. E. Kolb. 8123.

Costain, R. A. und Lloyd, L. E. Effect of ration calcium level, oxytetracycline and terephthalic acid upon the performance of growing pigs. **(Einfluß des Calcium-, Oxytetracyclin- und Terephthalsäurespiegels der Futterration auf den Leistungszustand wachsender Schweine.)** J. Animal Sci. **21** (1962) Nr. 4. S. 751–753.

In einem 7wöchigen Versuch mit 8 49 Wochen alten Schweinen (Yorkshire × Landrasse) wird ein 16% Rohprotein und entweder 0,42 oder 0,85% Ca enthaltendes Futter verfüttert, das nicht oder pro to mit 200 g Oxytetracyclin (OTC) bzw. 200 g OTC + 0,4% Terephthalsäure (TS) supplementiert ist. Am Versuchsende zeigt sich, daß eine Verminderung des Ca-Angebots einen Anstieg im OTC-Serumspiegel zur Folge hat. Der TS-Zusatz verursacht eine weitere signifikante Zunahme. Lebendgewichtszunahmen, Futterverwertung und Nährstoffverdaulichkeit bleiben jedoch unbeeinflußt.

B. Gaßmann. 8123.

Coburn, S. P. und Packett jun., L. V.; Lafayette, Ind., Purdue Univ., Biochem. Dep. Calcium, phosphorus and citrate interactions in oxalate urolithiasis produced with a low-phosphorus diet in rats. **(Calcium-, Phosphor- und Citratwechselwirkungen auf die Bildung von Oxalatkonkrementen bei Ratten durch Phosphormangel.)** J. Nutrit. [Philadelphia] **76** (1962) Nr. 4. S. 385 bis 392. – 1 Abb., 8 Tab., 31 Lit.

Es wird über Untersuchungen berichtet, in denen es gelang, durch Verfütterung einer P-Mangel-Diät (0,16% P) bei normalem Ca-Gehalt (0,56%) und Casein eine hohe Bereitschaft (80%) zur Ausbildung von Ca-Oxalatkonkrementen (**I**) herbeizuführen. Das Auftreten von **I** ist bei entwöhnten Ratten nach 9wöchiger Fütterung festzustellen. Erwachsene Tiere entwickeln auch nach 40wöchiger Fütterung keine **I**. Voraussetzung für die **I**-Bildung ist ein geringer P-Gehalt und ein hohes Ca/P-Verhältnis im Futter; beide Faktoren erhöhen die Bildung organ. Gerüstsubstanzen, die in Verbindung mit der erhöhten Ca-Ausscheidung im Urin die Urolithiasis herbeiführen. Eine direkte Einwirkung der Ca- bzw. Oxalatausscheidung auf die **I**-Bildung war nicht zu beobachten. Durch Vit. D wird die Bereitschaft zur **I**-Bildung herabgesetzt.

H. Ackermann. 8124.

Scott, M. L., Butters, H. E. und Ranit, G. O.; Ithaca, N. Y., Cornell Univ., Dep of Poultry Husbandry. Studies on the requirements of young poults for available phosphorus. **(Untersuchungen über den Bedarf von jungen Puten an verwertbarem Phosphor.)** J. Nutrit. [Philadelphia] **78** (1962) Nr. 2. S. 223–230. – 7 Tab., 18 Lit.

Am Ende einer 3 wöchigen Fütterung von P in verschiedenen Bindungsformen werden von Putenküken das Gewicht sowie der Aschegehalt der wasser- und fettfreien Tibiae bestimmt. Dabei zeigt sich, daß wasserfreies $CaHPO_4$ im Vergleich zu $CaHPO_4 \cdot 2H_2O$ und handelsüblichem Dicalciumphosphat wenig verwertbar ist. Die Verwertbarkeit des P in kommerziellem Sojabohnenmehl ist viel höher als erwartet. Außerdem muß im Sojabohnenmehl ein unbekannter Faktor vorhanden sein, der die Verwertbarkeit des P (z. B. von $CaHPO_4$) steigert. Ist die Form des P gut verwertbar, dann genügen Zulagen von 1%, um den Bedarf zu decken, gleichgültig, ob es sich um anorganisch oder organisch gebundenen P handelt.

B. Gaßmann. 8124.

Gotev, R. (Gotew, R.) Vlijanieto na centralnata nervna sistema vŭrchu obmjanata na P^{32} u pticite. **(ZNS-Einfluß auf den ^{32}P-Wechsel bei Geflügel.)** Naučni trudove. Visš selskostopanski institut „Georgi Dimitrov". Zoo-

techničeski fakultet, Sofija **12** (1963) S. 209–215. — 1 Tab., 10 Lit. Zus. in Russ., Engl.
Es wurde festgestellt, daß die Dezerebrierung bei erwachsenen Tauben zu bedeutenden Änderungen in der Verteilung und dem Austausch des ^{32}P führt. Im Vergleich zu den Kontrollen war die Ausstrahlung von ^{32}P bei dem dezerebrierten Geflügel in den ersten Tagen nach seiner Zufuhr um 22–28% geringer. Mit der Zeit nahm die Ausstrahlung des ^{32}P beim Kontrollgeflügel schnell ab, während sie sich bei dem dezerebrierten auf einem höheren Niveau hielt. Daraus folgert Vf. daß die Hirnrinde an der Regulierung der Stoffwechselprozesse des Geflügelorganismus beteiligt ist. G. Radew. 8124.

Fischer, David S. und Price, David C.; Upton, N. Y. Brookhaven Nat. Lab., Med. Res. Center. A possible humoral regulator of iron absorption. **(Ein möglicher humoraler Regulator der Eisenabsorption.)** Proc. Soc. exp. Biol. Med. **112** (1963) Nr. 1. S. 228–229. — 1 Tab., 11 Lit.
Neben der Kontrollgruppe (I) mit 22,7 mg Fe-Ammoniumsulfat je 100 g Futter wurde eine Versuchsgruppe (II) mit dem 25fachen Fe-Gehalt und eine andere (III) mit sehr wenig Fe in der Diät gefüttert. Nach einer Gabe von 1 μ c ^{59}Fe als Fe-Citrat und 200 μ g Fe-Sulfat per Magenschlundsonde (nach 24stündigem Fasten) wurde die Fe-Resorption anhand der Differenz der ^{59}Fe-Aktivität der Ratte zwischen der 1. Std. und dem 7. Tag ermittelt. Die größte Fe-Resorptionsrate mit 50,1% hatte die Fe-Mangelgruppe. Gr. I resorbierte 18,1% und Gr. II 3,5%. Der Fe-Gehalt des Blutplasmas der verschiedenen Gruppen wird angegeben. Wurde Kontrolltieren Plasma von Fe-Mangeltieren übertragen, so stieg ihre Resorptionsrate auf 25,6%. Nach 4 Wochen wurde der Resorptionstest wiederholt und zeigte für die letztgenannte Gruppe 19,0% Fe-Resorption und für die Kontrolle 13,4%. Vff. schlußfolgern aus den Ergebnissen, daß eine humorale Regelung der gastrointestinalen Fe-Resorption vorliegen muß. H. Bergner. 8127.

Cox, Dennis H. und Hale, Otho M.; Tifton, Georgia Coastal Plain Exp. Stat., Dep. of Animal Disease; Dep of Animal Husbandry. Liver iron depletion without copper loss in swine fed excess zinc. **(Die Eisenentleerung der Leber ohne Kupferverlust von Schweinen bei übermäßiger Zinkfütterung.)** J. Nutrit. [Philadelphia] **77** (1962) Nr. 3. S. 225–228. — 3 Tab., 13 Lit.
0,2 (Gr. I) und 0,4% (Gr. II) Zn-Anteil in einer Sojaration bewirkte nach 69 Tagen keine bemerkenswerte Toxikose. Gegenüber den Kontrollen hatten die Versuchstiere geringgradig schlechtere Zunahmen, gleiche Futteraufnahme, Gr. I hatte gleiche und Gr. II geringgradig erhöhten Futterbedarf/kg Zunahmen. Gr. II bewirkte gegenüber I und den Kontrollen einen verminderten Leber-Fe-Gehalt, einen erhöhten Zn-Gehalt in der Leber. Der Cu-Gehalt der Leber wurde durch die Versuchsbedingungen nicht verändert, auch Anämien traten nicht auf. Aus einem weiteren 27-Tage Versuch mit dem hohen Zn-Anteil ergaben sich etwa gleiche Ergebnisse. B. Busch. 8127.

Judd, Joseph T. und Matrone, G.; Raleigh, North Carolina State Coll., Dep. of Animal Ind., Animal Nutrit. Sect. Sheep erythrocyte life span in estimation of hemoglobin turnover in iron metabolism studies **(Die Lebensspanne der Schaferythrocyten durch Bestimmung des Haemoglobinumsatzes in Eisenstoffwechselstudien.)** J. Nutrit. [Philadelphia] **77** (1962) Nr. 3. S. 264 bis 268. — 1 Abb., 1 Tab., 17 Lit.
Durch Verwendung von mit ^{14}C markiertem Glycin wurde die Lebensspanne der Erythrocyten von 3 Schafen mit 131, 157 und 150 Tagen bestimmt. B. Busch. 8127.

Neal, Robert A. und Pearson, William N.; Nashville, Tenn., Vanderbilt Univ., School of Med., Dep. of Med. and Biochem., Div. of Nutrit. Effect of pyridoxine deficiency on iron absorption in the rat. **(Einfluß von Pyridoxinmangel auf die Eisenresorption bei der Ratte.)** J. Nutrit. [Philadelphia] 78 (1962) Nr. 2. S. 215–218. – 4 Tab., 4 Lit.

Im Gegensatz zu normal gefütterten Kontrolltieren werden entwöhnte ♀ *Sprague-Dawley*-Ratten eisenfrei mit einem Pyridoxinmangelfutter aufgezogen. In 3 Fütterungsversuchen werden nach 5, 10 und 12 Wochen einmal 0,1 mg $^{55-59}$Fe per Schlundsonde verabfolgt und zum anderen in Mengen von 1 mg und 10 mg/100 g dem Futter zugesetzt. An der Radioaktivität von Blut, Knochen, Faeces, Harn und Organismus zeigt sich, daß eine einmalige Dosis von 100 μg Fe im Zustand des Pyridoxinmangels schlechter resorbiert wird. Bei tägl. Fe-Angeboten von 1 mg/100 g Futter (100 μg tägl.) bestehen zwischen Kontroll- und B_6-Mangeltieren in der Resorption keine Unterschiede. Supplementierung des Futters mit Pyridoxin (0,5 mg/100 g Futter) fördert hingegen die Fe-Resorption. Bei hohen Fe-Angeboten (10 mg/100 g Futter) ist die Fe-Resorption bei B_6-Mangel verbessert. Die höchste Resorption wird allerdings auch hier bei Aufwertung des Futters mit Vit. B_6 beobachtet.
B. Gaßmann. 8127.

Chapman jun., H. L., Nelson, S. L., Kidder, R. W., Sippel, W. L. und Kidder, C. W.; Belle Glade, Florida Agric. Exp. Stat. Toxicity of cupric sulfate for beef cattle. **(Toxizität von Kupfersulfat für Mastrinder.)** J. Animal Sci. **21** (1962) Nr. 4. S. 960–962. – 2 Tab., 11 Lit.

Es sollte die $CuSO_4$-Menge festgestellt werden, die bei Verabreichung in trokkener Form bei Mastrindern toxisch wirkt. Tagesgaben bis 12 g $CuSO_4$ wirkten nicht nachteilig. Wurden 12 g im Trinkwasser aufgelöst verabfolgt, wurde eine toxische Wirkung festgestellt. Bei 2 Tieren, die verendeten, wurde Verlust des Lgw., Hämoglobinurie, Abnahme des Hb-Gehaltes, Anstieg des Cu-Gehaltes der Leber von 107 auf 2895 ppm (Frischgewicht), Abnahme des Zellvolumens von 51,5 auf 17,5%, Anstieg des Cu-Blutspiegels von 0,86 auf 2,94 mg/ml festgestellt.
B. Piatkowski. 8127.

Zelenka, Jiří, Dressler, Jiří, Ponížilová, Emilie und Panešová, Julie; Brno, VŠZ, Agronom. Fak., Katedra pro Biotechnol. Výroby Živočišně; Katedra Veterin. Disciplín. Změny periferního krevního obrazu a obsahu mědi v krevním séru a játrech kuřat přikrmovaných vysokými dávkami $CuSO_4 \cdot 5\,H_2O$. **(Änderungen des peripheren Blutbildes und des Kupfergehaltes im Blutserum und in der Leber der mit hohen Gaben von $CuSO_4 \cdot 5\,H_2O$ beigefütterten Hühner.)** Živočišná Výroba 8 **(36)** (1963) Nr. 1. S. 57–66. – 4 Abb., 4 Tab., 19 Lit. Zus. in Russ., Dtsch.

22 Tage alte Küken bildeten 2 Gruppen und erhielten eine für Küken fabrikmäßig erzeugte Eiweißfuttermischung, jedoch ohne antibiotische und vitaminhaltige Zusätze. Die Versuchsgruppe erhielt außerdem einen Zusatz von 0,1% kristallisiertem Kupfersulfat. Die Eiweißmischung, Wasser und Silikatgrit konnten die Küken nach Belieben aufnehmen. Der Versuch dauerte 56 Tage, die Blutproben wurden jede Woche entnommen, um die Zahl der roten und weißen Blutkörperchen sowie den Haemoglobin- und Haematokritwert festzustellen. Vor Schluß wurden sie nach 24stündigem Hungern geschlachtet, und der Kupfergehalt im Blut, in der Leber und Muskulatur wurde festgestellt. Es zeigte sich, daß der hohe Kupfersulfatzusatz keinen Einfluß auf den Zuwachs oder den Futtermittelverbrauch und die Schlachtausbeute hatte. Desgleichen blieb der Cu-Gehalt im Blutserum und der Muskulatur fast unverändert, und in der Leber der Versuchsgruppe blieb der Cu-Gehalt im wesentlichen auf derselben Höhe. Die unterschiedliche Wirkung des Cu-Zusatzes auf die Küken und die Säugetiere wird durch abweichenden Metabolismus erklärt.
ČSSR/ÚVTI. 8127.

Machmudov, M. (Machmudow, M.) Vlijanie mednoj podkormki karakul'skich ovec na kačestvo smuška. **(Der Einfluß einer Kupferbeifütterung der Karakulschafe auf die Qualität des Fells.)** V sb.: Mikroėlementy i estestv. radioaktivnost' počv, Rostov-na-Donu **1962** S. 232–233. — Aus: Referativnyj žurnal. Otd. vyp. Životnovodstvo, veterinarija, Moskva **1963** Nr. 3/58/182. S. 22.
An Karakulschafe wurde in der 2. Hälfte der Trächtigkeit eine Mineralstoffbeifütterung in Form einer 1%igen Lösung von $CuSO_4$ in einer Menge von 4 ml pro Schaf gegeben. Die Felle waren größer und hatten eine feinere und dichtere Lederschicht sowie dichtes, weichseidenes Haar und einen besseren Glanz als die der Kontrollgruppe. übersetzt v. Ch. Eshkowa. 8127.

Miller, J. K., Miller. W. J. und Clifton, C. M.; Oak Ridge, Tennessee, Agric. Res. Lab. Calf response to starters of varying zinc contents. **(Die Reaktion von Kälbern auf Aufzuchtfutter mit unterschiedlichem Zinkgehalt.)** J. Dairy Sci. **45** (1962) Nr. 12. S. 1536–1537. — 1 Tab., 9 Lit.
Mit insgesamt 39 Kälbern in 4 Gruppen wurde der Einfluß unterschiedlichen Zn-Gehalts der Aufzuchtrationen auf Futterverzehr, Gewichtszunahmen und Zn-Gehalt im Blut untersucht. Hauptеiweißträger in den Aufzuchtrationen waren Sesamschrot (104 ppm Zn) und Sojaschrot (45 ppm Zn). Die Rationen enthielten an Zn: 1. (= Soja-Ration): 25 ppm; 2. (= Soja + Zn): 123 ppm; 3. (= Sesam-Ration): 48 ppm; 4. (= Sesam + Zn): 144 ppm. Zwischen den Kälbern aller 4 Gruppen ergaben sich keinerlei statistisch gesicherte Unterschiede. Alle Tiere blieben über die 15wöchige Versuchsdauer gesund, Zn-Mangelerscheinungen traten nicht auf. Daraus ergibt sich, daß der kritische Zn-Gehalt der Rationen für Kälber unter 25 ppm liegt. J. Wünsche. 8127.

Leibholz, J. M., Speer, V. C. und Hays, V. W.; Ames, Iowa Agric. and Home Econ. Exp. Stat., Dep. of Animal Sci. Effect of dietary manganese on baby pig performance and tissue manganese levels. **(Einfluß des Futtermangans auf die Ferkelentwicklung und die Gewebemanganspiegel.)** J. Animal Sci. **21** (1962) Nr. 4. S. 772–776. — 6 Tab., 13 Lit.
In 3 Fütterungsversuchen von 6, 8 und 12 Wochen Dauer erhalten 2 Wochen alte Ferkel (9,3–10,5 lb.) zu einem Grundfutter 0; 25; 40; 75; 225; 400; 675 oder 4000 ppm Mn als $MnSO_4$ zugelegt. Aus den Gewichtszunahmen und dem Futterverbrauch pro lb. Gewichtszunahme ist ersichtlich, daß bereits 0,4 ppm Mn den Mn-Bedarf decken und die normalen Futterationen genügend Mn enthalten. Bei sehr hohen Mn-Angeboten (4000 ppm) werden zwar Toxizitätssymptome nicht beobachtet, aber das Wachstum ist etwas gehemmt. In Leber, Knochen und Haaren, jedoch nicht in Nieren und Milz, spiegelt der Mn-Gehalt die Mn-Aufnahme wider. Die Aktivität der alkalischen Phosphatase von Knochen, der von Leber, Nieren oder Serum geht bei geringem Gehalt des Futters an Mn zurück. Die Leber- und Nierenarginase zeigt in ihrer Aktivität keine Abhängigkeit von der Höhe des Mn-Verzehrs. B. Gaßmann. 8127.

Stoffwechsel der Vitamine und anderer Wirkstoffe

Shirley, R. L., Meacham, T. N., Warnick, A. C., Wallace, H. D., Easley, J. F., Davis, G. K. und Cunha, T. J.; Gainesville, Univ. of Florida, Agric. Exp. Stat., Animal Sci. Dep. Gamma-irradiation and interrelation of dietary vitamin A and copper on their deposition in the liver of swine. **(Gamma-Bestrahlung und die Wechselbeziehung zwischen Nahrungs-Vitamin-A und -Kupfer auf ihre Ablagerung in der Leber des Schweines.)** J. Nutrit. [Philadelphia] **78** (1962) Nr. 4. S. 454–456. — 2 Abb., 1 Tab., 8 Lit.
Werden 2 Wochen alte Ferkel mit einem normalen (150 IE Vit. A in Form von Coratinoiden pro lb.) und einem supplementierten Futter (2000 IE Vit. A/lb.) einer Ganzkörper-γ-Bestrahlung ausgesetzt (350 r; 11,1 r/min), dann ergeben sich in der Vit.-A-Leberspeicherung gegenüber unbestrahlten Tieren keine Veränderungen. Der Cu-Gehalt der Leber steigt hingegen beträchtlich an. Die

Vit.-A-Supplementierung des Futters hat eine Abnahme der Cu-Ablagerung in der Leber zur Folge. In einem 6wöchigen Fütterungsversuch an Schweinen mit unterschiedlichen Cu-Zulagen zum Futter (0; 75; 150 ppm) wird gezeigt, daß die Supplementierung des Futters mit Cu den Vit.-A-Gehalt der Leber ansteigen läßt. B. Gaßmann. 8152.

Nelson, Eldon C., Dehority, Burk A., Teague, Howard S., Sanger, Vance L. und Pounden, William D.; Wooster, O., Agric. Exp. Stat., Dep. of Animal Sci. Effect of vitamin A intake on some biochemical and physiological changes in swine. **(Einfluß von Vitamin A auf einige biochemische und physiologische Veränderungen beim Schwein.)** J. Nutrit. [Philadelphia] **76** (1962) Nr. 4. S. 325 bis 332. — 2 Abb., 4 Tab., 26 Lit.
3 Wochen alte Yorkshire-Ferkel erhielten eine Vit.-A(I)-Mangeldiät, bis der Serumwert < 7 μg/100 ml betrug. Es wurde der Druck der cerebrospinalen Flüssigkeit (II) bestimmt. Anschließend erhielten die Tiere 2; 4; 8 oder 16 μg I/Tag und lb. Lgw. Mit steigender I-Aufnahme wird der Serum-I-Spiegel (8,71; 12,65; 14,10 bzw. 18,50 μg/100ml) und der Leber-I-Wert erhöht (1,58; 6,92; 14,11 bzw. 65,45 μg/g Tr.-Subst.). Der II-Druck nimmt einmal gegenüber den Ausgangswerten und zum anderen mit steigenden I-Gaben ab. Bestimmt wurden ferner im Serum und in der II Gesamtprotein, anorg. P, Ca, Na und K sowie in der wäßrigen Körperflüssigkeit Na und K. Eine direkte Abhängigkeit für diese von der I-Versorgung konnte nicht gefunden werden. Der minimale I-Bedarf liegt nach den vorliegenden Untersuchungen für Ferkel zwischen 8 und 16 μg/Tag und lb. Lgw. H. Ackermann. 8152.

Dvořák, Miroslav; Brno, Odd. Fyziol. a Patol. Rozmnožování Zvířat Výzk. Ústavu Veterin. Lék. Resorpce vitaminu A ze zaživacího traktu telat. **(Vitamin A-Resorption aus dem Verdauungstrakt der Kälber.)** Veterinární Med. 8 **(36)** (1963) Nr. 1. S. 23–30. — 2 Abb., 1 Tab., 27 Lit. Zus. in Russ., Engl., Span.
Bei 37 Kälbern, die 2 Tage bis 5 Mon. alt waren, verfolgte man durch Bluttests die Resorption des Vit. A (Axerophthol Spofa) aus dem Verdauungstrakt. Die Intensität hängt, wie festgestellt, vom Alter der Kälber und evtl. von der Entwicklung ihrer Vormägen und von der Art und Weise der Verabreichung ab. Größere Resorptionsfähigkeit für das Vit. A in Öllösung wurde bei älteren Kälbern beobachtet (3½–5 Mon.). Bei Kälbern bis zu 14 Tagen war die Resorption des Vit. A schwach und nahm zu, wenn das Vitamin in Form einer Milchemulsion knapp vor dem Tränken und nach Emulgation des Ölpräparates mit Twen 80 verabreicht wurde. Gut war auch die Resorption beim neuen Präparat Galalektuarium Galena mit 8% Twen 80 Gehalt. Wenn das Präparat direkt in die Mundhöhle appliziert wurde, war die Resorption geringer. ČSSR/ÚVTI. 8152.

Godnev, T. N. und Rotfarb, R. M. (Godnew, T. N. und Rotfarb, R. M.); Minsk, Biol. Inst. der Akad. der Wiss. der Beloruss. SSR. O vozmožnosti vzaimnogo prevraščenija karotinov i karotinolov. **(Über die Möglichkeit einer reziproken Transformation von Karotinen und Karotinolen.)** Doklady Akademii nauk SSSR, Moskva **147 (30)** (1962) Nr. 3. S. 735–737. — 1 Tab., 10 Lit.
Untersuchungen anhand von Versuchen mit markiertem ^{14}C-Carotin ($\alpha + \beta$) über die Möglichkeit der Regeneration der Karotinoide zu Carotinen und nachfolgendem Studium der Radioaktivität der sich bildenden Pigmente sowie eines Versuches über ^{14}C-Xanthophyllgaben unter analogen Bedingungen. Man gewann beim Assimilationsprozeß der Pflanzen markierte Carotinoide (^{14}C-Carotin und ^{14}C-Xanthophyll), nahm für den Versuch äthyliertes Zwiebelkraut, das anfing grün zu werden, und brachte in dessen Höhlungen markiertes Carotin oder Xanthophyll in Lösungen mit raffiniertem Sonnenblumenöl. Das Zwiebelkraut kam für 48 Std. in Reagenzgläsern in mattes Licht. Dann wurden die Pigmente dem Zwiebelkraut entzogen, nachdem man vorher das Zwie-

belkraut zwecks Entfernung der Ölreste mit Petroläther eingerieben hatte. Es gelang festzustellen, daß bei ^{14}C-Carotingaben im ausgeschiedenen Xanthophyll ein Merkzeichen zum Vorschein kam. Das ausgeschiedene Carotin verfügte beim Einbringen von ^{14}C-Xanthophyll über eine recht hohe Aktivität. Die Versuchsergebnisse sind aus einer Tabelle zu ersehen. Es konnte im Prinzip die Möglichkeit des Reaktionsverlaufes nach folgendem Schema gezeigt werden: β-Carotin $\leftrightarrows$ Zeaxanthin; α-Carothin $\leftrightarrows$ Lutein. E. Kraack. 8152.

Sallis, J. D. und Holdsworth, E. S.; Adelaide, South Australia, Univ. of Adelaide, Dep. of Biochem. Influence of vitamin D on calcium absorption in the chick. **(Einfluß von Vitamin D auf die Calciumresorption beim Küken.)** Amer. J. Physiol. **203** (1962) Nr. 3. S. 497–505. – 6 Abb., 8 Tab., 28 Lit.
Vff. stellen bei 26–35 Tage alten rachitischen Küken (*Weiße Leghorn*, ♂) an der Radioaktivität des Plasmas nach Einbringen von 4 mg ^{45}Ca (8 μc) in den proximalen oder distalen Teil einer Dünndarmschlinge in situ fest, daß der gesamte Dünndarm zur Ca-Resorption befähigt ist und Vit. D_3-Gaben (100 IE, 16 Std. vor dem ^{45}Ca-Test) die Resorptionsleistung steigern. Bei invitro-Versuchen am isolierten Darm (einzelne Segmente, umgestülpte Säckchen) zeigt sich, daß aus dem distalen Drittel des Dünndarms wesentlich mehr Ca resorbiert wird als aus dem mittleren und duodenalen. Vit. D_2 erweist sich als wenig resorptionsfördernd, wohingegen reine kristalline Dehydrotachysterin-Präparate ebenso wirksam sind wie Vit. D_3. Vit. D_3 (100 IE) fördert auch die Resorption von Phosphat (1 mg $^{32}PO_4$, 10 μc) aus der Dünndarmschlinge. Bei Einsatz verschiedener Stoffwechselgifte (NaCN, 2,4-Dinitrophenol, Jodacetat, NaF, $HgCl_2$) ist der Ca-Transport durch die Darmwand infolge Blockierung der energieliefernden Prozesse gehemmt. Vff. nehmen auf Grund der Ergebnisse an, daß das Vit. D bei der Ca-Resorption einen aktiven Träger darstellt, der möglicherweise durch Addition von Wasserstoff oder Hydroxylgruppen an dem geöffneten Ring B des Vitamins gebildet wird. B. Gaßmann. 8154.

Sallis, J. D. und Holdsworth, E. S.; Adelaide, South Australia, Univ. of Adelaide, Dep. of Biochem. Calcium metabolism in relation to vitamin D_3 and adrenal function in the chick. **(Der Calciumstoffwechsel in Beziehung zur Vitamin-D_3- und Nebennierenfunktion beim Küken.)** Amer. J. Physiol. **203** (1962) Nr. 3. S. 506–512. – 7 Abb., 3 Tab., 22 Lit. Vgl. vorst. Ref.
Vff. untersuchen in der vorstehend beschriebenen Weise in vivo und vitro bei *Weiße-Leghorn*-Hähnchen, die 4–5 Wochen mit einer rachitogenen Kost gefüttert worden sind, die Resorption von ^{45}Ca und prüfen insbes. den Einfluß von synthetischen Steroiden und NNR-Hormonen, die vor dem Test i. c. oder i. m. injiziert werden (0,5% in Äthanol/Prophylenglykol). Injektionen eines gereinigten NNR-Extraktes (*Eschatin*, i. c., 1 Std. vor dem Test, 0,1 ml) fördern in geringem Maße die Ca-Resorption rachitischer und Vit.-D_3-behandelter Küken. Aldosteron (50 oder 250 μg), 9α-Fluorohydrocortison und Δ'-9-α-Fluoro-16-hydroxyhydrocortison (0,5 mg, stets i. c. und 1 Std. vor dem Test) beeinflussen den Ca-Transport nicht. Cortison (500 μg, i. c., 1 Std. zuvor) zieht nicht beim rachitischen Tier, wohl aber beim Vit.-D_3-behandelten (16 Std. zuvor, 100 IE) eine Steigerung der Ca-Resorption um 20% gegenüber der bei alleiniger Vitaminverabfolgung beobachteten nach sich. Bei 3tägiger i. m. Applikation von 2 mg Cortison ist die durch Vit.-D_3-Gaben bewirkte Förder ung der Ca-Resorption jedoch deutlich herabgesetzt. Ähnlich wie Cortison verhält sich auch 11-Desoxycorticosteron. Werden beide Steroide 1 Std. vor dem Resorptionstest gleichzeitig mit Vit. D_3 verabfolgt, ist die Verstärkung des Vit.-D_3-Effekts nur gering. Vff. nehmen darum an, daß das Vitamin in der NNR in eine aktive Form überführt wird, und werden in ihrer Annahme durch die Aufhebung der Vit.-D_3-Wirkung auf die Ca-Resorption nach 3tägiger Fütterung von 1-(2-Chlorphenyl)-1-(4-chlorphenyl)-)2,2-dichloräthan, einem spez. Hemmstoff der NNR-Funktion, bestärkt. B. Gaßmann. 8154.

Nath, M. C. und Meghal, S. K.; Nagpur, Univ., Dep. of Biochem. Effect of ascorbic acid & hydrolysed glucose cycloacetoacetate on the intestinal flora & biosynthesis of thiamine in rats. **(Wirkung von Ascorbinsäure und hydrolysiertem Glucose-Cycloacetoacetat auf die Intestinalflora und die Biosynthese von Thiamin bei Ratten.)** J. sci. ind. Res. [New Delhi], Sect. C **21 C** (1962) Nr. 5. S. 121–123. — 3 Tab., 20 Lit.

Sowohl hydrolysiertes Glucose-Cycloacetoacetat (GCA) als auch Ascorbinsäure (A) stimulieren die Thiamin(I)Synthese im Darm, wobei die Zahl der coliformen Bakterien ansteigt. Zusätze von 60–80 mg A. je Ratte und Tag zu einer I-freien Grundration erhöhen die I-Ausscheidungen im Harn und Kot. Die mit 60 bis 80 mg hydrolysiertem GCA oder mit 80 mg A. je Tag versorgten Ratten zeigen höhere Coliformenzahlen im Kot als die Kontroll- und anderen Gruppen. Da der I-Gehalt in den Geweben (Leber, Nieren, Gehirn) dieser Tiere stark erhöht ist, wird gefolgert, daß den Tieren das im Darm synthetisierte und im Kot ausgeschiedene I durch Koprophagie zugänglich wurde. J. Wünsche. 8158.

Wostmann, Bernhard S. und Knight, P. Leonard.; Synthesis of thiamine in the digestive tract of the rat. **(Synthese von Thiamin im Verdauungstrakt der Ratte.)** J. Nutrit. [Philadelphia] **74** (1961) Nr. 2. S. 103–110. — 1 Abb., 7 Tab., 20 Lit.

Vff. verabfolgen an konventionell gehaltene Albinoratten sowohl oral als auch intracaecal $Na_2{}^{35}SO_4$ (0,5 mg, 50–500 μc) und arbeiten zu verschiedenen Zeiten den Darminhalt auf. Die Isolierung (Adsorption des Thiamins an Decalso und Frankonit, Oxydation zu Thiochrom, Adsorption des Thiochroms an Decalso, Fällung als Reineckat) von radioaktivem Thiamin und die Messung von dessen spez. Radioaktivität zeigt, daß die mikrobielle Biosynthese des Vit. B_1 vornehmlich im Blinddarm erfolgt. Da der Nachweis von ^{35}S-Thiamin in Leber und Herz nicht gelingt, wird geschlossen, daß das im Darm biosynthetisierte Thiamin nicht resorbiert werden kann. Ursache scheint die Bindung des phosphorylierten Thiamins an eine Komponente von hohem Molekulargewicht zu sein. Die Bedeutung der intestinalen Thiaminsynthese für den Makroorganismus wird demzufolge als gering eingeschätzt. B. Gaßmann. 8158.

Gubler, C. J. und Bethsold, G. Eleanor; Provo, Ut., Brigham Young Univ., Dep. of Chem. Studies on the physiological functions of thiamine. II. Effects of sorbitol on growth and α-ketoacid metabolism in thiamine-deficient and antagonist-treated rats. **(Untersuchungen über die physiologischen Funktionen von Thiamin. 2. Mitt. Die Wirkung von Sorbit auf Wachstum und Stoffwechsel der α-Ketosäuren bei Ratten mit Thiaminmangel bzw. bei Verabreichung von Antagonisten.)** J. Nutrit. [Philadelphia] **77** (1962) Nr. 3. S. 332–342. — 1. Mitt. vgl. LZ. III 7 (1962 Nr. 11. S. 2373. 8158.

Chang, M. L. Wu und Johnson, B. Connor; Urbana, Univ. of Illinois, Dep. of Animal Sci. Metabolism of C^{14}-nicotinic acid in pig and sheep. **(Stoffwechsel der ^{14}C-Nicotinsäure beim Schwein und beim Schaf.)** J. Nutrit. [Philadelphia] **76** (1962) Nr. 4. S. 512–514. — 1 Abb., 2 Tab., 9 Lit.

Vff. injizieren einem gesunden Schwein (30 lb.) i. m. 2,5 mg $^{14}C_{(7)}$-markierte (92,5 μc) und 118 mg nichtmarkierte Nicotinsäure und bestimmen in verschiedenen Kollektionen des 48-Std.-Harns die Gesamtradioaktivität und die verschiedenen bekannten Nicotinsäuremetaboliten. Schon nach 1,5 Std. werden neben unveränderter Nicotinsäure ^{14}C-N_1-Methylnicotinsäureamid, ^{14}C-Nicotinursäure, ^{14}C-Nicotinsäureamid, ^{14}C-N_1-Methyl-4-pyridon-5-carbonsäureamid und ^{14}C-N_1-Methyl-2-pyridon-5-carbonsäureamid gefunden. Der höchste Anteil der Radioaktivität entfällt auf das 2- und das 4-Pyridon (Stoffwechselprodukte der Pyridinnucleotide). In den Geweben werden 3 Tage nach der Applikation nur markierte Pyridinnucleotide und Nicotinsäureamid festgestellt. Bei ähnlichen Untersuchungen an einem Schaf (78 lb.) wird nachgewiesen, daß im Harn in den ersten 8 Std. vornehmlich ^{14}C-Nicotin- und ^{14}C-Nicotinursäure und später nur noch ^{14}C-Nicotinsäureamid erscheint.

B. Gaßmann. 8158.

Terroine, Therese. The vitamin interrelations of ascorbic acid. **(Die Vitaminbeziehungen der Ascorbinsäure.)** Wld. Rev. Nutrit. Dietetics **2** (1960) S. 102–130. — 6 Abb., 13 Tab., 94 Lit.

Im 1. Teil der Übersichtsarbeit wird die Schutzwirkung der Ascorbinsäure (Asc.) bei Mangel an verschiedenen B-Vitaminen sowie Vit. A und E behandelt. Im Wachstumstest vermag Asc. Thiamin nicht völlig zu ersetzen, zögert aber den Wachstumsstillstand und den Eintritt des Todes hinaus. Asc. hemmt die bei Thiaminmangel auftretende Hyperpyruvicaemie, Hypercreatinurie und Hypercreatininurie sowie die charakteristischen Veränderungen der Schilddrüse, Nebenniere und ♂-Geschlechtsdrüsen. Auch bei Riboflavinmangeltieren wirken sich Asc.-Gaben positiv auf die Gewichtszunahme und den gestörten Tryptophanstoffwechsel aus. Die Wachstumsverzögerung und gestörte Funktion der Geschlechtsdrüsen bei Fehlen von Pantothensäure vermag Asc. teilweise, die Hyperpyruvicaemie, Atrophie des Thymus und Veränderungen der Nebenniere vollständig zu beheben. Wachstum und Appetit von Biotin-Mangeltieren werden durch Asc. nur wenig verbessert, stark dagegen die klinischen Symptome. — Im 2. Teil wird auf den Mechanismus der Asc.-Schutzwirkung eingegangen. Sie beruht nicht auf dem Vitamincharakter der Asc., aber in starkem Maße auf den Redoxeigenschaften.

W. Goldbach. 8160.

Gustafsson, Bengt E., Daft, Floyd S., McDaniel, Ernest G., Smith, James C. und Fitzgerald, Robert J.; Bethesda, Md., Nat. Inst. of Arthritis and Metabolic Diseases, Nat. Inst. of Dent. Res., Nat. Inst. of Health; Stockholm, Sweden, Karolinska Inst., Dep. of Germfree Res. Effects of vitamin K-active compounds and intestinal microorganisms in vitamin K-deficient germfree rats. **(Einflüsse von Vitamin-K-aktiven Komponenten und intestinalen Microorganismen bei keimfreien Vitamin-K-Mangelratten.)** J. Nutrit. [Philadelphia] **78** (1962) Nr. 4. S. 461–468. — 5 Abb., 4 Tab., 20 Lit.

Bei Fütterung einer fettfreien K-Mangelkost zeigen keimfreie Tiere im Gegensatz zu konventionell gehaltenen deutliche K-Mangelsymptome. Während alle ♂ Tiere die 5. Versuchswoche nicht überleben, leben von den ♀ Tieren zu dieser Zeit noch etwa 40%. Futterzulagen von 25% ausgelassenem Schmalz beschleunigen den Eintritt des K-Mangels, während Zulagen von 10% Erdnußöl die Mortalitätsrate herabsetzen. In der Aufhebung des K-Mangels erweist sich Vit. K_1 als 10mal wirksamer als Menadioldiphosphat und 100mal wirksamer als Menadiolnatriumsulfat. Die Monoinfizierung von keimfreien K-Mangelratten mit *E. coli* oder einem aus der Mundhöhle und den Faeces konventioneller Ratten isolierten sarzinähnlichen Micrococcus bringt die K-Mangelsymptome (Hypothrombinämie) innerhalb 24 bis 48 Std. zum Verschwinden.

B. Gaßmann. 8162.

Kachani, Z. F. Ch.; Kiel, Univ., Hyg.-Inst. **Das Verhalten der Fermente während der Entwicklung des Embryos im bebrüteten Hühnerei.** Zbl. Bakteriol., Parasitenkunde, Infektionskrankh. Hyg., I. Abt., Orig. **186** (1962) Nr. 4. S. 501–508. — 1 Abb., 1 Tab., 34 Lit. Zus. in Engl.

Von zahlreichen Fermentbestimmungen an 100 Hühnerembryonen zwischen dem 8.–17. Bebrütungstag berichtet Vf. über die Untersuchungsergebnisse am Lebergewebe nach Gefriertrocknung. Bestimmt wurden aus der Gruppe der Pyridin-Redoxase 2 Fermente: die Glutamat-Oxalacetat-Transaminase (GOT) und die Glutamat-Pyruvat-Transaminase (GPT); beide vermitteln einen Überblick über die intramolekularen Oxydoreduktionen. Aus der Esterase-Gruppe wurden die alkalische und die saure Phosphatase untersucht, die an der Hydrolyse und Transphosphorylierung der Phosphorsäureester beteiligt sind und mit

Redoxasen in die Phosphorylierungsvorgänge z. B. der Kohlenhydrate eingreifen. Die GOT-Aktivität war bis zum 10. Tag sehr hoch und sank am 12. auf ihren Minimalwert hinab; vom 16. Tag an blieb sie unverändert niedrig. Die GPT erreichte am 12. Tag ihr Max. und nahm bis zum 16. zu einem konstant niedrigen Wert ab. Die bis dahin gleichgebliebene alkalische Phosphatase sank vom 12. Tag schubweise ab; die saure stieg bis dahin an und büßte dann schnell an Aktivität ein. Da enzymatische Entwicklung und funktionelle Differenzierung miteinander verbunden sind, kann die Leber vom 12. Bruttag an als fertiges Organ gelten. Die Ergebnisse anderer Autoren, die in einem Gesamtüberblick kritisch geschildert werden, bestätigen diese Deutung.
C. Engelmann. 8170.

Reboud, J. P., Abdeljlil, A. Ben und Desnuelle, P.; Marseille, France, Fac. de Sci., Lab. de Chim. Biol. Variations de la teneur en enzymes du pancréas de rat en fonction de la composition des régimes. **(Die Variation des Enzymgehaltes der Rattenpankreas als Funktion der Zusammensetzung der Diät.)** Biochim. biophysica Acta [Amsterdam] **58** (1962) Nr. 2. S. 326–337. – 6 Abb., 2 Tab., 19 Lit. Zus. in Engl., Franz.
Es wurden die Pankreasfermente Amylase, Lipase, Chymotrypsinogen und Trypsinogen in Rattenpankreashomogenaten und in Pankreassaft (Fistel) bestimmt. Es wird gezeigt, daß die einleitende Aktivierung der proteolytischen Profermente in diesen Mischungen einer sorgfältigen Kontrolle bedarf. Die enzymatische Zusammensetzung des Rattenpankreassaftes variiert innerhalb großer Grenzen, je nach der Dauer der Sekretion. Die Verfütterung einer stärkereichen, einer caseinreichen oder einer fettreichen Diät zeigte, daß in Pankreashomogenaten die spez. Aktivität von Amylase und Chymotrypsinogen mit dem Stärke- bzw. Caseingehalt der Diät korreliert, im Gegensatz zur Lipase, bei der keine Anpassung an die Diät erfolgt. Die spez. Aktivität von Trypsinogen war in allen Diäten konstant. I. Schröder. 8170.

Ślebodziński, A.; Krakov, School of Agric., Dep. of Physiol. Changes in utilization of thyroid hormone and thyroxine distribution space in sheep treated with stilboestrol. **(Veränderungen in der Verwertung von Schilddrüsen-Hormonen und im Thyroxin-Verteilungszeitraum bei Schafen nach der Behandlung mit Stilboestrol.)** J. Endocrinology **25** (1962) Nr. 3. S. 283–291. – 2 Abb., 3 Tab., 48 Lit.
An Schafen sollte der Stoffwechsel der Schilddrüsenhormone nach Einwirkung von 250 μg Stilboestrol pro Tier und Tag untersucht werden, Vor allem wurde versucht, die unterschiedliche Wirkungsdauer von kleinen Oestrogengaben auf die Schilddrüse und den Schilddrüsenhormonstoffwechsel zu klären. 5 Tage nach der 1. Oestrogeninjektion wurde der intra-thyreoidale Stoffwechsel einmal durch die Schnelligkeit der Umwandlung vom anorg. zum hormonalen J gemessen, zum anderen wurde die Freisetzungsrate des hormonalen J aus der Schilddrüse bestimmt. Aus den Untersuchungsergebnissen konnte die Schlußfolgerung gezogen werden, daß geringe Oestrogengaben einen Abfall im Gewebestoffwechsel bewirken. Dieser wurde hervorgerufen durch einen Aktivitätsanstieg in der Schilddrüse und einen kompensatorischen Anstieg im peripheren Verband von Schilddrüsenhormonen. W. Richter/Kleinmachnow. 8175.

Wada, Masahuto. Effects of synthetic estrogens on chicks. IV. Effect of diethylstilbestrol injections on oxidation of glucose and fatty acids, and coenzyme A and diphosphorpyridine nucleotide content in liver of chicks. **(Der Einfluß synthetischer Oestrogene auf Küken. 4. Mitt. Die Wirkung von Diaethylstilboestrolinjektionen auf die Oxydation der Glucose und der Fettsäuren, den Coenzym A- und den Diphosphorpyridin-Nucleotidgehalt in der Leber bei Küken.)** Sci. Bull. Fac. Agric., Kyushu Univ. **19** (1962) Nr. 4. S. 445–454. – 8 Tab., 40 Lit. Orig.: jap., Ausz.: engl. 3. Mitt. vgl. LZ. Abt. III **8** (1963) Nr. 5. S. 1043.

Weiße Leghorn-Hahnenküken von 200 g Lgw. erhielten s. c. DES in Suspension und kamen 3 Mon. später zur Schlachtung. Der RQ des Leberhomogenates für die Glucoseoxydation wurde durch die Behandlung wenig verändert. Junghähne mit einem Körpergewicht von 630 g wurden nach DES-Behandlung 12 und 43 Tage später geschlachtet und folgende Fragestellungen untersucht: Die Fähigkeit der Leber zur Fettsäureoxydation war, gemessen am O_2-Verbrauch des Leberhomogenates, bei Verwendung von Acetat, Caprylat und Palmitat als Substanz durch die Injektion nicht beeinflußt, zu einem späteren Zeitpunkt jedoch in gewissem Grade behindert. In einem früheren Stadium betrug der Anteil der reduzierten Form des Cofermentes A 40% der insges. vorhandenen 60 Einheiten je g Leber in der DES-Gruppe, während in der Kontrollgruppe nur 30% von insgesamt 40 Einheiten je g in der reduzierten Form des Cofermentes vorlagen. H. Busse. 8175.

Wada, Masahuto. Effects of synthetic estrogens on chicks. V. Effect of diethylstilbestrol injections on growth and phosphate distribution in liver of chicks. **(Die Wirkung synthetischer Oestrogene auf Küken. 5. Mitt. Der Einfluß von Diaethylstilboestrolinjektionen auf das Wachstum und die Phosphatverteilung in der Leber der Küken.)** Sci. Bull. Fac. Agric., Kyushu Univ. 19 (1962) Nr. 4. S. 455–466. — 12 Tab., 32 Lit. Orig.: jap., Ausz.: engl. 4. Mitt. vgl. vorst. Ref.

74 Tage alte Weiße Leghornhähnchen mit einem durchschnittl. Körpergewicht von etwa 800 g erhielten während 15 Tagen jeden 2. Tag 0,1–0,5 mg Diaethylstilboestrol (DES). Bes. die höhere Dosis verursachte eine Wachstumssteigerung. Die Lebergewichte waren höher und die Nebennierengewichte andeutungsweise angestiegen. Bei 0,5 mg DES war der Fettsäure- und der Glycogengehalt der Leber erhöht. Die P-Verteilung und die Xanthinoxydaseaktivität veränderten sich jedoch wenig. Der Fettgehalt im Brustmuskel hatte geringfügig zugenommen, im Serum war ein vermehrter Phosphorlipidgehalt zu verzeichnen, der Gesamt-N und der Rest-N-Gehalt blieben jedoch unverändert, Bei der DES-Dosis von 0,1 mg waren die Veränderungen der obengenannten Gehaltswerte schwächer. Gleichaltrige, aber leichtere Küken (470 g Durchschnittsgewicht) erhielten jeweils 0,1 bzw. 0,2 mg Oestron. Bei ihnen kam es in den ersten 15 Tagen zu einer Wachstumdespression, in den anschließenden 35 Tagen jedoch zu einer beträchtlichen Zunahme.
H. Busse. 8175.

Wada, Masahuto. Effects of synthetic estrogens on chicks. VI. Effect of administration of diethylstilbestrol in combination with antimicrobes on growth and body vitamins of chicks. **(Die Wirkung synthetischer Oestrogene auf Küken. 6. Mitt. Die Wirkung von Diaethylstilboestrol in Kombination mit Antimikroben auf das Wachstum und die Körpervitamine bei Küken.)** Sci. Bull. Fac. Agric., Kyushu Univ. 19 (1962) Nr. 4. S. 467–478. — 12 Tab., 33 Lit. Orig.: jap., Ausz.: eng. 5. Mitt. vgl. vorst. Ref.

1 Tag alte Weiße Leghornküken (männlich) erhielten je kg Grundfutter 0,2 mg DES allein oder mit 5 g Vigofac, 50 mg Terramycin oder 100 mg Nitrofurylakrylsäureamid (N) kombiniert. 10, 20 und 30 Tage nach Versuchsbeginn wurde der Einfluß dieser Medikamente auf die Zunahmen und die Bestandteile der Körpersubstanz untersucht. DES-Beifütterung veränderte die Zunahmen und die Futterverwertung nicht. Unter den Medikamenten bewirkte die Kombination DES + N innerhalb 30 Tagen eine Erhöhung der Zunahmen um 10%. Die DES-Gaben steigerten zwar das Lebergewicht, aber in einem von der sonstigen Beifütterung abhängigen unterschiedlichen Maße. In keiner Gruppe und in keinem Versuchsabschnitt traten wesentliche Veränderungen in der Zusammensetzung der Leber oder des Brustmuskels ein, in der DES + N-Gruppe war jedoch am 30. Tage der Fettgehalt im Brust-

muskel verringert, der Gesamt-N und Rest-N-Gehalt des Serum, der Lipidgehalt der Leber und des Serum waren zum gleichen Zeitpunkt ebenfalls gering verändert. H. Busse. 8175.

Everitt, G. C.; Hamilton, Ruakura Animal Res. Stat., Dep. of Agric. Implantation of oestrogenic hormones in beef cattle. I. Effects of winter nutritional depression following autumn implantation of hexoestrol, and of reimplantation in spring. **(Die Implantation von Oestrogenen bei Mastrindern. 1. Mitt. Die Wirkungen der nachteiligen Winterernährung nach einer Hexoestrol-Implantation im Herbst und nach einer erneuten Implantation im Frühjahr.)** New Zealand J. agric. Res. **5** (1962) Nr. 1/2. S. 62–81. – 3 Abb., 1 Tab., 26 Lit. 8175.

Doroškov, V. B. (Doroschkow, W. B.); Poltawa, Forsch.-Inst. für Schweinezucht. Biologičeskaja aktivnost' tkanevych preparatov placenty. **(Die biologische Aktivität von Placenta-Gewebepräparaten.)** Životnovodstvo, Moskva **24** (1962) Nr. 9. S. 33–35.
Die nach Filatow mit physiol. Lösung zubereiteten Gewebepräparate sind wirksamer als die mit Wasser zubereiteten. Die höchste Aktivität der Placentagewebe wurde bei einer Temperatur von 2–4 °C am 5.–6. Konservierungstag verzeichnet. Je weiter die Trächtigkeit vorgeschritten ist, desto größer ist die Aktivität der Plazenta, wobei die fetale Placenta die mütterliche übertrifft. Die Präparate sollen nicht aus der ganzen Nachgeburt, sondern aus dem Chorion (bei Pferden und Schweinen) bzw. den Kotyledonen (bei Schafen und Kühen) hergestellt werden. Eine Autoklavbehandlung (1 Std. bei 120 °C) erhöht die biologische Aktivität. F. Schenk. 8175.

Hejzlar, M. und Výmola, Fr.; Praha, Vojenský Ústav Hyg., Epidemiol. a Mikrobiol.; Ústav Epidemiol. a Mikrobiol. Korelace účinku penicilínových preparátů in vitro s účinkem in vivo. **(Korrelation der Wirkung von Penicillinpräparaten in vitro mit der Wirkung in vivo.)** Českoslov. Epidemiol., Mikrobiol., Imunol. **12** (1963) Nr. 1. S. 37–43. – 3 Abb., 8 Tab., 20 Lit. Zus. in Russ., Engl.
Die Versuche mit den wichtigsten gegenwärtig in Anwendung stehenden Penicillinpräparaten wurden in 2 Stämmen von *Staphylococcus aureus var. pyogenes* und auf *S. typhimurium* unternommen. Die angewandten Stämme machten vor dem Versuch eine Passage über Tryptoseagar und Tryptosebouillon durch. Als Versuchsobjekt in vivo dienten weiße Mäuse. Auf Staphylococcen, die gegen Penicillin G empfindlich sind, sind sowohl das Penicillin V als auch das Fenethcillin ungefähr gleich wirksam, während weitere Präparate eine nur wenig schwächere Wirkung ausüben und nur das Methycillin um ein mehrfaches weniger wirksam ist. Auf den 2. Staphylococcenstamm wirkte das Methycillin am stärksten. Auf den Stamm *S. typhimurium* hatte nur das Amplycillin eine ausgesprochene Wirkung. Bei sämtlichen Präparaten (Penicillin G, Penicillin V, Phenethcillin, Propicillin, Methycillin, Oxacillin, Amplicillin) gab es eine Korrelation zwischen der Serumaktivität und der mittleren kurativen Gabe und der Dynamik der Antibiotica im Serum und ihrer therapeutischen Wirkung. ČSSR/ÚVTI. 8185.

Trail, J. C. M.; Entebbe, Uganda, Livestock Exp. Stat. The influence of terephthalic acid on the efficiency of oxytetracycline in chick rearing. **(Der Einfluß von Terephthalsäure auf die Wirksamkeit von Oxytetracyclin bei der Kükenaufzucht.)** J. agric. Sci. **59** (1962) Nr. 3. S. 393–395. – 5 Tab., 4 Lit.
528 Eintagsküken, die Kreuzungen einheimischer afrikanischer Hühner mit Sussex, Leghorns, Rhodeländern und Australorps entstammten, wurden bis zum 30. Lebenstag in ihrer Entwicklung und Futterverwertung nicht gefördert.

wenn Vf. ihrem handelsüblichen Aufzuchtfutter mit 10 g Oxytetracyclin/to weitere 90 g/to und 0,4% Terephthalsäure (9 lb/to) hinzufügte. Auch die Sterblichkeit änderte sich nicht. C. Engelmann. 8195.

Cirel'son, N. B., Lisicin, Ju. P., Kerov, M. A. und Zolotina, V. A. (Zirelson, N. B., Lissizin, Ju. P., Kerow, M. A. und Solotina, W. A.); Moskau, Technol. Inst. für Fleisch- und Milchind. Izučenie kačestva mjasnych produktov, polučennych ot svinej, vyraščennych na „gibberellinovych" kormach. **(Die Qualität der Fleischprodukte von Schweinen, die „Gibberellinfutter" erhalten haben.)** Svinovodstvo, Moskva **16** (1962) Nr. 8. S. 32. – 2 Tab.

Versuchsschweine erhielten Möhren, Kohl, Betarüben, Heumehl und Kartoffeln, die unter Verwendung von Gibberellin angebaut worden waren. Bei den geschlachteten Tieren waren keine makroskopischen Veränderungen der inneren Organe, der Schleimhäute und der Lymphknoten sowie keine pathologischen Veränderungen der inneren Organe und des Blutes festzustellen. Die „Gibberellinfuttermittel" haben anscheinend zu einer besseren Fettablagerung geführt. F. Schenk. 8195.

Ganiev, M., Achundova, N., Alieva, N. und Kadyrov, A. (Ganijew, M., Achundowa, N., Alijewa, N. und Kadyrow, A.) K voprosu primenenija neftjanogo rostovogo veščestva v životnovodstve. **(Zur Frage der Anwendung des erdölhaltigen Wuchsstoffes in der Tierzucht.)** Soc. s. ch. Azerbajdžana **1962** Nr. 3. S. 41–43. – Aus: Referativnyj žurnal. Biologija, Moskva **1962** Nr. 18. L 4. S. 2.

Auf Grund der durchgeführten Versuche (an Kälbern und Wasserbüffelkälbern), in denen zu verschiedenen Futterrationen der erdölhaltige Wuchsstoff (NRV) in einer Menge von 5 mg/kg hinzugesetzt wurde, wird eine vorläufige Schlußfolgerung gezogen, daß das NRV auf die nützliche Mikroflora des Verdauungskanals der Wiederkäuer und die Verbesserung der Verdauung des in den Pansen gelangenden Futters eine stimulierende Wirkung ausübt. übersetzt v. I. Reich. 8195.

Aliev, A. A., Bagdasarova, A. M. und Jusubova, T. Ė. (Alijew, A. A., Bagdassarowa, A. M. und Jussubowa, T. E.); Aserbaidshan. Forsch.-Inst. für Veterinärmed. Neftjanoe rostovoe veščestvo — stimuljator produktivnosti svinej. **(Ein Wuchsstoff auf Erdölbasis als Leistungsstimulator bei Schweinen.)** Svinovodstvo, Moskva **16** (1962) Nr. 8. S. 31. — 1 Tab.

Der Wuchsstoff NRW ist ein Salz der Naphthensäuren, die aus den bei der Verarbeitung von Baku-Erdöl anfallenden Abfällen gewonnen werden. Seine Verabreichung in einer 20- und 40%igen wäßrigen Lösung mit dem Futter in Dosen von 3 und 5 mg/kg Lebendgewicht hat bei 3 Mon. alten Ferkeln und älteren Tieren zu einer Erhöhung der Zunahmen um durchschnittlich 11–13% geführt. In bezug auf die Selbstkosten übertrifft das NRW alle anderen Stimulatoren. F. Schenk. 8195.

E. VERWERTUNG DER NÄHRSTOFFE UND FUTTERMITTEL

Miller, D. S. und Payne, P. R.; London, Nat. Inst. for Med. Res., Human Nutrit. Res. Unit. Weight maintenance and food intake. **(Gewichtserhaltung und Futteraufnahme.)** — J. Nutrit. [Philadelphia] **78** (1962) Nr. 3. S. 255 bis 262. — 3 Abb., 3 Tab., 22 Lit.

Bei 30 bzw. 28 Tage alten Ratten und Schweinen wurde bei unterschiedlicher Energiezufuhr das Lgw. über 10 bzw. 40 Tage konstant gehalten. Die Energiezufuhr erfolgte in der Weise, daß eine Grundration mit Fett und Kohlenhydraten gestreckt und die Futtergabe erhöht wurde, so daß die Proteinzusammensetzung in den Rationen zwar die gleiche, jedoch die Proteingabe

bei der Ration mit der erhöhten Energiezufuhr erheblich niedriger lag. Verdaulichkeit, Harnausscheidung und Aktivität der Tiere waren bei beiden Rationen etwa gleich. Die CO_2-Produktion korrelierte linear mit der umgesetzten Energie. Die Ergebnisse sind eingehend — allerdings ohne genügende Berücksichtigung der stark differierenden Proteingabe (!) — auch hinsichtlich der Ernährungsbedingungen beim Menschen diskutiert.
W. Jentsch. 8205.

Keane, Kenneth W., Smutko, Charles J., Krieger, Carl H. und Denton, Arnold E.; Moorestown, N. J., Camphell Soup Co., Res. Inst. The addition of water to purified diets and its effect upon growth and protein efficiency ratio in the rat. **(Zugabe von Wasser zu synthetischen Diäten und sein Einfluß auf Wachstum und Proteinwirkungsverhältnis [PER] der Ratte.)** J. Nutrit. [Philadelphia] 77 (1962) Nr. 1. S. 18–22. — 5 Tab., 10 Lit.
Versuche an wachsenden ♂ Sprague-Dawley-Ratten ergaben ein besseres Wachstum der Tiere und eine höhere PER, sobald 20% Wasser zu synthetischen Diäten mit 6, 9 oder 12% Rohprotein hinzugefügt wurden. Enthielt die Diät 18% Rohprotein, trat durch Zugabe von 20% Wasser keine Verbesserung bzgl. Wachstum und PER ein. Wurde zu der Diät mit 9% Rohprotein 0,5% Agar Agar oder 0,5% Gummi an Stelle von Cellulose bzw. 25% gelatinierte Maisstärke an Stelle von Saccharose zugefügt, so bewirkten Zugaben von 20% oder 50% Wasser ebenfalls Verbesserungen des Wachstums der Ratten sowie der PER. Diskussion der Ergebnisse im Hinblick auf die Beurteilung aller bisherigen Untersuchungen über die PER von Nahrungs- bzw. Futterproteinen.
H.-D. Bock. 8265.

Jansen, G. R.; Wilmington, Del., E. J. du Pont de Nemours Co., Electrochem. Dep., Res. Div. Influence of rat strain and protein level on protein efficiency ratio (PER) determination. **(Einfluß von Rattenstamm und Proteinspiegel auf die Bestimmung des Proteinverwertungsquotienten.)** J. Nutrit. [Philadelphia] 78 (1962) Nr. 2. S. 231–240. — 4 Abb., 6 Tab., 14 Lit.
Vff. bestimmen zunächst im 4wöchigen Fütterungsversuch mit 8 verschiedenen Rattenstämmen (♂) den Proteinverwertungsquotienten (PER) (g Gewichtszunahme/g aufgenommenes Protein) von 3, entweder Casein (**I**), Haferflocken (**II**) oder Weizengluten +3,4% Lysinmonohydrochlorid (**III**) enthaltenden Futterrationen mit einem Eiweißgehalt von 9,7 ± 0,16%. Die von Stamm zu Stamm gewonnenen PER-Werte streuen beträchtlich, für **I** z. B. von 2,2 bis 3,24. Wird der PER-Wert auf ein Bezugsprotein wie **I** bezogen ($PER_{korr.} = \frac{PER \cdot 2{,}77}{PER\ \text{für Casein}}$ dann sind die Unterschiede innerhalb der verschiedenen Rattenstämme geringer (z. B. PER von **II** = 2,17 ± 0,28, $PER_{korr.}$ = 2,16 ± 0,11, PER von **III** = 1,4 ± 0,37, $PER_{korr.}$ = 1,39 ±0,24). Wird die PER-Bestimmung von **I**, **II**, oder **III** + 1% L-Threonin bei verschiedenem Proteingehalt des Futters durchgeführt, dann fallen die Ergebnisse im Bereich 9 bis 16% Protein (auf Tr.-Subst. bezogen) ziemlich einheitlich aus. Ohne den Threoninzusatz zu **III** ergibt sich jedoch eine starke Abhängigkeit des PER-Wertes vom Proteingehalt des Futters (1,4 bei 9% und 2,2 bei 15%). Da sich Unterschiede in der Proteinqualität bei niedrigen Proteinspiegeln des Futters deutlicher herausstellen, halten Vff. einen Proteingehalt von 10–12% für die PER-Bestimmung für am geeignetsten.
B. Gaßmann. 8265.

Yoshida, Minoru, Hizikuro, Sadanobu, Hoshii, Hiroshi und Morimoto, Hiroshi; Chiba, Japan, Nat. Inst. of Animal Ind. Effect of dietary protein and energy levels on the growth rate, feed efficiency and carcass composition of chicks. **(Der Einfluß des Futterproteins und des Energiegehalts auf Wachstumsrate, Futterverwertung und Schlachtkörperzusammensetzung**

beim Hühnerküken.) Agric. biol. Chem. [Tokyo] **26** (1962) Nr. 10. S. 640 bis 647. — 3 Abb., 4 Tab., 20 Lit. Orig.: engl.

Weiße Leghornhähnchen wurden vom 1. Lebenstag bis zur 4. Woche mit 9 verschiedenen Futtermischungen gefüttert, deren Rohproteingehalt 18 bis 33% betrug und der Anteil an verdaul. Nährstoffen 65–100% (durch Zugabe von Casein). Zwischen den verdaul. Nährstoffen insges. und der umsetzbaren Energie bestand eine gradlinige Beziehung, während die zwischen Futterzusammensetzung (Rohprotein- und Energiegehalt sowie verdaul. Gesamtnährstoffen) und Zuwachs bzw. Futterverwertung in Form einer Ellipsengleichung darstellbar war. Der Höchstpunkt für das Wachstum lag bei 24,5% Rohprotein und 92,2% verdaul. Nährstoffen, der für die Futterverwertung bei 25,3% Protein und 108,4% verdaul. Nährstoffen, d. h. die Steigerung des Energiegehaltes beeinflußt die Futterverwertung stärker — und günstiger — als die Erhöhung des Proteinanteils. In bezug auf die N-Retention war es umgekehrt. Im Futterverzehr unterschieden sich die Kükengruppen, die Futtermischungen mit hohem und niedrigem Energiegehalt bekamen, nicht voneinander. Bei hohem Protein- und geringem Energiegehalt des Futters setzten die Küken nur wenig Fett an (28% Protein: 65% verdaul. Nährstoffe, 23:65%, 18:65% = 3,5; 4,4 und 6,1% Rohfett/Schlachtkörper)

C. Engelmann. 8265.

Tyleček, J., Čechovský, J., Špaček, F. und Zelenka, J.; Brno, Katedra pro Biotechnol. Výroby Živočišné; Ústav pro Chov Hrabavé a Vodní Drůbeže. Vliv sušené toruly na stravitelnost organických živin krmné dávky pro nosnice. **(Einfluß der getrockneten Torula auf die Verdaulichkeit der organischen Nährstoffe der Futterration für Legehennen.)** Sbornik Vysoké Školy zemědělské Brně, Řada A **1961** Nr. 3/4. S. 347–354. — 9 Tab., 5 Lit. Zus. in Russ., Dtsch.

Zwecks einer quantitativen Bestimmung des unverd. N bediente man sich der direkten Inhaltsbestimmung des ausgeschiedenen N nach der Methode von Ekman, Emanuelson und Fransson. Dabei wird die Harnsäure durch Überschuß eines Oxydationsreagens bei 50 °C entfernt, und das Protein wird mittels Uranylacetat reduziert. 2 Legehennengruppen erhielten Trockenmagermilch bzw. Trockenfutterhefe (jeweils 27,93% der Ration — auf Tr.-Subst. bezogen). 25–30% des ausgeschiedenen N waren im Kot enthalten. Der VK für N war für Torula bei allen Legehennen höher als bei Trockenmagermilch. Die Bestimmung des unverdaul. N durch die direkte Methode (nach Ekman u. a.) ist genauer und weniger zeitraubend als die indirekte Bestimmung nach der Differenz zwischen Kot-N und Harn-N, doch muß man bei der Arbeit die Radioaktivität des Uranylacetats in Betracht ziehen.

J. Špinka. 8265.

Wagle, D. S., Mitbander, V. B. und Sreenivasan, A.; Mysore, India Zentr. Food Techn. Res. Inst. Effects of B vitamins on protein utilization from rice-legume dietaries by the growing rat. **(Einflüsse der B-Vitamine auf die Proteinverwertung von Reis-Gemüse-Diäten durch die wachsende Ratte.)** J. Nutrit. [Philadelphia] **76** (1962) Nr. 2. S. 199–206. — 6 Tab., 29 Lit.

2 isocalorische Reis-Gemüse-Diäten, die typisch für die niedrigen Einkommensgruppen der indischen Bevölkerung sind, wurden so zusammengestellt, daß sie 6,8 bzw. 10,2% Rohprotein enthielten, und 8 Wochen lang an Albinoratten (Wistar-Zuchtstamm) verfüttert. Dem Bedarf der Ratte entspr. Zusätze an den Vitaminen des B-Komplexes wirkten im Vergleich zu den Grunddiäten allein wachstumssteigend. Die Diät mit 6,8% Rohprotein wies Aminosäuren-Mangel auf. Wurde die 10,2% Rohprotein enthaltende Diät durch L-Lysin (0,2), DL-Methionin (0,4) und DL-Tryptophan (0,24% der Diät) oder durch Eialbumin (2%) supplementiert, so trat eine Verbesserung

der Proteinverwertung (PER) ein, die durch Zusätze einer dem Bedarf entspr. B-Vitamin-Gabe weiter gesteigert wurde. Auch ein Zusatz suboptimaler B-Vitamin-Mengen erhöhte PER. H.-D. Bock. 8265.

Williams, Mary Ann; Berkeley, Univ. of California, Dep. of Nutrit. Sci. Effects of nonessential amino acids on the growth of vitamin B_6-depleted rats. **(Einflüsse nichtessentieller Aminosäuren auf das Wachstum Vitamin-B_6-verarmter Ratten.)** J. Nutrit. [Philadelphia] **76** (1962) Nr. 1. S. 35–40. — 3 Tab., 8 Lit.

Mit der Entwöhnung erhielten Vit.-B_6-verarmte ♂ Albinoratten (Long-Evans-Koloniezucht) 14 Tage danach Rationen aus synthetischen L- und DL-Aminosäuren (**AS**), bestehend aus 0,95% Gesamt-N in Form der essentiellen und aus 0,55% N in Form der nichtessentiellen **AS** im Verhältnis von Eiprotein ad libitum. 3 μg Pyridoxin (**I**) wurde jeder Ratte tägl. verabreicht. Während der 1. Versuchswoche der **I**-Gaben bewirkte eine Mischung aus 7 nichtessentiellen **AS** [Glutaminsäure (**II**), Asparaginsäure (**III**), Glycin (**IV**), Serin (**V**), Cystin (**VI**), Prolin (**VII**) und Tyrosin (**VIII**)] die größten Lebendmasse-Zunahmen. **II** allein verursachte nur wenig Wachstum. **V** und **II** wirkten wachstumsfördernder als **II** allein; eine Kombination von **IV** und **II** verbesserte das Wachstum signifikant. Diese Kombination zeigte den gleichen Effekt wie eine aus **II, III, IV, V, VII** und **VIII** bestehende Kombination. Nach Ablauf der 1. Versuchswoche mit der **I**-Supplementierung wurde das Wachstum durch Variationen in der AS-Zusammensetzung weniger stark beeinflußt. Nichtessentielle **AS** haben anscheinend einen „Spar-Effekt" bzgl. des Vit. B_6. H.-D. Bock. 8265.

F. ERNÄHRUNGSSTÖRUNGEN UND MANGELKRANKHEITEN

Lowrey, R. S., Pond, W. G., Barnes, R. H., Krook, L. und Loosli, J. K.; Ithaca, N. Y., New York State Coll. of Agric., Cornell Univ., Dep. of Animal Husbandry; Cornell Univ., New York State Veterin. Coll., Graduate School of Nutrit., Dep. of Pathol. and Bacteriol. Influence of caloric level and protein quality on the manifestations of protein deficiency in the young pig. **(Einfluß des Kaloriengehalts und der Eiweißqualität auf das Auftreten von Eiweißmangel beim jungen Schwein.)** — J. Nutrit. [Philadelphia] **78** (1962) Nr. 2. S. 245–253. — 2 Abb., 5 Tab., 18 Lit.

Insges. 20 drei Wochen alte und etwa 6,3 kg schwere Yorkshire-Ferkel werden 14 Wochen lang mit Rationen gefüttert, die 5% Eiweiß in Form von Casein oder Weizengluten und entweder 3 oder 23% Maisöl enthalten. Eine Kontrollgruppe wird mit einem üblichen Stammfutter mit 14% Eiweiß gefüttert. Die Kontrolltiere nehmen täglich 640 g und die Caseintiere bei niedrigem Fettangebot 182 g zu. Die Gewichtszunahmen bei kalorienreicher sind denen bei kalorienarmer Kost bis zur 8. Woche ähnlich. Später bleiben die Tiere im Gewicht stehen. Bei Weizenglutenfutter kommt es in keinem Fall zu Gewichtszunahmen. Die beobachteten kwashiorkorähnlichen Eiweißmangelsymptome sind umso ausgeprägter, je kalorienreicher das Futter ist. Das zeigt sich auch in niedrigen Rektaltemperaturen und Hämatokritwerten. Gegenüber Caseinfütterung sind bei Glutenfütterung die Hb-Werte und das Knochenwachstum herabgesetzt und die Gewichte von Nebennieren, Herz und Leber erhöht. Außerdem kommt es zu ausgedehnten Ödemen. B. Gaßmann. 8320.

Miller, W. M. und Jacobson, D. R.; Lexington, Univ. of Kentucky, Dep. of Dairy Sci. Mode of action of penicillin in the prevention of uncomplicated legume bloat. **(Die Art und Weise der Wirkung von Penicillin in der Prophylaxe einfacher, durch Leguminosen verursachter Trommelsucht.)** J. Dairy Sci. **45** (1962) Nr. 8. S. 994–998. — 2 Abb., 3 Tab., 13 Lit.

Zwischen der intraruminalen Produktion stabilen Pansenschaumes und dem Blähsuchtindex wurde eine signifikante Korrelation ($r = 0{,}42$) gefunden. Desgleichen besteht eine gesicherte Beziehung zwischen dem Blähsuchtindex und der in vitro gemessenen (Warburg) Gasproduktion der Pansenmikroorganismen ($r = 0{,}65$). Die Applikation von Procain-Penicillin (**I**) (tägl. 200 mg/1000 lb. Lgw.) ergibt für max. 10 Tage eine Einschränkung der Gärungsvorgänge und Gasbildung. Ein längerer Effekt tritt nicht in Erscheinung, da vom 9. bis 10. Tag an innerhalb meist nur einer Stunde nach der Applikation **I** total abgebaut wird und nicht mehr nachweisbar ist.
H. H. Budzier. 8330.

Protasenja, T. P. und Kononov, L. D. (Protassenja, T. P. und Kononow, L. D.) K patogenezu izmenenij v organizme krupnogo rogatogo skota pri skarmlivanii bol'šich doz močeviny. **(Zur Pathogenese der Veränderungen im Organismus des Rindes bei Verfütterung hoher Harnstoffdosen.)** — V sb.: Materialy Naučn. konferencii po patol. fiziologii s.-ch. životnych, Moskva **1962** S. 7–9. — Aus: Referativnyj žurnal. Biologija, Moskva **1962** Nr. 24. L 131. S. 19.

Im Verlauf der Untersuchungen bestätigten die Autoren die negativen Ergebnisse von Harnstoff als Eiweißersatz in den Futterrationen von Rindern und kamen zu dem Schluß, daß die physiologisch zulässige optimale Harnstoffdosis für die Verfütterung an Rinder der Roten Steppenrasse eine Dosis von 15 g pro 100 kg ist. Die Verfütterung von 150–200 g Harnstoff rief bei Ochsen mit einem Gewicht von 340–560 kg destruktive Veränderungen in der Leber und in den Nieren hervor. In der Leber bildeten sich Eiterherde, die physiologischen Funktionen des Organismus waren gestört.
übersetzt v. Ch. Eshkowa. 8330.

Diehl, J. F.; Little Rock, Univ. of Arkansas, Med. Center, Dep. of Biochem. Effect of vitamin E deficiency and fasting on in vivo oxidation of C^{14}-labeled compounds in rabbits. **(Einfluß von Vitamin-E-Mangel und Hunger auf die in vivo-Oxydation ^{14}C-markierter Verbindungen beim Kaninchen.)** — Arch. Biochem. Biophysics **99** (1962) Nr. 1. S. 148–156. — 5 Abb., 21 Lit. Orig.: engl.

Nach Injektion von 1-^{14}C-markiertem Glycin (**II**), DL-Leucin (**III**), DL-Lysin (**IV**), D-Glucose (**V**), Na-Acetat (**VI**) und Na-Palmitat (**VII**) wurde die Gesamt-CO_2-Ausscheidung und der $^{14}CO_2$-Anteil (**I**) während 4 Std. an normalen, Vit.-E-Mangel- und Hungertieren (24, 48 u. 72 Std.) bestimmt. Eine Erhöhung des **I** mit der Hungerdauer ist nach Injektion von **II**, **IV** und **VII**, eine Erniedrigung nach **V** zu beobachten, während er nach **III** und **VI** unbeeinflußt bleibt. Bei Vit.-E-Mangel wird der **I** nach **II**, **III** und **IV** erhöht. Die Untersuchungen zeigen insgesamt, daß bei Kaninchen durch Vit.-E-Mangel die Oxydationsrate der getesteten 3 Aminosäuren erhöht wird, die der anderen 3 Säuren unbeeinflußt bleibt. H. Ackermann. 8335.

Kowalczyk, T., Pope, A. L. und Sorensen, D. K. Chronic copper poisoning in sheep resulting from free-choice, trace-mineral-salt ingestion. **(Chronische Kupfervergiftung bei Schafen als Ergebnis zusätzlicher Spuren-Mineral-Salz Fütterung.)** J. Amer. veterin. med. Assoc. **141** (1962) Nr. 3. S. 362 bis 366. 8350.

Anonym. Magnesium deficiency. **(Magnesiummangel.)** Nutrit. Rev. **20** (1962) Nr. 11. S. 335–337. 8350.

McIlwain, Patric K. und Schipper, I. A.; Fargo, North Dakota State Univ. of Agric. and Appl. Sci., Dep. of Veterin. Sci. Toxicity of nitrate nitrogen to cattle. **(Die Toxizität des Nitrat-Stickstoffs bei Rindern.)** J. Amer. veterin. med. Assoc. **142** (1963) Nr. 5. S. 502–505.

Futter mit mehr als 0,5% Kaliumnitrat wird nach Literaturangaben als toxisch bezeichnet; Tiere (u. a. durch den Gehalt an *Escherichia coli*) und Pflanzen besitzen die Fähigkeit der Nitrat-Ionen (I)-Reduktion zu Nitrit-Ionen und zum Ammoniak. Nitrat-N soll auch als Thyreostaticum (I) wirken können, indem es mit dem Jod-Stoffwechsel interferiert. Vff. führten folgende Versuche an ♂ Kälbern durch: a) 2,8 ppm (I) N im Trinkwasser und Zusatz von *Escherichia coli* ergaben: 12% Methämoglobin vom Gesamthämoglobin und dann Abnahme trotz weiterer Nitrat-N-Gabe; Zuführung der Bakterien ergab Methämoglobinanstieg. b) bis zu 8,4 ppm (Nitrat-N im Futter bzw. zusätzlich im Trinkwasser sowie mit und ohne I (1-methyl-2-mercapoimidazol); ferner bis zu 4,0 ppm Nitrit-N. In allen Fällen stieg der Methämoglobingehalt. Ferner bestimmten die Vff. in den Versuchsgruppen den Carotin- und Vit.-A-Gehalt: Anstieg des ersteren bei Nitrat-N plus (I) sowie Nitrit-N Gabe, weniger bei reiner Nitrat-N oder I-Gabe sowie gleichzeitige Vit.-A-Abnahme (wahrscheinliche Hemmung der Carotin-Umwandlung in Vit. A). Die Schilddrüsenfunktion und ihre Beziehung zur Carotinumwandlung ist dabei umstritten. H. Liebenow. 8360.

Wannop, C. C.; Huntingdon, Houghton Poultry Res. Stat. Groundnut toxicity in poultry: Turkey X disease. **(Erdnuß-Toxizität beim Geflügel: Truthahn-X-Krankheit.)** Brit. veterin. J. **119** (1963) Nr. 4. S. 174–177.

Die typischen Leberläsionen dieser Krankheit, die im Juni 1957 ausbrach und bis 1960 200000 Verluste an Truthähnen ergab, wurden zur Diagnose herangezogen. Die Tiere verenden meist zwischen 2–10 Wochen (mit einem Maximum bei 4 Wochen) unter Lethargie, Inappetenz mit gelegentlich gelbem Durchfall und Gewichtsabnahme. Als toxische Komponente wurde das „Aflatoxin" als ein Stoffwechselprodukt von *Aspergillus flavus* isoliert. H. Liebenow. 8360.

Sargeant, K. und Carnaghan, R. B. A.; Porton, Microbiol. Res. Establishment; Weybridge, Centr. Veterin. Lab. Groundnut toxicity in poultry: Experimental and chemical spects. **(Erdnuß-Toxizität beim Geflügel: Experimentelle und chemische Aspekte.)** Brit. veterin. J. **119** (1963) Nr. 4. S. 178 bis 184. — 31 Lit.

Im Erdnußmehl bildet *Aspergillus flavus* einen toxischen Stoff :Aflatoxin (I), der im Jahre 1960 große Verluste an jungen Enten und Truthähnen („turkey X disease") hervorrief (typische Leberläsionen). Der toxische Faktor ist mit heißem Methanol extrahierbar und als wäßriger Extrakt letal bei eintägigen Enten (0,02 mg in 24 Std.). Eigenschaften des I: 20 mg (I) aus 30 kg toxischem Erdnußmehl; R_f von 0,7 in n-Butanol/Essigsäure (5%ig) sowie blaue Fluoreszenz im UV; I besteht aus I B = $C_{17}H_{12}O_6$ und I *G* = $C_{17}H_{17}O_6$ (etwas weniger toxisch für Enten). Solange die Chemie des I (Struktur, Reindarstellung) noch nicht geklärt. ist der biologische Test an Enten am günstigsten. Für die Pilzsporenentwicklung im Erdnußmehl ist die Luftfeuchtigkeit verantwortlich. I wirkt auch toxisch bei Rindern und Schweinen, weniger bei Schafen und Küken. Gegenwärtig gibt es keinen Beweis für die nicht toxische Wirkung beim Menschen. H. Liebenow. 8360.

Reiser, Raymond und Fu, Hwei C. The mechanism of gossypol detoxification by ruminant animals. **(Der Mechanismus der Entgiftung von Gossypol bei Wiederkäuern.)** J. Nutrit. [Philadelphia] **76** (1962) Nr. 2. S. 215 bis 218. — 7 Tab., 11 Lit.

Die durchgeführten Untersuchungen ergaben, daß die Bindung von Gossypol nicht durch aerobe. oder anaerobe Bakterien des Pansensaftes, noch durch hohe oder niedere Temperaturen oder durch Zentrifugieren oder proteolytische Enzyme erfolgt. Das gleichzeitige Verschwinden von 2 mol von Lysin — ε — Aminogruppen je mol Gossypol zeigte überzeugend, daß der

Mechanismus der Entgiftung von Gossypol im Pansen auf der Bindung von löslichen Proteinen beruht, und daß sich diese Bindung dauernd während der Eiweißverdauung vollzieht. G. Leisner. 8360.

Wiesner, E.; Berlin, Humboldt-Univ., Inst. für Tierzucht und Tierernähr. **Untersuchungen zur Frage der sogenannten Lupinose.** Arch. Tierernähr. **12** (1962) Nr. 6. S. 297–304. — 3 Tab., 16 Lit.
Vf. füttert an Jungrinder (165–368 kg) Süß- und Bitterlupinensamen (*Lupinus luteus L.*), insges. 400–900 g pro Tier und Tag. Max. wurden so pro Tier bis zu 2,3 g Lupinen-Gesamtalkaloide tägl. verabfolgt. Trotzdem waren keinerlei negative Einflüsse auf den Gesundheitszustand der Tiere festzustellen. Ebensowenig gaben pathologisch-anatomische und -histologische Kontrollen von geschlachteten Tieren negative Befunde. Vf. vermutet, daß auftretende Fälle von „Lupinose" durch anhaftende Befallspilze hervorgerufen werden. Andere mögliche Ursachen werden diskutiert. Das Krankheitsbild der „Lupinose" wird beschrieben. H. Bergner. 8360.

G. BEWERTUNG DER FUTTERSTOFFE

Donefer, E., Lloyd, L. E. und Crampton, E. W. Prediction of the nutritive value index of forages fed chopped or ground using an in vitro rumen fermentation method. **(Vorhersage des Nährwertindex von gehäckseltem bzw. gemahlenem Futter mit Hilfe einer Methode der in vitro-Rumenfermentation.)** J. Animal Sci. **21** (1962) Nr. 4. S. 815–818. — 2 Abb., 3 Tab., 5 Lit.
26 Heuproben (Gras 17, Leguminosen 9) wurden im in vivo- in vitro-Vergleich getestet, um die Brauchbarkeit einer 12stündigen in vitro-Fermentation von Cellulose (vgl. LZ. Abt. III **6** [1961] Nr. 3. S. 518.) für die Voraussage des NVI zu überprüfen. Die in vivo-Versuche wurden an Schafen ausgeführt. Es ergab sich eine hohe Korrelation zwischen dem NVI und der 12stündigen Cellulosefermentation in vitro (gehäckselt $r = 0{,}91$, gemahlen $r = 0{,}87$). Für die Vorhersage des NVI (Y) von gehäckseltem bzw. gemahlenem Heu wurden folgende 2 Gleichungen ermittelt: $y = 3{,}5 + 1{,}23\,X$ bzw. $y = 7{,}4 + 1{,}23\,X$, wobei X die Celluloseverdaulichkeit in % ist. Aus den Gleichungen geht hervor, daß durch das Mahlen der NVI um 10,9 Einheiten erhöht wird.
B. Piatkowski. 8440.

Elpat'evskij, D. V. (Jelpatjewski, D. W.) Nekotorye voprosy ocenki pitatel'nosti korma. **(Einige Fragen zur Beurteilung des Nährwertes von Futtermitteln.)** Tr. Saratovsk. zoovet. in-ta **10** (1961) S. 36–67. — Aus: Referativnyj žurnal. Biologija, Moskva **1962** Nr. **4.** L 1. S. 1.
Es wird u.a. ein einfaches Verfahren zur Bestimmung des Grades der Futtermittel- und Rationsverwertung beschrieben. Einzelne Probleme der Berechnungsverfahren zur Bestimmung des energetischen Nährwertes der Futtermittel, der Verdaulichkeit der Futtermittel in vitro usw. werden untersucht. Auf den Gehalt an physiologisch nützlicher und produktiver Energie wird hingewiesen, eine vergleichende Beurteilung des energetischen Nährwertes der Futtermittel für die einzelnen Arten der landwirtschaftlichen Nutztiere wird gegeben. Es wird vermerkt, daß es nicht richtig ist, die Beurteilung der Futtermittel mit der Beurteilung von Rationen gleichzusetzen. Umrechnungskoeffizienten für verschiedene energetische Beurteilungen stickstoffhaltiger organischer Stoffe sind gegeben. übersetzt v. S. Thienel. 8440.

H. FÜTTERUNG DER LANDWIRTSCHAFTLICHEN NUTZTIERE

Campbell, J. R., Howe, W. M., Martz, F. A. und Merilan, C. P.; Columbia, Univ. of Missouri, Dep. of Dairy Husbandry. Effects of frequency of feeding on urea utilization and growth characteristics in dairy heifers. **(Wirkungen der Fütterungshäufigkeit auf die Harnstoffverwertung und Wachs-**

tumskriterien von Färsen.) J. Dairy Sci. **46** (1963) Nr. 2. S. 131–134. – 3 Tab., 11 Lit.
Mit 40 Guernsey-Färsen von 5–10 Mon. Alter wurde in 4 Altersgruppen der Einfluß von 2 und 6maliger tägl. Fütterung auf die Harnstoffverwertung und die Gewichtszunahme untersucht. 6malige Fütterung hatte signifikant höhere Zunahmen (14,4%) und einen signifikant geringeren Verbrauch an TDN/lb. Zuwachs als 2malige Fütterung. Zwischen Harnstoff und Protein als wesentlichste N-Quelle in der Ration bestand bei 6maliger Fütterung kein Unterschied, bei 2maliger ergab die Harnstoffration aber einen geringeren Zuwachs und eine schlechtere Futterverwertung. H. H. Budzier. 8454.

Piatkowski, B., Steger, H., Stunz, H. und Zeitler, K. H.; Dummerstorf, Inst. für Tierzuchtforsch. der Dtsch. Akad. der Landwirtsch.-Wiss. zu Berlin. **Untersuchungen über den Einsatz dickgelegter Milch in der Kälberfütterung.** Arch. Tierzucht **6** (1963) Nr. 5/6. S. 444–455. – 11 Tab., 7 Lit. Zus. in Russ., Engl. – nach Zus.
Magermilch in ansaurem und nicht genügend erwärmtem Zustand verursacht bei Verfütterung an junge Kälber Verdauungsstörungen und damit Rückschläge in der Aufzucht. Durch Dicklegung der Milch kann diesen Fehlern wirksam begegnet werden. In den vorliegenden Untersuchungen wurde folgendes festgestellt: Für große Produktionseinheiten kommt nur Salzsäure oder Essigsäure in Betracht, da die Ausflockung des Caseins homogen sowie kurzfristig ist und es keiner zusätzlichen Lagerungskapazität bedarf. Der Arbeitsaufwand und die Kosten sind niedrig. Unter den hiesigen Bedingungen ist der Salzsäure der Vorzug zu geben, deren Konzentration in der dickgelegten Milch 0,1% beträgt. Die Technik des Dicklegens wird beschrieben. In Versuchen an insgesamt 72 Kälbern zeigte sich, daß die Verabreichung dickgelegter gegenüber nativer Milch vom verdauungsphysiol. Standpunkt günstiger ist, Verdauungsstörungen durch ansaure Milch wegfallen, eine leicht verbesserte Futterverwertung die Folge ist und Energie für Erwärmung eingespart wird (20 statt 32 °C). Schädliche Einflüsse der Dicklegung von Milch durch Säure konnten weder an Organen noch in der Blutzusammensetzung (Hb, Albumin, α-, β- und γ-Globuline) beobachtet werden. 8454.

Puşcaru, D., Vermieşanu, N., Oprescu, St., Dinu, I., Ciocoiu, A. und Tănase, L. Contribuţii la cunoaşterea influenţei colastrului asupra dezvoltării tineretului taurin. **(Beiträge zur Kenntnis des Kolostralmilcheinflusses auf die Entwicklung der Kälber.)** Studii Cercetări Biol. [Bucureşti], Ser. Biol. animală **14** (1962) Nr. 1. S. 47–55. – 6 Tab., 11 Lit. Zus. in Russ., Franz.
Es wurde festgestellt, daß die Kolostralmilch der Kühe (Simmentaler) die Ernährung der neugeborenen Kälber in den ersten 12 Tagen nach der Geburt sicherte, was in einem tägl. Zuwachs von 1,5 kg deutlich wird. Der Überschuß an Kolostralmilch wird zusätzlich an ältere Kälber verfüttert, was gegenüber der Kontrolle bei den ♂ bzw. ♀ Tieren ein um 37% bzw. 61% besseres Wachstum hervorruft. V. Bontea. 8454.

Preston, T. R., Whitelaw, F. G., Aitken, J. N., Mcdearmid, A. und Charleson, Euphemia B.; Bucksburn, Aberdeen, Rowett Res. Inst. Intensive beef production. 1. Performance of cattle given complete ground diets. **(Intensive Fleischproduktion. 1. Mitt. Leistung von Rindern, die eine gemahlene Ration erhielten.)** Animal Product. **5** (1963) Nr. 1. S. 47–51. – 5 Tab., 3 Lit.
Für die Versuche mit wachsenden Mastrindern eignen sich schlecht Rationen, die aus mehreren Grundfutterstoffen bestehen. Vff. prüften daher, ob sich eine gemahlene (1 cm-Sieb für Heu) Ration eignet. Im Gewichtsabschnitt von 84 Tagen bis 300 kg erhielten die Tiere [17 Friesian-Bullen (I), 25 Aberdeen Angus-Kreuzungs-Bullen (II) und 33 Aberdeen Angus-Kreuzungs-Färsen (III)] eine Ration, die u.a. 10% künstl. getrocknetes Gras, 15% Quetschhafer, 30% Mais (3 mm Sieb), 23% Hafernachmehl, 10% Erdnußschrot, 10% melassiertes Mehl

sowie Wirk- und Mineralstoffzusätze enthielt. Im Abschnitt 300 kg bis zum Schlachten wurde das Trockengras durch gemahlenes Haferstroh und der Hafer durch gequetschte Gerste ersetzt. Die tägl. Gewichtszunahme betrug 977 g, 892 g bzw. 801 g (**I→III**). Um von 84 Tagen an ein Gewicht von 400 kg zu erreichen, benötigten **I** 334 und **II** 356 Tage. **III** erzielten 350 kg nach 354 Tagen. **I** hatte die beste Futterverwertung, **III** die schlechteste; dies steht mit dem höheren Fettgehalt der letzteren Gruppe in Beziehung. Die Bewertung des Schlachtkörpers ergab 58, 67 bzw. 68 Punkte für **I→III**.

B. Piatkowski. 8458.

Aitken, J. N., Preston, T. R., Whitelaw, F. G., Macdearmid, A. und Charleson, Euphemia P.; Bucksburn, Aberdeen, Rowett Res. Inst. Intensive beef production. 2. The effect of three, twelve or sixteen week weaning on the performance of Aberdeen-Angus crossbred cattles. **(Intensive Fleischproduktion. 2. Mitt. Der Einfluß von 3-, 12- oder 16 wöchigem Entwöhnen auf die Leistung von Aberdeen Angus-Kreuzungs-Rindern.)** Animal Product. **5** (1963) Nr. 1. S. 53–56. — 4 Tab., 3 Lit. 1. Mitt. vgl. vorst. Ref.

11 Zwillingspaare (Aberdeen Angus × Ayrshire oder Friesian) wurden für diese Untersuchungen eingesetzt und jeweils 1 Paarling spät (16 bzw. 12 Wochen) der andere früh (3 Wochen) entwöhnt. Bis 16 Wochen wurde bei Fütterung von Vollmilch ein Zuwachs von 75 kg erreicht, bei der Kontrolle 50 kg. Im 2. Versuch wurde bei Verwendung von Milchaustauschern zwischen 12 und 3 Wochen keine Differenz beobachtet. Bis zum Zeitpunkt des Schlachtens (ca. 350 kg) konnten zwischen den Gruppen keine Differenzen mehr festgestellt werden, so daß der Zeitpunkt des Absetzens ohne Einfluß blieb.

B. Piatkowski. 8458.

Sommer, O. A. **Beitrag zur vollmilchsparenden Kälbermast unter besonderer Berücksichtigung der Fleischqualität.** Mitt. Tierhalt. **1962** Nr. 81. S. 3–7.

Versuchsergebnisse zeigen, daß die Milchaustauschgruppe I (50 g je 1 Magermilch) im Gewichtsabschnitt von 60–100 kg höhere tägl. Zunahmen erreicht (1180 g) als die Vollmilchgruppe (1073 g). Der Nährstoffverbrauch je kg Zunahme war ebenfalls geringer. In der gesamten Schlachtkörperbeurteilung bestanden keine Unterschiede. Die Milchaustauschgruppe II (25 g je 1 Magermilch) lag mit Ausnahme des Nährstoffverbrauchs unter den Werten der Vollmilchgruppe. Durch Dunkelhaltung konnte keine hellere Fleisch- und Fettfarbe gegenüber den im Hellen gehaltenen Gruppen erzielt werden, das Mastergebnis war schlechter. H. Winkler. 8458.

Tkačov, I. F. (Tkatschow, I. F.); Krasnodar, Landwirtsch. Inst. des Kubangebietes. Dejaki pytannja vykorystannja sečovyny v tvarynnyctvi. **(Einige Probleme der Verwendung von Harnstoff in der Tierzucht.)** Visnyk sil'śkogospodarśkoï nauky, Kyïv **5** (1962) Nr. 6. S. 68–76. — 7 Tab. Orig.: ukrain., Ausz.: russ.

Vf. wertet die Untersuchungsresultate einer Reihe Forschungen aus und stellt fest, daß die Verwendung des Harnstoffs als Ersatz unzureichenden Proteins im Futter für wachsende und zu mästende Tiere wichtiger ist als für Milchkühe. Der N des Harnstoffs wird, wie aus Bilanzversuchen hervorgeht, vom Organismus besser in den Geweben abgelagert und dient in geringerem Maße der Milchbildung. Auf 100 kg Lgw. sollen nicht mehr als 20-25 g Harnstoff gegeben werden. Zur Verbesserung der bakteriellen Synthese des Eiweißes im Pansen muß Harnstoff mit einer Zugabe von Ammoniumsulfat oder Natriumsulfat gefüttert werden. Der Nutzen der Harnstofffütterung gemeinsam mit Rübenschnitzel (sauer oder trocken) ist größer als mit Maisgärfutter. Mais muß gemeinsam mit Rübenschnitzel, Harnstoff, Ammoniumsulfat und Kobaltchlorid (zwecks Synthese des Vit. B_{12}) siliert werden. Vf. empfiehlt Harnstoff als Stickstoffdüngung unter Silomais, wodurch die Proteinernte pro ha um 40%, die Carotinernte um 55% erhöht wird. K. Neumann. 8458.

Kniga, M. I.; Charkow, Zootechn. und Veterinärmed. Inst. Sacharnaja svekla v racionach silosnogo tipa kormlenija korov. **(Die Ergänzung von Silagerationen durch Zuckerrüben bei Kühen.)** — Životnovodstvo, Moskva **24** (1962) Nr. 10. S. 28–32. — 4 Tab.
Es wird empfohlen, Milchkühen bis zu 55% (des Gesamtnährwertes der Ration) Saftfutter zu verabreichen, davon 35–37% Maissilage und 15–19% Zuckerrüben; das sind pro 1 FE Silage je 0,5 FE Zuckerrüben. Die Zuckerrüben sollen gut zerkleinert nach dem Rauhfutter oder zusammen mit dem zerkleinerten Rauhfutter verabreicht werden. F. Schenk. 8460.

Plesník, Ján; Nitra, Výskumný Ústav Živočišnej Výroby. Výskum možnosti úplnej náhrady sena silážou v kŕmnych dávkach dojníc. **(Forschung der Möglichkeiten eines vollständigen Heuersatzes durch Gärfutter in den Futterrationen für Milchkühe.)** Živočišná Výroba **8(36)** (1963) Nr. 1. S. 21–40. — 26 Tab., 18 Lit. Zus. in Russ., Dtsch.
Langjährige vergleichende Fütterungsversuche ergaben die Möglichkeit eines vollständigen Ersatzes von Heu und Futterstroh durch Silage aus Grünfutter in den Winterrationen für Milchkühe. Bei ausgeglichenen Futterrationen verringert dieser Ersatz keinesfalls die Milchleistung der Kühe. Bei Hochleistungskühen (mit einer Jahresmilchleistung von mehr als 5000 l Milch) oder bei Kühen, die an Gebärparese leiden, empfiehlt sich die Beifütterung von Heu in der Trockenperiode. ČSSR/ÚVTI. 8460.

Murdoch, J. C.; Shinfield, Reading, Nat. Inst. for Res. in Dairying. The effect of type of concentrate on milk production when silage is the only roughage offered to cows. **(Die Wirkung verschiedener Kraftfutter auf die Milchleistung, wenn Silage das alleinige Grundfutter für Kühe bildet.** J. Brit. Grassland Soc. **17** (1962) Nr. 4. S. 268–273. — 5 Tab., 10 Lit.
Vf. untersuchte den Einfluß des Kraftfutters auf Verzehrs- und Milchleistung sowie auf die Milchzusammensetzung bei Grassilagefütterung. Bei Selbstfütterung betrug die Freßdauer innerhalb 24 Std. 210 Min., (100 Min. am Tage, 110 Min. während der Nacht). Die Beifütterung von 5,4; 4,1; 2,5 bzw. 0,7 lb. Gerstenschrot je gal. Milch bei Grassilage (28,6% Tr.-Subst.) als alleinigem Grundfutter bewirkte Milchleistungen von 34,2 lb., 31,8 lb., 30,4 bzw. 27,2 lb., der SNF-Gehalt der Milch fiel von 8,68, 8,50, 8,34 auf 8,18%. In weiteren 3 Versuchen wurde der Gersteanteil z.B. durch 0,8, 16 bzw. 25% Erdnußschrot ersetzt. Die Kühe erhielten ca. 12,2 lb. Kraftfutter je Tier und Tag. Der Silageverzehr erhöhte sich (80,7 lb. 79,7 lb., 87,9 bzw. 90,5 lb.), ebenfalls die Milchleistung (34,7 lb., 36,5 lb., 38,2 lb. bzw. 38 lb.) und der Nicht-Proteingehalt der Milch (mg N/100 g Milch: 19,3, 21,5, 22,6 bzw. 25,5). In allen 3 Versuchen erhöhte sich die Milchleistung um 2,6–4,0 lb. tägl., wenn 20% Erdnußschrot in der Mischung enthalten waren. Der höhere Verzehr wird als Folge schnelleren Abbaues des Futters im Pansen durch die höhere Proteinzufuhr angesehen.
B. Piatkowski. 8460.

Danilenko, I. A. und Bogdanov, G. A. (Danilenko, I. A. und Bogdanow, G. A.); Moskau, Lenin-Akad. der Landwirtsch.-Wiss.; Charkow, Forsch.-Inst. für Tierzucht des Waldsteppen- und Polessje-Gebietes der Ukrain. SSR. Cennost' sacharnoj svekly v kormlenii svinej. **(Der Wert der Zuckerrüben bei der Schweinefütterung.)** Svinovodstvo, Moskva **16** (1962) Nr. 2. S. 22–26. — 4 Tab.
Die Zuckerrübe kann am Nährwert von Futterrationen, die alle erforderlichen Nährstoffe enthalten, folgenden Anteil haben: bei Absatzferkeln von 30–45 kg bis 25–30 % (2–2,5 kg/Tag); bei Mastläufern von 50–70 kg — 45% (4–5 kg) und von 70–100 kg — 55% (6–7 kg); bei ausgewachsenen Mastschweinen 60 bis 70% (10–15 kg); bei Zuchtläufern über 4 Mon. 35–40% (4–6 kg); bei trächtigen Sauen in der 1. Trächtigkeitshälfte 45–50% (6–7 kg), in der 2. Hälfte 30% (5–6 kg); bei säugenden Sauen 30–35% (6–7 kg) und bei Zuchtebern 15–20% (3,5

bis 4 kg/Tag). Dabei weisen die Tiere hohe Zunahmen (Läufer 540–590 g/Tag), eine gute Futterverwertung, eine gute Fleischleistung und Schlachtausbeute sowie gute Zuchtleistungen auf. Bei der Zuckerrübenfütterung können der Kraftfutterverbrauch sowie die Selbstkosten pro dt Schweinefleisch stark gesenkt werden. F. Schenk. 8532.

Pšenyčnyj, P. D. (Pschenytschny, P. D.) Vmilo zgodovuvaty zukrovi burjaky. **(Zuckerrüben richtig verfüttern.)** Socialistyčne tvarynnyctvo, Kyïv 34 (1962) Nr. 8. S. 20–23. — Orig.: ukrain.
Die Ration während der 2,5- bis 3monatigen Mast der Schweine bestand zu 65–70% des Gesamtfutterwertes aus Zuckerrüben, 25–30% aus Leguminosen, Ölkuchen und Weizenkleie und 5% aus Heumehl bzw. Leguminosenstroh. Im Vergleich zu den auf Kartoffelmast gestellten Schweinen enthielt das Fleisch der mit Zuckerrüben gemästeten um 1,62% mehr Fett und um 0,5% mehr Eiweiß. Bei der dauernden Verfütterung von Zuckerrüben an Läufer und Zuchtsauen muß die Ration aus 35–40% Zuckerrüben, 20–30% Leguminosen und Ölkuchen, 5% Leguminosenheumehl, 10–15% gelber, konservierter Maiskolben und 15–20% Kleie, Gerste, Weizen- und Rogenfuttermehl bestehen. An Schweine verfüttert man am besten gedämpfte oder einsilierte Zuckerrüben. Außer dem Leckstein muß man den Tieren 10–15 g Speisesalz je FE verabreichen. X. Abelmann. 8536.

Penčev, Ch., Karadžov, K. und Najdenov, T. (Pentschew, Ch., Karadshow, K. und Najdenow, T.); Plewen, Bulgarien, Forsch.-Inst. für Futterbau. Zŭrneno-bobovite kulturi kato beltŭčen furaž pri ugojavaneto na svine za meso. **(Hülsenfruchtkornarten als Eiweißfutter zur Fleischmast von Schweinen.)** Izvestija na Naučnoizsledovatelskija institut po furažite-Pleven, Sofija 2 (1962) S. 217–244. — 20 Tab., 9 Lit. Zus. in Russ., Engl.
Es wurden 4 wiss. Wirtschaftsversuche mit insgesamt 16 Gruppen zu je sechs 2,5monatigen Ferkeln bis zum Mastendgewicht von 90 kg durchgeführt. Das Futter der Kontrollgruppen bestand aus 32% Mais, 26% Gerste, 10% Hafer, 12% Weizenkleie und 20% Sonnenblumenextraktionschrot (So.). Die Versuchsgruppen wurden mit denselben Gemischen gefüttert, wobei aber 50–60% des So. durch Schrot von verschiedenen Hülsenfruchtkornarten ersetzt war; 2 Gruppen bekamen das Gemisch ohne Eiweißfutter (nur Getreidefutter). Der tägl. Gewichtszuwachs, die Mastdauer und der Futteraufwand je kg Zuwachs betrugen (in %): bei der Ration mit So. 100, 100 und 100; bei So. + Saatplatterbsen 90,0, 107,2 und 114,1; bei So. + Ackerbohnen 96,5, 102,7 und 108,3; bei So. + Kichererbsen 106,0, 92,8 und 93,7; bei So. + Kichererbsen + Futtererbsen 103,1, 100 und 98,4; bei So. + Kichererbsen + Ackerbohnen 109,0, 94,3 und 91,1; bei So. + Futtererbsen + Ackerbohnen 109,7, 94,3 und 90,7; bei So. + Sojaschrot 113,7, 98,0 und 88,1; bei So. + Weiße Bohnen 55,3; —, und 125,7; bei So. + Sojaschrot + Weiße Bohnen 72,3, —, und 105,4; bei So. + Futtererbsen 107,0, 89,0 und 90,7; bei der Ration ohne tierisches Eiweißfutter 75,8, 121,6 und 150,9. Der Artikel enthält auch Angaben aus der Schlachtanalyse und der wirtschaftlichen Bewertung der Ergebnisse.
N. Platikanow. 8536.

Razumov, I. K., und Tjažkorob, V. I. (Rasumow, I. K. und Tjashkorob, W. I.) Opyt ispol'zovanija gorocha i bobov pri otkorme svinej. **(Erbsen und Bohnen in der Schweinemast.)** Svinovodstvo, Moskva 16 (1962) Nr. 11. S. 23 bis 24. — 3 Tab.
Während eines 14tägigen Versuchs erhielten Versuchsläufer 2 kg Gerstenschrot und 3 kg Kleegrünmasse/Tier/Tag (I); bei II enthielt die Ration 1,5 kg Gerstenschrot, 3 kg Kleegrünmasse und 0,5 kg Erbsenmehl, bei III — 1,5 kg Gerstenschrot, 3 kg Kleegrünmasse und 0,3 kg Bohnenmehl. Die Tagesdurchschnittszunahmen betrugen 482 (I), 854 (II) und 513 g (III); der Futterverbrauch betrug 6 FE; 3,44 FE bzw. 5,3 FE/kg Zunahme. F. Schenk. 8536.

Danilenko, I. A., Bogdanov, G. A. und Maksakov, V. Ja. (Danilenko, I. A., Bogdanow, G. A. und Maxakow, W. Ja.) Kačestvo svininy pri mjasnom otkorme na svekol'no-kukuruznych racionach. **(Die Qualität des Schweinefleisches bei der Fleischmast mit Zuckerrüben und Mais.)** Životnovodstvo, Moskva **24** (1962) Nr. 7. S. 10–18. — 1 Abb., 7 Tab.

Läufer ab 4 Mon. erhielten überwiegend Kraftfutter (I), 50% Zuckerrüben in der Ration (II), 60–65% Zuckerrüben (III) bzw. 65% Zuckerrüben und silierte Maiskolben zu gleichen Teilen (IV). Die Tagesdurchschnittszunahmen betrugen 604 (I), 551 (II), 554 (III) und 529 g (IV); der Futteraufwand lag bei 4,64; 3,67; 5 und 5,5 FE/kg Zunahme bzw. 3,46; 1,59; 1,28 und 1,35 kg Kraftfutter/kg Zunahme. Die Schlachtausbeute war praktisch gleich hoch (60%), die beste Fettverteilung wies Gr. IV auf. Der Glykogengehalt des Rückenmuskels betrug 0,490; 0,404; 0,356 und 0,586%. Das Fleisch aller Gruppen war von guter Qualität und biologisch vollwertig. Wichtig ist, daß die Ferkel schon mit 10 Tagen an die Hackfrüchte gewöhnt werden. F. Schenk. 8536.

Chorev, M. I. (Chorew, M. I.) Otkorm svinej na racionach s sacharnoj svekloj i dobavkami gorocha i bobov. **(Die Schweinemast mit Zuckerrüben unter Zusatz von Erbsen und Bohnen.)** Životnovodstvo, Moskva **24** (1962) Nr. 8. S. 16–17. — 3 Tab.

4 Mon. lang erhielten 4 Läufergruppen je 40% Zuckerrüben und 60% Kraftfutter (I) bzw. 30% Kraftfutter und 30% Erbsen (II), 45% Kraftfutter und 15% Ölkuchen (III) sowie 35% Kraftfutter und 25% Futterbohnen (IV); die Zuckerrüben wurden roh verfüttert. Die Tageszunahmen betrugen dabei 403 (I), 600 (II), 527 (III) und 552 g (IV), der Futteraufwand je kg Zunahme 6,7 (I); 4,74 (II); 5,18 (III) und 4,87 FE (IV). Die Schlachtausbeute aller Gruppen wies nur geringe Unterschiede auf, die Speckdicke entsprach den Kennziffern für Fleischschweine, das Fleisch war von hoher Qualität.

F. Schenk. 8536.

Tichonov, I. T. (Tichonow, I. T.); Forsch.-Inst. für Landwirtsch. der Zentr. Bezirke des Nichtschwarzerdegebietes. Otkorm svinej na racionach s sacharnoj svekloj. **(Die Schweinemast mit Zuckerrüben.)** Svinovodstvo, Moskva **16** (1962) Nr. 11. S. 26. — 3 Tab.

Während eines 113 Tage dauernden Versuchs erhielten 3,5 Mon. alte Läufer der Großen Weißen Rasse folgende Futterrationen: I — 72,9% Kraftfutter; 22,5% Kartoffeln; 4,6% Rauhfutter; II — 72,6% Kraftfutter; 22,8% Zuckerrüben; 4,6% Rauhfutter; III — 57,6% Kraftfutter, 37,9 % Zuckerrüben und 4,5% Rauhfutter. Die Tagesdurchschnittszunahmen betrugen entsprechend 487, 531 und 520 g bei einem Futterverbrauch von 5,9; 5,44 und 5,72 FE/kg Zunahme. F. Schenk. 8536.

Mitchell, K. G. und Sedgwick, P. H.; Shinfield, Reading, Nat. Inst. for Res. in Dairying. The effect on the performance of growing pigs of the level of meal fed in conjunction with an unrestricted supply of whey. **(Der Einfluß der Kraftfuttermenge in Verbindung mit einer unbeschränkten Molkenergänzung auf die Leistung wachsender Schweine.)** J. Dairy Res. **30** (1963) Nr. 1. S. 35–45. — 1 Abb., 5 Tab., 7 Lit.

Mit insgesamt 180 Schweinen wurde in 4 Gruppen geprüft, welches Verhältnis von Grundfuttermischung (I) (Getreide, Fischmehl, Vit.+Antibiotica+Spurenelemente) zu Molke am günstigsten für die Schweinefütterung (44 bis 204 lb. Lgw.) ist. Die Schweine erhielten in den 4 Gruppen bei ständig freiem Zutritt zu Molke folgende Mengen an I: 1) 3 lb./Tier/Tag, ab 13 Lebenswochen 2 lb. 2) 3 lb. /Tier/Tag über die gesamte Versuchszeit 3) 2½ lb./Tier/Tag über die gesamte Versuchszeit und 4) wie 1), jedoch ab 20. Lebenswoche erhöht auf 2½ lb. Die Unterschiede in Wachstumsgeschwindigkeit, Futterverwertung und Schlachtqualität zwischen den Gruppen waren gering und statistisch nicht gesichert. Der unterschiedliche Verbrauch an I und Molke in den 4 Gruppen wird im Hinblick auf die Futterkosten diskutiert. Das Fütterungssystem der Gruppe 3 ist für die Praxis zu empfehlen. J. Wünsche. 8536.

Pyl'nikova, A. P. (Pylnikowa, A. P.); Minsk, Beloruss. Forsch.-Inst. für Tierzucht. Sacharnaja svekla v racionach svinomatok. **(Die Zuckerrübe in den Futterrationen von Sauen.)** Svinovodstvo, Moskva **16** (1962) Nr. 12. S. 26–27. – 2 Tab.
Sauen der Belorussischen Schwarzbunten Rasse erhielten während der Trächtigkeits- und Säugeperiode 50% Kraftfutter, 0% rohe gemuste Zuckerrüben, 40% Kartoffeln und 10% sonstige Futtermittel (I) bzw. 50, 20, 20 und 10% (II); 50, 40, 0 und 10% (III) und 75, 10, 10 und 5% (IV) dieser Futtermittel. Die Wurfzahl betrug entsprechend 8,8; 9,6; 10,8 und 9,2 Ferkel, das Absatzgewcht 14,3; 15,3; 15,0 und 14,5 kg. Tageszunahmen und Futterverbrauch je kg Zunahme der Ferkel betrugen 218 g und 1,53 FE; 235 g und 1,43 FE; 233 g und 1,46 FE bzw. 221 g und 1,51 FE. Die Zuckerrübe kann demzufolge 40% des Gesamtnährwertes der Ration ausmachen. F. Schenk. 8538.

Šelest, V. P. (Schelest, W. P.); Poltawa, Forsch.-Inst. für Schweinezucht. Ispol'zovanie gorocha, kukuruzy i sacharnoj svekly v racionach svinomatok. **(Die Verwendung von Erbsen, Mais und Zuckerrüben in den Futterrationen der Sauen.)** Svinovodstvo, Moskva **16** (1962) Nr. 11. S. 27–28. – 3 Tab.
Versuche mit 10 Mon. alten trächtigen Sauen der Großen Weißen Rasse haben gezeigt, daß bei Verfütterung von Maisschrot (45–35% des Nährwerts der Ration) mit Erbsenschrot (20–30%) und Zuckerrüben (23–25%) hohe Tagesdurchschnittszunahmen von 500–600 g bei guter physiologischer Entwicklung (Wurfgröße 9,4–11 Ferkel mit 1,22–1,30 kg Geburtsgewicht) erzielt werden. F. Schenk. 8538.

Arscott, G. H. und Harper, J. A.; Corvallis, Oregon State Univ., Dep. of Poultry Sci. Use of spelt in chick and poult rations. **(Der Einsatz von Spelzweizen in Küken und Geflügelrationen.)** Wld. Poultry Sci. J. **18** (1962) Nr. 3. S. 278–284. – 4 Tab., 11 Lit.
Der Austausch von Mais gegen Spelzweizen (*Triticum spelta*) brachte im Wachstum keine sig. Differenzen. Die Futterverwertung wurde andererseits negativ beeinflußt. Die Zugabe von 3% Fett verbesserte die Verwertung bei Küken geringfügig. Weiterhin trat eine bessere Ausnutzung des Spelzweizens durch Zugabe von Enzymen ein. Der Austausch von Mais gegen Gerste äußerte sich in einer Entwicklungsdepression. Keine sig. Differenzen traten beim Einsatz in Putenrationen auf. Die Erprobung von Enzymen erwies sich in diesen Rationen als unwirksam. Der Austausch von Weizen gegen Mais brachte eine nicht sig. Verbesserung des Wachstums. E. Urban. 8544.

FISCHEREI

A. ALLGEMEINES

Krefft, G.; Hamburg, Bundesforsch.-Anst. für Fischerei, Inst. für Seefischerei. **Verzeichnis der wissenschaftlichen, deutschen, englischen, norwegischen, französischen und spanischen Namen der in den deutschen Fischereistatistiken aufgeführten Tiere.** Jber. dtsch. Fischwirtsch. **1961** (hrsg. 1962) S. 312–316.
In einer Zusammenstellung werden die dtsch., wiss., engl., norweg., franz. und span. Namen von 81 Meeres- und Süßwasserfischen sowie von 13 Schal-, Krusten- und sonstigen Seetieren in alphabetischer Reihenfolge aufgeführt. Diese Wassertiere sind für die Meeres- und Binnenfischerei der BRD von Bedeutung. K. Anwand. 6010.

Mirică, G. H. Din realizările stațiunii piscicole „Nivka" — baza de cercetări experimentale a Institutului de cercetări piscicole pentru apele interioare ale R.S.S. Ucraineene. **(Über die Erfolge der Fischereistation „Niwka", einer Versuchsstelle des Forschungsinstitutes für Binnenfischerei der Ukrainischen SSR.)** Bul. Inst. Cercetări Proiectări piscicole **21** (1962) Nr. 3. S. 18–30. — 4 Tab., 52 Lit. Zus. in Russ., Franz. 6010.

Bohl, H., Mann, H. und Wünsche, G.; Hamburg, Bundesforsch.-Anst. für Fischerei. **Die Fischereiforschung.** Jber. dtsch. Fischwirtsch. **1961** (hrsg. 1962) S. 198–249.
Nach einer Zusammenstellung über die Fischerei-Forschungsinstitute und die Fischereivorlesungen an den Univ. und Hochschulen der BRD geben Vff. zusammenfassende Berichte über die im Jahre 1961 auf dem Gebiet der Seefischerei und der Binnenfischerei sowie der Fischbe- und -verarbeitung durchgeführten Untersuchungen. Ferner werden die im Berichtsjahr erschienenen fischereilichen Fachzeitschriften und die Publikationen in einem Literaturverzeichnis aufgeführt. K. Anwand. 6020.

Ebeling, G. **Der Einsatz der Fischereischutzboote (Fischereihilfsschiffe) „Frithjof", „Meerkatze", „Poseidon" und des Fischereiforschungsschiffes „Anton Dohrn" im Jahre 1961.** Jber. dtsch. Fischwirtsch. **1961** (hrsg. 1962) S. 166–172. — 1 Abb., 2 Tab.
1961 wurden von den FSB „Frithjof", „Meerkatze" und „Poseidon" 26 Reisen mit insgesamt 741 Seetagen über 96513 Seemeilen Entfernung durchgeführt, bei denen 2319 Hilfeleistungen in Krankheitsfällen und 1351 techn. Hilfeleistungen sowie zahlreiche Wetterbeobachtungen und -meldungen durchgeführt wurden. Die Zusammenarbeit mit ausländischen Hilfsschiffen und Hafenbehörden war gut. Das FFS „Anton Dohrn" legte auf 9 Reisen mit 222 Seetagen über 38200 Seemeilen zurück, auf denen neben den Forschungsaufgaben Hilfsdienste sowie Wetterbeobachtungen und -meldungen durchgeführt wurden. Für ein zweites FFS wurde im Jan. 1962 nach umfangreichen Vorarbeiten der Bauauftrag erteilt. K. Anwand. 6020.

Walden, H. und Mertins, H. O.; Hamburg, Dtsch. Wetterdienst, Seewetteramt. **Aus der Arbeit der Bordwetterwarten auf den Fischereischutzbooten „Meerkatze" und „Poseidon" sowie auf dem Fischereiforschungsschiff „Anton Dohrn" im Jahre 1961.** Jber. dtsch. Fischwirtsch. **1961** (hrsg. 1962) S. 173–182. — 8 Tab.
Die Tätigkeit der Bordwetterwarten der FSB und des FFS bestand 1961 wie in den Vorjahren in der Durchführung von Wetterbeobachtungen und -meldungen sowie in der Ausarbeitung von Wetterkarten für die Fischereifahrzeuge. Anhand der gesammelten Beobachtungsdaten werden die Windverhältnisse auf den Fangplätzen, die Sturmhäufigkeit auf den Fischereigebieten um Island, unter Norwegen, in der Barents-See, in der Nordsee und bei den Färöern sowie östlich Neufundland und westlich Grönland und der Ablauf der Großwetterlagen im Berichtsjahr erläutert. K. Anwand. 6020.

Mikeeva, A. P. Consfătuirea unională în problema folosirii în scopuri piscicole a speciilor Ctenopharyngodon idella şi Hypophthalmichthys molitrix. **(Die Unionskonferenz über die fischereiliche Nutzung von Ctenopharyngodon idella und Hypophthalmichthys molitrix.)** Bul. Inst. Cercetări Proiectări piscicole **21** (1962) Nr. 4. S. 62–66. 6020.

Heen, Eirik und *Kreuzer, Rudolf, Ed.* **Fish in nutrition.** London: Fishing News [Books] Ltd. 1962. (XXIII, 447 S. m. Abb., Tab. u. Reg.) 22 × 28 cm. £ 6 6 s. Vom 19.–27. Sept. 1961 veranstaltete die FAO einen internationalen Kongreß in Washington, der die Bedeutung des Fisches für die Ernährung behandelte. An dieser wichtigen Tagung nahmen über 300 Fischerei- und Ernährungsfachleute aus 34 Ländern teil. Das vorliegende, 447 Seiten umfassende Werk enthält alle hier gehaltenen Vorträge und Diskussionsbeiträge. Die Fülle des Stoffes machte eine Gliederung in 5 Hauptabschnitte erforderlich. Im 1. Teil wird auf die Rolle des Fisches in der Welternährung hingewiesen (5 Arbeiten). Das 2. Kapitel ist der chem. Zusammensetzung der Fische und deren Veränderungen bei der Verarbeitung gewidmet: Eiweiß und allg. Zusammensetzung, Fette und Vitamine, Einfluß der Verarbeitung. Im 3. Teil wird dargestellt, inwieweit Fische und Fischwaren an der Ernährung der Völker beteiligt sind (17 Arbeiten, untergliedert in Allgemeines, Eiweiß, Fette, Spurenelemente). Kapitel 4 geht auf die Verwendung von Fischen und Fischereiprodukten in der Tierernährung ein (14 Arbeiten; Allgemeines, Wiederkäuer, Schweine, Geflügel, Pelztiere). Der 5. und letzte Abschnitt stellt den Bedarf an Fisch für die menschliche Ernährung und die Möglichkeit eines gesteigerten Verbrauchs dar (7 Arbeiten). Die Vorträge enthalten zum Teil sehr umfangreiche Literaturverzeichnisse und sind mit zahlreichen Abb. und Tab. versehen. Jede Arbeit ist mit einer engl., franz. und span. Zusammenfassung ausgestattet. 57 Fotografien sind in den Text eingestreut. Am Schluß der einzelnen Abschnitte finden sich jeweils die Diskussionsbeiträge. Ein Sachregister rundet das Werk ab. W. Steffens.

B. BIOLOGIE DER FISCHEREILICHEN NUTZTIERE

Biologie der Fische

Grozavu, P. Biologia sumară a speciilor de peşti din ihtiofauna R.P. Chineză, aflate în curs de aclimatizare în R.P.R. şi rezultatele obţinute în direcţia unor astfel de aclimatizări în alte ţări, în condiţii de climă asemanatoare cu a ţării noastre. **(Kurze Biologie der Fischarten aus der Ichthyofauna der Volksrepublik China, die sich zur Akklimatisierung in der Rumänischen Volksrepublik befinden, und die Ergebnisse, die bei einer solchen Akklimatisierung in anderen Ländern mit ähnlichem Klima erzielt wurden.)** Bul. Inst. Cercetări Proiectări piscicole **21** (1962) Nr. 4. S. 12–24. — 4 Abb., 3 Tab., 9 Lit. Zus. in Russ., Franz. 6080.

Teleguţ, M. und Nadra, E. Anghila în rîul Cerna (Banat). **(Der Flußaal im Cerna-Fluß.)** Bul. Inst. Cercetări Proiectări piscicole **21** (1962) Nr. 4. S. 92 bis 93. — 6 Lit. Zus. in Russ., Franz. 6080.

Burrage, Bryan R.; San Diego, Calif., San Diego Zool. Soc. Notes on some captive minnows, Pimephales promelas Rafinesque. **(Aquarien-Beobachtungen an Exemplaren von Pimephales promelas.)** Trans. Kansas Acad. Sci. **64** (1961) Nr. 4. S. 357–359. — 5 Lit.

In der Literatur werden diese Fische einmal als Verzehrer pflanzlichen Materials, zum anderen als „Allesfresser" bezeichnet. Vf. stellte fest, daß zwar Algen und Pflanzenteile aufgenommen, daß aber Nährtiere bevorzugt wurden, falls sie verfügbar waren. Weiterhin werden Nestbau, Laichvorspiel, Ablaichen Brutpflege, Schlupf der Jungfische sowie deren Ernährungsweise und Wachstum beschrieben. G. Merla. 6080.

Lawler, G. H.; London, Ontario, Fisheries Res. Board of Canada, Biol. Stat. The biology and taxonomy of the burbot, Lota lota, in Heming Lake, Manitoba. **(Die Biologie und Taxonomie der Quappe, Lota lota, im Heming-See, Manitoba.)** J. Fisheries Res. Board Canada **20** (1963) Nr. 2. S. 417–433. — 5 Abb., 7 Tab., 16 Lit.

Aus dem Heming-See wurde mehrere Jahre Material an *Lota lota* gesammelt. Das größte festgestellte Alter betrug 8 Jahre. Über 70% des Fanges gehörten zur Altersgruppe III und IV. Der größte Fisch war 33 Zoll (84 cm) lang und 11 pounds (ca. 5 kg) schwer. Das Wachstum der Heming-See-Quappen erscheint langsamer als das der Fische im Erie- und Simcoe-See. Die Hauptnahrung nach Befunden in 1441 Quappenmägen waren *Perca flavescens*, neunstachliger Stichling und Krebse. Winternahrung waren meist ausschließlich Stichlinge. Die mittlere Eizahl betrug ca. 0,5 Mill. Das Laichen erfolgte vermutlich Anfang März. An über 100 Fischen durchgeführte morphometrische Untersuchungen und die Ungleichmäßigkeit publizierter Daten ließen keine ausreichenden subspezifischen Differenzen finden. Alle Quappen sollten zu *Lota lota* gezählt werden. Wolfgang Müller. 6080.

Smith, Gerald R.; Ann Arbor, Univ. of Michigan, Museum of Zool. A late Illinoian fish fauna from Southwestern Kansas and its climatic significance. **(Die Fischfauna der Illinoian-Formation des südwestlichen Kansas und ihre klimatischen Besonderheiten.)** Copeia [Philadelphia] **1963** Nr. 2. S. 278 bis 285. — 4 Abb., 13 Lit. 6082.

Kaiser, Peter; Hamburg, Univ., Zool. Inst. **Studien an Körperformen von Goldfischen, zugleich ein Beitrag zur Kenntnis der Metamorphose der Knochenfische.** Z. wiss. Zool., Abt. A **168** (1963) Nr. 1/2. S. 4–34. — 13 Abb., 28 Lit.
Als Untersuchungsobjekt diente der chinesische Schleierschwanz (*Carassius auratus*) vom Typus des Ryukin, der einen unverbildeten Kopf besitzt, so daß Vergleiche mit der Wildform, jungen Karauschen, angestellt werden können. Gegenüber der Wildform blieben beim Schleierschwanz die Relationen Wirbellänge zu Kopflänge und Wirbelsäulenlänge zu Kopflänge zurück. Die Wirbel der Schleierschwänze sind gedrungener als die der Karausche, obwohl die Knorpelkerne gleich groß sind. Die Myomeren adulter Schleierschwänze unterscheiden sich von denen der Wildform hinsichtlich ihrer Form und Größe. In den Eingeweiden zeigen sich ebenfalls Unterschiede. Beim Schleierschwanz ist der Kaudalteil der Schwimmblase auffallend klein und nahezu kugelförmig. Darm und Leber sind ebenfalls verlagert. Die Ovarien sind schwächer ausgebildet. In der Kopfniere erwachsener Schleierschwänze finden sich noch Glomeruli und Nierenkanälchen, die bei der Wildform völlig zurückgebildet sind. Während der Metamorphosezeit ist in der Schilddrüse auffallend wenig Kolloid vorhanden. Von diesem Stadium der Erschöpfung an kommt es zu einer außergewöhnlichen Vermehrung des Kolloids. M. Hegemann. 6085.

Day, L. R.; St. Andrews, New Brunswick, Fisheries Res. Board of Canada, Biol. Stat. Organogenesis of the opercular apparatus in Salvelinus fontinalis (Mitchill). **(Die Bildung des Opercular-Apparates bei Salvelinus fontinalis.)** J. Fisheries Res. Board Canada **20** (1963) Nr. 2. S. 347–372. — 40 Abb., 1 Tab., 8 Lit.
Es lassen sich 4 Phasen der Opercular-Entwicklung erkennen: 1. Bildung der Hyoid- und Branchial-Bögen (Gesamtlänge L_t der Embryonen 4,5–6,5 mm); 2. Ausfaltung des Operculum aus undifferenziertem Mesenchymgewebe und Spezialisierung des Hyoid-Bogens (L_t 6,5–9,08 mm); 3. rückwärtiges Operculum-Wachstum zur Überdeckung der 4 Branchial-Bögen vor dem Schlüpfen, Beginn der Knochenbildung in Operculum, Kiemen und Brustflossengürtel, (L_t 9,0–14,0 mm), die Muskulatur des Operculum ist beim Schlüpfen vollständig vorhanden; 4. Wachstumsperiode nach dem Schlüpfen.
G. Merla. 6085.

Meinel, W. **Anatomische und funktionelle Untersuchungen am Visceralapparat einiger Acipenseridae.** Naturwissenschaften **47** (1960) Nr. 14. S. 334.
Die Protrusion des subterminal gelegenen Mundes erfolgt durch den M. protractor hyomandibularis. Die Hyomandibula überträgt diese Bewegung auf das Symplecticum. Bei seiner Protrusion gleitet der Kieferapparat an einer von den Procc. palatobasales laterales et mediales des Neurocraniums gebil-

deten Gleitbahn entlang. Diesen Vorgang sichern einige bislang nicht bekannte Bänder. Es sind dies die Ligg. maxillo-hyomandibulare, mandibuloceratohyale, praemaxillo-palatobasale, cranio-metapterygoidale, cranio-postpalatinale. Ein zu weites Zurückgleiten des Kieferapparates nach Kontraktion des M. retractor hyomandibularis verhindert ein basaler Wulst des Neurocraniums, der Torus subbasisphenoideus. In den Barteln ist ein den distalen Teil der Barteln rostrad krümmender und bisher nicht bekannter Muskel vorhanden, der M. tentaculi. E. Amlacher. 6085.

Flüchter, Jürgen. **Funktionsanatomische Untersuchungen am Kieferapparat der Heringslarven.** Kurze Mitt. Inst. Fischereibiol. Univ. Hamburg **1962** Nr. 12. S. 1–12. — 7 Abb., 5 Lit. 6085.

Kapoor, A. S. Sensory canals and related dermal bones of the head in Heteropneustes fossilis Bloch. **(Sinneskanäle und dazugehörige Hautknochen im Schädel von Heteropneustes fossilis.)** Z. wiss. Zool., Abt. A **164** (1960) Nr. 3/4. S. 315–323. — 4 Abb., 7 Lit.

Die Anordnung der Sinneskanäle im Schädel von *Heteropneustes fossilis* liegt innerhalb des bei Knochenfischen festzustellenden allg. Bauplanes. Die Infra- und die Supraorbitalkanäle sind hinter dem Auge miteinander verbunden. Der Mandibularkanal setzt sich in den Präopercularkanal fort und dieser öffnet sich in den Temporalkanal in der Region des Pteroticums. Es wird darauf aufmerksam gemacht, daß die Öffnungen der Sinneskanäle aus kurzen Rohren oder längeren Zweigen entstehen, die meist nach rückwärts gerichtet sind. Außerdem ist eine frontale Kommissur nicht vorhanden und daher finden wir auch keinen querverlaufenden kommissuralen Supratemporalkanal. E. Amlacher. 6085.

Andersen, P., Jansen, J. K. S. und Løyning, Y.; Oslo, Univ., Anatomical Inst., Neurophysiol. Lab. Slow and fast muscle fibres in the Atlantic hagfish. **(Langsame und schnelle Muskelfibrillen beim Inger [Myxine glutinosa].)** Acta physiol. scand. **57** (1963) Nr. 1/2. S. 167–179 — 7 Abb., 21 Lit.

Im Parietalmuskel des Inger sind 2 histologisch unterscheidbare Fibrillentypen vorhanden. Mit Hilfe eingestochener Elektroden sind die Aktionspotentiale nach Reizung des motorischen Nervens gemessen worden. Die als schnell bezeichneten Fibrillen haben eine Latenzzeit von 150 m/s, während die langsamen eine von mehr als 500 m/s hatten. Das Restpotential der Membranen war bei den schnellen Fibrillen 74,6 mV, bei den langsamen 46 mV. M. Hegemann. 6085.

Kirka, Anton; Bratislava, ČSSR. **Die äußere Gehirnform des Donaunerflings (Rutilus pigus virgo He.) und ein Vergleich seines Gehirns mit dem der Donauplötze (Rutilus rutilus carpathorossicus Vladykov) und der Elbeplötze (Rutilus rutilus friči Mišík.)** Z. Fischerei Hilfswiss. [N.F.] **11** (1962) Nr. 1/2. S. 129–141. — 5 Abb., 2 Tab., 16 Lit.

Die Arbeit ist eine Fortführung der Gehirnstudien an Fischen aus dem Donausystem der Slowakei vom gleichen Vf. Es werden die Oberflächen der einzelnen Gehirnabschnitte miteinander in Beziehung gesetzt und die gemessenen Werte in Bezug auf den gleichen Gehirnteil verglichen sowie die Veränderungen während des Wachstums angegeben. Vf. nimmt einen Vergleich der Formwerte mit den Umweltbedingungen und der Ernährungsweise der 3 Fischarten vor und kommt zu vorläufig noch hypothetischen Rückschlüssen auf einen adaptativen Zusammenhang zwischen Gehirnform und Lebensweise. Das stark differenzierte Cerebellum bei *R. pigus virgo* wird als Anpassung an das stark rheophile Milieu gedeutet. Die geringste Strukturierung ist hier bei *R. r. friči*, einem Bewohner stehender oder nur sehr langsam fließender Gewässer, vorhanden. M. Hegemann. 6085.

Kirka, Anton; Bratislava. Stroenie golovnogo mozga dunajskich predstavitelej Perciformes i značenie izučenija mozga dlja sistematiki i ėkologii ryb. **(Der Bau des Gehirns der in der Donau lebenden Vertreter der Perciformes und die Bedeutung der Gehirnuntersuchungen für die Systematik und Ökologie der Fische.)** Zoologičeskij žurnal, Moskva **42** (1963) Nr. 3. S. 400–407. — 7 Abb., 9 Lit. Zus. in Engl. Vgl. vorst. Ref.
Der Bau des Gehirns weist bei den untersuchten Perciden aus dem tschechischen Teil der Donau signifikante Unterschiede auf. Fischarten, welche taxonomisch nahe verwandt sind, zeichnen sich durch große Ähnlichkeit der Gehirnformen aus. So ist z.B. *Lucioperca* mit *Acerina* näher verwandt als mit *Aspro* und *Romanichthys*. Das Gehirn ist bei den rheophilen Arten flacher als bei den Arten der stehenden Gewässer. H.-W. Hattop. 6085.

Furshpan, E. J. und Furukawa, T.; Boston, Mass., Harvard Univ., Med. School, Dep. of Pharmacol., Neurophysiol. Lab. Intracellular and extracellular responses of the several regions of the Mauthner cell of the goldfish. **(Intra- und extrazelluläre Reaktionen der verschiedenen Regionen der Mauthner-Zelle des Goldfisches.)** J. Neurophysiol. **25** (1962) Nr. 6. S. 732–771. — 17 Abb., 48 Lit.
Vom Zellkörper, der Axon-Hügel-Region, dem seitlichen Dendriten und dem Axon der Mauthner-Zelle des Goldfisches (*Carassius auratus*) sind Aktionspotentiale abgenommen worden. Die Lagebestimmung der Elektroden erfolgte nachträglich durch histochem. Eisennachweis, der durch Eisensalzbildung längs der Elektroden ermöglicht wurde,. Die deutlichste extrazelluläre Wirkung war ein einphasischer negativer Spike, der ein Maximum bis zu 45 mV erreichte. Vom Axonhügel und dem Soma intrazellulär abgeleitete Potentiale wiesen Spikes von 30–40 mV (max . 53 mV) auf; das Restpotential betrug 70–80 mV. Beim seitlichen Entfernen der Elektroden vom Axon-Hügel nehmen die Spikeamplituden deutlich ab. Die genannte Region ist wahrscheinlich der Ort des Hauptaktionspotentials in der Mauthner-Zelle. M. Hegemann. 6085.

Johnson, Howard E. und Brown, C. J. D. Olfactory apparatus in the black rockfish, Sebastodes melanops. **(Der Geruchsapparat von Sebastodes melanops).** Copeia [Philadelphia] **1962** Nr. 4. S. 838–840. — 1 Abb., Lit. 6085.

Breit, J. R. und Groot, C.; Nanaimo, Brit. Columbia, Fisheries Res. Board of Canada, Biol. Stat. Some aspects of olfactory and visual responses in pacific salmon. **(Einige Ansichten zu den olfaktorischen und visuellen Reaktionen beim Pazifik-Lachs.)** J. Fisheries Res. Board Canada **20** (1963) Nr. 2. S. 287–303. — 3 Abb., 48 Lit.
Die Arbeit stellt eine Zusammenfassung der laufenden und abgeschlossenen Untersuchungen des Fisheries Research Board of Canada auf dem Gebiet der olfaktorischen und visuellen Orientierungsmöglichkeiten der Pazifik-Lachse (Gattung *Oncorhynchus*) dar. M. Hegemann. 6085.

Olivereau, Madeleine. Cytologie de l'hypophyse du cyprin (Carassius auratus L.). **(Cytologie der Hypophyse von Carassius auratus.)** C. R. hebd. Séances Acad. Sci. **255** (1962) Nr. 16. S. 2007–2009. 6085.

Leray, Claude. Étude de l'incorporation de cystéine marquée au soufre 35 dans le système hypothalamo-hypophysaire et plus spécialement dans l' adénohypophyse chez un téléostéen: Mugil cephalus L. **(Untersuchung über die Aufnahme von mit Schwefel 35 markiertem Cystein im Hypothalamus-Hypophysen-System unter besonderer Berücksichtigung der Adenohypophyse des Teleosteers Mugil cephalus.)** C.R. hebd. Séances Acad. Sci. **256** (1963) Nr. 3. S. 795–798. 6085.

Roots, Betty I. und Prosser, C. Ladd; Urbana, Ill., Univ., Dep. of Physiol. Temperature acclimation and the nervous system in fish. **(Temperatur-**

anpassung und das nervöse System beim Fisch.) J. exp. Biol. **39** (1962) Nr. 4. S. 617–629. — 6 Abb., 4 Tab., 21 Lit.
Die Kälteblocktemperatur eines einfachen Reflexes bei *Carassius auratus* und *Lepomis macrochirus* war 10°, 5° und 1 °C bzw. für an 35 °C angepaßte Fische 25° und 15 °C. Die Reaktion eines an 5 °C angepaßten Fisches wurde bei 1 °C nicht geblockt. Ähnliche Resultate ergaben sich bei Goldfischen mit unmittelbar hinter der Medulla durchtrenntem Rückenmark. Die Schwimmgeschwindigkeit von *L. cyanellus* steht in Beziehung zur Umgebungstemperatur. Die oberen und unteren blockenden Temperaturen hängen hier ebenfalls von der Anpassung ab. Periphere Nerven von an 25 °C angepaßten *L. macrochirus* und *L. cyanellus* leiten Impulse auch noch unterhalb von 5 °C. Vff. nehmen an, daß der Ort der Kälteblockung im ZNS zu suchen ist.
M. Hegemann. 6085.

Krohn, Henni und Piiper, Johannes. **Gassekretion in die Schwimmblase der Schleie (Tinca tinca [L.]) in Wasser mit erniedrigtem N_2-Druck.** Naturwissenschaften **49** (1962) Nr. 18. S. 428–429. — 1 Abb., 1 Tab., 15 Lit.
6085.

Strotkoetter, Eberhard. **Rezeption hydrostatischer Drucke bei Fischen und ihre Mitwirkung an der Orientierung im Raum.** Naturwissenschaften **47** (1960) Nr. 24. S. 611–612. — 3 Lit.
Dressurversuche ergaben, daß die Druckrezeption auch bei Orientierungsleistungen mitwirken kann, jedoch nur eine begrenzte Rolle dabei spielt. Wahrscheinlich kann ein Schwimmblasenfisch außer Druckänderungen noch registrieren, ob er sich oberhalb oder unterhalb der Äquilibrationsebene befindet und wieweit er ungefähr davon entfernt ist. Die Mechanismen der Druckrezeption (Schwimmblase — Weberscher Apparat) erscheinen nicht geeignet. einen Druck seiner absoluten Größe nach zu registrieren und dem Fisch ein Rezeptionsvermögen für die Wassertiefe zu geben. E. Amlacher. 6085.

Houston, Arthur Hillier. Some observations on water balance in the goldfish Carassius auratus L., during cold death. **(Einige Beobachtungen über das Wassergleichgewicht beim Goldfisch Carassius auratus L. während des Kältetodes.)** Canad. J. Zool. **40** (1962) Nr. 7. S. 1169–1174. — 2 Abb., 11 Lit.
Der Kältetod von Goldfischen, die an 20–22 °C angepaßt waren und plötzlich Temperaturen von 2,5–3,5 °C ausgesetzt wurden, war mit einer Abnahme des Plasmachloridgehaltes verbunden, während in den Geweben keine merkliche Veränderung vorkam. Wenn auch der Wassergehalt der Gewebe rel. konstant blieb, zeigten doch die Veränderungen des Chloridgehaltes eine fortschreitende Abgabe von Flüssigkeit aus der zellulären an die extrazelluläre Phase an. Obgleich bei niedrigen Temperaturen Störungen im osmoregulatorischen System auftreten, reichen diese allein nicht aus, den Kältetod zu erklären.
M. Hegemann. 6085.

Saunders, Richard L.; St. Andrews, New Brunswick, Fisheries Res. Board of Canada, Biol. Stat. Respiration of the Atlantic cod. **(Die Atmung des atlantischen Kabeljau.)** J. Fisheries Res. Board Canada **20** (1963) Nr. 2. S. 373 bis 386. — 5 Abb., 3 Tab., 12 Lit.
Die Messung des Sauerstoffverbrauches bei *Gadus morhua* zwischen 3° und 15 °C zeigte einen merklichen Größeneffekt. Kleine Dorsche verbrauchen mehr O_2 pro Gewichtseinheit als große. Temperaturzunahme läßt den O_2-Verbrauch sowohl bei gefütterten als auch bei hungernden Tieren ansteigen. Nach der Fütterung ist eine 40–90%ige Zunahme zu verzeichnen. Im Versuch gewesene Tiere kehren nach 3–5 Std. wieder zum Normalniveau zurück. Verringerung des O_2-Gehaltes im Medium von 10 auf 3 mg/l läßt den O_2-Verbrauch bei gleichzeitig erhöhter Atemfrequenz zurückgehen.
M. Hegemann. 6085.

Satchell, G. H. Intrinsic vasomotion in the dogfish gill. **(Innere Vasomotion in der Haikieme.)** J. exp. Biol. **39** (1962) Nr. 4. S. 503–512. – 6 Abb., 20 Lit.
An durch Curare anaesthesierten Dornhaien (*Squalus acanthias*) ist die Wirkung von 2 Min. anhaltender O_2-Freiheit des Mediums geprüft worden. Der Sauerstoffmangel wurde entweder durch Einführen sauerstoffarmen Wassers in den Pharynx der Fische oder durch Stoppen des normalen Seewasserdurchflusses erreicht. Der ventrale systolische Aortendruck stieg während der 2 Min. durchschnittl. von 24,1 auf 27,1 mm Hg an. Dagegen fiel der dorsale Aortendruck von 16,3 auf 12,4 mm Hg. Die Schlagzahl des Herzens nahm von 38 auf 20 ab. Weder Durchschneidung aller Branchialnerven noch die Atropinisierung vermögen die Reaktionen zu tilgen. M. Hegemann. 6085.

Ostroumova, I. N. (Ostroumowa, I. N.); Leningrad, Staatl. Forsch.-Inst. für Binnenfischerei. O pervom pojavlenii gemoglobina u ėmbrionov radužnoj foreli (*Salmo irideus* Gibbons). **(Über das erste Auftreten des Hämoglobins bei den Embryonen der Regenbogenforelle [Salmo irideus].)** Doklady Akademii nauk SSSR, Moskva **147(30)** (1962) Nr. 1. S. 263–264. – 1 Tab., 5 Lit.
Bei 8–9° wurden die auf Uhrgläsern befindlichen Eier der Regenbogenforelle mit Benzidin-Reagens (nach Slonimski und Lapinski 1932) auf den Zeitpunkt der Hämoglobin-Bildung untersucht. Nach 12 Tagen konnten die ersten Herzbewegungen festgestellt werden und nach 13 Tagen, bei Anlage der Brustflossen, die ersten Spuren von Hämoglobin. Die Bewegung von Erythrozyten in den Blutgefäßen konnte nach 15 Tagen festgestellt werden, und nach 25Tagen war die ganze Oberfläche des Dotters mit Blutgefäßen überzogen. Niederer Sauerstoffgehalt im Milieu (5,8–6,8 mg/l) verzögert (16 Tage), während hoher O_2-Gehalt ($>$ 20 mg/l) keinen Einfluß auf die Hämoglobinbildung zeigt, wohl aber auf die weitere Entwicklung (Kontrolle 9–11 mg/l O_2). A. Kosler. 6085.

Fey, F. **Cytochemische Untersuchungen an Selachier-Blutzellen.** Naturwissenschaften **47** (1960) Nr. 24. S. 604. – 1 Tab., 9 Lit.
Die Blutzellen von *Scyllium* besitzen kaum Peroxydase. Nur bei den spezialgranulierten Leukozyten treten, wenn man unmittelbar nach der Blutentnahme die Reaktion durchführt, einige kleine Granula auf. Die PAS-Reaktion ist mit Ausnahme der Lymphozyten bei allen Blutzellen positiv. Größtenteils dürfte es sich um Glykogen handeln, da nach Speichelverdauung nur noch die Thrombozyten in Form granulärer Elemente positiv reagieren. Die Erythrozyten enthalten nur im Bereich des Neutralrotkörpers Glykogen. Alkalische Phosphatasen sind in geringer Menge bei allen Blutzelltypen außer den Erythrozyten vorhanden. Die sauren Phosphatasen treten bei den Granulozyten mit stark positiven Reaktionen in Erscheinung. Bei den Basophilen fand sich die stärkste Reaktion, die jemals in den Blutzellen der bisher untersuchten Tiere nachgewiesen werden konnte. Die übrigen Blutzellen besitzen weniger saure Phosphatasen. Esterasen lassen sich in allen Zelltypen des Blutes in verschiedener Menge nachweisen. E. Amlacher. 6085.

Pequin, Louis. Les teneurs en azote ammoniacal du sang chez la carpe (Cyprinus carpio L.). **(Der Gehalt an Ammoniakstickstoff im Blut des Karpfens [Cyprinus carpio].)** C. R. hebd. Séances Acad. Sci. **255** (1962) Nr. 15. S. 1795–1797. 6085.

Colas, Juliette und Devillers, Charles. Les acides aminés libres dans le développement de la truite (Salmo irideus). **(Die freien Aminosäuren während der Entwicklung der Forelle [Salmo irideus].)** C. R. hebd. Séances Acad. Sci. **255** (1962) Nr. 16. S. 1997–1998. 6085.

Stainier-Lambrecht, A. Hétérogénéité de la L-méromyosine de carpe. **(Heterogenität des L-Meromyosins des Karpfens [Cyprinus carpio].)** Arch. int. Physiol. Biochim. [Liège, Belgique] **70** (1962) Nr. 5. S. 682–710. 6085.

Tsuyuki, H. und Roberts, E.; Vancouver, Brit. Columbia, Fisheries Res. Board of Canada, Technol. Stat. Species differences of some members of salmonidae based on their muscle myogen patterns. **(Artdifferenzierungen bei einigen Salmoniden auf der Grundlage ihrer Muskelmyogen-Fraktionen.)** J. Fisheries Res. Board Canada **20** (1963) Nr. 1. S. 101–104. — 2 Abb., 1 Tab., 15 Lit.

Die Muskelmyogen-Fraktionen der in Kanada vorkommenden Salmoniden sind mittels Stärkegel-Elektrophorese dargestellt worden. Untersucht wurden aus der Gattung *Salvelinus* 2, der Gattung *Salmo* 3 und der Gattung *Oncorhynchus* 5 Arten. Bis auf die Regenbogen- und Stahlkopfforelle waren alle Arten anhand der unterschiedlichen Fraktionen unterscheidbar, während die beiden Forellenarten gleichartige Proteinfraktionen aufwiesen. Die Vff. diskutierten anhand der Ergebnisse die möglichen Verwandtschaftsbeziehungen der Arten untereinander. M. Hegemann. 6085.

Delco jun., Exalton, A. und Beyers, Robert J.; Austin, Tex., Huston-Tillotson Coll., Dep. of Biol.; Port Aransas, Tex., Univ., Inst. of Marine Sci. Reduced metabolic rates in males of two cyprinid fishes. **(Reduzierte Stoffwechsel-Raten bei Milchnern zweier Cypriniden-Arten.)** Copeia [Philadelphia] **1963** Nr. 1. S. 176–178. — 1 Abb., 1 Tab., 16 Lit.

Während Stoffwechsel-Abwandlungen sonst meist durch veränderte O_2-Werte festgehalten werden, wurde hier die CO_2-Abgabe als Maßstab gebraucht. Auf diesem Wege wurde bei Milchnern von *Notropis venustus* und *N. lutrensis*, die einzeln in 1-l-Vollglas-Aquarien gehalten wurden, in der Regel eine Stoffwechsel-Depression von ca. 20–30% ermittelt, wenn sie entweder ihr Spiegelbild oder einen Rogener in einem 2. Aquarium zu sehen bekamen. 2 hiervon abweichende Befunde werden diskutiert. Beide Fischarten sind als schwarmbildend bekannt, was sehr wahrscheinlich zur richtigen Deutung des Versuchsergebnisses beiträgt. G. Merla. 6085.

Townsley, P. M. und Scott, M. A.; Halifax, Nova Scotia, Fisheries Res. Board of Canada, Technol. Stat. Systaltic muscular action of the kidney tubules of flounder. **(Systaltische Muskelbewegungen der Nierenkanälchen der Flunder.)** J. Fisheries Res. Board Canada **20** (1963) Nr. 1. S. 243–244. — 1 Abb.

In einem Nierenexplantat der amerikanischen Flunder (*Pseudopleuronectes americanus*), das nach der Operation in Medium 199 mit 50 E. Penicillin, 50 E. Streptomycin und 25 E. Mycostatin pro ml eingebracht und später im gleichen Medium mit einem Zusatz von 10% Menschenserum aufbewahrt wurde, zeigten sich während der 3wöchigen Untersuchungen regelmäßig systaltische Bewegungen. Diese bestanden aus einer Kontraktion mit anschließender Erschlaffung einiger Abschnitte der Tubuli. Die Bewegungen waren alle 10–40 Sek. zu beobachten. M. Hegemann. 6085.

Dijkgraaf, S. Sound reception in the dogfish. **(Tonwahrnehmungen bei Scyliorhinus caniculus.)** Nature [London] **197** (1963) Nr. 4862. S. 93–94. — 7 Lit. 6085.

Eisler, Ronald; Highlands, N.J., U.S. Fish and Wildlife Serv., Sandy Hook Marine Lab. Partial albinism and ambicoloration in winter flounder, Pseudopleuronectes americanus. **(Partieller Albinismus und beidseitige Färbung bei Pseudopleuronectes americanus.)** Copeia [Philadelphia] **1963** Nr. 2 .S. 275–277. — 2 Abb., 17 Lit. 6085.

Bainbridge, Richard; Cambridge, Univ., Zool. Lab. Training, speed and stamina in trout. **(Training, Geschwindigkeit und Ausdauer bei der Forelle.)** J. exp. Biol. **39** (1962) Nr. 4. S. 537–555. — 8 Abb., 2 Tab., 22 Lit.

Eine Anzahl von Forellen (*Salmo irideus*) wurden in einem Rotationsbecken mit 25 cm/s Wassergeschwindigkeit 12 Mon. lang gehalten. Bei der nach-

folgenden Prüfung ihrer Schwimmgeschwindigkeit und Ausdauer zeigte sich, daß bei kurzzeitigem Schwimmen die trainierten Fische sich von den gewöhnlichen Tieren nicht unterschieden, jedoch bei längeren Beanspruchungen im Vorteil waren. Die Ausdauer ist individuell verschieden.
M. Hegemann. 6085.

Helfrich, Philip und Banner, Albert H.; Honolulu, Univ. of Hawaii, Hawaii Marine Lab.; Dep. of Zool. Experimental induction of ciguatera toxicity in fish through diet. **(Experimentelle Erzeugung von Ciguatera-Toxizität bei Fischen durch Fütterung.)** Nature [London] **197** (1963) Nr. 4871. S. 1025–1026. — 8 Lit.

Die Nahrungskettenhypothese zur Entstehung von Ciguatera-Giftigkeit bei Fischen stützt sich auf 3 Annahmen: 1. Das Gift gelangt mit dem Futter in den Fisch; 2. Auf die Fische wirkt das Gift nicht schädigend; 3. Das aufgenommene Gift wird im Fischkörper in pharmakologisch unveränderter Form gespeichert. Durch Fütterung von giftigem Fleisch von *Lutjanus bohar* an *Acanthurus xanthopterus* über 6–18 Mon. konnte eine Giftanreicherung erzielt werden, die im Tierversuch mit Warmblütern schwere toxische Schäden (Lähmungen, Tod) verursachte. Th. Mattheis. 6085.

Agapov, I. D. (Agapow, I. D.); Welikolukije, Abt. des Unions-Forsch.-Inst. für Binnenfischerei der Akad. der Wiss. der UdSSR. Vlijanie kolebanij urovnja na uslovija razmnoženija ryb v vodochraniliščach. **(Einfluß der Pegelschwankungen auf die Fortpflanzungsbedingungen der Fische in den Stauseen.)** Trudy soveščanij. Ichtiologičeskaja komissija. Akademija nauk SSSR, Moskva — Leningrad **10** (1961) S. 200–202. — 2 Abb., 2 Lit. 6090.

Fry jun., Donald H. King salmon spawning stocks of the California Central Valley, 1940–1959. **(Laichbestände von Oncorhynchus tshawytscha im Central Valley von Kalifornien, 1940–1959.)** Calif Fish and Game **47** (1961) Nr. 1. S. 55–71. — 1 Abb., 4 Tab., 3 Lit. 6090.

McBride, J. R., Fagerlund, U. H. M., Smith, M. und Tomlinson, N.; Vancouver, Brit. Columbia, Fisheries Res. Board of Canada, Technol. Stat. Resumption of feeding by and survival of adult sockye salmon (oncorhynchus nerka) following advanced gonad development. **(Wiederaufnahme der Ernährung und Überleben von erwachsenen Blaurücken [Oncorhynchus nerka] nach fortgeschrittener Gonadenentwicklung.)** J. Fisheries Res. Board Canada **20** (1963) Nr. 1. S. 95–100. — 5 Abb., 12 Lit.

Auf der Laichwanderung gefangene erwachsene *O. nerka* sind im Süßwasser über die Zeit hinaus gehalten worden, zu der sie unter normalen Bedingungen abgelaicht hätten und abgestorben wären. Einige Fische wurden gonadektomiert und anschließend zwangsgefüttert. Eine andere Gruppe mit verbliebenen Gonaden wurde ähnlich gefüttert, während eine Kontrollgruppe ungefüttert blieb. Nach 4 Mon. zeigten die gefütterten Tiere beider Gruppen normale Weiterentwicklung, wogegen die ungefütterten hinfällig erschienen. Zu dieser Zeit nahmen die bisher zwangsgefütterten Tiere wieder freiwillig Futter an. Wenig später begannen auch die ungefütterten Kontrollen wieder mit freiwilliger Nahrungsaufnahme. Alle überlebenden Fische entwickelten sich normal weiter. M. Hegemann. 6090.

Olson, Donald E. und Scidmore, Warren J.; St. Paul, Minn., Dep. of Conserv. Homing tendency of spawning white suckers in Many Point Lake, Minnesota. **(Der Heiminstinkt bei laichwilligen Exemplaren von Catostomus commersoni im Many Point Lake, Minnesota.)** Trans. Amer. Fisheries Soc. **92** (1963) Nr. 1. S. 13–16. — 2 Abb., 1 Tab., 4 Lit.

Vff. verstehen hier unter Heiminstinkt, daß die Fische denselben Laichplatz im folgenden Jahre weiteren verfügbaren Stellen vorziehen. Wiederfänge markierter, adulter Exemplare lieferten Unterlagen dafür, daß die Fische mehr oder weniger stark zu bestimmten Laichplätzen zurückkehren, wobei ein verstärkter Heiminstinkt durch wiederholte Rückkehr bedingt sein könnte. Die Untersuchungen lieferten auch Anhaltspunkte dafür, daß die Rückkehrzeit für den Einzelfisch ebenfalls von Bedeutung ist, da einige Fische die Laichplätze übereinstimmend früher aufsuchten als andere. Dies bezieht sich nach den Ergebnissen jedoch nicht auf ein unterschiedliches Verhalten der Geschlechter. G. Merla. 6090.

Branson, Branley A.; Pittsburg, Kansas State Coll., Dep. of Biol. Observations on the distribution of nuptial tubercles in some catostomid fishes. **(Beobachtungen über die Verteilung des Laichausschlages bei einigen Fischen aus der Familie der Catostomidae.)** Trans. Kansas. Acad. Sci. **64** (1961) Nr. 4. S. 360–372. – 8 Abb., 8 Lit.

Auf Kopf, Schuppen und Flossen einiger Fischgruppen ist der Laichausschlag in Reihen oder unregelmäßig angeordnet, was systematisch bedeutungsvoll und auch phylogenetisch aufschlußreich ist. Für Vertreter folgender Gattungen wird Anordnung und Verteilung des Ausschlages beschrieben und mit Berichten aus der Literatur verglichen: *Cycleptus, Ictiobus, Moxostoma, Hypentelium, Minytrema, Carpiodes, Catostomus* u. a. Vermutlich war beim Prototyp der Catostomidae der Laichausschlag in mehreren wohldefinierbaren Reihen am Kopf angeordnet. Später trat die Tendenz zur Reduktion auf, die zu Formen mit weniger gleichmäßiger Anordnung und zu solchen führte, bei denen der Ausschlag völlig fehlt. G. Merla. 6090.

Pearcy, William G. und Richards, Sarah W.; New Haven, Conn., Yale Univ., Bingham Oceanographic Lab. Distribution and ecology of fishes of the Mystic River estuary, Connecticut. **(Verbreitung und Ökologie von Fischen des Mystic-Fluß-Ästuars, Connecticut.)** Ecology **43** (1962) Nr. 2. S. 248–259. – 5 Abb., 1 Tab., 27 Lit.

Vff. führten 1958–60 im Mystic-Fluß-Ästuar umfangreiche ökologische Untersuchungen durch, die das Ziel hatten, die jahreszeitlichen Veränderungen, die Verteilung von Eiern und Larven sowie die Bedeutung der Bodeneier für die Anpassung der Fauna an diesen Biotop zu erforschen. Von 59 Spezies wurden die Vorkommen von Eiern, Larven, juvenilen und adulten Stadien analysiert. Massenvorkommen an Larven traten nur bei Arten mit Bodeneiern auf, deren Hauptvertreter *Pseudopleuronectes americanus* und *Microgadus tomcod* waren. 97% der insgesamt gesammelten Larven gehörten zu Arten mit Bodeneiern. Die Bedeutung der Bodeneier besteht in der geringen Zerstreuung der Laichprodukte in die angrenzenden Meeresteile durch Strömungen. G. Seifert. 6090.

Reisman, Howard M.; Los Angeles, Calif., Univ., Dep. of Zool. Reproductive behavior of Apeltes quadracus, including some comparisons with other gasterosteid fishes. **(Das Vermehrungs-Verhalten bei Apeltes quadracus einschließlich einiger Vergleiche mit anderen Gasterosteiden.)** Copeia [Philadelphia] **1963** Nr. 1. S. 191–192. – 2 Lit.

Der Bericht über den 4stachligen Stichling, *A. quadracus*, geht auf Beobachtungen mehrerer erfolgreicher Liebesspiele im Süßwasser-Aquarium (23–24 °C) zurück. Das Nest dieser Art unterscheidet sich von denen anderer Arten dadurch, das es anfangs keinen zentral gelegenen Eingang besitzt. Vermehrungsbereite *Apeltes*-♂♂ sind an ihren leuchtend roten Ventraldornen zu erkennen. Vf. beschreibt u. a. ferner das Imponier-Verhalten beim Hochzeitstanz und den folgenden Ablaichvorgang auf dem Nest. Anscheinend kann *Apeltes*, wie auch *Pygosteus*, schon bei rel. unvollständigem Nestbau eine erfolgreiche Vermehrungsaktivität entfalten. G. Merla. 6090.

Savage, Thomas; Gatlinburg, Tenn., Great Smoky Mountains Nat. Park. Reproductive behavior of the mottled sculpin, Cottus bairdi Girard. **(Das Fortpflanzungsverhalten von Cottus bairdi.)** Copeia [Philadelphia] **1963** Nr. 2. S. 317–325. — 1 Abb., 3 Tab., 30 Lit. 6090.

Liem, Karel F.; Leiden, Netherlands, State Univ., Zool. Lab. Sex reversal as a natural process in the synbranchiform fish Monopterus albus. **(Geschlechtsumkehr als natürlicher Vorgang bei dem Synbranchoiden Monopterus albus.)** Copeia [Philadelphia] **1963** Nr. 2. S. 303–312. — 3 Abb., 2 Tab., 32 Lit. 6090.

Dépèche, Jean. Le développement in vitro des oeufs de Poeciliidae (Cyprinodontes vivipares). **(Die Entwicklung in vitro der Eier der Poeciliidae [Cyprinodontes vivipares].)** C.R. hebd. Séances Acad. Sci. **255** (1962) Nr. 20. S. 2670 bis 2672. 6090.

Detlaf, T. A.; Moskau, Sewerzow-Inst. für Tiermorphol. der Akad. der Wiss. der UdSSR. Dinamika mitoza pervych delenij droblenija v jajcach osetra i foreli. **(Dynamik der Mitose während der ersten Teilungen in Stör- und Forelleneiern.)** Žurnal obščej biologii, Moskva **23** (1962) Nr. 6 S. 401–409. — 4 Abb., 2 Tab., 21 Lit. Zus. in Engl.

Vf. untersuchte die Dauer verschiedener Phasen der Mitose sowie der Dynamik der Chromosomenverteilung und der Spindelausdehnung in Eiern von *Acipenser güldenstädti* (bei 11, 16,2 und 23 °C) und *Salmo trutta lacustris* (bei 1,8 ± 0,3 °C). Die rel. Dauer der adäquaten mitotischen Phasen ist für verschiedene Tiere und Temperaturen unterschiedlich. Im Gegensatz zu den Caryotomen zeigt die rel. Dauer der Zytotome Temperaturabhängigkeit. E. Rieske. 6090.

Dettlaff, T. A.; Moscow, Acad. of Sci. of the USSR, Inst. of Animal Morphol. Mitotic dynamics of the first cleavage divisions in the eggs of sturgeon (at various temperatures) and of trout. **(Mitose-Dynamik der ersten Furchungsteilungen in Eiern von Acipenser güldenstädti [bei verschiedenen Temperaturen] und Salmo trutta.)** Exp. Cell Res. **29** (1963) Nr. 3. S. 490–503. — 19 Abb., 2 Tab., 26 Lit.

Bei verschiedenen Temperaturen wurde die Zeitdauer der einzelnen Mitosephasen, bezogen auf einen Mitosezyklus der ersten Furchungsteilung τ_0, untersucht. Die Bewegung der Chromosomen während der Teilungen sowie die Ausbildung der Teilungsspindel wurde beobachtet. Jede Mitosephase ist durch charakteristische Figuren der Chromosomen gekennzeichnet. Die Dauer der Furchungen ist temperaturabhängig. Th. Mattheis. 6090.

Plack, P. A., Woodhead, A. D. und Woodhead, P. M. J.; Shinfield, Nat. Inst. for Res. in Dairying, Unit for Biochem. Res. Vitamin A compounds in the ovaries of the cod, Gadus morhua L., from the Arctic. **(Das Vorkommen von Vitamin A in den Ovarien des arktischen Kabeljau, Gadus morhua.)** J. Marine biol. Assoc. United Kingdom **41** (1961) Nr. 3. S. 617–630. — 8 Abb., 2 Tab., 10 Lit.

Kabeljau (*Gadus morhua*) aus dem arkto-norwegischen Bestand, der vor Nordnorwegen laicht, wurde in den verschiedenen Reifestadien gefangen und untersucht. Von Juni–Sept. waren die Ovarien im Ruhestadium, im Febr.–März waren völlig reife Eier vorhanden. Während der Reifung wuchs das Gonadengewicht, der Anteil der Trockensubstanz stieg gleichzeitig von 16% auf 29%. Die Gesamtmenge an Vitamin A-Aldehyd, Vit. A-Ester und Alkohol, Karotinoiden und Fetten in den Ovarien wuchs ebenfalls, obwohl die Konzentration von Karotinoiden und Vit. A-Ester und Alkohol auf der Trockensubstanzbasis fiel. Vit. A-Aldehyd wurde nur in reifenden Ovarien gefunden und erreichte vor dem Laichen den rel. Höchstwert. J. Waldmann. 6090.

Abrosimova, N. M. und Tatarskaja, R. I. (Abrossimova, N. M. und Tatarskaja, R. I.); Moskau, Inst. für Strahlen- und Physiko-Chem. Biol. der Akad. der Wiss. der UdSSR. Adenozintrifosfataza i nekotorye drugie fermenty fosfornogo obmena v gomogenatach i ėkstraktach jaic ryb. **(Adenosintriphosphatase und einige andere Fermente des Phosphorstoffwechsels in den Homogenisaten und Extrakten von Fischeiern.)** Biochimija, Moskva 28 (1963) Nr. 1. S. 128–136. — 6 Abb., 1 Tab., 9 Lit. Zus. in Engl.
Homogenisate und Extrakte unbefruchteter Eier von Acipenseriden (*Acipenser stellatus, A. güldenstädti colchicus*) und Schmerlen (*Misgurnus fossilis*) enthalten neben verschiedenen anderen Fermenten eine hochaktive Adenosintriphosphatase, die bei einem pH-Wert von 9 die stärkste Aktivität entwickelt. Die ATP-ase spielt bei der Befruchtung der Fischeier eine sehr wichtige Rolle; sie kann jedoch nicht, wie bisher angenommen wurde, durch zweiwertige Kationen (Ca, Mg) aktiviert werden. Lediglich bei den Schmerleneiern kann Mg einen aktivierenden Einfluß ausüben. Die ATP-ase ist offensichtlich eng mit der Zellstruktur der Eier verbunden.
A. Kozianowski. 6090.

Perlmutter, Alfred und Antopol, William; New York, Univ., Dep. of Biol., Joseph and Helen Yeamans Levy Lab. The effect of neotetrazolium on the newly fertilized eggs of the brook trout, Salvelinus fontinalis (Mitchill). **(Der Einfluß von Neotetrazolium auf frisch befruchtete Eier von Salvelinus fontinalis.)** Copeia [Philadelphia] **1963** Nr. 1. S. 166–168. — 1 Abb., 3 Tab., 5 Lit.
Von der chem. Verbindung (pp'diphenylene bis 2-[3,5 diphenyl tetrazolium chloride] (= NT) ist bekannt, daß sie über eine Aktivitätsstörung der Dehydrogenasen und Oxydasen auf den Stoffwechsel einwirkt. Frisch befruchtete Eier wurden 30 Min. lang in Lösungen von 0,4–39,1 mg NT/l gegeben. Nach 46 Tg. zeigte sich, daß der Anteil der Überlebenden (Embryonen und Larven) aus der unbehandelten Gruppe und aus denen mit schwacher NT-Behandlung 91–95% betrug, aus den Gruppen mit stärkerer NT-Behandlung hingegen nur noch 72–42%. Bei letzteren war ferner der Anteil der bereits geschlüpften Larven fast doppelt so hoch. Die Analflossen-Strahlen waren hier zudem signifikant vermindert. G. Merla. 6090.

Colton jun., John B. und Honey, Kenneth A.; Woods Hole, Mass., U.S. Bureau of Commercial Fisheries, Biol. Lab.; Boothbay Harbor, Me., U.S. Bureau of Commercial Fisheries, Biol. Lab. The eggs and larval stages of the butterfish, Poronotus triacanthus. **(Die Eier und Larvenstadien von Poronotus triacanthus.)** Copeia [Philadelphia] **1963** Nr. 2. S. 447–450. — 5 Abb.
6090.

McCauley, R. W.; London, Ontario, Fisheries Res. Board of Canada, Biol. Stat. Lethal temperatures of the developmental stages of the sea lamprey, Petromyzon marinus L. **(Letaltemperaturen der Entwicklungsstadien des Meerneunauges, Petromyzon marinus.)** J. Fisheries Res. Board Canada **20** (1963) Nr. 2. S. 483-490. — 3 Abb., 2 Tab., 12 Lit.
Von allen Stadien des Meerneunauges haben die Eier die geringste Temperaturtoleranz. Die günstigste Entwicklungstemperatur liegt zwischen 15° und 25 °C. Dieser Temperaturbereich kann auf 12°–26 °C und wahrscheinlich noch darüber ausgedehnt werden, wenn die Entwicklung bis zum Kopfstadium gediehen ist. Mit fortschreitender Entwicklung werden die Stadien gegen die Temperatur immer unempfindlicher. M. Hegemann. 6090.

Michin, V. S. (Michin, W. S.); Leningrad, Unions-Forsch.-Inst. für Binnenfischerei der Akad. der Wiss. der UdSSR. Osobennosti formirovanija ichtiofauny v Narvskom vodochranilišče. **(Besonderheiten der Ichthyofaunabildung im Narwastausee.)** Trudy soveščanij. Ichtiologičeskaja komissija. Akademija nauk SSSR, Moskva — Leningrad **10** (1961) S. 203–205. 6095.

Ginzburg, Ja. I. (Ginsburg, Ja. I.); Wolgograd, Abt. des Unions-Forsch.-Inst. für Binnenfischerei der Akad. der Wiss. der UdSSR. O pričinach kolebanija urožajnosti molodi ryb v Cimljanskom vodochranilišče. **(Über die Ursachen der Nachkommenschaftsschwankungen bei den Fischen des Zimljansker Stausees.)** Trudy soveščanij. Ichtiologičeskaja komissija. Akademija nauk SSSR, Moskva – Leningrad **10** (1961) S. 232–234. – 3 Tab. 6095.

Mattson, Chester R. Chum salmon resources of Alaska from Bristol Bay to Point Hope. **(Die Bestände an Oncorhynchus keta in Alaska von Bristol Bay bis Point Hope.)** U.S. Dep. Interior, Fish Wildlife Serv., spec. sci. Rep. **1962** Nr. 425. S. 1–22. – 5 Abb., 8 Tab., 8 Lit. 6095.

Latta, William C.; Vanderbilt, Mich., Inst. for Fisheries Res., Dep. of Conserv. Semiannual estimates of natural mortality of hatchery brook trout in lakes. **(Halbjährliche Einschätzungen der natürlichen Sterblichkeit gezüchteter Bachsaiblinge [Salvelinus fontinalis] in Seen.)** Trans. Amer. Fisheries Soc. **92** (1963) Nr. 1. S. 53–59. – 4 Abb., 6 Tab., 10 Lit.
Die Beurteilung der Bestandsstärke der einzelnen Jahrgänge wurde durch Markierungen und Wiederfänge im Apr. und Okt. mehrerer Jahre in 2 Seen (ca. 4 und 2,5 ha) möglich. Die Fische wurden mittels Angeln, Reusen und elektrischem Strom gefangen. Die höchsten natürlichen Abgänge waren im 1. Sommer nach dem Besatz zu verzeichnen. Die natürliche Sterblichkeit während des Sommers nahm ab mit abnehmender Zahl der Fische, die im vorangehenden Frühjahr vorhanden war. Der Stückverlust im Winter erwies sich als unbeträchtlich. Die Ursachen der Sterblichkeit sind noch unbekannt.
G. Merla. 6095.

Kennedy, W. A. Growth and mortality of whitefish in three unexploited lakes in Nothern Canada. **(Wachstum und Sterblichkeit von Coregonus clupeaformis in 3 unbefischten Seen Nordkanadas.)** J. Fisheries Res. Board Canada **20** (1963) Nr. 2. S. 265–272. – 2 Abb., 4 Tab., 9 Lit. 6095.

Forney, John L.; Ithaca, N.Y., Cornell Univ., Dep. of Conserv. Distribution and movement of marked walleyes in Oneida Lake, New York. **(Verbreitung und Wanderung markierter Exemplare von Stizostedion v. vitreum im Oneida Lake, N.Y.)** Trans. Amer. Fisheries Soc. **92** (1963) Nr. 1. S. 47–52. – 1 Abb., 10 Tab., 10 Lit.
Die Wanderungen von 3 Populationen werden auf Grund des Wiederfanges von 1174 markierten Fischen beschrieben. Die meisten Fische kehrten im folgenden Jahre in dasselbe Laichgebiet zurück. Eine Population ließ eine allmähliche Ausbreitung vom Laichgebiet im Mai und Juni erkennen, die weiteste Verteilung wurde im Spätsommer erreicht. Obwohl sich die 3 Populationen im Sommer vermischten, waren Besonderheiten in der Verbreitung erkennbar. Die Ergebnisse zeigen, daß weit auseinanderliegende Fangorte von Fischen dieser Art, die in einem bestimmten Laichgebiet markiert wurden, keinen stichhaltigen Beweis für eine homogene Population abgeben.
G. Merla. 6095.

Garrod, D. J.; Jinja, Uganda, East African Freshwater Fisheries Res. Organization. An estimation of the mortality rates in a population of Tilapia esculenta Graham (Pisces, Cichlidae) in Lake Victoria, East Africa. **(Eine Schätzung der Sterblichkeitsraten in einer Population von Tilapia esculenta im Viktoria-See, Ostafrika.)** J. Fisheries Res. Board Canada **20** (1963) Nr. 1. S. 195–227. – 11 Abb., 16 Tab., 32 Lit.
In den Seen Zentral-Afrikas wird das Nylon-Kiemennetz gegenwärtig bevorzugt. Wahrscheinlich können die gestiegenen Fangerträge den Bestand einiger Fischarten beeinträchtigen. Vf. beschreibt einen Weg, den Einfluß der Fischerei aufzuzeigen, wobei zunächst Daten der Kiemennetz-Fischerei (Verteilung der Längen-Häufigkeiten) korrigiert werden durch Werte, die sich aus der

Selektionseigenschaft des Gerätes ergeben. Das dient dazu, den Befischungseinfluß von der Sterblichkeit der Fische mit steigendem Alter zu trennen. Die allg. Folgerungen der Befunde werden im Hinblick auf die Viktoria-See-Fischerei diskutiert, wobei der Wert des Kiemennetzes für diese Methode aufgezeigt wird. G. Merla. 6095.

Anonym. Cod investigations in the coastal waters and on the offshore banks of West Greenland in 1959. **(Kabeljauuntersuchungen in den Küstengewässern und auf den küstenfernen Bänken Westgrönlands 1959.)** Cons. permanent int. Explorat. Mer [Copenhague], Ann. biol. **16** (1959, hrsg. 1961) S. 117–123. – 2 Abb., 2 Tab.
Die Längen- und Alterszusammensetzung des Kabeljaus (*Gadus morhua*) wird für die Einzelabschnitte der gesamten Westküste nach Handleinenfängen angegeben. Auf den küstenfernen Bänken der Davis-Straße hatte 1959 ohne Zweifel der Jahrgang 1953 die größte Bedeutung, während die beiden reichen, aber bereits stark reduzierten Jahrgänge 1947 und 1950 auf den südlichen Bänken häufiger waren als auf der Großen Heilbuttbank.
M. Berner. 6095.

Hansen, P. M. East Greenland investigations on cod in 1959. **(Ostgrönländische Kabeljauuntersuchungen 1959.)** Cons. permanent int. Explorat. Mer [Copenhague], Ann. biol. **16** (1959, hrsg. 1961) S. 123–125. – 1 Abb., 1 Tab.
Während der Fang bei Angmagssalik 1959 stark durch Eis behindert wurde und Kabeljau (*Gadus morhua*) kleinerer Abmessungen brachte, herrschten bei Skjoldungen ältere Jahrgänge bis hinab zu den 6jährigen vor. Von den Generationen 1951–1956 hob sich in den Leinenfängen keine hervor. Die fühlbare Reduktion der starken Generation 1950 deutet auf eine ausgedehnte Abwanderung in isländische Gewässer hin. Diese Annahme wird durch die Markierungen bestätigt. 1959 wurden 4091 Fische bei Westgrönland markiert und 966 bei Ostgrönland. 596 Rückmeldungen liegen vor.
M. Berner. 6095.

Joensen, J. S. Faroese investigations on cod in 1959. **(Kabeljauuntersuchungen der Fär Öer 1959.)** Cons. permanent int. Explorat. Mer [Copenhague], Ann. biol. **16** (1959, hrsg. 1961) S. 125–127. – 2 Abb.
Von den Fär Öern wurden 1959 erstmalig auf den westgrönländischen Bänken Untersuchungen am Kabeljau (*Gadus morhua*) durchgeführt. In allen Schleppnetzfängen (2645 Altersbestimmungen und 5935 Längenmessungen) hob sich neben dem Jahrgang 1953 der Jahrgang 1950 heraus. In den Leinenfängen herrschte ebenfalls die Generation 1953 vor, aber auch die Generationen 1950 und 1947 waren in bedeutenden Mengen vertreten.
M. Berner. 6095.

McCammon, George W. und Seeley, Charles M. Survival, mortality, and movements of white catfish and brown bullheads in Clear Lake, California. **(Überleben, Sterblichkeit und Wanderungen von Ictalurus catus und Ictalurus nebulosus im Clear-See, Kalifornien.)** Calif. Fish and Game **47** (1961) Nr. 3. S. 237–255. – 5 Abb., 4 Tab., 14 Lit. 6095.

Ivanova, N. T. (Iwanowa, N. T.); Rostow, Staatl. Pädagog. Inst. Kolebanie čislennosti serebrjanogo karasja v Veselovskom vodochranilišče i puti uveličenija ego promyslovych zapasov. **(Quantitätsschwankungen bei den Silberkarauschen des Wesselowsker Stausees und Wege zur Vergrößerung ihrer Bestände.)** Trudy soveščanij. Ichtiologičeskaja komissija. Akademija nauk SSSR, Moskva – Leningrad **10** (1961) S. 248–250. – 1 Tab., 2 Lit. 6095.

Cautiș, Ileana und Iliescu, Marius. Caracteristicile cîrdurilor de șprot, hamsie și stavrid și comportarea lor în condițiile exceptionale ale anului 1961 de la coasta romînească a Mării Negre. **(Die Eigenschaften der Sprotten-,**

Sardellen- und Bastardmakrelenschwärme und ihr Verhalten unter den besonderen Bedingungen des Jahres 1961 an der rumänischen Schwarzmeerküste.) Bul. Inst. Cercetări Proiectări piscicole **21** (1962) Nr. 2. S. 46–58. — 3 Abb., 7 Tab., 20 Lit. Zus. in Russ., Franz. 6095.

Wagner, Charles C. und Cooper, Edwin L.; University Park, Pennsylvania State Univ. Population density, growth, and fecundity of the creek chubsucker, Erimyzon oblongus. **(Populationsdichte, Wachstum und Fruchtbarkeit von Erimyzon oblongus.)** Copeia [Philadelphia] **1963** Nr. 2. S. 350–357. — 2 Abb., 4 Tab., 5 Lit. 6095.

Kallman, Klaus D.; New York, Aquarium, Genetics Lab. Population genetics of the gynogenetic teleost, Mollienesia formosa (Girard). **(Populationsgenetik eines gynogenetischen Teleosteers, Mollienesia formosa.)** Evolution [Lancaster] **16** (1962) Nr. 4. S. 497–504. — 1 Abb., 3 Tab., 19 Lit. 6095.

Nalbant, Teodor. Considerații zoogeografice asupra faunei ihtiologice a Mării Negre. **(Zoogeographische Betrachtungen über die Ichthyofauna des Schwarzen Meeres.)** Bul. Inst. Cercetări Proiectări piscicole **21** (1962) Nr. 3. S. 73–83. — 29 Lit. Zus. in Russ., Franz. 6100.

Varma, N. S., Chitray, B. B. und Saxena, D. B. Fishes of Kanpur district. **(Fische des Kanpur-Gebietes.)** Proc. nat. Acad. Sci., India, Sect. B **32** (1962) Nr. 3. S. 213–232. — 1 Abb. 6100.

Rubinoff, Ira und Rubinoff, Roberta W. New records of inshore fishes from the Atlantic Coast of Panama. **(Neue Meldungen von Küstenfischen der Atlantikküste Panamas.)** Museum comparat. Zool., Breviora **1962** Nr. 169. S. 1–7. — 11 Lit. 6100.

Vincent, Robert E.; Ann Arbor, Mich., Univ., School of Natural Resources. The native range of lake trout, Salvelinus namaycush, in Montana. **(Das natürliche Verbreitungsgebiet von Salvelinus namaycush in Montana.)** Copeia [Philadelphia] **1963** Nr. 1. S. 188–189. — 11 Lit.
Die südliche Verbreitungsgrenze von *S. namaycush* findet sich für die Rocky Mountains nicht eindeutig angegeben. Als südliche Grenze wird allg. angesehen das nördliche Neu-England, New York, die Großen Seen und von da nordwestlich zu den oberen Abschnitten des Fraser- und Skeena-Flusses in Britisch-Kolumbien. Folglich sind die Mitteilungen, von denen im vorliegenden Bericht die Rede ist und die das Vorkommen des Fisches im Missouri-Einzugsgebiet betreffen, übersehen worden. G. Merla. 6100.

Nalbant, T. Pomatoschistus (Bubyr) caucasicus (Kawraisky) Berg, în apele fluviului Dunărea. **(Pomatoschistus [Bubyr] caucasicus in den Gewässern der Donau.)** Bul. Inst. Cercetări Proiectări piscicole **21** (1962) Nr. 4. S. 90–91. — 1 Abb. Zus. in Russ., Franz. 6100.

Crossman, E. J. und Ferguson, R. G.; Toronto, Roy. Ontario Museum; Wheatley, Ontario Dep. of Lands and Forests. The first record from Canada of Minytrema melanops, the spotted sucker. **(Erster Bericht von Minytrema melanops aus Kanada.)** Copeia [Philadelphia] **1963** Nr. 1. S. 186–187. 6100.

Carufel, Louis H. und Witt jun., Arthur; Devils Lake, North Dakota Game and Fish Dep.; Columbia, Univ. of Missouri, Dep. of Zool. Range extension of the gizzard shad, Dorosoma cepedianum, into North Dakota. **(Ausdehnung des Verbreitungsgebietes von Dorosoma cepedianum nach Norddakota.)** Copeia [Philadelphia] **1963** Nr. 1. S. 178. 6100.

Royce, William F.; Seattle, Univ. of Washington, Fisheries Res. Inst. First record of white shark (Carcharodon carcharias) from Southeastern Alaska. **(Erste Meldung von Carcharodon carcharias aus Südostalaska.)** Copeia [Philadelphia] **1963** Nr. 1. S. 179. 6100.

Menon, A. G. K.; Calcutta. Extension of geographical range of Colisa chuna (Ham.) with certain observations on the geography of the Anabantid fishes. **(Ausdehnung des geographischen Verbreitungsgebietes von Colisa chuna, mit einigen Beobachtungen über die Geographie der Anabantiden.)** Sci. and Cult. [Calcutta] **29** (1963) Nr. 1. S. **43–44.** – 1 Abb., 7 Lit. 6100.

Springer, Victor G. Two species of Indo-West Pacific blenniid fishes erroneously described from Western Atlantic Ocean. **(Zwei Arten indo-westpazifischer Blenniiden, die irrtümlich aus dem westlichen Atlantik beschrieben wurden.)** Copeia [Philadelphia] **1963** Nr. 2. S. 452–454. 6100.

Riggs, Carl D. und Moore, George A.; Norman, Univ. of Oklahoma; Stillwater, Oklahoma State Univ. A new record of Moxostoma macrolepidotum pisolabrum, and a range extension for Percina shumardi, in the Red River-Oklahoma and Texas. **(Eine neue Meldung von Moxostoma macrolepidotum pisolabrum und Ausdehnung der Verbreitung von Percina shumardi im Roten Fluß, Oklahoma und Texas.)** Copeia [Philadelphia] **1963** Nr. 2. S. 451–452. 6100.

Templeman, Wilfred und Squires, H.J.; St. Johns, Newfoundland, Fisheries Res. Board of Canada, Biol. Stat. Three records of the black scabbard fish, Aphanopus carbo Lowe, from the Canadian region of the Western Atlantic. **(Drei Meldungen von Aphanopus carbo aus der kanadischen Region des westlichen Atlantiks.)** J. Fisheries Res. Board Canada **20** (1963) Nr. 2. S. 273–278. – 3 Abb., 1 Tab., 31 Lit.

Vff. berichten über den Fang von 3 Exemplaren der Trichiuridenart *Aphanopus carbo*, von denen 2 mit Schleppnetzen in 695 m – 732 m Tiefe auf dem nordöstlichen Neufundlandschelf am 30. Sept. bzw. 5. Okt. 1959 erbeutet wurden, das 3. mit Langleine vor Sable Island Bank im Aug. 1960 in 550 m Tiefe. Bei allen Exemplaren handelte es sich um Weibchen von 103–110 cm Länge. Die Fische werden beschrieben und abgebildet. Die meristischen Merkmale und zahlreiche Körperproportionen sind in einer Tab. zusammengestellt. Alle meß- und zählbaren Merkmale liegen innerhalb der Schwankungsbreite der aus dem östlichen Atlantik bekannten Exemplare der Art.
J. Waldmann. 6100.

Dutt, S.; Waltair, Andhra Univ., Dep. of Zool. A rare fish, Velifer africanus Smith, from the Bay of Bengal. **(Ein seltener Fisch, Velifer africanus, aus dem Golf von Bengalen.)** Current Sci. [Bangalore] **32** (1963) Nr. 2. S. 80–81. 6100.

Perkins, Herbert C.; La Jolla, Calif., U.S. Bureau of Commercial Fisheries, Biol. Lab. Redescription and second known record of the bothid fish, Monolene asaedai Clark. **(Wiederbeschreibung und zweite Fundmeldung des Bothiden Monolene asaedai.)** Copeia [Philadelphia] **1963** Nr. 2. S. 292–295. – 1 Abb., 1 Tab., 1 Lit. 6100.

Springer, Stewart und Lowe, Rosemary H.; Washington, U. S. Bureau of Commercial Fisheries; London, Brit. Museum (Natural History). A new smooth dogshark, Mustelus higmani, from the equatorial Atlantic Coast of South America. **(Eine neue Haiart, Mustelus higmani, von der atlantischen Äquatorialküste Südamerikas.)** Copeia [Philadelphia] **1963** Nr. 2. S. 245 bis 251. – 2 Abb., 2 Tab., 10 Lit. 6100.

Dick, Myvanwy M. Bathyclupea schroederi, a new bathyclupeid fish from the Western Tropical Atlantic. **(Bathyclupea schroederi, ein neuer Bathyclupeide aus dem tropischen Westatlantik.)** Museum comparat. Zool., Breviora **1962** Nr. 167. S. 1–4. – 1 Abb., 1 Tab. 6100.

Briggs, John C. und Link, Günther; Port Aransas, Univ. of Texas, Inst. of Marine Sci.; Frankfurt/M., Natur-Museum und Forsch.-Inst. Senckenberg. New clingfishes of the genus Lepadichthys from the Northern Indian Ocean and Red Sea. **(Neue Fische der Gattung Lepadichthys aus dem nördlichen Indischen Ozean und dem Roten Meer.)** Senckenbergiana [Frankfurt a. Main], biol. **44** (1963) Nr. 2. S. 101–105. – 3 Abb., 3 Lit. 6100.

Klausewitz, Wolfgang; Frankfurt/M., Natur-Museum und Forsch.-Inst. Senckenberg. **Centropyge eibli n. sp. von den Nikobaren (Pisces, Percoidea, Pomacanthidae).** Senckenbergiana [Frankfurt a. Main], biol. **44** (1963) Nr. 3. S. 177–181. – 3 Abb., 5 Lit. 6100.

Benson, Seth B. und Behnke, Robert J. Salmo evermanni a synonym of Salmo clarkii henshawi. **(Salmo evermanni, ein Synonym von Salmo clarkii henshawi.)** Calif. Fish and Game **47** (1961) Nr. 3. S. 257–259. – 7 Lit. 6100.

Randall, John E.; Hamburg, Zool. Staatsinst. und Zool. Museum. Notes on the systematics of parrotfishes (Scaridae), with emphasis on sexual dichromatism. **(Bemerkungen zur Systematik der Scaridae, unter besonderer Berücksichtigung der geschlechtsbedingten Farbunterschiede.)** Copeia [Philadelphia] **1963** Nr. 2. S. 225–237. – 16 Abb., 3 Tab., 16 Lit. 6100.

Rivas, Luis Rene; Miami, Univ., Ichthyol. Lab. and Museum, Dep. of Zool. Subgenera and species groups in the poeciliid fish genus Gambusia Poey. **(Subgenera und Artengruppen der Poeciliiden-Gattung Gambusia.)** Copeia [Philadelphia] **1963** Nr. 2. S. 331–347. – 4 Abb., 42 Lit. 6100.

Richards, Sarah W., Perlmutter, Alfred und McAneny, Donald C.; New York, Yale Univ.; Dep. of Biol., Bingham Oceanographic Lab. A taxonomic study of the genus Ammodytes from the East Coast of North America (Teleostei:Ammodytes). **(Eine taxionomische Untersuchung der Gattung Ammodytes von der Ostküste Nordamerikas [Teleostei: Ammodytes].)** Copeia [Philadelphia] **1963** Nr. 2. S. 358–377. – 4 Abb., 6 Tab., 51 Lit. 6100.

Klausewitz, Wolfgang; Frankfurt/M., Natur-Museum und Forsch.-Inst. Senckenberg. **Der Rassenkreis von Istiblennius periophthalmus (Pisces, Salariidae).** Senckenbergiana [Frankfurt a. Main], biol. **44** (1963) Nr. 2. S. 97 bis 100. – 3 Abb., 7 Lit. 6100.

McPhail, J. D.; Vancouver, Brit. Columbia, Univ., Inst. of Fisheries, Dep. of Zool. Geographic variation in North American ninespine sticklebacks, Pungitius pungitius. **(Geographische Variation bei Pungitius pungitius in Nordamerika.)** J. Fisheries Res. Board Canada **20** (1963) Nr. 1. S. 27–44. – 6 Abb., 2 Tab., 24 Lit.
Ventrale Dornenlänge, Anzahl der Seitenplatten, Rückendornen und Kiemenreusendornen von Exemplaren von 132 nordamer. Lokalitäten werden verglichen. Die Zahl der Seitenplatten ist übereinstimmend hoch in Populationen, deren Gewässer Gezeiteneinflüssen unterliegen. Die geographische Variation in der Anzahl der Rücken- und Kiemenreusendornen läßt die Annahme zweier allopatrischer Formen zu: Eine Bering-Form existiert in Alaska und entlang der arktischen Küsten von Kanada, eine Mississippi-Form kommt im Gebiet zwischen den Großen Seen und dem Mackenzie-Fluß vor.
G. Merla. 6100.

Lindsey, G. G.; Vancouver, Canada, Univ. of Brit. Columbia, Inst. of Fisheries. Status of the whitefish species Coregonus nelsonii Bean, and designation of a new type. **(Der Status der Coregonenart Coregonus nelsonii und die Festlegung eines neuen Typs.)** Copeia [Philadelphia] **1963** Nr. 1. S. 173–174. 6100.

Wickler, Wolfgang; Seewiesen; Erling-Andechs, Max-Planck-Inst. für Verhaltensphysiol. **Zur Klassifikation der Cichlidae, am Beispiel der Gattung Tropheus, Petrochromis, Haplochromis und Hemihaplochromis n. gen.** Senckenbergiana [Frankfurt a. Main], biol. **44** (1963) Nr. 2. S. 83–96. — 4 Abb., 2 Tab., 25 Lit. 6100.

Walters, Vladimir; Los Angeles, Calif., Univ., Dep. of Zool. On two hitherto overlooked teleost families: Guentheridae (Ateleopodiformes) and Radiicephalidae (Lampridiformes). **(Über zwei bisher übersehene Teleosteer-Familien: Guentheridae [Ateleopodiformes] und Radiicephalidae [Lampridiformes].)** Copeia [Philadelphia] **1963** Nr. 2. S. 455–457. 6100.

Seydlitz, Horst von. **Untersuchungen über eine Tagesperiodizität des Rotbarsches, Sebastes marinus, auf Grund von Fanganalysen.** Kurze Mitt. Inst. Fischereibiol. Univ. Hamburg **1962** Nr. 12. S. 27–35. — 7 Abb., 8 Tab. 6105.

Hahn, Gottfried. **Ferntastsinn und Strömungssinn beim augenlosen Höhlenfisch Anoptichthys jordani Hubbs und Innes im Vergleich zu einigen anderen Teleosteern.** Naturwissenschaften **47** (1960) Nr. 24. S. 611. — 3 Lit.
Zur exakten Prüfung des Ferntastsinnes bei jungen (3 cm) und älteren (5 cm) Tieren wurde das Verhalten der Höhlenfische bei verschiedenen Hindernissen untersucht und den Beobachtungen an sehenden und geblendeten Vergleichstieren gegenübergestellt. Zwischen jüngeren und älteren Fischen und den verschiedenen *Anoptichthys*-Arten bestehen im Lokalisationsvermögen von Hindernissen keine Unterschiede. Ausschaltung der Seitenorgane bedingt den Fortfall oder eine erhebliche Verschlechterung der Lokalisationsleistung. Augenlose Höhlenfische (*Anoptichthys*) zeigen im Vergleich zu geblendeten Schwarzbandsalmlern, Elritzen und Schleien ein wesentlich besseres Orientierungsvermögen mit Hilfe ihres Ferntastsinnes. Die positive Rheotaxis kommt durch Berührungsreize zustande und zeigt ein Optimum bei 26–28 °C (Elritze 10–14 °C). E. Amlacher. 6105.

Thines, Georges. **Untersuchungen über die Lichtempfindlichkeit von Mutanten von Barbus (Puntius) conchonius Hamilton-Buchanan (Cyprinidae) mit mißgebildeten Augen.** Z. Tierpsychol. **17** (1960) Nr. 3. S. 270–276. — 1 Tab., 15 Lit.
Vergleichende Untersuchungen über die Lichtempfindlichkeit von Jungtieren der Barbe *Barbus conchonius* mit mißgebildeten Augen und von normaläugigen Jungen und Erwachsenen der gleichen Art ergeben, daß Mutanten und normale gleichjunge Artgenossen weder negative Phototaxis zeigen, noch irgendein Farblicht, außer das monochromatische Rot, bevorzugen. Die Erwachsenen zeigen eine sehr scharf ausgeprägte Phototaxis, deren Vorzeichen jedoch bei Lichtstrahlungen zwischen 5000 und 5600 Å unbestimmt bleibt. Im Vergleich zu ähnlichen Versuchen mit erwachsenen blinden Höhlenfischen zeigen die vorliegenden Ergebnisse, daß die Höhlenfische viel deutlicher auf Licht reagieren. Die Jungen der oberirdischen Art (*B. conchonius*) mit Augenmißbildungen und die einer verwandten Höhlenart (*Caecobarbus*) sind beide rel. lichtindifferent. Für jeden der Fälle wird die Frage nach dem biol. Überlebenswert dieser Verhaltenserscheinung erörtert. E. Amlacher. 6105.

Wickler, Wolfgang. **Aquarienbeobachtungen an Aspidontus, einem ektoparasitischen Fisch.** Z. Tierpsychol. **17** (1960) Nr. 3. S. 277–292. — 15 Abb., 27 Lit.

Aspidontus rhinorhynchus wurde einige Zeit im Aquarium beobachtet. Er frißt Haut und Körperschleim von anderen Fischen, bes. von stark silberglänzenden, indem er sie pfeilschnell anschwimmt, zubeißt und wieder auf seinen Lauerposten an einem Korallenstück zurückkehrt. Er greift weder Beutefische noch Versteck-Konkurrenten von vorn an. Am Beutefisch orientiert er sich teilweise nach dessen Auge; Augenflecke auf Flossen führen ihn manchmal irre. Nach Blenniidenart hält er sich nachts und wenn er satt ist in einer Wohnhöhle auf. Diese hält er sauber und verteidigt sie und ihre Umgebung gegen Rivalen. Der Kampf wird beschrieben. E. Amlacher. 6105.

Wohlfahrt, Th. A., Fath, J. und Bamberg, I.; Würzburg, Univ., Zool. Inst. **Versuche zur Unterscheidung akustischer Zeitgestalten durch Elritzen (Phoxinus laevis Agass.).** Naturwissenschaften **50** (1963) Nr. 8. S. 339. — 3 Abb., 2 Lit.

Geblendeten Elritzen sind sogenannte akustische Zeitgestalten in Form von verschieden langen Tönen geboten worden. Tonquelle war eine Blockflöte (Ton a" 870 Hz). Bei ½ Sek. Ton (T), ½ Sek. Pause (P), 1 Sek. T, ½ Sek. P wurde gleichzeitig Futter gereicht (FS). Die gleiche Folge, jedoch mit 1 Sek. T beginnend, bedeutete Warnsignal (WS). Nach kurzer Andressur reagierten die Fische schon auf den ersten Ton. Abs. Unterscheidung von 1:1,5 (FS: 2 Sek. T, 1 Sek. P. . . . und WS: 1 Sek. T, 3 Sek. P. . .) war ebenfalls zu erreichen. Zur Ausschaltung von Störungen ist weiterhin mit einem Metronom gearbeitet worden. Die Grenze der abs. Unterscheidung von Schlagfolgen war bei FS 200 Schlägen/min und WS ab 84 dem FS genähert, mit optimalem Erfolg bei 116 und 120. Bestleistung war bei einem Dressurabstand von 1 min FS 200:WS 132. 138 wurde bereits nicht mehr von 200 unterschieden. Eine Elritze ließ sich auf bestimmte Schlagfolgen dressieren (FS: !!. .!!..!!, WS: !..!!..!). M. Hegemann. 6105.

Verheijen, F. J.; Ann Arbor, Mich., School of Natural Resources, Dep. of Fisheries. Alarm substance in some North American cyprinid fishes. **(Eine Alarm-Substanz bei einigen nordamerikanischen Cypriniden.)** Copeia [Philadelphia] **1963** Nr. 1. S. 174–176. — 11 Lit.

Nach Zuführung von wäßrigen Hautextrakten in Versuchsgefäße verschiedener Größe konnte auch bei 9 Cypriniden-Arten aus der Umgegend von Ann Arbor auf Grund ihres Verhaltens auf eine in der Haut vorkommende Alarm-Substanz geschlossen werden. Dabei verhielten sich amer. Elritzen ähnlich wie eur. und tropische Cypriniden: Aufgeregtes Hin- und Herschwimmen, Einstellung der Futteraufnahme, Schutzsuche u.a. Einige Fischarten ließen Besonderheiten im Verhalten erkennen. Gegen die Annahme, die Alarm-Substanz schütze die Cypriniden-Brut vor dem Verzehr durch adulte Tiere derselben Art, sprachen Beobachtungen bei *Semotilus atromaculatus*. G. Merla. 6105.

Rozin, Paul N. und Mayer, Jean; Cambridge, Mass., Harvard Univ., Psychol. Lab.; Boston, Mass., Harvard Univ., School of Public Health. Thermal reinforcement and thermoregulatory behavior in the goldfish, Carassius auratus. **(Wärmeabwehr und thermoregulatorisches Verhalten beim Goldfisch [Carassius auratus].)** Science [Washington] **134** (1961) Nr. 3483. S. 942–943. — 2 Abb., 6 Lit.

Vf. beschreibt eine Versuchsanordnung, mit deren Hilfe es gelang, bei kleinen Goldfischen (*Carassius auratus*) unbedingte Reflexe hervorzurufen, wodurch sie in gewissen Grenzen in die Lage versetzt wurden, ihre Umgebungstemperatur und damit die Körpertemperatur der Vorzugstemperatur weitgehend anzupassen. Die Fische wurden durch die Methode der „allmählichen Annäherung" darauf trainiert, einen an einer Platte befindlichen Hebel zu drücken, worauf eine kleine Wassermenge in das Versuchsgefäß floß. Das zu hoch temperierte Wasser des Versuchsgefäßes wurde durch diese kleine Wassermenge ein wenig der Vorzugstemperatur angenähert. Gleichzeitig mit dem Wasserzustrom wurde ein Lichtsignal gegeben. Durch wiederholtes Drücken des Hebels stellte sich im Versuchsgefäß bald die Vorzugstemperatur ein. G. Seifert. 6105.

Špet, G. I. und Charitonova, N. N. (Schpet, G. I. und Charitonowa, N. N.); Kiew, Ukrain. Forsch.-Inst. für Fischwirtsch. Ob ispol'zovanii pišči serebrjanym karasem (Carassius auratus gibelio Bloch) i karpom (Cyprinus carpio L.). **(Über die Ausnutzung der Nahrung durch den Giebel [Carassius auratus gibelio] und den Karpfen [Cyprinus carpio].)** Zoologičeskij žurnal, Moskva **42** (1963) Nr. 3. S. 395–399. — 3 Tab., 10 Lit. Zus. in Engl.

Der Giebel verbrauchte unter den Versuchsbedingungen eine geringere Nahrungsration pro Tag als der Karpfen, da er langsamer wächst. Die Ausnutzung der Benthos-Nährtiere zum Körperwachstum ist um 1,4–1,8mal geringer als beim Karpfen, das Plankton wird jedoch etwas besser als beim Karpfen genutzt. Bei Sauerstoffmangel verwertet der Giebel die Nahrung grundsätzlich besser als der Karpfen. H.-W. Hattop. 6110.

Watson, N. H. F.; London, Ontario, Fisheries Res. Board of Canada, Biol. Stat. Summer food of lake whitefish, Coregonus clupeaformis Mitchill, from Heming Lake, Manitoba. **(Die Sommernahrung von Coregonus clupeaformis aus dem Heming-See, Manitoba.)** J. Fisheries Res. Board Canada **20** (1963) Nr 2. S. 279–286. — 2 Abb., 3 Tab., 6 Lit.

Etwa 3000 Mageninhalte, meist aus den Sommermon. 1956–1959, von ca. 12–38 cm großen Fischen wurden geprüft. Die Nahrungsmengen waren im Mai/Juni am größten und gering im Juli/Aug. Ephemeriden-Larven kamen als Nahrungsbestandteil bes. oft vor. Von weiterhin aufgenommenen Insekten sind hauptsächlich *Chaoborus*- und Chironomiden-Larven zu erwähnen. Andere Nährtiere wurden je nach Vorkommen gefressen. Einige Nahrungsunterschiede bei Fischen verschiedener Größe werden aufgezeigt. Das offensichtlich geringe Auftreten von Cyclopiden in der Nahrung wird mit einem rel. hohen *Triaenophorus*-Befall in diesem See in Verbindung gebracht. G. Merla. 6110.

McGrew, William C.; Norman, Okla., Univ., Fishery Res. Lab. Channel catfish feeding on diamond-backed water snakes. **(Natrix r. rhombifera als Nahrung von Ictalurus punctatus.)** Copeia [Philadelphia] **1963** Nr. 1. S. 178–179.

Unter den Fischen, die in einem Fluß in Oklahoma durch Rotenon vergiftet wurden, befand sich ein 447 mm (Lt) langes Exemplar von *I. punctatus*, dessen Magen 8 juvenile Wasserschlangen (*N. r. rhombifera*) in noch leicht erkennbarem Zustand enthielt. Die Schlangen waren ca. 25 mm lang und stammten vielleicht alle aus derselben Brut. Mehrere adulte Tiere dieser Art wurden in der Umgegend beobachtet und z.T. auch erbeutet. G. Merla. 6110.

Doxtater, Gary D.; Vallonia, Ind., Driftwood Exp. Stat. Use of ice water to prevent regurgitation of stomach contents of fish. **(Die Verwendung von Eiswasser zur Verhinderung des Erbrechens des Mageninhalts bei Fischen.)** Trans. Amer. Fisheries Soc. **92** (1963) Nr . 1. S. 68. — 1 Lit.

Für Nahrungsuntersuchungen werden Fische gewöhnlich in 10%iger Formalinlösung konserviert. Werden lebende Fische unmittelbar in diese Lösung gebracht, erbrechen sie einen großen Teil des Mageninhaltes. Das konnte Vf. bei *Lepomis macrochirus* beobachten, im Mittel wurden 31% des Mageninhalts erbrochen. Um das zu verhindern, werden die Fische zur Betäubung zunächst in Eiswasser gegeben. Nachdem sie bewegungslos geworden sind, meist schon nach 1 Min., sind sie zur Abtötung in die übliche Formalinlösung zu überführen. G. Merla. 6110.

Gee, J. H. und Northcote, T. G.; Vancouver, Brit. Columbia, Univ., Inst. of Fisheries. Comparative ecology of two sympatric species of dace (Rhinichthys) in the Fraser River system, British Columbia. **(Vergleichende Ökologie zweier sympatrischer Rhinichthys-Arten aus dem Fraser-Fluß-System, Britisch-Kolumbien.)** J. Fisheries Res. Board Canada **20** (1963) Nr. 1. S. 105–118. — 9 Abb., 18 Lit.

Über Wachstum, Alter und Ernährung von *R. falcatus* im unteren Fraser-Fluß wird berichtet. Obgleich diese Art zusammen mit *R. cataractae* erst neuerdings in Abschnitten geringerer Strömung vorkommt, bevorzugen ältere Exemplare letzterer Art doch stärkere Strömung, was Versuche auch für Brut und Jährlinge bestätigten. Das Schwimmblasen-Volumen bei Jährlingen und adulten Individuen ist geringer als bei *R. falcatus*, was möglicherweise als eine Anpassung an die Besiedlung felsiger Stromschnellen anzusehen ist. Das gegenwärtig gemeinsame Vorkommen der beiden nahe verwandten Arten im gleichen Lebensraum wird diskutiert. G. Merla. 6110.

Luscan, Silvia-Vladimira. Componența pe vîrste a aglomerărilor de calcan pescuite la litoralul romînesc în perioada 1959–1961. **(Die altersmäßige Zusammensetzung der Plattfischbestände, die an der rumänischen Küste von 1959–1961 gefangen wurden.)** Bul. Inst. Cercetări Proiectări piscicole **21** (1962) Nr. 2. S. 59–72. — 7 Tab., 7 Lit. Zus. in Russ., Franz. 6110.

Backus, Richard H.; Cambridge, Mass., Woods Hole Oceanographic Instn.; Museum of Comparative Zool. Age in a small sample of bluefish (Pomatomus saltatrix [Linnaeus]). **(Das Alter einer kleinen Anzahl von Pomatomus saltatrix.)** Museum comparat. Zool., Breviora **1962** Nr. 159. S. 1–4. — 1 Abb., 1 Tab., 5 Lit.

Der Beitrag erweitert die bisher geringen Kenntnisse über Alter und Wachstum von *Pomatomus saltatrix*. Die mittlere Länge betrug für 21 Fische der Altersgruppe I + 37,7 cm (35,3–41,9 cm), für 9 Fische der Gruppe II + 44,4 cm (38,1–51,0 cm). Ein Einzelexemplar der Gruppe III+ hatte eine Länge von 61 cm. Einsömmrige Fische sind bereits 10–23 cm lang und verdoppeln ihre Länge während der 2. Wachstumsperiode. Bei Temperaturstürzen unter 16 °C ziehen die Fische bereits zu ihren Überwinterungsplätzen. G. Seifert. 6110.

Thorsteinson, Fredrik V., Noerenberg, Wallace H. und Smith, Howard D. The length, age, and sex ratio of chum salmon in the Alaska Peninsula, Kodiak Island, and Prince William Sound areas of Alaska. **(Länge, Alter und Geschlechterverhältnis von Oncorhynchus keta aus Alaska Peninsula, Kodiak Island und dem Gebiet des Prince William Sound von Alaska.)** U. S. Dep. Interior, Fish Wildlife Serv., spec. sci. Rep. **1963** Nr. 430. S. 1–84. — Abb., Tab., Lit. 6110.

Lawrie, A. H.; London, Ontario, Fisheries Res. Board of Canada, Biol. Stat. Intraseasonal growth in Lake Superior trout. **(Das jahreszeitlich bedingte Wachstum von Cristivomer namaycush im Oberen See.)** J. Fisheries Res. Board Canada **20** (1963) Nr. 2. S. 491–496. — 3 Abb., 2 Tab., 5 Lit.

Während vergleichende Wachstumsuntersuchungen von Jahr zu Jahr in größerer Zahl vorliegen, sind Ergebnisse aus nur einer Saison seltener. Die erzielten Wachstumskurven von 3 Fischgruppen gehen auf eine Zählung der zunehmenden Zahl konzentrischer Wachstumsringe auf den Schuppen nach einer abgeschlossenen Jahreszone zurück. Die Kurven steigen von März/Mai im Mittel allmählich, von Juni/Aug. steil an und verlaufen von ca. Aug./Sept. an wieder flacher. Der Verlauf der Einzelkurven läßt jedoch kleine Unterschiede zwischen den Fischgruppen vermuten. Die Beziehung zwischen dem durch Zählung erhaltenen Maß des Schuppenwachstums und der sonst üblichen Messung von Körper- und Schuppenwachstum wurde dabei nicht untersucht. G. Merla. 6110.

Kempe, Olof. The growth of the roach (Leuciscus rutilus L.) in some Swedish lakes. **(Das Wachstum von Leuciscus rutilus in einigen schwedischen Seen.)** Rep. Inst. Freshwater Res., Drottningholm Nr. **44** (1962) S. 42–104. — 13 Abb., 38 Tab., 65 Lit. 6110.

Jones, Rodney. Haddock bionomics. II. The growth of haddock in the North Sea and at Faroe. **(Bionomie von Gadus [Melanogrammus] aeglefinus. 2. Mitt. Das Wachstum des Schellfisches in der Nordsee und bei den Fär Öer.)** Dep. Agric. Fisheries Scotland, Marine Res. **1962** Nr. 2. S. 1–19. 6110.

Lamsa, A.; London, Ontario, Fisheries Res. Board of Canada, Biol. Stat. Downstream movements of brook sticklebacks, Eucalia inconstans (Kirtland), in a small Southern Ontario stream. **(Flußabwärts gerichtete Wanderungen von Eucalia inconstans in einem kleinen Fluß im südlichen Ontario.)** J. Fisheries Res. Board Canada **20** (1963) Nr. 2. S. 587–589. — 1 Tab., 3 Lit.

Der 12,4 km lange Silver Creek teilt sich 0,8 km vor Einmündung in die Georgian Bay in 2 Arme. Ca. 0,4 km oberhalb der Einmündung wurde in jedem Arm 2 Jahre lang zur Beobachtung der Fischwanderung je 1 Reuse aufgestellt, die Maschenweiten betrugen 0,63 (West-) und 1,27 cm (Ost-Arm). *E. constans* wurde nur im Westarm gefangen, was nicht nur von der Maschenweite, sondern wahrscheinlich auch von der Herkunft oberhalb der Reuse bis zur Gabelung herrührt. Die Abwanderung der Fische war bes. 1958 ausgeprägt, in nur einer Woche in der 1. Junihälfte wurden 93% der Gesamtfischzahl gefangen. 1959 erfolgte die Abwanderung etwas später gegen Ende Juni/Anfang Juli bei einem wöchentlichen max. Temperaturmittel von 19 °C.
G. Merla. 6110.

Koops, Harald. **Die Wanderung des Aales, Anguilla anguilla L., in Abhängigkeit vom Sommerhochwasser.** Kurze Mitt. Inst. Fischereibiol. Univ. Hamburg **1962** Nr. 12. S. 19–26. — 3 Abb., 5 Tab., 5 Lit. 6110.

McCracken, F. D.; St. Andrews, New Brunswick, Fisheries Res. Board of Canada, Biol. Stat. Seasonal movements of the winter flounder, Pseudopleuronectes americanus (Walbaum), on the Atlantic Coast. **(Jahreszeitliche Wanderungen der Winterflunder Pseudopleuronectes americanus an der Atlantikküste.)** J. Fisheries Res. Board Canada **20** (1963) Nr. 2. S. 551–586. — 15 Abb., 15 Tab., 35 Lit.

Die Winterflunder *Pseudopleuronectes americanus* kommt von Labrador bis Georgia vor, vor Neu-England werden große Fänge erzielt. Im Frühjahr sind reife und unreife Fische längs der Küste in flachem Wasser konzentriert. Im Sommer ziehen sie von der Küste in Wasser von ca. 15 °C, Wassertemperaturen unter 12° meiden die. Im Herbst kehren sie in Küstennähe in wärmeres Wasser zurück. Während des Sommers in Küstennähe bleibende Flundern leben bezüglich Größe und Reife in getrennten Tiefenzonen. Nördlich von Cape Cod ziehen die Winterflundern im Winter in tieferes Wasser, da dieses hier wärmer bleibt. In der Bay of Fundy und vor Nova Scotia ist die Art auf eine schmale Tiefenzone beschränkt. J. Waldmann. 6110.

Maltzeff, Eugene M. und Zimmer, Paul D. Fall chinook salmon returns to hatcheries in the Bonneville Dam Pool area, 1945–60. **(Herbst-Rückwanderungen von Oncorhynchus tshawytscha zu den Zuchtanstalten im Gebiet von Bonneville Dam Pool. 1945–1960.)** U. S. Dep. Interior, Fish Wildlife Serv., spec. sci. Rep. **1963** Nr. 437. S. 1–13. — 6 Abb., 7 Tab., 2 Lit. 6110.

Monan, Gerald E.; Seattle, Wash., Bureau of Commercial Fisheries. A device for measuring the length of fish. **(Eine Vorrichtung zum Messen der Fischlänge.)** U. S. Dep. Interior, Fish Wildlife Serv. progr. Fish-Culturist **25** (1963) Nr. 2. S. 107–108. — 2 Abb. 6110.

J o k i e l, Jan. Historia polskich badań łososia i troci metodą znakowania. **(Die Geschichte der polnischen Lachs- und Meerforellenforschung durch Markierung.)** Gospodarka rybna **15** (1963) Nr. 2. S. 18–19. — 1 Abb.

Die Anfänge der Markierung des Lachses nach dem Laichort gehen auf das Jahr 1780 zurück. Pionier der Forschung in Polen war K u l m a t y c k i (1931 bis 37). Im Auftrage des Internationalen Rates für die Erforschung der Meere erfolgten individuelle Massen-Markierungen junger Meerforellen im Dunajec zwecks biol.-systematischer Einschätzung. Die wenigen zurückgesandten Markierungen stammten von in den Flüssen Boda und Weichsel gefangenen Fischen. Auf Grund der eingesandten Markierungen von in der Ostsee gefangenen Fischen konnte die Richtung des Wanderns der jungen Meerforellen festgestellt werden; sie erfolgte ausschließlich von der Weichselmündung nach Osten. Spätere Untersuchungen von Meerforellen im Fluß Wisloka haben diese Richtung des Wanderns bestätigt und ermöglicht, seine Dauer festzustellen (durchschnittl. 5 Mon.). Keiner der markierten Fische zog zur Vermehrung in die Weichsel ein oder erreichte den Laichort. Schwedische in Bydgoszez aufgezogene Lachse wurden nach ihrer Abwanderung in die Ostsee alle in unmittelbarer Nachbarschaft schwedischer Flüsse gefangen. An zahlreichen Beispielen konnte in späteren Jahren festgestellt werden, daß die Abwanderung des größten Teils der jungen Meerforellen aus der Weichsel vom Anstieg der Wassertemperatur im Frühjahr abhängig ist. Die Abwanderung zum Meer erfolgt geschlossen im Frühjahr mit der Flutwelle. Weitere Arbeiten über die Biologie dieser Fische und eine rationelle Fischwirtschaft wurden durch das Institut für Fischereiwesen und das Institut der Landwirtschaftlichen Hochschule Krakow sowie durch die staatlichen Brutanstalten aufgenommen. PRL/CBR. 6115.

K e l e h e r, J. J.; London, Ontario, Fisheries Res. Board of Canada, Biol. Stat. The movement of tagged Great Slave Lake fish. **(Die Wanderung markierter Fische im Großen Sklaven-See.)** J. Fisheries Res. Board Canada **20** (1963) Nr. 2. S. 319–326. — 1 Abb., 6 Tab., 3 Lit.

3629 Fische wurden im Verlaufe mehrerer Jahre mit P e t e r s e n -Marken versehen. Anhand von 505 Wiederfängen, meist *Coregonus clupeaformis* und *Cristivomer namaycush*, ferner u.a. *Esox lucius, Catostomus catostomus* und *Lota lota*, erfolgten Auswertungen der Rückfangzeit und der Wanderbewegungen. Die mittlere Rückfangzeit betrug 268 Tage. Die Wanderungen waren allg. begrenzt, der Mittelwert betrug 8 km. Es ließ sich kein allg. gültiges Schema der Wanderungen erkennen, die Fischpopulationen sind eher als standorttreu als zur Abwanderung neigend zu betrachten.

G. M e r l a. 6115.

D a n k e, L.; Rostock-Marienehe. **Heringsmarkierungen 1962 in den Gewässern um Rügen.** Fischereiforschung **5** (1962) Nr. 6. S. 7–8. — 2 Abb., 2 Tab. 6115.

T h u r o w, F.; Kiel, Univ., Inst. für Meereskunde. **Dorschmarkierungen in der westlichen Ostsee.** Bundesforsch.-Anst. Fischerei Hamburg, Inform. Fischwirtsch. **10** (1963) Nr. 1. S. 12–17. — 5 Abb.

Im Nov. und Dez. 1961 wurden 1110 Dorsche (*Gadus morhua*) markiert und in der Hohwachter Bucht, auf dem Stoller Grund und südlich der Vejsnäs-Rinne ausgesetzt. Die mittlere Länge der Fische lag bei 36 cm, der Größenbereich zwischen 29 und 50 cm. Im Laufe eines Jahres wurden 42% zurückgemeldet. Bei den kleineren Fischen lagen die Rückmeldungen bei 35%, von den über 40 cm langen Dorschen wurden mehr als 50% wiedergefangen. Aus den Versuchen geht hervor, daß die Dorsche der Kieler Bucht einen selbständigen Bestand bilden, der sich auch in diesem Gebiet reproduziert. Außer den Laichwanderungen kommt es zu keinen wesentlichen Ortsveränderungen.

J. W a l d m a n n. 6115.

Biologie der Meeressäuger

Ripley, Ellis, Cox, Keith W. und Baxter, John L.; California sea lion census for 1958, 1960 and 1961. **(Zählung der kalifornischen Seelöwen 1958, 1960 und 1961.)** Calif. Fish and Game **48** (1962) Nr. 4. S. 228–231. — 1 Abb., 1 Tab., 4 Lit.

Von 1927–1961 wurden 10 Zählungen der Seelöwen durchgeführt, die an der Küste und auf den Inseln Kaliforniens anzutreffen waren. Es handelt sich um 2 Arten, die nördliche Mähnenrobbe oder den Stellerschen Seelöwen (*Eumetopias jubata*) und den kalifornischen Seelöwen (*Zalophus californianus*). In Nordkalifornien schwankte die Bestandsgröße zwischen 3979 (1938) und 7053 (1958) und in Südkalifornien zwischen 1411 (1930) und 18363 (1961) Tieren. Seit 1928 war mit Ausnahme von 1947 ein ständiges Ansteigen des Gesamtbestandes festzustellen. K. Anwand. 6120.

Murdaugh jun., H. V., Brennan, J. K., Pyron, W. W. und Wood, J. W.; Salisbury Cove, Me., Biol. Lab.; Birmingham, Ala., Univ., Dep. of Med. Function of the inferior vena cava valve of the harbour seal. **(Die Funktion der Klappe der Vena cava inferior beim Seehund [Phoca vitulina].)** Nature [London] **194** (1962) Nr. 4829. S. 700–701. — 2 Abb., 6 Lit.

Vff. kommen auf Grund spez. Untersuchungen zu der Ansicht, daß die Funktion der Klappe der Vena cava inferior darin besteht, den Strom des Blutes vom Abdomen zur Lunge beim Auftauchen des Seehundes zur Atmung zu beschränken. G. Predel. 6120.

Biologie der sonstigen fischereilichen Nutztiere

Hughes, John T. und Matthiessen, George C.; Oak Bluffs, Mass., State Lobster Hatchery; Boston, Mass., Div. of Marine Fisheries. Observations on the biology of the American lobster, Homarus americanus. **(Beobachtungen über die Biologie des amerikanischen Hummers, Homarus americanus.)** Limnol. and Oceanogr. **7** (1962) Nr. 3. S. 414–421. — 2 Abb., 6 Tab., 12 Lit.

In der Massachusetts State Lobster Hatchery werden seit 1951 amer. Hummer (*Homarus americanus*) erbrütet und aufgezogen. Einzelne Tiere wurden 10 Jahre lang gehalten. Über Jahreszeit des Erbrütens, Dauer des Larvenstadiums, Häufigkeit des Häutens mit Alter und Jahreszeit sowie über die Wachstumsrate wurden genaue Aufzeichnungen gemacht. Das Schlüpfen findet hauptsächlich im Juni/Juli statt, wenn die Wassertemperatur ca. 20 °C beträgt. Die Dauer des Larvenstadiums ist bei Temperaturen über 18 °C stark temperaturabhängig, darunter weniger. Die Häufigkeit des Häutens fällt mit dem Alter, in der ersten Wachstumsperiode häuten die Tiere bis zu 9mal, von der 6. Wachstumsperiode an nur einmal. In 5 Jahren erreichen die Tiere marktfähige Größe. J. Waldmann. 6125.

Wilder, D. G.; St. Andrews, New Brunswick, Fisheries Res. Board of Canada, Biol. Stat. Movements, growth and survival of marked and tagged lobsters liberated in Egmont Bay, Prince Edward Island. **(Wanderungen, Wachstum und Überleben von markierten Hummern in der Egmont Bay, Prince Edward Island.)** J. Fisheries Res. Board Canada **20** (1963) Nr. 2. S. 305–318. — 5 Abb., 6 Tab., 15 Lit.

Nach Abschluß der Hummersaison 1954 wurden in der Egmont Bay 998 weibliche Hummer (*Homarus americanus*) markiert und ausgesetzt. Der durchschnittl. Wanderweg betrug 10–12 Mon. nach dem Aussetzen 13,5 km vom Aussetzungsort. Das Carapax-Längen-Wachstum pro Häutung war unabhängig von der Größe und lag zwischen 11,9 mm bei Männchen und 10,7 mm bei Weibchen. Die Gewichtszunahme pro Häutung schwankte zwischen 113 g und 213 g bei Männchen und 94 g–153 g bei Weibchen. Von den Männchen hatten 17,8% zweimal gehäutet, von den Weibchen 7,4%. Die Überlebensrate innerhalb der 10 Mon. wird auf 76,4% geschätzt. J. Waldmann. 6125.

Bryan, G. W.; Plymouth Lab. The accumulation of radioactive caesium in crabs. **(Die Akkumulation von radioaktivem Caesium in Krabben.)** J. Marine biol. Assoc. United Kingdom **41** (1961) Nr. 3. S. 551–575. — 7 Abb., 7 Tab., 22 Lit.

Die Akkumulation von ^{134}Cs und ^{42}K aus künstlichem Seewasser wurde bei den Arten *Carcinus maenas*, *Portunus puber*, *T. depurator*, *Polybius henslowi*, *Cancer pagurus* und *Corystes cassivelaunus* geprüft. In allen Fällen wird ^{134}Cs weit langsamer als ^{42}K aufgenommen, es wird jedoch ein höherer Konzentrationsfaktor durch ^{134}Cs erreicht. Das Verhältnis der Aufnahmerate der beiden Isotope von verschiedenen Arten ist nicht einheitlich, es kann daher nicht von der ^{42}K-Aufnahme einer Art auf deren ^{134}Cs-Aufnahme geschlossen werden. Die Aufnahme von ^{134}Cs in Blut und Körpergeweben von *Carcinus* und *Cancer* wird beschrieben. Die Abgabe der Isotope geht langsamer als die Aufnahme vor sich. Bei einigen Arten war eine selektive Exkretion von ^{134}Cs festzustellen. J. Waldmann. 6125.

Walne, P. R. Breeding of the Chilean oyster (Ostrea chilensis Philippi) in the laboratory. **(Aufzucht von Ostrea chilensis im Laboratorium.)** Nature [London] **197** (1963) Nr. 4868. S. 676. — 1 Tab., 5 Lit. 6125.

Millar, R. H. und Hollis, P. J.; Millport, Scotland, Marine Stat.; Wellington, New Zealand, Univ., Dep. of Zool. Abbreviated pelagic life of Chilean and New Zealand oysters. **(Verkürztes pelagisches Leben von Ostrea chilensis und Ostrea lutaria.)** Nature [London] **197** (1963) Nr. 4866. S. 512–513. — 3 Lit. 6125.

C. LEBENSRAUM DER FISCHE
(Hydrographie und Hydrobiologie)

Einsele, W.; Scharfling, Bundesinst. für Gewässerforsch. und Fischereiwirtsch. **Am 31. März 1963 ging das Eis im Attersee unter!** Österreichs Fischerei **16** (1963) Nr. 5. S. 68–72. — 2 Abb., 1 Tab. 6135.

Wagner, G.; Langenargen/Bodensee, Staatl. Inst. für Seenforsch. und Seenbewirtsch. **Die totale „Seegfrörne" des Bodensees im Winter 1962/63.** Österreichs Fischerei **16** (1963) Nr. 5. S. 73–74. 6135.

Schüßler, Kristian-Heinrich; München, Bayer. Biol. Versuchsanst. **Folgen der Eisbedeckung unserer Seen.** Allg. Fischerei-Ztg. 88 (1963) Nr. 9. S. 254 bis 255. — 4 Abb., 4 Tab.

Am Beispiel des Chiemsees zeigt Vf., daß sich der lange Winter 1962/63 auch auf den Sauerstoffhaushalt oligotropher Seen ausgewirkt hat. Während der See in normalen Jahren nicht zufriert, war er bereits am 25.12.1962 vollkommen mit Eis bedeckt. Die Zirkulationsperiode wurde dadurch stark verkürzt, und das Wasser konnte sich nicht in allen Schichten mit O_2 sättigen. In 0–2,5 m Tiefe betrug die Sättigung im März 1963 noch über 90%, was auf eine gewisse Assimilationstätigkeit des pflanzlichen Planktons hindeutet. In 5–60 m Tiefe war das Wasser noch zu 78–88% mit O_2 gesättigt, 5 m über dem Bodenschlamm waren es weniger als 70%, eine Folge der O_2-zehrenden Wirkung des Schlammes. *Oscillatoria rubescens* trat wasserblütebildend auf. Alle anderen Arten (*Microcystis flos-aquae* und Diatomeen) kamen nur in geringen Mengen vor. M.-L. Albrecht. 6135.

Talling, J. F.; Ambleside, England, Freshwater Biol. Assoc. Origin of stratification in an African Rift Lake. **(Die Entstehung einer Schichtung in einem afrikanischen Rinnen-See.)** Limnol. and Oceanogr. 8 (1963) Nr. 1. S. 68–78. — 4 Abb., 29 Lit.

1960–1961 untersuchte Vf. den Albert-See (Ostafrika) in phys., chem. und algologischer Hinsicht. Im Gegensatz zu den meisten bisherigen Feststellungen kann sich in dem See eine deutliche thermische und chem. Schichtung ausbilden. Die thermische Schichtung entsteht wahrscheinlich durch profilgebundene Konvektionsströmungen, die von flachen Bezirken ausgehen und wechselnden Einfluß in tieferem Wasser haben. Die Schichtung spiegelt sich auch in der Verteilung einer *Nitzschia*-Art wider. D. Barthelmes. 6135.

Yashouv, A. und Alhunis, M.; Dor, Israel, Fishcult. Res. Stat. The dynamics of biological processes in Lake Tiberias. **(Die Dynamik der biologischen Prozesse im See Tiberias.)** Bull. Res. Council Israel, Sect. B **10B** (1961) Nr. 1/3. S. 12–35. – 13 Abb., 3 Tab., 13 Lit. 6135.

Fish, Charles J. Limnological survey of Eastern and Central Lake Erie 1928–29. **(Limnologische Untersuchungen im östlichen und zentralen Teil des Erie-Sees 1928–29.)** U. S. Dep. Interior, Fish Wildlife Serv., spec. sci. Rep. **1960** Nr. 334. S. 1–198. – 66 Abb., 23 Tab., 109 Lit.
Die eingehenden hydrographischen, chem. und planktologischen Untersuchungen der Jahre 1928–29 werden von einem Autorenkollektiv dargestellt. Sie sind als Vergleichsmaterial für gegenwärtige und kommende Untersuchungen des Erie-Sees sehr aktuell geworden. Der ursprüngliche Zweck der Untersuchungen bestand darin, die Ursachen für den Rückgang im Fischereiertrag zu ergründen, was seinerzeit nicht gelungen ist. Nach dem Makroplankton werden 3 Zonen im See unterschieden: 1. Die Randzone von 0–1 m Wassertiefe, 2. Die Litoralzone von 1–10 m Wassertiefe, 3. Die Freiwasserzone. Die Randzone enthält starke Produktionszentren und zeichnet sich durch bes. Artenzusammensetzung vor der Litoral- und Freiwasserzone aus. Meist wechseln die herrschenden Arten von Station zu Station. Die Litoralzone ist ähnlich wie die Freiwasserzone bevölkert, es fehlen jedoch die für die Freiwasserzone typischen *Mysis* und *Pontoporeia*, ferner tritt *Limnocalanus* in stark verminderten Zahlen auf. Die später den ganzen See bevölkernden Cladoceren und Copepoden treten zuerst in der Litoralzone auf. D. Barthelmes. 6135.

Villeret, S. Le metabolisme de l'azote uréidique chez les algues d'eau douce. **(Der Metabolismus von Uréid-Stickstoff bei den Süßwasseralgen.)** Verh. int. Verein. theoret. angew. Limnol. **14** (1959, hrsg. 1961) S. 897–899. 6135.

Raleigh, Robert F.; Juneau, Alas,. U. S. Fish and Wildlife Serv. Bureau of Commercial Fisheries. The composition, abundance, and depth distribution of the 1957 summer net zooplankton of Bare Lake, Alaska, after fertilization. **(Zusammensetzung, Mengenentwicklung und Tiefenverteilung des Netz-Zooplanktons im Sommer 1957 im Bare-See, Alaska, nach der Düngung.)** U. S. Dep. Interior, Fish Wildlife Serv., spec. sci. Rep. **1963** Nr. 423. S. 1–14. – 6 Abb., 3 Tab., 12 Lit.
Der Bare-See ist max. 7,5 m tief und ziemlich klein. Eine Schichtung fehlt. Der See wurde jährlich von 1950–1956 mit Phosphaten und Natriumnitrat gedüngt. 1952 wurde eine gegenüber früher verstärkte Phytoplanktonentwicklung, eine Erhöhung der Photosyntheserate, eine Erhöhung des pH und eine Abnahme der Sichttiefe festgestellt. Die Zooplanktonentwicklung hatte sich aber kaum oder gar nicht verändert. Vf. fand 1957 eine mindestens 3mal so große Zooplanktonmenge wie 1952. Die Tiefenverteilung der einzelnen Arten war unterschiedlich. – Nach den beigegebenen Bildern wure ein Chydoride als *Bosmina longirostris* bestimmt! D. Barthelmes. 6135.

Zeiss, jun., F. Ralph; Cornell Univ., Dep. of Conserv. Effects of population densities on zooplankton respiration rates. **(Der Einfluß der Populationsdichte auf die Respirationsraten von Zooplankton.)** Limnol. and Oceanogr. 8 (1963) Nr. 1. S. 110–115. – 3 Tab., 12 Lit.
Bei *Daphnia* und *Calanus* wurden die Respirationsraten an Tieren bestimmt, die verschieden großen Raum zur Verfügung hatten. Die unterschiedliche

Raumgröße sollte die Verhältnisse bei verschiedener Populationsdichte nachahmen. Hält man *Daphnia* auf engem Raum, so steigt ihre Respirationsrate stark an. *Calanus* reagiert mit seiner Respirationsrate nicht auf die Raumgröße. D. Barthelmes. 6135.

Lépiney, Lionelle de. Sur l'élevage de Copépodes au laboratoire. **(Über die Aufzucht von Copepoden im Labor.)** Hydrobiologia [Den Haag] **20** (1962) Nr. 3. S. 217–222. — 9 Lit.
Bei den Untersuchungen des Vf. hat sich ein nach Art einer Nährlösung künstlich zusammengesetztes Wasser zur Aufzucht von Copepoden nicht bewährt. Nachdem ein geeignetes Wasser gefunden war, konnten folgende Arten meist über mehrere Generationen gehalten werden: *Eudiaptomus gracilis* und *E. vulgaris*, die beide ausschließlich mit *Chlorella pyrenoidosa* gefüttert wurden. *Cyclops strenuus strenuus*, *Tropocyclops prasinus*, *Acanthocyclops vernalis*, *Megacyclops viridis* und *Macrocyclops albidus* erhielten entweder nur *Colpidium campylum* oder nur *Paramaecium caudatum* oder aber beide Arten zusammen als Nahrung. D. Barthelmes. 6135.

Williams, W. D.; Clayton, Australia, Monash Univ., Dep. of Zool. and Physiol. Notes on the ecological similarities of Asellus aquaticus (L.) and A. meridianus Rac. (Crust., Isopoda). **(Bemerkungen zu ökologischen Ähnlichkeiten zwischen Asellus aquaticus und Asellus meridianus [Crust., Isopoda].)** Hydrobiologia [Den Haag] **20** (1962) Nr. 1. S. 1–30. — 4 Abb., 9 Tab., 50 Lit.
Die beiden Arten der Gattung *Asellus* kommen in verschiedenen Standorten einzeln, gemeinsam oder gar nicht vor. Vf. deutet das als Ausdruck einer allmählichen Verdrängung von *A. meridianus* durch die postglaciale Einwanderung von *A. aquaticus*. Vf. untersuchte an mehreren hundert Standorten die phys. und chem. Faktoren sowie an 20 Standorten die Makro- und Mikroflora und -fauna. Die abiotischen und biotischen Umweltfaktoren zeigen keinen größeren Unterschied zwischen den verschiedenen Standorten. Lediglich zwischen dem Calciumgehalt und dem Vorkommen von *Asellus* scheint eine Korrelation zu bestehen. In ihrer Nahrung, dem Mikrohabitat, der vertikalen Verteilung sowie der Widerstandsfähigkeit gegen hohe Temperaturen, geringen Sauerstoffgehalt und Austrocknung sind sich beide Arten sehr ähnlich. Aus diesen Befunden ist zu schließen, daß beide Arten sehr ähnliche ökologische Nischen bewohnen. W. v. Tümpling. 6135.

Sprague, J. B.; St. Andrews, New Brunswick, Fisheries Res. Board of Canada, Biol. Stat. Resistance of four freshwater crustaceans to lethal high temperature and low oxygen. **(Resistenz von 4 Süßwasserkrebsen gegenüber hohen Letaltemperaturen und niedrigem Sauerstoffgehalt.)** J. Fisheries Res. Board Canada **20** (1963) Nr. 2. S. 387–415. — 15 Abb., 2 Tab., 40 Lit.
Die Untersuchungen erfolgten an den Isopoden *Asellus intermedius* und den Amphipoden *Hyalella azteca*, *Gammarus fasciatus* und *G. pseudolimnaeus*. Die Temperaturresistenz nahm mit der Größe bei *A. intermedius* und *G. fasciatus* ab. Gammaridenweibchen waren resistenter als Männchen. Die Letaltemperaturen lagen für *A. intermedius* und *G. fasciatus* bei **34,6** °C für *H. azteca* bei **33,2** °C und *G. pseudolimnaeus* bei 29,6 °C. Die Sauerstoffkonzentrationen, die 50% Sterblichkeit in 24 Std. zur Folge hatten, waren bei 20 °C für *A. intermedius* 0,03 mg/l, für *H. azteca* 0,7 mg/l, für *G. pseudolimnaeus* 2,2 mg/l und für *G. fasciatus* 4,3 mg/l. M. Hegemann. 6135.

Bousfield, E. L. A new fresh-water amphidop crustacean from Oregon. **(Ein neuer Süßwasseramphipode aus Oregon.)** Museum comparat. Zool., Breviora **1963** Nr. 180. S. 1–6. — 2 Abb., 2 Lit. 6135.

Wróbel, Stanisław; Zaklad Biol. Wód PAN. Stosunki tlenowe w stawach rybnych. **(Die Sauerstoffverhältnisse in Fischteichen.)** Gospodarka rybna **15** (1963) Nr. 2. S. 26–28. — 6 Abb.

Der Sauerstoffgehalt des Teichwassers beeinflußt in hohem Maße die Verwertung der Zufütterung. Die Menge des Sauerstoffs im Wasser ist von seiner Temperatur und Bewegung sowie von den Lichtverhältnissen und der Photosynthese abhängig. Die wichtigste Sauerstoffquelle ist die Photosynthese des Phytoplanktons und der Unterwasserpflanzen. Sowohl bei wolkigem Wetter als auch bei Sonnenschein kann in der Zeit der Massenblüte des Phytoplanktons ein gefährlicher Sauerstoffmangel auftreten. Dies ist dadurch zu erklären, daß die Sonnenstrahlung bei trübem Wasser in den oberen Schichten abgefangen wird. In den unteren dunkleren Schichten besteht keine Photosynthese, der Sauerstoffverbrauch erfolgt mit dem Atmen. Wenn der Vorrat an Sauerstoff in den unteren Schichten erschöpft ist, rufen die sauerstofflosen Zersetzungsprozesse ein Absterben der Fische oder den Befall mit *Branchiomyces sanguinis* hervor. Eine Zufuhr von Sauerstoff in diese Schichten kann durch einen Temperaturausgleich oder durch das Bewegen der ganzen Wassermasse erfolgen. An dicht bewachsenen Stellen treten sehr große Schwankungen im Sauerstoffgehalt auf. Durch entsprechende Dosierung der Düngergaben, Ausmähen des pflanzlichen Überschusses und einen Wasserwechsel kann der Verringerung des Sauerstoffgehalts vorgebeugt werden. Durch eine mechanische Umwälzung des Wassers in windstillen Zeiten, die in den Nachmittagsstunden erfolgen sollte, kann eine längere Stratifikation verhindert werden. PRL/CBR. 6140.

Lépiney, Lionelle de. Contribution à la connaissance des Copépodes de la Région Parisienne. **(Beitrag zur Kenntnis der Copepoden aus der Pariser Gegend.)** Hydrobiologia [Den Haag] **20** (1962) Nr. 3. S. 213–216. — 6 Lit.
In Tümpeln und Waldteichen wurden folgende Arten festgestellt: *Eudiaptomus vulgaris, E. gracilis, Diaptomus castor, Macrocyclops albidus, Tropocyclops prasinus, Eucyclops serrulatus, Cyclops vicinus, Cyclops strenuus, Megacyclops viridis, Acanthocyclops vernalis, Mesocyclops leuckarti* und *Canthocamptus staphylinus.* D. Barthelmes. 6140.

Ross, Herbert H.; Urbana, Ill. Stream communities and terrestrial biomes. **(Die Lebensgemeinschaften der Flüsse und die terrestrischen Biotope.)** Arch. Hydrobiol. **59** (1963) Nr. 2. S. 235–242. — 5 Abb., 5 Lit.
Eine Übersicht über die nordamer. Trichopteren zeigt, daß eine Reihe von Arten und Gattungen an die verschiedenen Vegetationszonen (temperierten Laubwald des östlichen Nordamerika, montane Nadelwälder, boreale Nadelwälder, aride Gebiete und Halbwüsten) gebunden sind. So erscheinen die insgesamt 45 Arten der Gattungen *Pycnopsyche, Agapetus* und *Neophylax* streng an den östlichen temperierten Laubwald gebunden. Neben den phylogenetischen Zusammenhängen sind hierfür vor allem die klimatischen Bedingungen des Gebietes und die durch den Laubwald geschaffenen ökologischen Bedingungen verantwortlich. Letztere sind für kleine, schmale Fließgewässer weit wirksamer als für die großen Ströme, weshalb die Arten der großen Ströme häufig auch in anderen Gebieten vorkommen. Andere Arten, die in allen Gewässern des Laubwaldes vorkommen, haben sich offensichtlich als monophyletische Gruppen gemeinsam mit dem Laubwald entwickelt. Nähere, vor allem quantitative Untersuchungen dieses Problemes werden voraussichtlich wesentlich zum Verständnis der Ähnlichkeiten der Fließgewässerbiocoenosen auf der gesamten Erde beitragen. W. v. Tümpling. 6145.

Klapper, Helmut; Magdeburg, Wasserwirtsch.-Direktion; Leipzig, Karl-Marx-Univ., Zool. Inst. **Zu einigen Problemen der biologischen Wasseranalyse. Nach Untersuchungen im Einzugsgebiet Mittlere Elbe-Sude-Elde.** Int. Rev. ges. Hydrobiol. **48** (1963) Nr. 1. S. 9–34. — 14 Abb., 35 Lit.
Die biol. Wasseranalyse bringt das Ergebnis der Einwirkung zahlreicher phys., chem. und biol. Einflüsse auf den „Organismus Gewässer“ zum Ausdruck.

Als regionale Faktoren, die den Saprobiegrad mitbestimmen, sind in der biol. Analyse die biogeographischen, geol.-chem. und regional-hydrographischen Bedingungen zu berücksichtigen. Jahreszeitliche Unterschiede im Saprobiegrad haben natürliche (Entwicklungsrhythmen der Organismen, Selbstverunreinigung) und künstliche (Kampagneverschmutzungen, Winterbetrieb der Kläranlagen) Ursachen. Die verschiedenen Gewässertypen zeigen infolge ihres unterschiedlichen Charakters verschiedene biol. Reaktionsweise auf Abwasserbelastungen. Die Korrelationen zwischen Wasserinhaltsstoffen und der Saprobie sind bei verschiedener Art der Verschmutzung nur sehr lose.
M.-L. Albrecht. 6145.

Popescu, Lucia und Munteanu, Ion. Contribuţii la cunoaşterea componenţei şi repartiţiei bontosului în Dunăre (sectorul Ceatal Ismail — Sf. Gheorghe). **(Beiträge zur Kenntnis der Zusammensetzung und Verteilung des Benthos in der Donau [Sektor Ceatal Ismail-Sf. Gheorghe].)** Bul. Inst. Cercetări Proiectări piscicole **21** (1962) Nr. 4. S. 67–79. — 4 Abb., 4 Tab., 4 Lit. Zus. in Russ., Franz. 6145.

Wawrik, Friederike; Wien, Bundesanst. für Wasserbiol. und Abwasserforsch. **Zur Frage: Führt der Donaustrom autochthones Plankton?** Arch. Hydrobiol., Suppl. **27** (1962) Nr. 1. S. 28–35. — 3 Abb., 1 Tab., 16 Lit.

Vf. untersuchte im Herbst 1960 an 20 Stellen des Stromes das Plankton und den SiO_2-Gehalt auf der Strecke von Wien bis Sulina. Sie fand ein fast reines Diatomeenplankton mit 1000 bis 27000 Individuen/l. Während in den Netzproben *Asterionella, Fragilaria, Melosira, Synedra* und *Tabellaria* überwiegen, stellten in den Schöpfproben (2 l) *Cyclotella, Melosira* und *Stephanodiscus* mehr als 90% des Planktons. Der SiO_2-Gehalt des Donauwassers hängt naturgemäß stark vom petrographischen Charakter des Einzugsgebietes ab, zeigt jedoch auch eine umgekehrte Proportionalität zur Planktondichte. *Cyclotella meneghiniana, Stephanodiscus hantzschii* und *Melosira distans var. alpigena* sind als autochthone Plankter der Donau aufzufassen. Letztere ist als eine Ökotype des Stromes anzusehen. W.v. Tümpling. 6145.

Lan, Hannes an der; Innsbruck, Univ., Zool. Inst. **Zur Turbellarien-Fauna der Donau.** Arch. Hydrobiol., Suppl. **27** (1962) Nr. 1. S. 3–27. — 7 Abb., 27 Lit.

Vf. untersuchte ausführlich die Turbellarienfauna des österreichischen Donauabschnittes einschließlich seiner Altwässer sowie bei je einer Bereisung die Strecke von Wien zur Mündung und zu den Quellen. Einschließlich der Funde früherer Autoren sind heute 32 Turbellarienarten aus der Donau bekannt, für die kurze Beschreibungen auch ihres Vorkommens gegeben werden. Anschließend folgt eine kurze ökologische Schilderung der Turbellarienfauna der Quellbäche, der deutschen und österreichischen Donaustrecke sowie der Altwässer. Die einzelnen Flußabschnitte sind infolge ihrer hydrographischen und hydrochem. Unterschiede auch in der Trikladenbesiedlung eindeutig gekennzeichnet. In den sehr organismenreichen Altwässern weisen die Turbellarien einen ausgesprochenen Jahreszyklus auf: die Artenzahl ist von Apr. bis Juni am größten, während die Individuenzahl durch Frühjahrs- und Herbstformen zwei Maxima zeigt. Welche Faktoren für diese Rhythmik verantwortlich sind, ist noch ungeklärt. W. v. Tümpling. 6145.

Müller, K.; Schlitz, Hessen, Max-Planck-Ges., Hydrobiol. Anst., Limnol. Flußstat. **Tag-Nachtrhythmus von Baetidenlarven in der „Organischen Drift“.** Naturwissenschaften **50** (1963) Nr. 5. S. 161. — 2 Abb. 6145.

Steele, J. H. und Baird, I. E.; Aberdeen, England, Marine Lab. Further relations between primary production, chlorophyll, and particulate carbon. **(Weitere Beziehungen zwischen Primärproduktion, Chlorophyll und Kohlen-**

stoff.) Limnol. and Oceanogr. **7** (1962) Nr. 1. S. 42–47. — 5 Abb., 4 Tab., 8 Lit.

Vff. berechnen die Produktivität des schottischen Brackwassersees, Loch Nevis, aus den Phosphat- und Nitratwerten. Das Assimilations- und Regenerationsverhältnis von Nitrat und Phosphat liegt dicht bei dem normalen von 16:1. Das Kohlenstoff-Chlorophyll-Verhältnis betrug im Sommer 74:1, war im Herbst und Frühjahr niedriger und machte vergleichsweise in der Nordsee während einer Frühjahrs-Vegetationsfärbung 23:1 aus. Aus der Phosphat- und Nitrataufnahme berechnet sich für Loch Nevis eine jährliche Primärproduktion von 120 g C/m². M. Schlüter. 6148.

Brun, Bernard; Marseille, Fac. des Sci., Lab. de Biol. Gén. Sur les gammares du groupe G. locusta des eaux marines et saumâtres du littoral provençal. **(Über die Gammariden der G.-locusta-Gruppe im Meer- und Brackwasser-Litoral der Provence.)** C.R. hebd. Séances Acad. Sci. **256** (1963) Nr. 13. S. 2934–2935. — 3 Lit.

Die Gammaridenfauna der *G.-locusta*-Gruppe im Litoral und in den Brackwasserteichen der Provence besteht aus 3 Formen, die geschlechtlich voneinander differenziert sind. Sie lassen sich morphol. von den 3 Hauptformen derselben Gruppe unterscheiden, die von der Küste, aus Flußmündungen und Meeresbuchten Nordeuropas beschrieben worden sind. Auf ökologischem Gebiet sind gewisse Parallelen vorhanden. Die 3 Formen werden beschrieben und provisorisch mit Namen versehen. *G. massiliensis* ist marin, *G. intermedius* lebt in stark salzigen Brackwasserteichen und im Meer, *G. camarguensis* in mäßig bis schwach salzhaltigen Teichen. M.-L. Albrecht. 6148.

Thomsen, Helge. Danish hydrographic observations in Great Belt and the Baltic in 1959. **(Dänische hydrographische Beobachtungen im Großen Belt und in der Ostsee 1959.)** Cons. permanent int. Explorat. Mer [Copenhague], Ann. biol. **16** (1959, hrsg. 1961) S. 56. — 3 Abb.

Für die Feuerschiffe „Halsskov Rev“ und „Gedser Rev“ werden die Monatsmittel von Temperatur und Salzgehalt mit ihren Abweichungen sowohl für das Oberflächen- wie für das Bodenwasser angegeben. Einige Werte für Christiansø werden hinzugefügt. Von Juni–Okt. waren die Wassertemperaturen ungewöhnlich hoch. Bei „Gedser Rev“ waren die Monatsmittel dieser Zeitspanne die höchsten seit 30 Jahren. M. Berner. 6150.

Glowinska, A. Polish hydrographic observations in the Southern Baltic in 1959. **(Polnische hydrographische Beobachtungen in der südlichen Ostsee 1959.)** Cons. permanent int. Explorat. Mer [Copenhague], Ann. biol. **16** (1959, hrsg. 1961) S. 61–65. — 8 Abb.

Temperatur, Salz-, Sauerstoff- und Phosphatgehalt werden für das Bornholmtief und das Danziger Tief fortlaufend für das Jahr 1959 dargestellt. Der Salzgehalt am Boden beider Becken war ziemlich niedrig und schwankte mehrfach. Ende 1959 deutete sich im Danziger Tief eine Steigerung an. In der Temperaturverteilung sind der sehr heiße Sommer mit Oberflächentemperaturen bis zu 21,75 °C und der ausnahmsweise starke Temperaturwechsel am Boden des Bornholmtiefs charakteristisch. Der Sauerstoffgehalt war in der Bodenwasserschicht beider Becken recht niedrig, verbesserte sich jedoch im Bornholmbecken im Apr. vorübergehend. Hier wurde Anfang des Jahres ein hoher Phosphatgehalt gefunden, der dann im März schnell absank. Auch im Danziger Becken enthielt das Tiefenwasser im ersten Halbjahr mehr Phosphate als im zweiten. M. Berner. 6150.

Svansson, Artur. Hydrographic observations at Swedish lightvessels and in the Central Baltic in 1959. **(Hydrographische Beobachtungen auf schwedischen Feuerschiffen und in der zentralen Ostsee 1959.)** Cons. permanent int. Explorat. Mer [Copenhague], Ann. biol. **16** (1959, hrsg. 1961) S. 59–60. — 2 Tab.

Für 5 Feuerschiffe und 3 feste Stationen werden die üblichen Werte angegeben. der Salzgehalt der Bottensee stieg weiter an, jedoch drang in das Landsorttief und das Gotlandtief kein frisches Wasser ein. Im Bornholmtief zeigte ein Sauerstoffgehalt von über 2 ml/l im Nov. den Einstrom von Kattegatwasser an. Auf fast allen Feuerschiffen wurden positive Temperaturanomalien festgestellt. M. Berner. 6150.

Thomsen, Helge. Hydrography of the Kattegat area in 1959, Danish waters. **(Die Hydrographie des Kattegats 1959, dänische Gewässer.)** Cons. permanent int. Explorat. Mer [Copenhague], Ann. biol. **16** (1959, hrsg. 1961) S. 54. — 2 Tab.
Beim Feuerschiff „Anholt Nord" lag die Oberflächentemperatur während des ganzen Jahres über dem Durchschnitt, insbesondere aber im Frühling und Herbst. Auch die Bodentemperaturen waren, abgesehen vom Juli und Aug., höher als normal und im Winter außergewöhnlich hoch. Der Oberflächensalzgehalt war im Sept. bes. hoch. Positive Abweichungen kennzeichnen den Bodensalzgehalt in fast allen Mon. Etwas anders fallen die Werte des Feuerschiffes „Vyl" aus. M. Berner. 6150.

Goedecke, E. Hydrographic conditions in the German Bight in 1959. **(Die hydrographischen Bedingungen in der Deutschen Bucht 1959.)** Cons. permanent int. Explorat. Mer [Copenhague], Ann. biol. **16** (1959, hrsg. 1961) S. 51–53. — 1 Abb., 2 Tab.
Die von 5 deutschen Feuerschiffen gemessenen Werte der Oberflächensalzgehalte und -temperaturen werden zu Monatsmitteln zusammengefaßt und graphisch nach Dekaden dargestellt. Ein Vergleich der Monatsmittel des Jahres 1959 mit dem Durchschnitt der Jahre 1950–1959 weist auf die Ausnahmestellung dieses Jahres hin. Die positiven Salzgehalts- und Temperaturwerte der Flußmündungen und Küstengewässer der Deutschen Bucht werden auf den extrem heißen und trockenen Sommer und die ausgesprochene Hochdruckwetterlage 1959 zurückgeführt. M. Berner. 6150.

Craig, R. E. Hydrographic surveys of the Northern North Sea 1959. **(Hydrographische Aufnahmen der nördlichen Nordsee 1959.)** Cons. permanent int. Explorat. Mer. [Copenhague], Ann. biol. **16** (1959, hrsg. 1961) S. 31. — 3 Abb.
Salzgehalt und Temperatur werden für das Oberflächen- und Bodenwasser der gesamten nördl. Nordsee für 3 ausgewählte Reisen aufgetragen. Im Frühling und Sommer waren die Temperaturwerte fast normal, ab Aug. lag jedoch die Oberflächentemperatur um 1 °C höher. An der nördlichsten Grenze der Nordsee war der Salzgehalt extrem hoch. Die horizontale Zirkulation des Nordseewassers war wie 1958 außerordentlich langsam. M. Berner. 6150.

Smed, Jens. Monthly anomalies of the surface temperature in areas of the Northern North Atlantic in 1959. **(Monatliche Anomalien der Oberflächentemperatur in den Arealen des nördlichen Nordatlantiks 1959.)** Cons. permanent int. Explorat. Mer [Copenhague], Ann. biol. **16** (1959, hrsg. 1961) S. 22–23. — 3 Abb., 2 Tab.
Für die Areale A_1–N werden die Anomalien zum langjährigen Mittel nach Angaben dänischer und isländischer Schiffe berechnet. 1959 herrschten außer in E und N positive Anomalien vor, insbesondere im nordöstlichen Gebiet. Das Jahresmittel der Anomalien lag mit 0,6 °C jedoch um 0,2 °C niedriger als im Vorjahr. Im Vergleich zu 1958 sind die Oberflächentemperaturen allg. abgesunken, nur in den Anschlußgebieten zur Nordsee sind sie gestiegen. Hierauf weisen auch die Temperaturmessungen von Myggenaes auf den Fär Öer mit einem Anstieg um 0,8 °C hin. M. Berner. 6150.

Aleksejev, A., Istoshin, B., Pachorukov, W., Myrland, P., Einarsson, H., Hermann, F. und Stefánsson, U. International investigations on hy-

drographic conditions in the Norwegian Sea, June 1959. **(Internationale Untersuchungen über die hydrographischen Bedingungen in der Norwegischen See im Juni 1959.)** Cons. permanent int. Explorat. Mer [Copenhague], Ann. biol. **16** (1959, hrsg. 1961) S. 25. — 4 Abb.
Die von Dänemark, Island, Norwegen und der UdSSR im Anschluß an die Untersuchungsfahrten durchgeführte Tagung faßte das Material der Norwegischen See und der isländischen Gewässer zusammen. Die überdurchschnittl. Temperaturen des Irminger- und Norwegenstroms deuten auf eine verstärkte Wasserzirkulation hin. Die Temperaturen des Ostisland- und Jan-Mayen-Stroms lagen beträchtlich unter dem Mittel. Selbst Anfang Juni wurde östlich Jan Mayen Eis festgestellt. Im Irmingerstrom beobachtete man ein nordostwärts wanderndes Phosphatmaximum und Sauerstoffminimum.
M. Berner. 6150.

Aleksejev, A., Istoshin, B. und Ponomarenko, L. Hydrographic conditions in the Norwegian Sea, November–December 1959. **(Hydrographische Bedingungen in der Norwegischen See im November–Dezember 1959.)** Cons. permanent int. Explorat. Mer [Copenhague], Ann. biol. **16** (1959, hrsg. 1961) S. 26–28. — 4 Abb.
Der atlantische Norwegenstrom war im Untersuchungszeitraum um 1 °C wärmer als im Vorjahr, der arktische Ostislandstrom jedoch bis zu 1 °C kälter. Auf Grund der verstärkten Intensität beider Ströme paßte sich das atlantische Wasser dem Kontinentalsockel Norwegens bes. eng an und das arktische Wasser dehnte sich ostwärts aus. Die Ende 1958 einsetzende Erwärmung des atlantischen Wassers erstreckte sich über die Lofoten hinaus nach Norden und Westen. Es scheint, als ob die hohe Intensität des Norwegenstroms anhält. Die Verteilung von Sauerstoff und Phosphat im Oberflächen- und Bodenwasser wird beschrieben. M. Berner. 6150.

Hermann, Frede. Hydrographic sections from the Faroes to East Greenland and Cape Farewell to Ireland. **(Hydrographische Schnitte von den Fär Öer nach Ostgrönland und von Kap Farvel nach Irland.)** Cons. permanent int. Explorat. Mer [Copenhague], Ann. biol. **16** (1959, hrsg. 1961) S. 21. — 3 Abb.
Die beiden transatlantischen Schnitte wurden von der „Dana" gefahren. Zwischen den Fär Öer und dem Reykjanes-Rücken lagerte warmes, atlantisches Wasser von fast gleicher Dichte wie im Vorjahr. Am Abfall der Fär Öer wurde kaltes Bodenwasser gefunden, offenbar Tiefenwasser der Norwegischen See, das durch die Fär-Öer-Rinne abgeflossen ist. Westlich des Reykjanes-Rückens waren der nach Norden setzende Irmingerstrom wie auch seine an der Küste Grönlands nach Süden setzende Abzweigung 1959 gut ausgebildet. Das sehr kalte Tiefenwasser muß in der Hauptsache aus der Norwegischen See über den Island-Grönland-Rücken eingeströmt sein. M. Berner. 6150.

Tait, J. B. Hydrography of the Faroe Bank Channel. **(Die Hydrographie der Färö-Bank-Rinne.)** Cons. permanent int. Explorat. Mer [Copenhague], Ann. biol. **16** (1959, hrsg. 1961) S. 28–30. — 1 Abb., 7 Lit.
Die Färö-Bank-Rinne kann als Verlängerung der Fär-Öer-Shetlands-Rinne für den Einstrom subarktischen Tiefenwassers in das Nordatlantische Becken von großer Bedeutung sein, auch in fischereilicher Hinsicht. Steele wies 1958 eine Überflutung des Fär-Öer-Island-Rückens auf begrenztem Raum nach. Vf. trägt das verfügbare Material über die schmale und tiefe Färö-Bank-Rinne zusammen und zeigt, daß in 11 von 12 Fällen am Boden der Rinne Tiefenwasser der Norwegischen See oder arktisches Zwischenwasser festgestellt wurde, das sich offenbar in nordwestlicher Richtung bewegte.
M. Berner. 6150.

Rogalla, E. Results of hydrographic investigations between St. Kilda and Rockall Bank in April 1959. **(Ergebnisse der hydrographischen Untersuchungen**

zwischen St. Kilda und der Rockall-Bank im April 1959.) Cons. permanent int. Explorat. Mer [Copenhague], Ann. biol. **16** (1959, hrsg. 1961) S. 65–66. 3 Abb.

Eine bisher unbekannte unterseeische Bank, deren Spitze auf 57°28′ N und 11°05′30″ W bis zu 531 m aufragt, wurde im Apr. von der „Anton Dohrn“ ausgelotet. In der umgebenden tiefen Rinne lagerte unter dem ozeanischen Wasser ein Mischwasser aus ozeanischem und Bodenwasser der Norwegischen See. M. Berner. 6150.

Krauss, Wolfgang und Magaard, Lorenz; Kiel, Univ., Inst. für Meereskunde. **Zum System der Eigenschwingungen der Ostsee.** Kieler Meeresforsch. **18** (1962) Nr. 2. S. 184–186. — 3 Abb., 4 Lit.

Um das System der Eigenschwingungen in der Ostsee zu untersuchen, wurden für das System Westliche Ostsee–Finnischer Meerbusen 53 und für das System Westliche Ostsee–Bottnischer Meerbusen 63 Querschnitte aus der Literatur übernommen. Für das zuerstgenannte System wird die Amplitudenverteilung der 1.–6. Eigenschwingung und für das zweite System die der 1.–7. Eigenschwingung dargestellt. Die Eigenschwingungen Westliche Ostsee-Finnischer Meerbusen weisen insbesondere westlich von Bornholm und im Finnischen Meerbusen große Amplituden auf. J. Waldmann. 6150.

Smed, Jens. Monthly anomalies of the surface temperature in an area off the Eastern Coast of Scotland in 1959. **(Monatliche Anomalien der Oberflächentemperatur an der Ostküste Schottlands 1959.)** Cons. permanent int. Explorat. Mer [Copenhague], Ann. biol. **16** (1959, hrsg. 1961) S. 53. — 1 Abb., 1 Tab.

In dem Areal F waren die Temperaturanomalien in allen Mon. des Jahres 1959 positiv und lagen im Jahresdurchschnitt mit 1,1 °C um 0,6 °C höher als 1958. In den nordwestlich anschließenden Arealen K und J wurden ebenfalls positive Anomalien berechnet. M. Berner. 6150.

Rogalla, E. The distribution and layering of water masses in the North Sea during June/July 1959. **(Die Verteilung und Schichtung der Wasserkörper in der Nordsee im Juni/Juli 1959.)** Cons. permanent. int. Explorat. Mer [Copenhague], Ann. biol. **16** (1959, hrsg. 1961) S. 35. — 3 Abb.

Die „Anton Dohrn“ führte im Juni/Juli Serienmessungen und bathythermographische Beobachtungen an 220 über die gesamte Nordsee verteilten Stationen durch. Der von Norden eindringende atlantische Wasserkörper ist in 2 Zungen aufgespalten und reicht am Boden bis 15 sm nördlich der Dogger-Bank. Im Süden wird das atlantische Kanalwasser von der 34,5‰ Isohaline begrenzt, während sich das eigentliche Nordseewasser als typisches Mischwasser vom Küstenwasser absetzt. In den Bodentemperaturen zeichnen sich 2 Kaltwasserkerne von 6,1 °C in der nördlichen und mittleren Nordsee als Reste des Winterwassers ab. Ein Nord-Süd-Schnitt zeigt die in gleicher Richtung abnehmende Temperaturschichtung. M. Berner. 6150.

Armstrong, F. A. J. und Boalch, G. T.; Plymouth Lab. The ultra-violet absorption of sea water. **(Die Ultraviolett-Absorption des Meerwassers.)** J. Marine biol. Assoc. United Kingdom **41** (1961) Nr. 3. S. 591–597. — 3 Abb., 2 Tab., 19 Lit.

Die Ergebnisse von Messungen des Ultraviolett-Absorptionsspektrums zwischen 200 und 400 mμ mit einem Spektrophotometer werden beschrieben. Bei kurzwelligen Längen hat natürliches Seewasser die doppelte Absorptionsfähigkeit wie künstliches Seewasser. Die Unterschiede in Proben aus geringen Tiefen werden org. Material zugeschrieben, zu denen auch der „Gelbstoff“ rechnen dürfte. Ein geringer jahreszeitlicher Effekt mit einem Anwachsen der Absorption im Sommer wurde im Englischen Kanal beobachtet. In atlantischem Tiefenwasser stieg die Absorption unterhalb 235 mμ wahrscheinlich

auf Grund der hohen Nitratkonzentration. UV-Absorptionsmessungen können andere phys. Methoden zur Charakterisierung von Wasserkörpern ergänzen.
J. Waldmann. 6150.

Armstrong, F. A. J. und Butler, E. I.; Plymouth Lab. Chemical changes in sea water off Plymouth during 1960. **(Chemische Veränderungen im Meerwasser vor Plymouth im Jahre 1960.)** J. Marine biol. Assoc. United Kingdom **42** (1962) Nr. 2. S. 253–258. — 3 Abb., 1 Tab., 11 Lit.
Die Analysenergebnisse von Seewasserproben von der internationalen Station E I (50°02′ N; 4°22′ W) die im Jahre 1960 in etwa monatl. Abständen entnommen wurden, werden in graphischen Darstellungen mitgeteilt. Untersucht wurde die Wassersäule bis in 70 m Tiefe. Die niedrigste Oberflächentemperatur war 9,1 °C, die höchste 18,3 °C. Die winterlichen Maximalwerte betrugen 0,59 μg atom P/l und 3,84 μg atom Si/l. Die Minimalwerte wurden im Aug. festgestellt (0,17 μg atom P/l und 1,61 μg atom Si/l.) In einem Anhang wird die Bestimmungsmethode für Silikat mitgeteilt.
J. Waldmann. 6150.

Fedosov, M. V. und Ermachenko, I. A. Silica content of Northern waters. **(Der Siliziumgehalt der nördlichen Gewässer.)** Cons. permanent int. Explorat. Mer [Copenhague], Ann. biol. **16** (1959, hrsg. 1961) S. 23–25. — 3 Tab.
Das in den Jahren 1957–1959 in der Barents-See und der Norwegischen See gesammelte Material gibt einen Überblick über die Verteilung des gelösten und ungelösten Siliziums im Seewasser nach Tiefen, Wasserkörpern, Jahreszeiten und Gebieten. Die Werte zeigen, daß das Silizium aktiv am Aufbau des Phytoplanktons beteiligt ist. Durch die kolloidalen Siliziumverbindungen und die schnelle Regeneration bei Zersetzungsprozessen erhält die photische Wasserschicht eine zusätzliche Siliziumquelle. M. Berner. 6150.

Wilson, Douglas P. und Armstrong, F. A. J.; Plymouth Lab. Biological differences between sea waters: Experiments in 1960. **(Biologische Unterschiede bei Meerwasser: Versuche im Jahre 1960.)** J. Marine biol. Assoc. United Kingdom **41** (1961) Nr. 3. S. 663–681. — 17 Abb., 4 Tab., 12 Lit.
In Seewasser von Plymouth und Wasser aus dem Firth of Clyde entwickelten sich morphol. unterschiedliche Larventypen aus einer Gesamtmenge befruchteter Eier von *Echinus esculentus*. Die Vermutung, daß unterschiedlicher Kupfergehalt dafür verantwortlich sei, wird experimentell widerlegt. In einigen Fällen gediehen die Larven in einer Mischung der beiden Wassersorten besser als in einer von ihnen, bes. die Skelettbildung war besser. Es ist unwahrscheinlich, daß ein einzelner Faktor für die biol. Verschiedenheiten von 2 Seewassersorten verantwortlich ist, wahrscheinlich handelt es sich um eine Anzahl von Faktoren, die sich mit der Zeit und mit dem Raum ändern.
J. Waldmann. 6150.

Patten, Bernard C.; Gloucester Point, Va., Inst. of Marine Sci. Species diversity in net phytoplankton of Raritan Bay. **(Artenwechsel im Netzphytoplankton der Raritan Bay.)** J. Marine Res. **20** (1962) Nr. 1. S. 57–75. — 4 Abb., 3 Tab., 29 Lit. 6150.

Virgil, Vintilă. Baza trofică fitoplanctonică la țarmul romînesc al Mării Negre în 1962, element în elaborarea prognozei de pescuit la mare. **(Das Phytoplankton an der rumänischen Schwarzmeerküste im Jahre 1962 als Element einer Prognose für den Fischfang auf See.)** Bul. Inst. Cercetări Proiectări piscicole **21** (1962) Nr. 4. S. 80–89. — 1 Abb., 8 Tab., 12 Lit. Zus. in Russ., Franz. 6150.

Wickstead, J.; Plymouth Lab. Plankton from the East African area of the Indian Ocean. **(Plankton aus dem ostafrikanischen Gebiet des Indischen Ozeans.)** Nature [London] **196** (1962) Nr. 4860. S. 1224–1225. — 2 Abb., 1 Lit.

Vf. wertet in der vorliegenden Arbeit ausschließlich Planktonproben aus, die bei Tageslicht gefangen wurden und von Stationen mit mehr als 200 Faden Gesamttiefe stammten. Zusammen mit den Planktonproben wurden die jeweiligen Sichttiefen als Ausdruck der Durchsichtigkeit des Wassers gemessen. Es bestand eine direkte Beziehung zwischen Plankton und Sichttiefe. Vf. begründet diese Erscheinung damit, daß bei großer Sichttiefe die Planktonorganismen am Tage in größere Tiefen abwanderten und bei den 200 m tief reichenden Vertikalzügen nicht mehr erfaßt wurden.
J. Waldmann. 6150.

Tranter, D. J.; Cronulla, New South Wales, C.S.I.R.O., Div. of Fisheries and Oceanography. Zooplankton abundance in Australasian waters. **(Zooplanktonhäufigkeit in australischen Gewässern.)** Austral. J. Marine Freshwater Res. **13** (1962) Nr. 2. S. 106–142. – 9 Abb., 14 Tab., 48 Lit.
Die Meere um Australien enthalten, bes. auf der hohen See, eine rel. geringe Zooplanktonbiomasse. In einem Aufquellgebiet zwischen der NW-Küste von Australien und Indonesien ist die Biomasse größer. In der südl. Tasmanischen See sind Anzeichen für eine kurzlebige Frühjahrsblüte vorhanden. Die Biomasse der offenen See ist durchweg nicht größer als in der Sargasso-See. Die mittlere Zooplankton-Biomasse auf dem australischen Schelf wurde auf 100 mg/m^3 geschätzt, in den meisten Teilen des offenen Ozeans lag sie stets unter 50 mg/m^3, meist sogar unter 25 mg/m^3. Salpenschwärme, die im Frühjahr und Sommer beobachtet wurden, bildeten lokale Konzentrationen höherer Biomasse. Eine erhöhte Biomasse wurde auch vor der NW-Küste während einer Periode vorherrschender ablandiger Winde festgestellt, hier herrschten Crustaceen vor. J. Waldmann. 6150.

Fager, E. W. und McGowan, J. M. Zooplankton species groups in the North Pacific. Co-occurrences of species can be used to derive groups whose members react similary to water-mass types. **(Zooplankton-Artengruppen im Nordpazifik. Gemeinsames Vorkommen von Arten kann zur Ableitung von Gruppen benutzt werden, deren Mitglieder ähnlich auf Wasserkörpertypen reagieren.)** Science [Washington] **140** (1963) Nr. 3566. S. 453–460. – 5 Abb., 2 Tab., 15 Lit. 6150.

Lance, Joan; Southampton, Univ., Dep. of Zool. Effects of water of reduced salinity on the vertical migration of zooplankton. **(Der Effekt von Wasser reduzierten Salzgehalts auf die Vertikalwanderung von Zooplankton.)** J. Marine biol. Assoc. United Kingdom **42** (1962) Nr. 2. S. 131–154. – 11 Abb., 6 Tab., 28 Lit.
In Laborversuchen wurden die Effekte von Wasser verringerter Salinität auf die Vertikalwanderung von Zooplankton aus den Gewässern um Southampton untersucht. Als Versuchsobjekte dienten die Copepodenarten *Acartia tonsa, A. bifilosa, A. discaudata, A. clausi, Centropages hamatus* und *Temora longicornis* sowie die Decapodenlarven von *Porcellana longicornis*. Außerdem wurden Beobachtungen an *Centropages typicus* verwertet. Salz-Sprungschichten hatten auf die Vertikalwanderung deutliche Auswirkungen. Ein starker Sprung bildete eine Schranke für die Tiere, die die Oberfläche aufsuchen wollten; sie konnten bei extremer Verdünnung nicht in das Wasser reduzierter Salinität eindringen. Die Aufwärtswanderung wurde auch durch eine Vertikalserie von Sprungschichten beschränkt. Die Schwimmaktivität von Copepoden war ebenfalls in homohalinem Wasser reduzierten Salzgehalts verringert. Die Aktivität hing sowohl vom Grad der Verdünnung als auch von der Aufenthaltsdauer ab. Das Verhalten der Arten schwankte je nach den Salzgehaltstoleranzen der jeweiligen Arten. J. Waldmann. 6150.

Halcrow, K.; Halifax, Nova Scotia, Dalhousie Univ., Inst. of Oceanography. Acclimation to temperature in the marine copepod, Calanus finmarchicus

(Gunner.). **(Temperaturanpassung bei dem marinen Copepoden Calanus finmarchicus.)** Limnol. and Oceanogr. 8 (1963) Nr. 1. S. 1–8. — 6 Abb., 2 Tab., 19 Lit.

Die Anpassung von *Calanus finmarchicus* wurde experimentell für die Temperaturen 4°, 10° und 20 °C nach dem O_2-Verbrauch bestimmt. Minimaler O_2-Verbrauch trat bei den ungefütterten Tieren ein, nachdem sie bis zu 3 Tagen in den 3 Temperaturstufen gehalten wurden. Die bei 4 °C gehaltenen Tiere erreichten diesen Minimalwert am schnellsten. Erhöhte O_2-Aufnahme war bei plötzlichen Temperaturänderungen zu beobachten. Nach Temperaturerhöhung von 5 °C stellte sich der neue Gleichgewichtszustand nach 6–8 Std. ein. *Calanus* paßt sich nicht an Temperaturen an, die außerhalb seines jahreszeitlichen Temperaturbereiches liegen. Er kompensiert aber geringe Abweichungen von der Temperatur seines natürlichen Aufenthaltsortes.

D. Barthelmes. 6150.

Clarke, G. L., Conover, R. J., David, C. N. und Nicol, J. A. C.; Woods Hole Oceanographic Instn.; Plymouth Lab. Comparative studies of luminescence in copepods and other pelagic marine animals. **(Vergleichende Untersuchungen über die Lumineszenz bei Copepoden und anderen pelagischen Meerestieren.)** J. Marine biol. Assoc. United Kingdom **42** (1962) Nr. 3. S. 541–563. — 7 Abb., 3 Tab., 30 Lit.

Vff. beschreiben ihre vergleichenden Untersuchungen an den folgenden leuchtenden Copepodenarten: *Metridia lucens, M. longa, M. princeps, Pleuromamma robusta, P. xiphias, Heterorhabdus norvegicus, H. robusta, Heterostylites longicornis, Lucicutia grandis, Hemirhabdus grimaldii, Disseta palumboi, Euaugaptilus magnus* und *Centraugaptilus horridus*. Das Leuchten wurde durch elektrische oder mech. Reize induziert und photoelektrisch registriert, es dauerte 2–37 Sek. Die Leuchtintensität lag zwischen $0{,}02 \times 10^{-5}$ $\mu W/s \cdot cm^2$ der Rezeptoroberfläche in 15 cm Entfernung. Histologische Untersuchungen der Leuchtdrüsen ergaben 2 unterschiedliche Drüsentypen, die durch die Färbung differenziert werden können. Das gegenwärtige Wissen über das Gebiet wird zusammengefaßt.

J. Waldmann. 6150.

McIntyre, A. D.; Aberdeen, Marine Lab. Quantitative differences in the fauna of boreal mud associations. **(Quantitative Unterschiede in der Fauna borealer Schlammgesellschaften.)** J. Marine biol. Assoc. United Kingdom **41** (1961) Nr. 3. S. 599–616. — 3 Abb., 4 Tab., 20 Lit.

Die Fauna des Fladengrundes wird mit der eines ähnlichen Gebietes der schottischen Westküste (Loch Nevis) verglichen. Für Makrobenthos wurden Siebe mit 13 mm und 0,5 mm Öffnungen verwendet, Meiobenthos wurde durch ein Sieb von 0,124 mm Maschenweite abgetrennt. Der Fladengrund ist 140 m tief, die Bodentemperaturen liegen zwischen 6,31° und 8,22 °C, der Salzgehalt zwischen 35,20 und 35,26‰. Die Loch Nevis-Station ist bis zu 110 m tief, die Temperaturen betragen 7,04–12,9 °C, der Salzgehalt liegt zwischen 33,86 und 34,33‰. Die Faunen beider Gebiete werden beschrieben. Sie sind sehr unterschiedlich in ihrer Artenzusammensetzung. Die Biomasse des Fladengrundmakrobenthos betrug 6,42 g/m^2 (Naßgewicht), die Vergleichsstation hatte 33,1 g/m^2 Biomasse. Die Unterschiede werden diskutiert. Weidetätigkeit der Fische, hydrographische Unterschiede und Verschiedenheiten der Konvektion werden als die wesentlichen Faktoren betrachtet.

J. Waldmann. 6150.

Dorsett, D. A. The behaviour of Polydora ciliata (Johnst.). Tube-building and burrowing. **(Das Verhalten von Polydora ciliata. Röhren- und Höhlenbau.)** J. Marine biol. Assoc. United Kingdom **41** (1961) Nr. 3. S. 577–590. — 10 Abb., 1 Tab., 19 Lit.

Polydora ciliata ist ein spionider Polychät, der sich unterhalb der Mittelwassergrenze in Kalksteinfelsen einbohrt. Er kann auch kalkfreies Material wie verfaultes Holz durchdringen. *P. ciliata* höhlt einen U-förmigen Gang aus, der mit einer Röhre aus Mucoprotein und Sandkörnchen ausgekleidet wird. Sowohl Futter als auch Material für den Röhrenbau wird mit den Palpen gesammelt. Vf. nimmt an, daß bei der Auswahl der Sandteilchen für die Röhre die Teilchengröße maßgeblich ist. Teilchen zwischen 0,03 und 0,05 mm wurden zum Bau verwendet, während die kleineren in den Darm wanderten. Der Auswahlmechanismus wird beschrieben. Das Problem der chem. Durchdringung der Felsen wird erörtert, es werden sowohl chem. als auch mechanische Methoden angewendet. J. Waldmann. 6150.

Forster, G. R.; Plymouth Lab. Observations on the ormer population of Guernsey. **(Beobachtungen über die Haliotus-tuberculata-Population von Guernsey.)** J. Marine biol. Assoc. United Kingdom **42** (1962) Nr. **3**. S. **493** bis **498**. — **3** Tab., **6** Lit.

Im Okt. 1961 wurde die Population der Art *Haliotus tuberculata* im Gebiet von Guernsey durch Taucherbeobachtungen untersucht. Es wurde festgestellt, daß die Mollusken Felsen bevorzugen, die von *Lithothamnion*-Krusten überzogen sind. Durchschnittl. kamen 2,4 Tiere/m² vor. Über Alter und Wachstum konnten keine zufriedenstellenden Ergebnisse erzielt werden, da die Schalen keine Jahreszonen anlegen. Es sind Markierungsversuche notwendig, um genauere Werte zu erhalten. Die größten Exemplare wiesen eine Länge von 12 cm auf. J. Waldmann. 6150.

Orton, J. H. und Southward, A. J.; Plymouth Lab. Studies on the biology of limpets. IV. The breeding of Patella depressa Pennant on the North Cornish coast. **(Studien über die Biologie von Napfschnecken. 4. Mitt. Die Vermehrung von Patella depressa an der Küste von Nord-Cornwall.)** J. Marine biol. Assoc. United Kingdom **41** (1961) Nr. 3. S. 653–662. — 2 Abb., 1 Tab., 14 Lit.

Die Vermehrung von *Patella depressa* wurde 4 Jahre lang beobachtet. Im Gegensatz zu *P. vulgata* laicht *P. depressa* im Sommer. Die Gonadenentwicklung beginnt im Frühjahr und ist im Juni oder Juli abgeschlossen. Das Laichen fällt mit dem Maximum der Lufttemperatur im Juli, Aug. oder Sept. zusammen. Herbst und Winter werden in ausgelaichtem Zustand verbracht, im frühen Frühjahr wird nur ein ganz geringer Teil der Gonaden im Ruhestadium angetroffen. Es konnte keine stimulierende Wirkung auf den Beginn des Laichens festgestellt werden. Die Unterschiede im Verhalten von *P. depressa* und *P. vulgata* lassen Zweifel über eine Superspezies *Patella* aufkommen. J. Waldmann. 6150.

Ansell, Alan D.; Glasgow, Univ. Dep. of Zool.; Millport, Marine Stat. The functional morphology of the larva, and the post-larval development of Venus striatula (Da Costa). **(Die funktionelle Morphologie der Larve und die postlarvale Entwicklung von Venus striatula.)** J. Marine biol. Assoc. United Kingdom **42** (1962) Nr. 2. S. 419–443. — 13 Abb., 37 Lit.

Die funktionelle Morphologie der Veliger, Prediveliger und frühen postlarvalen Stadien von *Venus striatula* wird beschrieben. Das Festsetzen findet bei einer Länge von 220–240 μ statt. Es ist durch den schnellen Verlust des Velums, das Funktionieren der Byssusdrüse und die Anlage der postlarvalen Schale gekennzeichnet. Außer dem Verlust des Velums gehen die genannten Veränderungen sehr langsam vonstatten. Der Modus der Entwicklung einiger Organe bei der Post-Larve wird in Zusammenhang mit der Phylogenie diskutiert. Es wird geschlossen, daß die Form vieler Organe, bes. jener, die den Atem- und Freßstrom verursachen, juvenile Adaptationen sind. Sie haben wenig oder keine phylogenetische Signifikanz.
J. Waldmann. 6150.

Collyer, Dorothy M.; Burnham-on-Crouch, Essex, Fisheries Lab. Differences revealed by paper partition chromatography between the gastropod Nassarius reticulatus (L.) and specimens believed to be N. nitida (Jeffreys). **(Durch Papierchromatographie festgestellte Unterschiede zwischen den Gastropoden Nassarius reticulatus und Exemplaren, die für N. nitida gehalten wurden.)** J. Marine biol. Assoc. United Kingdom **41** (1961) Nr. 3. S. 683–693. – 7 Abb., 19 Lit.
Die Ninhydrin-positiven Modelle, die durch papierchromatographische Untersuchung des Fußgewebes von *Nassarius reticulatus* von Plymouth und Nordwales und von *Nassarius*-Exemplaren von Essex hergestellt wurden, werden dargestellt. Die Ähnlichkeiten und Unterschiede werden beschrieben und die festen Unterschiede als Indikator für genetische Unterschiede zwischen den Individuen aus verschiedenen Herkunftsgebieten betrachtet. Der einzige Faktor, der unterschiedliche Bilder aus Individuen eines Ursprungsgebietes erbrachte, war der Hunger. Der hierdurch erzeugte Effekt war reversibel. Die Ergebnisse über *Littorina littorea* werden ebenfalls beschrieben. Die Möglichkeiten der angewendeten Methodik werden erörtert.
J. Waldmann. 6150.

Deane, Roger E.; Toronto, Univ., Great Lakes Inst. Limnological and meteorological observation towers in the Great Lakes. **(Limnologische und meteorologische Beobachtungstürme in den Großen Seen.)** Limnol. and Oceanogr. 8 (1963) Nr. 1. S. 9–15. – 3 Abb., 1 Tab.
Sechs limnologische und meteorologische Beobachtungstürme wurden vom Inst. für die Erforschung der Großen Seen in Toronto in 3 Seen installiert. Sie bestehen aus einem Rohr, das über der Wasseroberfläche eine Plattform für die Instrumente trägt und bei Wassertiefen unter 60 ft. bis zum Boden reicht. Bei größerer Wassertiefe geht das Rohr von einer 25 ft. unter der Wasseroberfläche befindlichen Boje aus, die ihrerseits mit einem Hauptanker und 3 Nebenankern am Boden befestigt ist. Die Türme tragen ein Navigationslicht, bis zu 3 Anemometer, bis zu 3 Luft-Thermistoren, bis zu 5 Wasser-Thermistoren und bis zu 3 Strömungsmesser. Ferner sind von Fall zu Fall Registriergeräte und Regenmesser vorhanden. Die Plattform, die 8–12 ft. über der Wasseroberfläche liegt, ist leicht abnehmbar und kann schnell neu eingerichtet werden. D. Barthelmes. 6200.

Cooper, L. H. N.; Plymouth Lab. Comparison between three methods of measuring underwater illumination in coastal waters. **(Vergleich zwischen drei Meßmethoden der Unterwasserhelligkeit in Küstengewässern.)** J. Marine biol. Assoc. United Kingdom **41** (1961) Nr. 3. S. 535–550. – 1 Abb., 9 Tab., 6 Lit.
Es werden 2 Untersuchungsjahre zusammengefaßt, in denen jeweils 2 Methoden geprüft und verglichen wurden. Der 1. Vergleich fand zwischen der Ermittlung des Extinktionskoeffizienten durch Fliegeraufnahmen von Küstengewässern und derjenigen durch das Pulfrich-Photometer statt. Die senkrechte Photographie durch ein Farbfilter läßt bei bekannter Tiefe Schlüsse auf den Extinktionskoeffizienten zu. Der Mittelwert des Verhältnisses der Koeffizienten beider Methoden betrug für grünes Licht 1,8, für rotes Licht 1,3. Im 2. Jahr wurden Vergleiche zwischen Pulfrich-Photometer und Unterwasserphotozellen angestellt. Hier lagen die Verhältniswerte der Extinktionskoeffizienten zwischen 2 und 6 für grünes Licht und zwischen 2 und 5 für blauviolett. Die Diskrepanzen werden erklärt. J. Waldmann. 6200.

Seliger, H. H., Fastie, W. G., Taylor, W. R. und McElroy, W. D. Bioluminescence of marine dinoflagellates. I. An underwater photometer for day and night measurements. **(Biolumineszenz von marinen Dinoflagellaten. 1. Mitt. Ein Unterwasser-Photometer für Tag- und Nachtmessungen.)** J. gen. Physiol. **45** (1962) Nr. 5. S. 1003–1017. – 6 Abb., 1 Tab., 9 Lit.

Vff. beschreiben **3** verschiedene Typen von Unterwasserphotometern, mit denen mech. induzierte Biolumineszenz von Dinoflagellaten in horizontaler und vertikaler Richtung gemessen werden kann. Die mech. induzierte Biolumineszenz war **3–4**mal größer als die spontane, an Kulturen gemessene. Nach Eichung des Gerätes mit Leuchtbakterien entsprach ein von einem einzigen Dinoflagellaten ausgesandter Lichtblitz ca. LO^{10} Quanten. Auf Grund dieser Zahl kann man auf die Konzentration der vorhandenen Individuen rückschließen. Die Lichtintensität variiert auf Grund tägl. Unterschiede und vertikaler Wanderungen der Dinoflagellaten. Der Leuchtvorgang ist von dem herrschenden pH-Wert, der Temperatur und dem Ionenmilieu abhängig. M. Schlüter. 6200.

Kinzer, Johannes. **Ein einfacher Schließmechanismus für die Planktonröhre „Hai".** Kurze Mitt. Inst. Fischereibiol. Univ. Hamburg **1962** Nr. 12. S. 13–17. — 3 Abb., 5 Lit. 6200.

Hopkins, Thomas L.; Tallahassee, Florida State Univ., Oceanographic Inst. The variation in the catch of plankton nets in a system of estuaries. **(Die Variabilität von Planktonnetzfängen in einem Ästuarsystem.)** J. Marine Res. **21** (1963) Nr. 1. S. 39–47. — 1 Abb., 4 Tab., 7 Lit.
Die Untersuchungen wurden während eines Tidenzyklus an 17 Stationen in der St. Andrew Bay (Florida) durchgeführt. Der Variabilitätskoeffizient für Copepoden insgesamt betrug pro Netzzug **43**%. Der Variabilitätskoeffizient lag bei der Zählung von **3** Arten zwischen 51–56%. In den meisten Fällen war ungleiche horizontale Planktonverteilung die Ursache der Variabilität. Die Korrelationskoeffizienten zeigen, daß die Variabilität der Fänge stark von den vertikalen Stabilitätsverhältnissen des Wassers abhängt. Wenn der mittlere biol. Zustand erfaßt werden soll, ist es günstiger, an jeder Station mehrere kleine Planktonzüge zu verschiedenen Zeiten während einer Tide zu machen als einen einmaligen großen. D. Barthelmes. 6200.

Wood, Ferguson E. J.; Cronulla, Australia, C. S. I. R. O., Div. of Fisheries and Oceanography. A method for phytoplankton study. **(Eine Methode zur Phytoplankton-Untersuchung.)** Limnol. and Oceanogr. **7** (1962) Nr. 1. S. 32 bis 35. — 11 Lit.
Vf. beschreibt eine Methode, um lebendes Phytoplankton qualitativ und quantitativ vom Schiff aus zu untersuchen. Benutzt wurde ein Fluoreszenz-Mikroskop und Färbung mit Acridin-Orange. Danach fluoreszieren die chlorophyllführenden Organismen rot und das Plasma grün, so daß eine Unterscheidung von gefärbten und nicht gefärbten Organismen gut möglich ist. Dagegen können lebende grüne Organismen nicht immer von kurz vorher abgestorbenen unterschieden werden, da die letzteren ebenfalls eine Chlorophyll-Fluoreszenz zeigen. M. Schlüter. 6200.

Marshall, S. M. und Orr, P. A.; Millport, Scotland, Marine Stat. Carbohydrate as a measure of phytoplankton. **(Kohlehydrat als ein Phytoplanktonmaß.)** J. Marine biol. Assoc. United Kingdom **42** (1962) Nr. 3. S. 511–519. — 4 Abb., 1 Tab., 10 Lit.
Vff. benutzen eine kolorimetrische Bestimmung von Kohlehydraten als Maß für den Phytoplanktongehalt von Meeresproben, die vorwiegend Kieselalgen enthalten. Anhand von Kieselalgen-Kulturen wurde festgestellt, daß mit steigender Zellzahl der Kohlehydratgehalt schnell zunimmt. Die Kohlehydrate machen ca. 20–30% der org. Substanz aus. In Hydrolysaten von Diatomeen-Kulturen wurde hauptsächlich Glukose gefunden. Der durchschnittl. Glukosegehalt betrug 5,5 $\mu g/10^6$ Zellen. Vff. geben Eichkurven für die festgestellten Monosaccharide. Die angewandte Methode wird vom Detritusgehalt beeinträchtigt, weniger vom Zooplankton, da dessen Kohlehydratwerte niedrig sind. M. Schlüter. 6200.

D. FISCHEREIWIRTSCHAFT

Binnenfischerei

Wiehr, H. **Binnenfischerei.** Jber. dtsch. Fischwirtsch. **1961** (hrsg. 1962) S. 266–272. – 1 Tab.

Es wird ein zusammenfassender Überblick über die Produktionsentwicklung in der Seen- und Flußfischerei sowie Teichwirtschaft anhand einiger Marktberichte, die Maßnahmen zur Verbesserung der Ertragslage, die Förderungsmaßnahmen (Fischbesatz. Ausbildungswesen und Beratungstätigkeit, Rationalisierungsmaßnahmen), die Gewässerschäden und ihre Bekämpfung sowie die Gesetzgebung und Fischereiverwaltung der Länder in dem für die gesamte Binnenfischerei der DBR als ungünstig bezeichneten Jahr 1961 gegeben. K. Anwand. 6225.

Korenevskij, A. G. (Korenewski, A. G.); Kuibyschew, Staatl. Fischereitrust. Osobennosti razvitija rybnoj promyšlennosti Kujbyševskoj oblasti v svjazi s zaregulirovaniem r. Volgi. **(Besonderheiten der Entwicklung der Fischwirtschaft des Gebietes Kuibyschew im Zusammenhang mit der Regulierung der Wolga.)** Trudy soveščanij. Ichtiologičeskaja komissija. Akademija nauk SSSR, Moskva-Leningrad **10** (1961) S. 218–220. 6230.

Rjumin, E. P. (Rjumin, Je. P.) O rybochozjajstvennoj podgotovke loža Kamskogo vodochranilišča. **(Über die fischwirtschaftliche Vorbereitung des Bettes des Kama-Staubeckens.)** Trudy soveščanij. Ichtiologičeskaja komissija. Akademija nauk SSSR, Moskva-Leningrad **10** (1961) S. 216–217. 6240.

Smith, M. W.; St. Andrews, New Brunswick, Fisheries Res. Board of Canada, Biol. Stat. Influence of pond formation on brook trout movements and angling success. **(Der Einfluß einer Teichbildung auf die Wanderungen von Salvelinus fontinalis und auf den Angelerfolg.)** J. Fisheries Res. Board Canada **20** (1963) Nr. 2. S. 327–345. – 6 Abb., 8 Tab., 16 Lit.

Um die Fische in größerer Zahl zur Verfügung der Angler zu halten, wurde ein Flußabschnitt zu einem ca. 5 ha großen Teich umgewandelt. Die Fischwanderungen waren durch einen eingebauten Kanal nicht unterbunden, sie wurden hauptsächlich im Frühjahr und -sommer beobachtet. Eindeutig verbesserte Angelbedingungen waren nicht feststellbar, der mittlere Angelerfolg lag bei 1,2 Fischen/Std., was einem mäßigen Wert entspricht. Die Flachheit des Teiches verhinderte wahrscheinlich einen größeren Erfolg. Andere hydrographische Bedingungen und die Naturnahrung im Teich erwiesen sich jedoch als günstig für *S. fontinalis*. Markierungen lieferten Angaben über Wanderungen, Alter und Wachstum der Fische. G. Merla. 6240.

Tesch, Friedrich Wilhelm. **Witterungsabhängigkeit der Brutentwicklung und Nachwuchsförderung bei Lucioperca lucioperca L.** Kurze Mitt. Inst. Fischereibiol. Univ. Hamburg **1962** Nr. 12. S. 37–44. – 4 Abb., 12 Lit. 6240.

Kiser, R. W., Donaldson, John R. und Olson, Paul R. The effect of rotenone on zooplankton populations in freshwater lakes. **(Der Einfluß von Rotenon auf Zooplankton-Populationen in Süßwasser-Seen.)** Trans. Amer. Fisheries Soc. **92** (1963) Nr. 1. S. 17–24. – 3 Abb., 2 Tab., 10 Lit.

Ein flacher dystropher See wurde mit 0,5 mg 5%igem Rotenon/l im Juni 1960 behandelt. 14-tägl. Probenahmen aus Freiwasser und Uferzone vor und bis 6 Mon. nach der Giftgabe lieferten qualitative und quantitative Angaben über das Zooplankton. Die Freiwasserarten verschwanden über 3 Mon. lang völlig, wohingegen die der Uferzone etwas widerstandsfähiger waren, jedoch auch einige Wochen fehlten. Ein weiterer dystropher See erhielt im Sept. 1960 1 mg Rotenon/l worauf das Zooplankton innerhalb von 6 Std., in denen das Gift die Sprungschicht erreichte, abgetötet wurde. Wichtig für die Fischwirtschaft ist die Feststellung über die Länge der Zeit von einigen Monaten, in der das Zooplankton als wichtige Fischnahrung im See nach der Vergiftung fehlte. G. Merla. 6245.

Nümann, Wilhelm; Langenargen, Staatl. Inst. für Seenforsch. und Seenbewirtsch. **Die anatolischen Seen und ihre fischereiliche Bewirtschaftung.** Z. Fischerei Hilfswiss. [N. F.] **10** (1962) Nr. 8/10. S. 773–799. — 2 Abb., 6 Tab., 11 Lit.
Vf. führte 1953/54 an 11 größeren anatolischen Seen limnologische und fischereibiologische Untersuchungen durch, aus deren Ergebnissen der fischereiliche Wert dieser Gewässer bestimmt wurde. Als Maßstab für die potentielle Fisch-, insbes. Karpfenproduktion (*Cyprinus carpio*) wurde den einzelnen Seen ein rel. Gütewert beigemessen. Einer Aufzählung der wirtschaftlich bedeutendsten Fische jedes Sees folgt eine Beschreibung der jeweiligen fischereilichen Verhältnisse. Durch Vergleiche der limnologischen Daten mit den Fangmeldungen und dem Karpfenwachstum wird versucht, die Fangintensität zu bestimmen. Aus dem F-B-Koeffizienten ist zu ersehen, ob ein Gewässer gut oder schlecht befischt wird, teilweise auch, ob die Fangmeldungen richtig sind. Auf Grund der Ergebnisse werden für die einzelnen Seen Vorschläge zur besseren Bewirtschaftung gemacht. G. Seifert. 6255.

Rjabčenkov, N. P. (Rjabtschenkow, N. P.); Rybinsk, Staatl. Fischereitrust. Rybolovstvo na Rybinskom vodochranilišče. **(Fischfang im Stausee Rybinsk.)** Trudy soveščanij. Ichtiologičeskaja komissija. Akademija nauk SSSR, Moskva-Leningrad **10** (1961) S. 214–215. 6255.

Poole, Richard L., Kuester, Donald R. und Witt jun., Arthur; Menlo Park, Calif., Dep. of Fish and Game; Columbia, Mo., Conserv. Commiss., Fisheries Sect.; Univ., Dep. of Zool. The status of spearfishing and the use of Scuba in fish management programs in the freshwaters of the United States. **(Der Stand der Speerfischerei und die Verwendung des Unterwasser-Atemgerätes Scuba im Fischwirtschaftsprogramm der Binnengewässer der USA.)** Trans. Amer. Fisheries Soc. **92** (1963) Nr. 1. S. 30–33. — 1 Tab., 2 Lit.
Die Veröffentlichung beruht auf einer Umfrage, die von allen Fischereiverwaltungen der Staaten außer Alaska und Hawaii beantwortet wurde. Danach stieg der Anteil der Staaten, in denen die Unterwasser-Speerfischerei gestattet ist, von 42% (1957) auf 73% (1960). Über 30 Fischarten konnten 1960 legal erbeutet werden. Die Beschränkungen waren großzügig, die Saison war allg. uneingeschränkt. 1957 wurde in 14 Staaten mit dem Scuba-Gerät gearbeitet, 1960 in 21. Das Atemgerät wird u.a. verwendet für Populationsstudien, zur Überprüfung von Giftwirkungen, zur Verhaltensforschung, bei Fischbesatz, -wanderung und zur Unkrautbekämpfung. G. Merla. 6255.

Murphy, Garth I.; La Jolla, Calif., Scripps Instn. of Oceanography. Trout survival in Taylor Creek, a tributary of Lake Tahoe, California. **(Das Überleben von Forellen im Taylor-Bach, einem Zufluß zum Tahoe-See, Kalifornien.)** Calif. Fish and Game **49** (1963) Nr. 1. S. 16–19. — 4 Tab.
Der Taylor-Bach ist ein mäandernder Wiesenbach ohne Schatten und Schutz bietende Stellen. Das Bachbett besteht zu 10% aus Sand und Kies und zu 90% aus Schlamm. Die Versuchsstrecke war 80 m lang und im Durchschnitt 3 m breit und 0,5 m tief. Die Wassertemperatur im Aug. betrug 68 °F. Bei der ersten Abfischung zu Beginn des Versuchs wurden 641 Forellen (Bach- und Regenbogenforellen) von durchschnittl. 4,8 cm Länge und 439 sonstige Fische von 6,6 cm Länge gefangen. Es wurden 500 markierte Regenbogenforellensetzlinge (*Salmo gairdneri*) eingesetzt. Nach 1 Mon. überlebten davon noch 10,3%. Von den im Bach aufgewachsenen einsömmerigen Regenbogenforellen, die gleichfalls markiert wurden, waren noch 11,7% am Leben. Dieser äußerst niedrige Prozentsatz wurde sicher durch zahlreiche Faktoren bedingt,

unter denen Konkurrenzkämpfe um den Lebensraum, Raubfische sowie Mangel an Schatten und Unterständen offenbar die wichtigsten waren.
M.-L. Albrecht. 6255.

Rudziński, Edward. Karp w Polsce. **(Der Karpfen in Polen.)** Gospodarka rybna **15** (1963) Nr. 2. S. 16–17. – 1 Abb.
Die beim gezüchteten Karpfen (*Cyprinus carpio*) aufgetretenen morphol. und anatomischen Veränderungen erfolgten im Laufe eines langen Zeitraumes. Der Beginn der Karpfenzucht fällt in das Ende des Mittelalters und in den Beginn des 16. Jahrhunderts. Der erste in der Weltliteratur bekanntgewordene Rassekarpfen war der „Galizier". 1873 wurde in der Teichwirtschaft Kaniowo ein Karpfenstamm ausgelesen, der große Vorzüge besaß und „galizischer Karpfen" genannt wurde. Nach einer anderen Version stammt dieser Karpfen aus dem Teschener Gebiet Schlesiens, nämlich aus einer Kreuzung des Donaukarpfens mit einer lokalen Sorte. Große Unterschiede im Äußeren und im Gewicht der Karpfen wurden jedoch im Laufe von 12 Jahren nicht erzielt, und es ist anzunehmen, daß der galizische Karpfen aus der Züchtung im 16. Jahrhundert vom heimischen Karpfen des Gebiets der oberen Weichsel abstammt; seine Bezeichnung müßte eigentlich „polnisch-galizischer Karpfen" lauten. Eine andere Sorte bildet der mährisch-tschechische Karpfen mit ebenso raschem Zuwachs, der sich durch sein Äußeres unterscheidet. In anderen Teilen Mitteleuropas konnten bis zum 19. Jahrhundert keine Spuren für das Bestehen einer größeren Karpfenzucht festgestellt werden. Der Entwicklungsprozeß des Karpfens ist noch nicht abgeschlossen, es treten z. B. Zwergformen wie der Pisarzowicki-Karpfen auf. Vor dem Kriege (1923–27) wurden Richtlinien für die Karpfenzucht aufgestellt. Wegen der großen ökologischen und klimatischen Unterschiede Polens müßten Zuchtformen regionaler Karpfen ausgelesen werden. PRL/CBR. 6310.

Costea, Elena und Cristian, Alexandra. Cercetări şi experimentări privind creşterea hibrizilor rezultaţi din încrucişarea crapului cu carasul roşu. **(Untersuchungen und Versuche über die Aufzucht von Hybriden zwischen Karpfen und Karauschen.)** Bul. Inst. Cercetări Proiectări piscicole **21** (1962) Nr. 2. S. 29–42. – 3 Abb., 6 Tab., 12 Lit. Zus. in Russ., Franz. 6315.

Niculescu-Duvăz, M., Roşca, Gr. und Rarinca, Elena. Introducerea furajelor granulate în alimentaţia suplimentară a crapului din crescătorile intensive. **(Die Einführung granulierter Futtermittel für die Zufütterung des Karpfens bei der intensiven Aufzucht.)** Bul. Inst. Cercetări Proiectări piscicole **21** (1962) Nr. 2. S. 11–28. – 6 Tab., 7 Lit. Zus. in Russ., Franz. 6320.

Rădulescu, Ion und Suceveanu, Natalia. Acţiunea drojdiei de bere furajer – adăugată la hrană – asupra rezistenţei la boală a crapului de cultură. **(Die Wirkung von Futterhefe als Zusatzfutter auf die Krankheitsresistenz des Teichkarpfens.)** Bul. Inst. Cercetări Proiectări piscicole **21** (1962) Nr. 2. S. 43 bis 45. – Zus. in Russ., Franz. 6320.

Benda, Josef. **Eine rationelle Methode zur Entschlammung und Trocknung von Teichen.** Allg. Fischerei-Ztg. 88 (1963) Nr. 11. S. 303–304. – 1 Abb.
Voraussetzung für richtiges Trockenliegen der Teiche nach der Abfischung sind meist ausreichende Grabensysteme im Teich und gute Vorflut. Zur Schlammbeseitigung in den Gräben und falls nötig auch von den Teichflächen empfiehlt Vf. Umleitungsgräben längs der Teichränder vom Zuleiter bis zur Fischgrube. Vom Hauptgraben im Teich je nach Bedarf abzweigende Seitengräben können von den Umleitern aus mit Wasser beschickt werden, das den Schlamm wegträgt (!). Zuvor sind in gleicher Weise Fischgrube und Hauptgraben zu reinigen. Vf. weist auf einen gut geregelten Wasserablauf hin, der Schlamm muß nötigenfalls aufgewirbelt werden. Vorteilhaft ist die Verwertung des Schlammwassers auf unterhalb gelegenen Wiesen. Von den Randgrä-

ben aus kann der Teich u.a. auch org. gedüngt werden. Durch diese Gräben ist es möglich, nahe gelegene Hälter mit Frischwasser zu versorgen.
G. Merla. 6330.

Bank, Otto; Höchstadt/Aisch, Außenstelle für Karpfenteichwirtsch. der Staatl. Lehr- und Versuchsanst. für Fischerei Starnberg. **Für die Aktivierung der Teichböden: Branntkalk.** Fischwirt **13** (1963) Nr. 3. S. 65–74. – 6Abb., 7 Lit.
Unter Aktivierung wird die Anregung des Teichbodens zur Kohlensäureproduktion verstanden, die in der Lage ist, aus eingebrachten Düngekalken das erwünschte Kalziumbikarbonat zu bilden. Aus dem Verlauf der Leitfähigkeitskurve beim Zusatz von 0,1 n HCl zu einer Wasserprobe (Bestimmung des Säurebindungsvermögens) wird auf die Qualität und rel. Quantität der vorliegenden Ca-Verbindung geschlossen (-hydroxyd, -karbonat, -bikarbonat). In Laborprüfungen reagierten anscheinend gleiche Teichböden auf Zusatz verschiedener Kalksorten in steigenden Mengen verschieden. Ein humus- und kalkarmer Sandboden konnte nur sehr wenig „aktiviert" werden, d. h. lieferte nur sehr wenig CO_2. Branntkalk reizt den Teichboden am meisten zur Kohlensäurebildung. Vf. sieht den Sinn der Teichkalkung in einer Aktivierung des Bodens, die CO_2-Bildung zur Folge hat, nicht aber in der Schaffung nicht notwendiger Kalkreserven. Wolfgang Müller. 6330.

Mirică, G. H. Importanţa pentru economia noastră piscicolă a problemei de aclimatizare a speciilor Ctenopharyngodon idella şi Hypophthalmichthys molitrix. **(Die Bedeutung der Akklimatisation von Ctenopharyngodon idella und Hypophthalmichthys molitrix für unsere Fischerei.)** Bul. Inst. Cercetări Proiectări piscicole **21** (1962) Nr. 4. S. 7–11. – Zus. in Russ., Franz. 6345.

Popescu, Ecaterina. Rezultatele cercetărilor experimentale întreprinse în iazul Caraorman – zona Maritimă a deltei Dunării — cu privire la comportarea şi creşterea speciei Ctenopharyngodon idella în a treia vară. **(Die Versuchsergebnisse im Caraorman-Teich der maritimen Zone des Donaudeltas über das Verhalten und das Wachstum von Ctenopharyngodon idella im dritten Sommer.)** Bul. Inst. Cercetări Proiectări piscicole **21** (1962) Nr. 4. S. 38–50. – 7 Abb., 12 Tab. Zus. in Russ., Franz. 6345.

Nicolau, Aurelia. Rezultatele cercetărilor experimentale efectuate la Nucet în anii 1960, 1961 şi 1962 cu privire la creşterea în heleşteie şi iernarea speciilor Ctenopharyngodon idella şi Hypophthalmichthys molitrix. **(Versuchsergebnisse, die in Nucet in den Jahren 1960, 1961 und 1962 bei der Aufzucht und Überwinterung von Ctenopharyngodon idella und Hypophthalmichthys molitrix erzielt wurden.)** Bul. Inst. Cercetări Proiectări piscicole **21** (1962) Nr. 4. S. 25–37. – 2 Abb., 3 Tab. Zus. in Russ., Franz. 6345.

Waite, Dixon und Buss, Keen; Bellefonte, Pa., Benner Spring Fish Res. Stat., Pennsylvania Fish Commiss. A water filter for egg-incubating units. **(Ein Wasserfilter für Erbrütungsanlagen.)** U. S. Dep. Interior, Fish Wildlife Serv., progr. Fish-Culturist **25** (1963) Nr. 2. S. 107. – 1 Abb. 6405.

Reimers, Norman; Bishop, Calif., Bureau of Sport Fisheries and Wildlife. Body condition, water temperature, and over-winter survival of hatchery-reared trout in Convict Creek, California. **(Körperverfassung, Wassertemperatur und Überlebensfähigkeit während des Winters bei gezüchteten Exemplaren von Salmo gairdneri im Convict Creek, California.)** Trans. Amer. Fisheries Soc. **92** (1963) Nr. 1. S. 39–46. – 1 Abb., 3 Tab., 14 Lit.
Regenbogenforellen (*S. gairdneri*) von fangfähiger Größe aus Zuchtanstalten, die auf ihre Überlebensfähigkeit hin in einem Gebirgsfluß geprüft wurden, ließen mehrere Mon. nach dem Aussetzen wiederholt abnehmende Konditionsfaktoren erkennen. Vf. schildert das Ausmaß des Konditionsabfalls, die Wassertemperaturen und die gleichlaufende Sterblichkeit der Fische, um die Bezie-

hung zwischen schlechter Körperverfassung, Temperaturanstieg und Vitalitätsabnahme während der kritischen Spätwinterperiode aufzuzeigen. Ein möglicher Vorteil des Herbstbesatzes und die Zucht bes. anpassungsfähiger Fische werden diskutiert. G. Merla. 6410.

Küsten- und Hochseefischerei

Martinköwitz, H.; Rostock, Univ. Zool. Inst. **Ergebnisse von Blankaalmarkierungen an der ostrügenschen Küste und Möglichkeit ihrer Nutzung für die Fangsteigerung durch neuartige Reusenkonstruktionen.** Z. Fischerei Hilfswiss. [N. F.] **10** (1962) Nr. 8/10. S. 653–663. — 2 Tab.
Mit dem Ziel, geeignete Fangplätze für eine Tiefenwasserreuse für den Aalfang zu finden, wurden 1959 in den Gewässern vor der Ostküste Rügens 2875 Blankaale markiert, von denen 92 in der Umgebung der Aussetzungsstelle, 37 an der schwedischen und 30 an der dänischen Küste wiedergefangen wurden. Die Blankaale durchqueren die Ostsee zwischen 12° und 14° 30′ E in verschiedenen Hauptrichtungen. Zu Anfang der Wanderung stehen die Aale längere Zeit vor der Küste in tieferen Regionen, der Zug beginnt im Okt. Wie Untersuchungen zeigten, ist es mit den herkömmlichen Reusen nicht möglich, die im tieferen Wasser wandernden Aale zu bekommen. Es wird deshalb vorgeschlagen, zum Fang dieser Aale eine nach sowjet. Vorbild hergestellte sturmfeste Kumreuse einzusetzen, welche durch ein Ankersystem im tieferen Wasser aufgestellt werden kann. Einige konstruktive Einzelheiten, Eigenschaften und Maße dieser Reuse werden erörtert. G. Seifert. 6470.

Anwand, K. und Danke, L.; Berlin; Rostock-Marienehe. **Der Rügensche Frühjahrsheringsfang und -bestand 1962 und 1963.** Fischereiforschung **5** (1962) Nr. 6. S. 5–6. — 3 Abb., 1 Tab., 3 Lit. 6515.

Solov́ev, B. S. und Jakovlev, A. A. (Solowjow, B. S. und Jakowlew, A. A.); Kertsch, Forsch.-Inst. für Hochseefischerei und Ozeanogr. des Asow-Schwarzmeergebietes. Reakcija ryb Indijskogo Okeana na podvodnyj ėlektrosvet. **(Die Reaktion der Fische im Indischen Ozean auf elektrisches Unterwasserlicht.)** Rybnoe chozjajstvo, Moskva **39** (1963) Nr. 1. S. 11–14. — 4 Abb.
Untersuchungen in der Bucht von Aden mit 1000-W-Unterwasserlampen, die in Tiefen von 50–64 m untergebracht wurden, ergaben, daß größere Ansammlungen von Sardinen (*Sardinella fimbriata, S. sindensis* und *S. longiceps*) sowie von Heringen (*Dussimeria acuta*) hervorgerufen werden konnten. In der Nähe der Lampen fanden sich außerdem ***Euleptorhamphus longirostris, Coryphaena hippurus*** und ***Trachiurus lepturus*** sowie Dutzende von Haien (*Triaenodon obesus*) ein. Die Fischerei mit Konusnetzen blieb jedoch ohne Erfolg, da die Fische meist entkommen konnten. Auch mit Ringwaden waren die Fangergebnisse wegen ungünstiger Wetterverhältnisse schlecht.
H.-W. Hattop. 6560.

Rozenštejn, M. M. (Rosenstein, M. M.); Kaliningrad, Hochschule für Fischerei und Fischereiwirtsch. Opredelenie optimal'noj skorosti tralenija donnym tralom. **(Die Bestimmung der optimalen Geschwindigkeit des Schleppens mit dem Grundschleppnetz.)** Rybnoe chozjajstvo, Moskva **39** (1963) Nr. 1. S. 18 bis 23. — 4 Abb., 7 Lit.
In der Frage des Geschwindigkeitsschleppens gibt es bei den Wissenschaftlern der UdSSR drei Hauptrichtungen, nach denen die Untersuchungen geführt werden: 1. Bestimmung der optimalen Schleppgeschwindigkeit durch max. Parameter des Trawls. Dabei ist die Größe des Netzes der Hauptfaktor für die Fängigkeit. 2. Als Hauptfaktoren werden horizontale und vertikale Öffnung des Trawls sowie die Schleppgeschwindigkeit im Zusammenhang mit der ökonomischen Auslastung der Antriebsleistung der Schiffe betrachtet. 3. Bestimmung der Schleppgeschwindigkeit auf Grundlage der Wechselbe-

ziehung zwischen Trawl und Fisch. Vf. fordert, alle diese Anschauungen miteinander zu kombinieren und erläutert seine Vorstellung anhand graphischer Methoden. G. Predel. 6560.

Petuchov, A. G. (Petuchow, A. G.); Murmansk, Staatl. Fischflotteninspektion. Približennyj rasčet zabega traulera pri pricel'nom tralenii. **(Annähernde Berechnung des Trawlers beim gezielten Trawlen.)** Rybnoe chozjajstvo, Moskva **39** (1963) Nr. 1. S. 28–31. — 2 Abb., 1 Lit.
Die moderne Suchtechnik gestattet die Auffindung kleinerer Fischansammlungen. Der erfolgreiche Einsatz der Fangschiffe auf solche Schwärme hängt aber in wesentlichem Maße davon ab, wie es die Schiffsführung versteht, Fangschiff und -gerät in die richtige Stellung zum georteten Fischschwarm zu bringen. Es wird eine Berechnungsmethode für diesen Zweck angeführt. Mit Hilfe von 3 einfachen Formeln ist eine für die Praxis ausreichende Bestimmung des Einsatzes von Schiff und Fanggerät möglich. G. Predel. 6560.

Muragin, F. P. und Futter, É. I. (Muragin, F. P. und Futter, E. I.); Staatl. Entwurfsbüro für die Fischfangflotte. Éffektivnost' sel'djanogo flota na tralovom promysle donnych ryb v vesenne-letnij period. **(Die Wirksamkeit der Heringsflotte beim Fang von Grundfischen mit dem Trawl in der Frühjahrs- und Sommerperiode.)** Rybnoe chozjajstvo, Moskva **39** (1963) Nr. 1. S. 83–86. — 3 Tab.
Für die Steigerung des Fischfanges in der Meeresfischerei der UdSSR spielt die Ausnutzung der inneren Reserven der Fischfangflotte eine große Rolle. Es werden Beispiele angeführt, nach denen in den letzten Jahren der Einsatz der Heringsflotte für den Fang mit dem Schleppnetz zu bestimmten Zeiten gute Erfolge brachte. Das Verhältnis zwischen Treibnetz- und Schleppnetzfang bei Loggern verschiebt sich immer mehr zugunsten der letztgenannten Methode. Nach Ansicht des Vf. geht diese Entwicklung aber noch zu langsam vor sich. G. Predel. 6565.

Jean, Yves; St. Andrews, New Brunswick, Fisheries Res. Board of Canada, Biol. Stat. Discards of fish at sea by Northern New Brunswick draggers. **(Fischbestandsveränderungen durch New-Brunswick-Trawler.)** J. Fisheries Res. Board Canada **20** (1963) Nr. 2. S. 497–524. — 11 Abb., 13 Tab., 29 Lit.
Fanganalysen an Bord von New-Brunswick-Trawlern von 1956–1961 zeigten einen wesentlichen Rückgang des Kabeljaubestandes (*Gadus morhua*). Die geschätzte Kabeljauzahl am Fang im südwestlichen Golf von St. Lorenz betrug 1956 ca. 7 Mill. Stück, 1961 dagegen nur noch 1 Mill. 2 Faktoren sind für den Rückgang verantwortlich: Veränderungen der Maschengröße und Herabsetzung des Mindestmaßes. Im gleichen Zeitraum hat sich der Bestand amerikanischer Schollen (*Hippoglossoides platessoides*) auf Grund starker Nachwuchsjahrgänge erhöht. Bestandsveränderungen anderer Arten fallen nicht ins Gewicht, da ihr Fanganteil gering ist. Überlebensversuche zeigten, daß Kabeljau und Scholle nach dem Hol meist nicht lebensfähig bleiben. Es wird Vergrößerung der Maschenweite auf 5½ Zoll vorgeschlagen.
J. Waldmann. 6565.

Kuchorenko, K. G.; Forsch.-Inst. für Hochseefischerei und Ozeanogr. des Atlantiks. Novye rajony i ob-ekty promysla v srednej Atlantike. **(Neue Gebiete und Objekte des Fischfangs im mittleren Atlantik.)** Rybnoe chozjajstvo, Moskva **39** (1963) Nr. 1. S. 7–10. — 1 Abb., 1 Tab.
Sowjet. Versuchsfischereien mit mehreren Schiffen vom Typ SRT und Gefrierschiffen im Gebiet vom Kap Blanco bis zur Senegalmündung, die von Ende 1961 — Mitte 1962 durchgeführt wurden, brachten folgende Resultate: Schiffstage insgesamt: 531, Gesamtfang: 32068 dt, Fang/Schleppstd.: 6,4–8,0 dt. Die gefangenen Fische gehörten zu den Carangiden, Perciden, Spariden, Scombriden u.a., Sardinen wurden bei den beiden Expeditionen nicht gefangen.
G. Predel. 6565.

Lundbeck, J.; Hamburg, Bundesforsch.-Anst. für Fischerei, Inst. für Seefischerei. **Biologisch-statistischer Bericht über die deutsche Hochseefischerei im Jahre 1961.** Jber. dtsch. Fischwirtsch. **1961** (hrsg. 1962) S. 119–150. – 14 Tab.
Im Bericht werden die Erträge von den verschiedenen Fangplätzen in Beziehung zu dem Fischereiaufwand gebracht, woraus die Einheitsfänge als Maß für die Fischbestandsdichte resultieren. Im einzelnen wird getrennt behandelt die Dampferfischerei, die große Heringsfischerei, die Kutterfischerei auf Grundfische von Hamburg aus, die Sonderbetriebsarten der Hochseekutter in der Nordsee sowie die Kutterfischerei im Kattegat und Skagerrak. Das Fangjahr 1961 der westdeutschen Hochseefischerei war dadurch gekennzeichnet, daß Grönland zum wichtigsten Fangplatz weit vor dem Fanggebiet Island wurde und die Heringserträge aus der Schleppnetzfischerei weiter absanken.
K. Anwand. 6565.

Paloheimo, J. E. Estimation of catchabilities and population sizes of lobsters. **(Schätzung der Fangmöglichkeiten und Populationsgrößen von Homarus americanus.)** J. Fisheries Res. Board Canada **20** (1963) Nr. 1. S. 59–88. – 2 Abb., 9 Tab., 23 Lit. 6620.

E. BEEINFLUSSUNG DER FISCHEREI DURCH DIE UMWELT

Sládečková, Alena; Praha, Dep. of Water Technol. Aquatic Deuteromycetes as indicators of starch campaign pollution. **(Aquatische Deuteromyceten als Indikatoren für die Gewässerverschmutzung während der Stärkekampagne.)** Int. Rev. ges. Hydrobiol. **48** (1963) Nr. 1. S. 35–42. – 16 Abb., 1 Tab., 12 Lit.
In den Jahren 1956–59 wurden Untersuchungen über das Periphyton der Sedlice-Talsperre am Želivka in Böhmen durchgeführt. Um die Dichte der Periphyton-Gesellschaften zu ermitteln, wurden Platten aus 16 verschiedenen Materialien (Glas, Holz, Plastik, Porzellan usw.) in die Sperre und in einen linken Zufluß, den Bach Hejlovka, gehängt. Der Bach wird in jedem Herbst sehr stark durch die Abwässer einer Stärkefabrik verunreinigt. Durch die Verschmutzung trat eine auffallende Veränderung in der Periphytonzusammensetzung ein. Diatomeen entwickelten sich weiterhin. Darüber hinaus traten zahlreiche Organismen auf, die Anzeiger für org. Verunreinigung sind. Am auffälligsten war das Vorkommen einiger aquatischer Deuteromyceten-Arten. Auf Porzellan bildeten sie 20%, auf Hartholz sogar 70% der Periphyton-Gesellschaft. Die qualitative Zusammensetzung war nicht die gleiche. Porzellan war vor allem mit *Anguillospora longissima* besiedelt, während die anderen Substrate ein heterogeneres Bild zeigten. Die 4 häufigsten Arten waren *Anguillospora longissima, Clavariopsis aquatica, Piricularia aquatica* und *Lunulospora curvula*. Insgesamt wurden 16 verschiedene Conidientypen beobachtet, von denen 10 bis zur Art bestimmt werden konnten.
M.-L. Albrecht. 6665.

Lüdemann, Dietrich und Kayser, Hermann; Berlin-Dahlem, Inst. für Wasser-, Boden- und Lufthyg., Biol. Abt. **Die toxische Wirkung des insektiziden Wirkstoffes S 1752 (Baytex, Lebaycid) auf Tiere des Süßwassers.** Z. angew. Zool. **49** (1962) Nr. 4. S. 447–463. – 1 Abb., 15 Lit.
Bei dem Insektizid S 1752 handelt es sich um einen Wirkstoff auf der Basis eines Phosphorsäureesters (Mercaptophos). Es wurden noch unwirksame, die schädigenden und die letalen Konzentrationen ermittelt. Versuche an 4 Fischarten ergaben für S 1752 eine mittlere Empfindlichkeit, die etwa derjenigen der anderen Insektizide auf der Basis org. Phosphorsäureester entsprach. So waren für Karpfen (*Cyprinus carpio*) erst Konzentrationen über 30 mg/l, für Hechte (*Esox lucius*) über 0,6 mg/l, für Regenbogenforellen (*Salmo gairdneri*) über 0,5 mg/l und für Guppies (*Lebistes reticulatus*) 2,5–5,5 mg/l tödlich. Fischnährtiere, insbesondere Krebse, wurden bereits bei wesentlich geringeren

Konzentrationen abgetötet. So starben *Cambarus* im Konzentrationsbereich zwischen 0,05 bis 0,1 mg/l und *Asellus* teilweise zwischen 0,005 und 1,0 mg/l. *Carinogammarus* wurde bei 0,01 mg/l, *Daphnia* bei 0,001 mg/l, *Artemia*-Nauphien bei 0,1 mg/l, *Corethra* bei 0,003 mg/l, *Tubifex* bei 0,1 bis 1 mg/l und *Bufo* bei 0,5 mg/l geschädigt. Das Vergiftungsbild wird für jede Tierart beschrieben, und die gefundenen Toxizitätswerte werden mit denen anderer Kontaktinsektizide verglichen. D. Nehring. 6665.

Podubský, V. Jedovaté účinky některých kovů na ryby a jiné vodní ústrojence. **(Toxische Wirkungen einiger Metalle auf Fische und andere Wasserorganismen.)** Českoslov. Rybářství **1962** Nr. 10. S. 149–150.
Aus einer eingehenden Beschreibung der schädlichen Wirkung einiger Metalle geht hervor, daß die Verunreinigung der Gewässer durch die Industrie verheerende Folgen für die Fischerei haben kann. Die erforderliche Reinigung der Abwässer betrifft vornehmlich die Ausscheidung und Neutralisation von schädlichen Substanzen. Gleichzeitig ist auch die Wiedergewinnung von Metallen (z.B. Cu, Cr, Ag) nötig. In den nächsten Jahren sollen in der ČSSR einige hundert Reinigungsanlagen errichtet werden. F. Svoboda. 6665.

Kipper, Z. M. (Kipper, S. M.) Ob ispol'zovanii sudochodnych šljusov GĖS dlja propuska ryby iz nižnego b'efa v vodochranilišče. **(Über die Ausnutzung der Schiffsschleusen an Wasserkraftwerken für den Durchlaß der Fische aus dem unteren Lauf in das Staubecken.)** Trudy soveščanij. Ichtiologičeskaja komissija. Akademija nauk SSSR, Moskva-Leningrad **10** (1961) S. 239–243. — 3 Tab. 6685.

Păsculescu, L., Machedon, Gh. und Ionescu, M. Nota privind acţiunea dăunătoare a păsărilor ihtiofage la popiniera piscicolă Sarinasuf. **(Über die Schädlichkeit fischfressender Vögel im Aufzuchtbetrieb Sarinasuf.)** Bul. Inst. Cercetări Proiectări piscicole **21** (1962) Nr. 3. S. 92–95. — 2 Abb., 3 Tab., Zus. in Russ., Franz. 6695.

Golovkin, A. N. (Golowkin, A. N.); Dalnije Selenzy, Gebiet Murmansk, Meeresbiol. Inst. O vyedanii ryby kajrami i moevkami v gnezdovój period v Barencevom more. **(Über die Vernichtung von Fischen durch Uria sp. und Rissa tridactyla während deren Nistperiode im Barents-Meer.)** Zoologičeskij žurnal, Moskva **42** (1963) Nr. 3. S. 408–416. — 1 Abb., 3 Tab., 22 Lit. Zus. in Engl.
Während der ca. 4 Mon. dauernden Brutperiode der genannten fischfressenden Vogelarten werden von diesen im Barents-Meer ca. 760000 dt Fische (hauptsächlich wirtschaftlich nicht genutzte Arten) verzehrt. Der Fangertrag der gesamten Küstenfischerei in diesem Gebiet umfaßt ca. die gleiche Menge. H.-W. Hattop. 6695.

F. FISCHKRANKHEITEN

Rădulescu, I. und Georgescu, Rodica. Contribuţii la cunoaşterea paraztofaunei speciei Ctenopharyngodon idella în primul an de aclimatizare în R.P. Romînă. **(Beiträge zur Kenntnis der Parasitenfauna von Ctenopharyngodon idella im ersten Akklimatisierungsjahr in der Rumänischen Volksrepublik.)** Bul. Inst. Cercetări Proiectări piscicole **21** (1962) Nr. 3. S. 85–91. — 3 Abb., 8 Lit. Zus. in Russ., Franz. 6730.

Rădulescu, I. Paraziţii specifici peştilor aduşi din R.P. Chineză pentru aclimatizare, efectele infestării cu aceşti paraziţi a peştilor autohtoni şi măsurile de combatere a paraziţilor. **(Die spezifischen Parasiten der aus der Volksrepublik China zur Akklimatisierung eingeführten Fische, die Auswirkungen des Befalls der einheimischen Fische mit diesen Parasiten und die Maßnahmen zu ihrer Bekämpfung.)** Bul. Inst. Cercetări Proiectări piscicole **21** (1962) Nr. 4. S. 51–61. — 1 Tab. Zus. in Russ., Franz. 6730.

Roberts, Larry S.; Amherst, Univ. of Massachusetts, Dep. of Zool. Ergasilus nerkae n.sp. (Copepoda: Cyclopoida) from British Columbia with a discussion of the copepods of the E. caeruleus group. **(Ergasilus nerkae n.sp. [Copepoda: Cyclopoida] aus Britisch-Kolumbien mit einer Diskussion der Copepoden der E.caeruleus-Gruppe.)** Canad. J. Zool. 41 (1963) Nr. 1. S. 115–124. – 21 Abb., 2 Tab., 9 Lit.
Ergasilus nerkae kommt auf den Kiemen von *Oncorhynchus nerka* aus dem Nordwesten Amerikas vor. Die Beschreibung von *E. turgidus* wird präzisiert sowie von *E. auritus* erneuert. Bisher sind 4 Arten beschrieben worden, die *E. caeruleus* nahestehen. Zu ihrer Trennung werden die Hauptmerkmale (Form und Bezahnung der 2. Antennen) in Tabellenform aufgeführt.
Th. Mättheis. 6740.

Williams, H. Harford; Cardiff, Univ. Coll., Dep. of Zool. Observations on Echeneibothrium maculatum (Cestoda: Tetraphyllidea). **(Beobachtungen an Echeneibothrium maculatum [Cestoda: Tetraphyllidea].)** J. Marine biol. Assoc. United Kingdom 41 (1961) Nr. 3. S. 631–652. – 36 Abb., 27 Lit.
Die Cestodenart *Echeneibothrium maculatum* wurde unter bes. Berücksichtigung ihrer Ökologie und Anatomie bis in Einzelheiten studiert. Die Art ist durch den Besitz von 18–20 Loculi in jedem Bothridium, 20 Testes in jedem Proglottiden und ihr alleiniges Vorkommen im vorderen Darmabschnitt von *Raja montagui* charakterisiert. Es wird angenommen, daß physiol., ökol. und morphol. Faktoren zu dieser Wirtspezifität beigetragen haben. Die Taxionomie des Genus wird im Lichte der Ergebnisse des Studiums an *E. maculatum* diskutiert. J. Waldmann. 6750.

Žitňan, N. Skúsenosti s liečením infekčnej vodnateľnosti kaprov na východnom Slovensku. **(Erfahrungen mit der Behandlung der infektiösen Bauchwassersucht des Karpfens in der Ostslowakei.)** Pol'ovníctvo a Rybárstvo 15 (1963) Nr. 1. S. 17. – 2 Abb.
Die Satzkarpfen (K_2) einer Teichwirtschaft erkrankten an der akuten und chronischen Form der infektiösen Bauchwassersucht. Sie wurden daraufhin mit Chloramphonikol injiziert (10 mg bei Fischen bis 500 g, 20 mg bei größeren Tieren). Einzelne Fische mit deutlichen Symptomen erhielten 50% mehr. Insgesamt wurden 25000 Karpfen mit einem Durchschnittsgewicht von 450 g behandelt. Hiervon gingen nur 15 Stück (= 0,06%) ein. In einem anderen Teich, in dem die Fische nicht injiziert wurden, betrugen die Verluste 21%. Die Behandlung kostete 34 Heller/Fisch. ČSSR/ÚVTI. 6790.

Redaktionsschluß: 11. 9. 1963

Herausgeber: Deutsche Demokratische Republik · Deutsche Akademie der Landwirtschaftswissenschaften zu Berlin, Institut für Landwirtschaftliche Information und Dokumentation, Berlin W 8, Krausenstraße 38/39; Fernsprecher: 225161. Chefredakteur: Dr. Ursula Wittbrodt, stellvertretender Chefredakteur: Dr. Werner Kleeberg, Berlin W 8, Krausenstraße 38/39; Fernsprecher: 225161. Redaktion der Abteilung III – Tierzucht · Tierernährung · Fischerei: Dr. Hans Dieter Hennig, Dr. habil. Bernhard Piatkowski und Dr. Werner Steffens, Berlin W 8, Krausenstraße 38/39; Fernsprecher: 225161. Verlag: Akademie-Verlag GmbH, Berlin W 8, Leipziger Straße 3–4; Fernsprecher: 220441, Telex-Nr. 011773, Postscheckkonto: Berlin 35021. Bestellnummer dieses Heftes: 1030 III – VIII/12. Das Landwirtschaftliche Zentralblatt, Abt. Tierzucht · Tierernährung · Fischerei, erscheint monatlich. Einzelheft DM 20,–; einseitig bedruckte Ausgabe DM 24,–. Jahresbezugspreis DM 240,–; einseitig bedruckte Ausgabe DM 288,– einschl. Register, zuzüglich Porto- und Versandkosten. Gesamtherstellung: VEB Druckerei „Thomas Müntzer" Bad Langensalza. Veröffentlicht unter der Lizenznummer 1290 des Presseamtes beim Vorsitzenden des Ministerrates der Deutschen Demokratischen Republik.

Bei Fragen zur Produktsicherheit wenden Sie sich bitte an:
If you have any questions regarding product safety,
please contact:

Walter de Gruyter GmbH
Genthiner Straße 13
10785 Berlin
productsafety@degruyterbrill.com